Conrad · Grundlagen der Konstruktionslehre

Klaus-Jörg Conrad

Grundlagen der Konstruktionslehre

Mit 218 Bildern

HANSER

Carl Hanser Verlag München Wien

Prof. Dipl.-Ing. Klaus-Jörg Conrad
Fachhochschule Hannover

Die Deutsche Bibliothek – CIP-Einheitsaufnahme

Conrad, Klaus-Jörg:
Grundlagen der Konstruktionslehre / Klaus-Jörg Conrad. – München ;
Wien : Hanser, 1998
ISBN 3-446-19467-3

http://www.hanser.de
Druck und Bindung: Wagner, Nördlingen
Printed in Germany

Vorwort

Die Konstruktion hat in der Prozeßkette der Produktentstehung eine ganz besondere Bedeutung. Hier werden die Ideen für neue Produkte umgesetzt, die wesentlichen Produkteigenschaften festgelegt und deren Realisierung geplant.

Mit dem vorliegenden Lehrbuch werden die bewährten vier Konstruktionsphasen

- Aufgabenstellung klären,
- Konzept entwickeln,
- Entwurfsarbeit durchführen und
- Unterlagen ausarbeiten

mit Beispielen erläutert, wobei das Zusammenwirken der drei Elemente „Methoden", „Hilfsmittel" und „Erfahrungen" (MHE) gezeigt wird. Diese drei Elemente der Konstruktionslehre werden so behandelt, daß ein schneller Einstieg möglich ist.

Die praxisgerechte Behandlung des Stoffes ist durch die jahrelangen Erfahrungen des Verfassers in der Werkzeugmaschinenkonstruktion, durch viele Diplomarbeiten und Projekte in Unternehmen sowie sehr umfangreiche Erfahrungen in der Lehre mit Studierenden des Maschinenbaus an der Fachhochschule Hannover gewährleistet.

Die Konstruktionslehre ist wesentlicher Bestandteil der Ingenieurausbildung, weil die Wirtschaft für die Erneuerung von Produkten ständig kreative Mitarbeiter sucht. Als Konstrukteur muß man außerdem das methodische Arbeiten und die Anwendung von rechnerunterstützten Systemen beherrschen, um im Bereich der Produktentwicklung alle anfallenden Aufgaben effektiv zu erledigen.

In diesem Lehrbuch werden in den ersten Abschnitten zur Einführung und zum Verständnis der Konstruktionslehre einige Überlegungen vorgestellt. Anschließend folgen Erklärungen der wichtigsten Begriffe, um die organisatorische Einordnung der Konstruktion im Industriebetrieb zu erkennen. Gerade dieser Punkt sollte beachtet werden, da die zunehmende Prozeßorientierung in den Unternehmen die Konstrukteure besonders fordert. Das Kennen und Können von Methoden und Hilfsmitteln sowie der Einsatz von Erfahrungen ist eine wesentliche Voraussetzung für die Entwicklung komplexer Produkte.

Die Behandlung der vier Konstruktionsphasen erfolgt nach den bewährten Regeln und Richtlinien mit einigen neuen Hilfsmitteln, die aus den praktischen Anwendungen entwikkelt wurden. Die besondere Bedeutung der Stücklisten, der Nummernsysteme, der Sachmerkmale und der Qualitätssicherung während der Produktentwicklung wird beschrieben und mit Beispielen erklärt.

In allen Abschnitten findet der interessierte Leser Hinweise für den Einsatz von Rechnern und viele praktische Tips aus der Erfahrung des Autors. Ein Abschnitt über Kosten und die Behandlung von grundlegenden Begriffen der CA-Techniken sowie von EDM-Systemen und Kennzahlen sollen für erste Grundkenntnisse in diesen Bereichen sorgen.

Viele Bilder und Beispiele in jedem Abschnitt erleichtern das Lernen der Grundlagen. Besonders wichtig sind die im Abschnitt 10 zusammengefaßten Kenntnisfragen und Aufgaben. Sie ergänzen die Beispiele, schaffen eine Möglichkeit, den Stoff zu lernen und sorgen dafür, die Methoden und Hilfsmittel anzuwenden. Für die Aufgaben ist jeweils eine mögliche Lösung vorhanden, wobei beachtet werden muß, daß natürlich auch noch mit anderen Ideen und Methoden Lösungsalternativen entwickelt werden können. Das selbständige Bearbeiten der Aufgaben ist erforderlich, um die Konstruktionsmethodik zu verstehen. Dies ist besonders wichtig, da man Konstruieren nicht durch Lesen von Büchern lernt, sondern durch das Lösen von Konstruktionsaufgaben. Für die Kenntnisfragen wurden nur die Seitenzahlen angegeben, die Lösungshinweise enthalten. Studierende an Fachhochschulen und Universitäten können mit diesem Lehrbuch selbständig arbeiten.

Die Behandlung der Konstruktionsphasen erfolgt branchenneutral und ermöglicht dadurch einen breiten Einsatz in der Praxis. Da der Trend weg vom speziellen Anwenderwissen hin zum fachgebietsübergreifenden Methodenwissen immer stärker wird, besteht ein entsprechender Bedarf, der bereits in Hochschulen einsetzt. Da ohnehin nicht alles gelehrt werden kann, ist Methodenwissen wichtiger als Faktenwissen.

Das wesentliche Ziel dieses Buches ist die Vermittlung einer systematischen und methodischen Arbeitsweise in einem Umfang, die es jedem Konstrukteur ermöglicht, seinen persönlichen Arbeitsstil zu entwickeln oder zu verbessern. Damit ist es sowohl für Studierende in der Ingenieurausbildung als auch für Konstrukteure in der Praxis sinnvoll nutzbar.

Das Lehrbuch wurde selbstverständlich für Konstrukteurinnen und für Konstrukteure geschrieben. Wegen der Übersichtlichkeit wurde auf Doppelangaben im Text verzichtet.

Über Anregungen, Hinweise und Stellungnahmen zur Verbesserung des Lehrbuchs würde ich mich sehr freuen.

Mein Dank gilt den Verfassern der Fachliteratur zu diesem Thema, von denen ich viele bewährte Anregungen übernehmen konnte. Insbesondere möchte ich mich bei Herrn Prof. Dr.-Ing. *Ehrlenspiel* bedanken, von dem ich an der Universität Hannover das Methodische Konstruieren gelernt habe. Die Ergebnisse seiner wissenschaftlichen Arbeiten werden besonders häufig zitiert. Herrn Dr. *Bünting* vom VDMA danke ich für das bereitwillig zur Verfügung gestellte Bildmaterial über Kennzahlen. Für die gute Unterstützung bei der Buchgestaltung bedanke ich mich bei Herrn Dipl.-Phys. *Horn* vom Carl Hanser Verlag. Weiterhin danke ich meinen Mitarbeitern im Labor Fertigungsautomatisierung der Fachhochschule Hannover für die Hilfe bei der EDV-technischen Aufbereitung der Bilder und Texte sowie für viele gute Hinweise.

Mein besonderer Dank gilt meiner Familie für Verständnis, Geduld und Zeit, ohne die ein Lehrbuch nicht entstehen kann.

Burgdorf, im Juli 1998 *Klaus-Jörg Conrad*

Inhalt

1 Konstruktionslehre

Konstruieren wird häufig noch mit Erfinden oder einer Kunst gleichgesetzt, die man als Begabung besitzt und anwenden kann, um neue technische Gebilde zu entwickeln. Dabei kann niemand so recht nachvollziehen, wie eine Konstruktion entsteht. Diese Denkweise war aber nicht geeignet, die vielfältigen konstruktiven Aufgaben in den Unternehmen so zu lösen, daß sich ein planbarer, wirtschaftlicher Ablauf im Konstruktionsbereich ergab. Da der Konstruktionsprozeß wesentlicher Teil des Herstellungsprozesses ist, wurde die Konstruktion immer mehr zum Engpaß. Abhilfe wurde durch die Entwicklung der Konstruktionslehre geschaffen. Die ***Konstruktionslehre*** behandelt die für das Konstruieren im Maschinenbau erforderlichen wissenschaftlich-technischen Grundlagen. Es wurden allgemeingültige Methoden für das systematische Vorgehen beim Konstruieren entwickelt, die Erfahrungen guter Konstrukteure aufbereitet und das sehr komplexe Grundwissen der Gestaltung strukturiert zusammengefaßt.

Konstruieren umfaßt alle Tätigkeiten zur Darstellung und eindeutigen Beschreibung von gedanklich realisierten technischen Gebilden als Lösung technischer Aufgaben.

Neue Lösungen für Konstruktionsaufgaben ergeben sich vor allem durch kreative Tätigkeiten der Konstrukteure, während die Routinearbeiten mehr zur normgerechten Darstellung und Klärung von Einzelheiten eingesetzt werden. ***Kreativität*** als schöpferische Tätigkeit bedeutet Gedanken und Erkenntnisse so zu kombinieren, daß neue Lösungen entstehen. Das kreative Denken mit einfallsbetonter Ideenfindung ergänzt sich beim Konstruieren mit dem systematischen Vorgehen zu einer Einheit. Unter ***technischen Gebilden*** versteht man Einzelteile, Baugruppen, Maschinen, Apparate, Geräte oder Anlagen in allen Bereichen der Technik.

Der Bereich Konstruktion und Entwicklung ist in fast allen Industrieunternehmen als selbständige und bedeutende Abteilung mit zentraler Stellung in der Produktherstellung vorhanden. Neben den vielen Möglichkeiten und Varianten der organisatorischen Eingliederung gibt es unabhängig von den Produkten eines Unternehmens einige allgemeingültige Regeln und Vereinbarungen, die für die Funktion dieses Bereiches stets gelten. Außerdem wurden im Laufe der letzten Jahre die eingesetzten Methoden und Hilfsmittel entsprechend den vorhandenen Erkenntnissen zu einer systematischen Arbeitsweise entwickelt. Die Arbeit der Konstrukteure besteht nicht mehr nur darin, eine technische Lösung für ein Problem zu finden, und diese dann durch Zeichnungen und Stücklisten festzulegen. Die Ansprüche sind enorm gestiegen und erfordern eine straffe, zielorientierte Vorgehensweise, die im folgenden vorgestellt werden soll.

1.1 Einführung und Begriffe

Die Bedeutung der ***Konstruktion*** als Abteilung oder als Ergebnis einer technischen Aufgabe, dargestellt auf einer technische Zeichnung bzw. als fertiges Produkt, wird stets unterschiedlich bewertet. Meistens verbinden Außenstehende damit die Tätigkeiten Berechnen, Zeichnen, Untersuchen, Gestalten, Planen usw. Erst wenn durch die Erstellung von technischen Zeichnungen mit der Gestaltung von Bauteilen oder einfachen Baugruppen, wie z.B. einem Schraubstock, erste Entwurfszeichnungen angefertigt werden, bekommt man einen ersten Eindruck von den Aufgaben der Konstruktion. Dann erkennt man auch, daß einige Kenntnisse und Erfahrungen vorhanden sein müssen, die in den Fachgebieten Maschinenelemente und Konstruktionsgrundlagen vermittelt werden. Dazu gehören auch die Fachgebiete Fertigungstechnik und Werkstoffkunde, sowie in gewissem Umfang das Grundlagenwissen der Technik.

Bei kritischer Betrachtung der ersten eigenen Konstruktionsergebnisse kommt man schnell zu den Erkenntnissen:

- nicht nur nach Beispielen arbeiten
- ein Problem hat mehrere Lösungen
- Fachwissen ist erforderlich
- man kann nach Regeln arbeiten
- Auswahlentscheidungen sind erforderlich
- Informationen müssen beschafft und umgesetzt werden

Mit dem folgenden Beispiel soll vor weiteren Aussagen zum Thema die Problematik verdeutlicht werden, die beim Bearbeiten von konstruktiven Aufgaben auftreten kann.

Die Aufgabe besteht darin, ein Einzelteil zu entwerfen und eine technische Zeichnung zu erstellen. Sie wurde in Anlehnung an eine Untersuchung von *Hansen* aufbereitet. Für diese erste Konstruktionsübung sind von einer Baugruppen-Entwurfszeichnung die wichtigsten Maße, die in dem neuen Teil erforderlichen Formelemente sowie die geometrischen Bedingungen in einer Skizze in Bild 1.1 dargestellt.

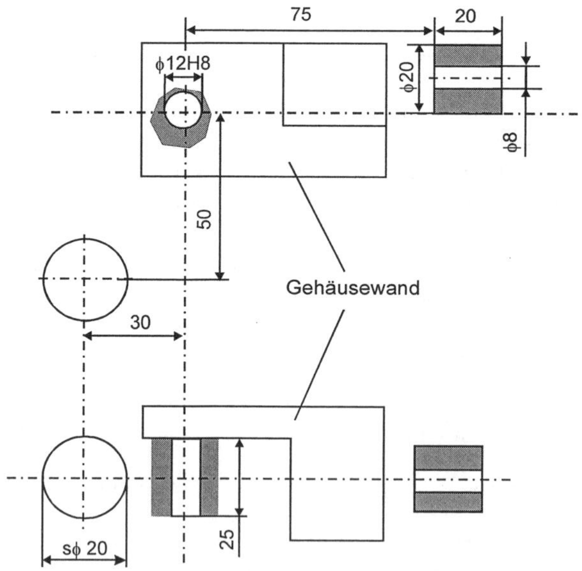

Bild 1.1: Skizze der Aufgabe mit den geometrischen Bedingungen

Die Formelemente Bohrung, Buchse und Kugel sind so mit Material zu verbinden, daß ein Hebel entsteht. Der Hebel soll mit der Bohrung auf einen Bolzen gesteckt werden, der am Gehäuse befestigt ist. Um diesen Drehpunkt sollen Schwenkbewegungen von +/– 5° ohne Berührung der skizzierten Gehäusewände möglich sein. Da dabei nur sehr geringe Kräfte auftreten, ist keine Festigkeitsberechnung erforderlich. Die Gestaltung soll so erfolgen, daß die Kosten bei absoluter Funktionssicherheit und hohen Stückzahlen gering sind.

Konstrukteure werden für solch eine Aufgabe je nach Erfahrung und Fachgebiet relativ schnell eine Lösungsidee haben und diese als Entwurf aufzeichnen. Legt man diese Aufgabe mehreren Konstrukteuren vor, die aus verschiedenen Maschinenbaubereichen kommen, so entstehen sehr unterschiedliche Entwurfszeichnungen. Einige Beispiele sind in dem folgenden Bild 1.2 dargestellt.

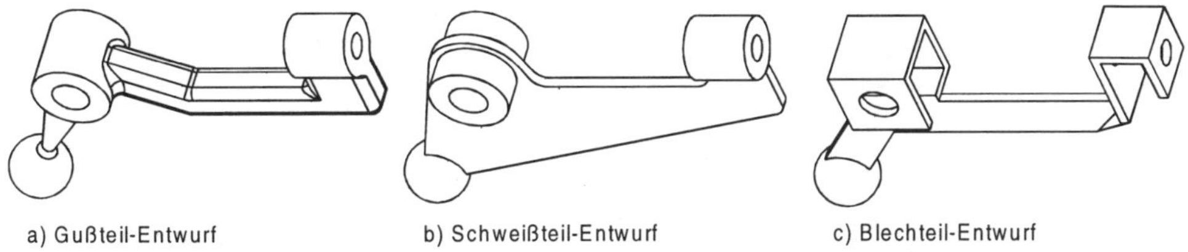

Bild 1.2: Drei Entwürfe mit unterschiedlichen Schwerpunkten

Im Bild 1.2 a ist ein solides Guß- oder Schmiedeteil eines Konstrukteurs aus dem Schwermaschinenbau dargestellt, der sich gut mit diesen Fertigungsverfahren auskennt. Eine zweite Lösung zeigt eine Ausführung als Schweißkonstruktion durch Verbindung der Formelemente mit einem einfachen Blechteil, so wie sie bei Einzelfertigung oder bei kleinen Serien, z.B. im Versuchsbau üblich ist. Die Entwurfszeichnung im Bildteil c könnte von einem Konstrukteur stammen, der die Blechteilfertigung kennt und dadurch seine Gestaltung mit diesem Fertigungsverfahren realisiert hat.

Die für diese Ergebnisse abgelaufenen Überlegungen sind nicht eindeutig nachzuvollziehen, da neben den Einflüssen aus dem Tätigkeitsbereich auch der Einfluß der üblichen Vorgehensweise – unter Zeitdruck zu konstruieren – zu einer schnellen Lösung geführt haben könnte.

Die für die Lösung dieser Aufgabe wesentlichen Gedanken sollen einmal systematisch untersucht werden. Dabei ergibt sich als Kern der Aufgabe, daß drei Formelemente und ihre gegenseitige Lage zueinander gegeben sind. Durch die feste Verbindung dieser Elemente soll eine Bewegungsübertragung möglich werden. Diese grundsätzliche Aufgabe zur Lösungsfindung ist der Skizze in Bild 1.3 zu entnehmen.

Die Aufgabe besteht also in erster Linie nicht mehr aus dem Gestalten eines Bauteils, sondern aus dem Erkennen der Grundelemente, deren Anordnung zueinander und einem systematischen Erarbeiten der Lösungsmöglichkeiten. Erst nach diesen Arbeitsschritten werden die Gestaltungsmöglichkeiten mit verschiedenen Fertigungsverfahren untersucht.

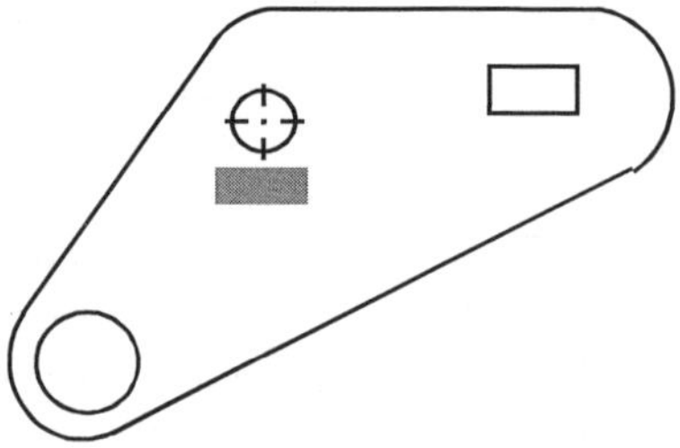

Bild 1.3: Schematische Skizze zur Lösungsfindung

Durch die dreieckige Anordnung der Formelemente ergeben sich fünf Möglichkeiten der Verbindung, wie das folgende Bild 1.4 zeigt. Werden die zugeordneten Entwurfsskizzen mit den Entwürfen der Konstrukteure verglichen, so erkennt man, daß alle Entwürfe der zweiten Bauform entsprechen. Mögliche Gründe dafür ergeben sich aus der Formulierung der Aufgabe und aus der Wahl der Konstrukteure.

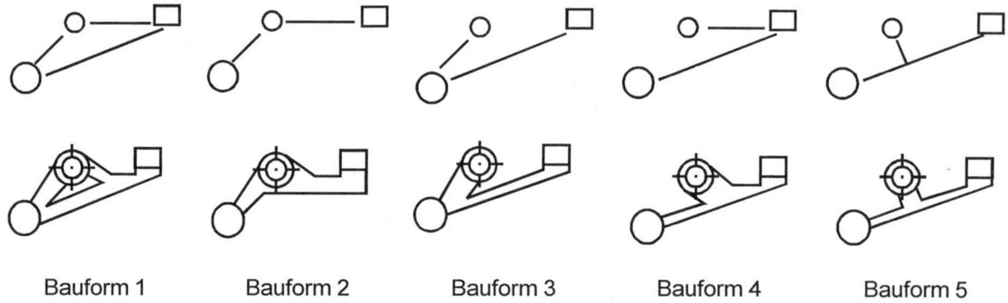

Bild 1.4: Fünf mögliche Bauformen als Strichskizzen und als Bauteile

Eine systematische Untersuchung der Lösungsalternativen unter Beachtung einer einfachen Gestaltung, der Werkstoffart, der Fertigung, der Herstellkosten, der Werkzeuge und Vorrichtungen führt zu einer guten Lösung aus Kunststoff mit der Struktur der 5. Bauform in Bild 1.4, wie in dem folgenden Bild 1.5 beispielhaft dargestellt.

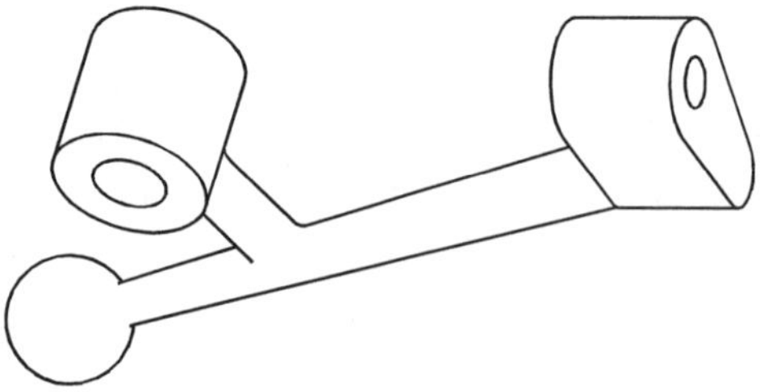

Bild 1.5: Lösungsskizze eines Kunststoffteils

Zur Klärung der Frage, warum die Konstrukteure die 5. Bauform nicht gefunden haben, muß eigentlich nur konsequent analysiert und festgehalten werden, welche Gedanken zu den guten Lösungen geführt haben. Man erkennt, daß sich gute Ergebnisse in der Regel durch systematisches Erarbeiten der Lösungsmöglichkeiten ergeben. Außerdem ist natürlich Ingenieurwissen, Erfahrung und Kreativität erforderlich.

Diese Aufgabe wurde auch regelmäßig Studierenden des Maschinenbaus im Hauptstudium mit dem zusätzlichen Hinweis vorgelegt, nicht nur ein Bauteil zu entwerfen, sondern zwei verschiedene. Damit sollte erreicht werden, daß nach dem ersten schnellen Skizzieren noch eine weitere Lösung durch zusätzliches Nachdenken geschaffen wird. Aber auch hier zeigte sich als Ergebnis oft nur eine Gestaltung für ein anderes Fertigungsverfahren ohne das erwünschte systematische Erarbeiten der Lösungsvarianten in Form von Strichskizzen für die möglichen Bauformen.

Eine Konstruktionslehre muß in verschiedener Hinsicht unterstützend wirken, wenn man sie in der Lehre und in der Praxis vorteilhaft einsetzen will. Aus den Erfahrungen beim Lösen konstruktiver Aufgaben in den verschiedenen Bereichen des Maschinenbaus wurden deshalb viele Erkenntnisse und Vorgehensweisen so aufbereitet, daß diese für neue Konstruktionsaufgaben sinnvoll nutzbar sind. Die ***Konstruktionslehre*** hat daraus als wesentliche Ziele die Vermittlung von Methodenwissen und die Darstellung der Hilfsmittel zum Bearbeiten konstruktiver Aufgaben festgelegt.

Bevor in den folgenden Abschnitten der Ablauf mit den Methoden und Hilfsmitteln erklärt und damit systematisch gearbeitet wird, sollen hier einige Überlegungen genannt werden, die für die Einstellung auf die Thematik zu beachten sind:

- Vorkenntnisse der o. g. Fachgebiete sind erforderlich
- Konstruieren kann man nicht allein durch Lesen lernen
- neue und bewährte Begriffe müssen verstanden und umgesetzt werden
- Einblicke in die Konstruktionswissenschaft sind notwendig
- Anwendungen in der Praxis können mit Beispielen gezeigt werden
- Methoden und Hilfsmittel müssen vorgestellt und in Übungen angewendet werden
- selbständiges Bearbeiten der Übungen mit anschließender Klärung offener Fragen und Diskussion der Ergebnisse ist sehr wichtig
- der Einsatz der Methoden und Hilfsmittel bedeutet in der Anfangsphase der Konstruktion erheblich mehr Zeitaufwand, insbesondere wenn man gleichzeitig lernt
- nicht jede Aufgabe sollte mit allen Methoden und Hilfsmitteln bearbeitet werden, sondern mit den vorhandenen Kenntnissen ist jeweils abzuwägen, ob sich Vorteile oder Verbesserungen ergeben

Die ***Anwendung der Konstruktionsmethodik*** hat sich besonders bei anspruchsvollen oder bei komplexen Aufgabenstellungen bewährt, wie z.B.:

- Entwicklung von Serienprodukten
- Verbesserung von nicht mehr marktgerechten Produkten (Kosten, Wettbewerb, Stand der Technik)
- Entwicklung von "Ausweichprodukten" geschützter Lösungen

- Entwicklung von Lösungen für Abläufe und Verfahren in der Produktion mit Automatisierung (Backwaren, Vorrichtungen, Verpackungen, usw.)
- Bearbeitung von Projekten im Studium mit fachlich noch nicht ausgereiften Kenntnissen

Aus diesen Überlegungen lassen sich bereits die wichtigsten ***Aufgaben der Konstruktionslehre*** ableiten, die erarbeitet werden müssen. Es handelt sich jeweils um Methoden und Hilfsmittel

- zur Erzeugung von Lösungen
- zur Bewertung von Lösungen
- zur Beschaffung von Informationen
- zur Speicherung von Informationen
- zum systematischen Anwenden von Kenntnissen

Beispiele für die Beschaffung von Informationen sind Fachbücher, Richtlinien, Normen, Konstruktionskataloge, Lieferantenkataloge oder Datenbanken mit technischem Wissen, kommerziellem Wissen, konstruktiven Lösungselementen oder Produktdaten.

Als ***Methode*** bezeichnet man das allgemeine, geplante, gleichartige und schrittweise Vorgehen bei der Lösung einer Klasse von Problemen.

Für das Fachgebiet Konstruktionslehre gibt es unterschiedliche Bezeichnungen, wie Konstruktionssystematik, Methodisches Konstruieren oder Konstruktionsmethodik. Da keine wesentlichen Unterschiede bestehen, werden alle Begriffe gleichwertig benutzt.

Ein Auszug aus der vorhandenen weiterführenden Literatur und einige spezielle Veröffentlichungen sind im Literaturverzeichnis angegeben.

1.2 Konstruktion im Industriebetrieb

Eine ***Konstruktion*** kann auch heute noch auf verschiedene Weise entstehen. Es gibt immer noch Handwerksbetriebe, in denen ein Meister alle Tätigkeiten durchführt, die von der Anfrage eines Kunden über Konstruktion, Arbeitsvorbereitung, Fertigung und Montage bis zum fertigen Produkt erforderlich sind. Bei umfangreichen oder bei komplexen Produkten, z.B. Werkzeugmaschinen, sind diese Aufgaben nicht mehr von einem Mitarbeiter allein zu schaffen, deshalb wurde Arbeitsteilung eingeführt. Mit der Arbeitsteilung trennte sich die Konstruktion zunehmend von der Produktion. Als Schnittstelle wurde die technische Zeichnung geschaffen, deren Darstellungsart und Symbole genormt wurden. Seitdem ist die Aufgabe der Abteilung "Entwicklung und Konstruktion" das Festlegen der Produkteigenschaften, ausgehend von der Aufgabenstellung in Form von Informationen auf verschiedenen Arten von Zeichnungen, Stücklisten und technischen Beschreibungen. In den letzten Jahren wurden jedoch Methoden entwickelt und Hilfsmittel eingesetzt, die diese ***funktionsorientierte*** durch eine ***prozeßorientierte Arbeitsweise*** ersetzen. Insbesondere sollen Projektmanagement, Teamarbeit und der Einsatz von EDV-Systemen eine effektivere Produktentwicklung ermöglichen.

Die in der folgenden Übersicht des Bildes 1.6 gezeigte Aufgliederung ist nicht für alle Unternehmensgrößen und nicht für alle Produktarten gültig, sondern eine häufig anzutreffende Organisationsform für Abläufe und Informationsverbindungen. Dargestellt sind die typischen Abteilungen, die bei der Produktentstehung Teilaufgaben erledigen, und der Informationsaustausch zwischen den Unternehmensbereichen. Die zentrale Stellung der Konstruktion ist ebenso hervorgehoben wie der Einfluß des Qualitätswesens auf alle Bereiche des Unternehmens.

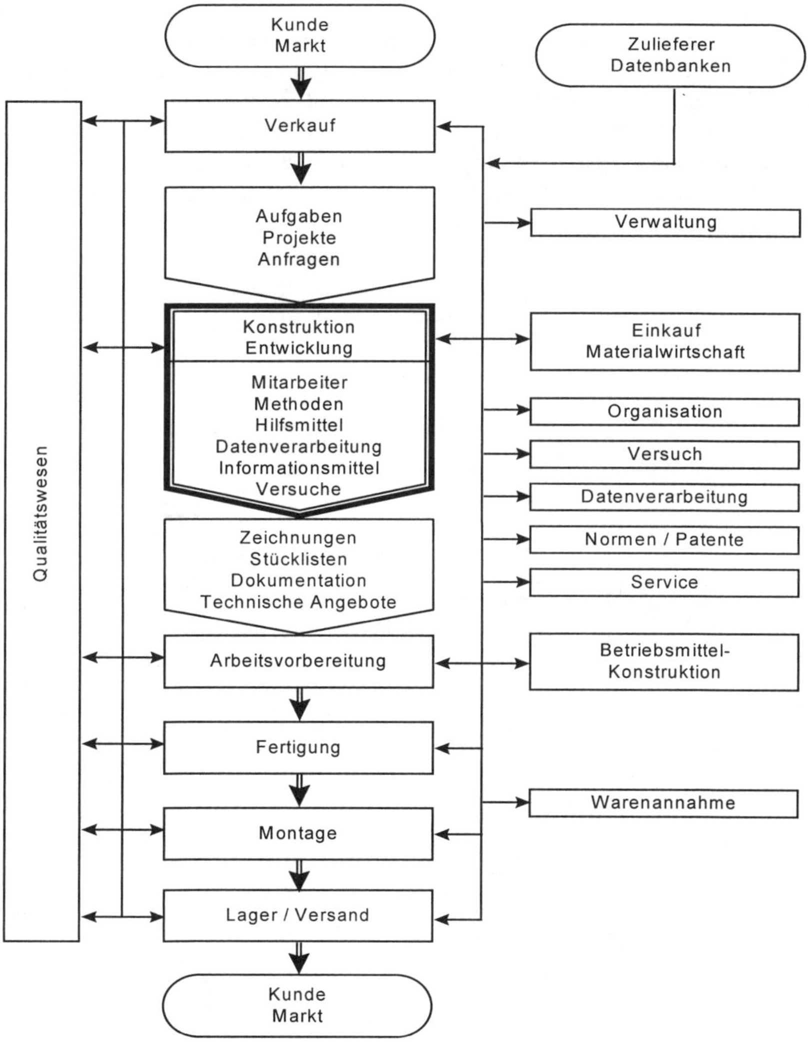

Bild 1.6: Vereinfachte Darstellung der Informationsverbindungen in Unternehmen

Diese Arbeitsteilung hat nicht nur Vorteile, sondern auch die Nachteile, daß oft zu wenig fertigungs-, montage- oder kostengerecht konstruiert wird. Konstrukteure arbeiten unter enormem Zeitdruck und sollen trotzdem alle Erkenntnisse, Regeln und Anforderungen erfüllen, die durch den Stand der Technik bekannt sind.

Die ***Produktentwicklung*** wird stets von den Anforderungen des Marktes und vom Stand der Technik beeinflußt. Mit den immer schneller erforderlichen neuen Produkten, dem Einsatz von rechnerunterstützten Verfahren und durch Anwendung moderner Managementtechniken unterliegt der Bereich Konstruktion und Entwicklung einem stetigen Wandel und Anpassungsprozeß. Eine Produktentwicklung, wie sie im folgenden Bild 1.7 gezeigt wird, muß und wird nicht in jedem Unternehmen anzutreffen sein. Dargestellt werden die heute üblichen Einflußfaktoren und Problemschwerpunkte. Als ***Einflußfaktoren*** werden neben der Funktion Qualität, Zeit und Kosten auftreten, für die die ***Problemschwerpunkte*** Projektabwicklung, Mitarbeiter und Methoden/Hilfsmitteleinsatz bekannt sind. Als Beispiele gelten benutzerunfreundliche Produkte, die nicht alle geforderten Funktionen erfüllen, zu hohe Herstellkosten verursachen oder verspätet auf den Markt kommen.

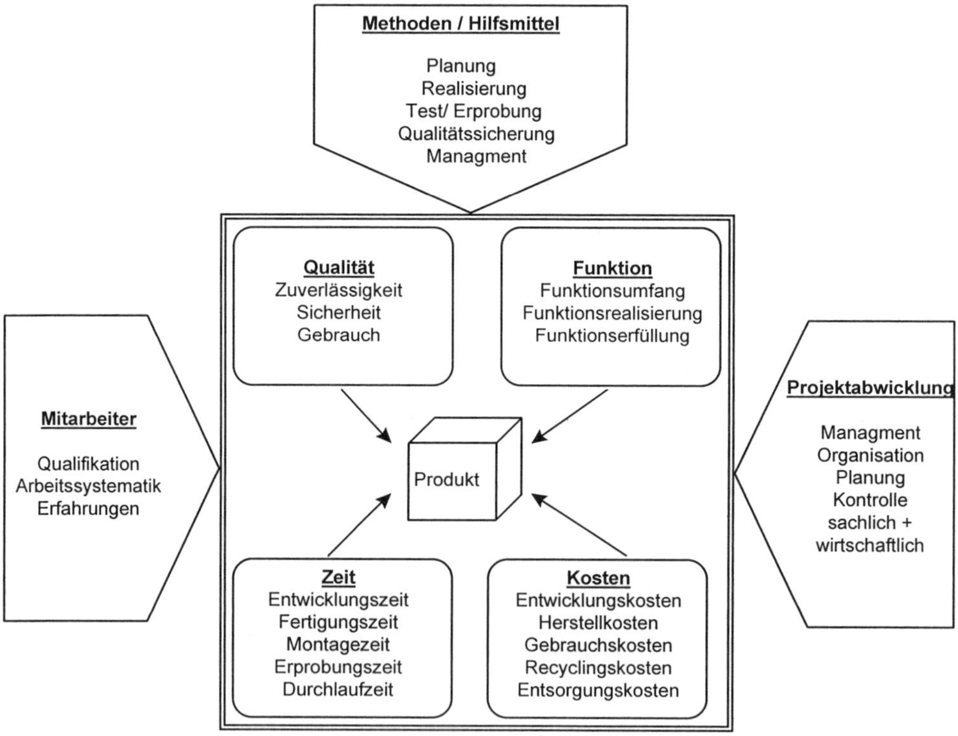

Bild 1.7: Produktentwicklung – Einflußfaktoren und Problemschwerpunkte

Nach der ***Fertigungsart*** eines Unternehmens lassen sich ebenfalls Regeln ableiten, die die Entwicklung und Konstruktion beeinflussen. Nach Untersuchungen des VDMA (Verband Deutscher Maschinen- und Anlagenbau e.V.) unterscheidet man heute nach Serien-, Kleinserien-, Gemischt- und Einzelfertiger. Die Entwicklung von ***Einzelprodukten*** erfolgt in der Regel durch einen einmaligen Durchlauf der wichtigsten Abteilungen. Versuch und Erprobung werden, falls erforderlich, an der Kundenmaschine durchgeführt. Soll ein ***Kleinserienprodukt*** entwickelt werden, so sind Funktionsmuster oder Labormuster erforderlich, die im Rahmen einer Produktverbesserung die angegebenen Abteilungen noch einmal durchlaufen. Gemischtfertiger haben mehrere Fertigungsarten im Unternehmen, d.h., es werden z.B. Blechteile in Großserien und Blecheinzelteile hergestellt. Das schrittweise Entwickeln von ***Serienprodukten*** beinhaltet das wiederholte Durchlaufen von Entwicklung und Konstruktion usw., um mit den neuen Erkenntnissen oder Informationen aus dem Musterbau und der Nullserienerprobung das Produkt zu optimieren. Die sich daraus ergebenen Abläufe im Unternehmen bei verschiedenen Fertigungsarten zeigt Bild 1.8.

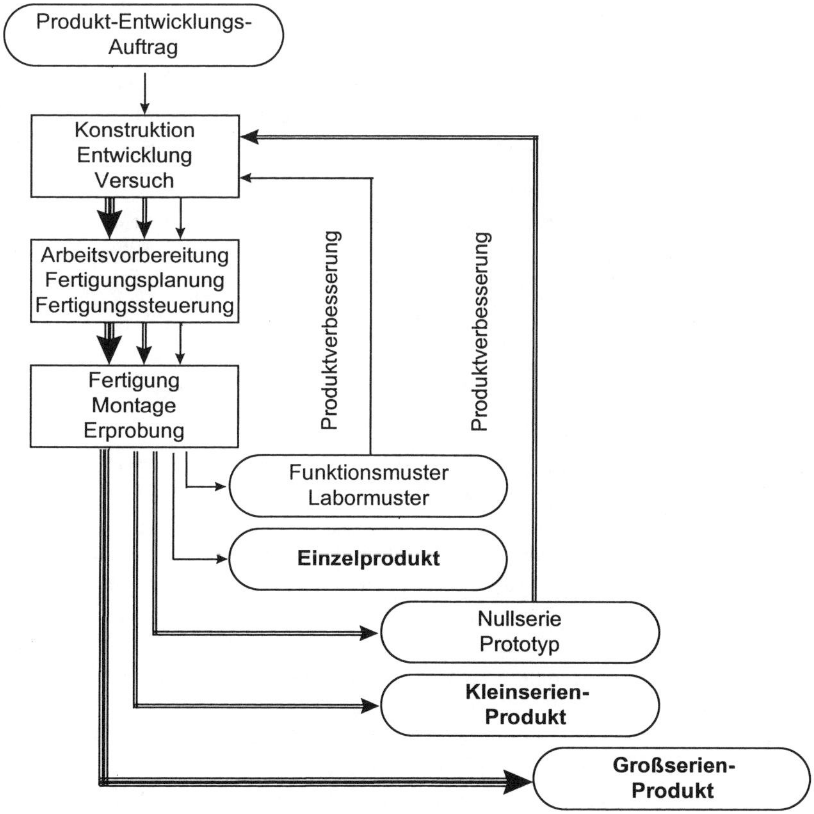

Bild 1.8: Produktarten und Abläufe bei der Produktentwicklung

1.3 Konstruieren als Tätigkeit

Der Begriff ***Konstruktion*** hat mehrere Bedeutungen, da neben der Abteilung auch die Tätigkeit oder eine zeichnerische Darstellung so benannt werden. Die Tätigkeit Konstruieren hat bei der Lösung von Ingenieuraufgaben eine zentrale Stellung. Der Konstrukteur bestimmt durch seine Ideen, Fähigkeiten und Kenntnisse in entscheidender Weise ein Produkt und dessen Wirtschaftlichkeit bei der Herstellung und bei der Benutzung.

Was versteht man eigentlich unter der Tätigkeit Konstruieren? Folgende Aussagen sind immer noch geläufig:

- "Konstruieren ist eine Kunst"
- "Zum Konstruieren braucht man schöpferische Begabung, konstruktives Gefühl"
- "Konstruieren bezeichnet das schöpferische Vorausbestimmen eines technischen Gebildes, wobei insbesondere das bildhafte Vorausdenken wesentlich ist"

Solche und ähnliche Aussagen sind noch weit verbreitet. Deshalb wurden in den letzten Jahren von der Konstruktionswissenschaft Methoden und Hilfsmittel erarbeitet, die die rein intuitive Tätigkeit Konstruieren durch schrittweises Erarbeiten der Lösungen unterstützen und damit auch andere, erweiterte Begriffserklärungen ermöglichen:

Konstruieren ist eine kreative Tätigkeit mit Intuition, Methodik, Grundlagenwissen, Rechnereinsatz und Erfahrung.

Betrachtet man die Grundlagen aller Maßnahmen zur Verbesserung von Konstruktion und Entwicklung, so erkennt man die Tatsache, daß Konstruieren kein automatisierbarer Vorgang ist, also nicht vergleichbar mit Fertigungs- und Montageoperationen. Werden jedoch die Konstruktionstätigkeiten Zeichnen, Berechnen oder Informieren betrachtet, so gibt es durch den Einsatz von EDV, CAD oder Datenbanken bereits gute Ansätze zur Unterstützung der Routinetätigkeiten.

Von den verschiedenen Definitionen des Begriffs Konstruieren soll hier eine etwas genauer erklärt werden:

Konstruieren heißt für eine Aufgabenstellung das Erarbeiten und Bereitstellen der vollständigen Informationen für den Bau und den Betrieb einer optimalen Maschine.

- Die vorliegende Aufgabenstellung entsteht durch Anfragen oder Aufträge, wie z.B. die Konstruktion eines Getriebes, um Drehzahlen und Drehmomente zu wandeln.
- Informationen für den Bau einer optimalen Maschine bestehen aus technischen Zeichnungen, Stücklisten, NC-Programmen, Beschreibungen usw.
- Der Betrieb einer optimalen Maschine wird durch entsprechende Betriebsanleitungen (Technische Dokumentation) gesichert.
- Maschinen sind allgemein technische Gebilde, die konkret als Anlagen, Apparate, Geräte, Baugruppen oder Einzelteile anzutreffen sind.
- Optimal nennt man einen Kompromiß zwischen Forderungen und Lösungsmöglichkeiten bei geringstem Aufwand.

- Eine Maschine ist optimal, wenn sie mit geringsten Kosten alle geforderten Funktionen zuverlässig erfüllt.

Diese Definition enthält nur indirekt das bereits genannte Vorausdenken zur Realisierung. Sie beschreibt den üblichen Ablauf im Konstruktionsalltag.

1.4 Konstruktionsmethodik

Konstruktive Tätigkeit ist äußerst vielseitig. Berücksichtigt man die verschiedensten Produkte mit den zugehörigen Spezialerfahrungen, so ergibt sich eine Tätigkeit, die weder organisatorisch noch in ihrer Vorgehensweise in eine starre Schablone zu pressen ist.

Der entscheidende Einfluß der Konstrukteure auf den technischen und wirtschaftlichen Wert eines Produktes erfordert ein geordnetes, übersichtliches und nachprüfbares Vorgehen zum Entwickeln von guten Lösungen. Das Fertigen, Montieren, Beschaffen usw. kann nur in dem vom Konstrukteur festgelegten Umfang optimiert werden, wobei schon seit einigen Jahren durch Projektarbeit im Team wesentliche Verbesserungen erzielt werden. Gerade die Zusammenarbeit mit den Produktionsbereichen kann den nützlichen Effekt des systematischen Arbeitens als sinnvolle Vorgehensweise auf die Konstruktion übertragen. Solange die Konstrukteure über das notwendige Anwenden von Fachwissen hinaus nicht methodisch vorgehen und eine solche Arbeitsweise nicht verlangt wird, können die Vorteile nicht genutzt werden

Konstruktionsmethodik nennt man die Vorgehensweisen beim Entwickeln und Konstruieren nach Ablaufplänen mit Arbeitsschritten und Konstruktionsphasen unter Verwendung von Richtlinien und Methoden sowie technischen und organisatorischen Hilfsmitteln. Dabei werden die Erkenntnisse der Konstruktionswissenschaft und der Denkpsychologie, aber auch insbesondere die Erfahrungen bei den verschiedenen Anwendungen in der Konstruktionspraxis eingesetzt. Nach *Pahl/Beitz* soll eine Konstruktionsmethodik

- ein problemorientiertes Vorgehen ermöglichen, d.h., sie muß prinzipiell bei jeder konstruktiven Tätigkeit branchenunabhängig anwendbar sein
- erfindungs- und erkenntnisfördernd sein, d.h., sie soll das Finden optimaler Lösungen erleichtern
- mit Begriffen, Methoden und Erkenntnissen anderer Disziplinen verträglich sein
- Lösungen nicht zufallsbedingt erzeugen
- Lösungen auf verwandte Aufgaben leicht übertragen lassen
- geeignet sein für den Einsatz elektronischer Datenverarbeitungsanlagen
- lehr- und erlernbar sein
- den Erkenntnissen der Denkpsychologie und Arbeitswissenschaft entsprechen, d.h. Arbeit erleichtern, Zeit sparen, Fehlentscheidungen vermeiden und tätige, interessierte Mitarbeit gewährleisten
- die Planung und Steuerung von Teamarbeit in einem integrierten und interdisziplinären Produktentstehungsprozeß erleichtern
- Anleitung und Richtschnur für Projektleiter von Entwicklungsteams sein

Die Konstrukteure erhalten Methoden und Hilfsmittel, die es ihnen gestatten, systematisch und zielorientiert zu arbeiten, um effektiver und besser als bisher Lösungen zu finden. Der Einsatz von EDV und CAD/CAM-Systemen zur Unterstützung der täglichen Arbeit im Konstruktionsbüro erfordert zunehmend logisch aufbereitete Informationen und bedeutet, daß konstruktive Arbeit ebenfalls weitestgehend logischer dargestellt und auch in den einzelnen Arbeitsschritten nachvollziehbar wird. Konstruktive Arbeit sollte auch für wissenschaftlich interessierte Ingenieure mit entsprechenden Neigungen möglich sein.

Gute ***Konstrukteure*** schaffen mit Begabung, Intuition und Erfahrung durch die schrittweise Realisierung von vorgedachten Lösungen sehr gute Produkte. Sie haben durch ihre ***Denkweise*** ein Problemlösungsverhalten entwickelt, das im Kopf so abläuft, daß es einem individuellen methodischen Vorgehen entspricht. Durch die Konstruktionsmethodik soll dieses Erarbeiten von Lösungen unterstützt werden, so daß eine sinnvolle Ergänzung stattfindet. In der Ausbildung befindlichen Konstrukteuren dient das systematische Vorgehen mit Methoden und Hilfsmitteln schnell und effektiv, einen eigenen, effizienten Arbeitsstil zu entwickeln.

Die Ergebnisse des ersten Beispiels zeigten bereits die Vorteile des Produkts, wenn das ***Lösungskonzept*** systematisch erarbeitet wird. Durch methodisches Konstruieren wird versucht, auch in den Anfangsbereich des Konstruierens Methode zu bringen, um bereits hier aus vielen möglichen Lösungen die besten auszuwählen. Ein vollständiges Lösungsfeld aller einigermaßen brauchbaren Lösungen zu schaffen bedeutet, daß frühere Lösungen, jetzige Konkurrenzlösungen und alle heute noch denkbaren Lösungen überschaubar dargestellt werden. Aus dieser Lösungsvielfalt sind dann mit geeigneten Bewertungsmethoden die besten Lösungen auszuwählen. Dies wird bei immer kürzerer Produktlebensdauer am Markt, komplexeren Produkten und höheren Anforderungen an die Produkte von zunehmender Bedeutung. Der Konstrukteur muß jedoch darauf achten, daß er nicht vor lauter interessanten Lösungsvarianten das eigentliche Ziel übersieht und dadurch in angemessener Zeit keine entscheidungsreifen Lösungen erarbeitet. Die Nutzung der Methoden muß sinnvoll festgelegt werden. Dabei ist sicher auch der enorme Termindruck in den Konstruktionsabteilungen ein wirksames Mittel gegen allzuviel Methodik.

Das methodische Konstruieren wird heute als Stand der Technik betrachtet, da alle grundlegenden Erkenntnisse als VDI-Richtlinien veröffentlicht wurden und die Konstruktionsmethodik fester Bestandteil in der Ingenieurausbildung ist. Eine Übersicht der wichtigsten VDI-Richtlinien ist im Literaturverzeichnis enthalten. Da die wesentlichen Begriffe und Zusammenhänge damit bekannt sind, werden diese hier nicht immer genau zitiert, sondern es wird eine auf praktischen Erfahrungen beruhende Formulierung gewählt. Dies gilt ebenso für Abläufe, Beispiele und Anwendungen.

Ein wesentlicher Gesichtspunkt für eine methodische Behandlung der Konstruktionslehre ist die Tatsache, daß Studierende während des Studiums nur mit ca. 20 % aller Maschinen in Kontakt kommen, weil in der Regel nicht mehr Fächer konstruktiv behandelt werden. Da ohnehin nicht alles gelehrt werden kann, ist ***Methodenwissen*** wichtiger als Einzelwissen und Faktenwissen.

1.5 Konstruktionsarten

Zur Ergänzung der bisher genannten Begriffe sollen hier die vorgestellt werden, die in den Unternehmen verwendet werden, um Konstruktionsbereiche oder um den Umfang und die Merkmale einer Konstruktion hervorzuheben. Damit wird außerdem die Struktur, also die Gliederung der Konstruktion in Arbeitsabschnitte und nach Arbeitsumfang, erklärt.

Als Beispiel für die ***Konstruktionsarten*** ist im Bild 1.9 jeweils ein einfaches Einzelteil dargestellt, so wie es heute beim rechnerunterstützten Konstruieren mit 3D-CAD-Sytemen konstruiert wird. Bei der ***Neukonstruktion*** wird entsprechend der Aufgabenstellung ein Einzelteil als Grundkörper mit Geometrieelementen, wie Gerade, Kreis usw. in einer Ebene skizziert und z.B. durch die Eingabe der Höhe ein Körper erzeugt, der mit Formelementen, wie Fasen, Radien oder Bohrungen modelliert wird, bis das geforderte Einzelteil fertig ist. Der Konstrukteur muß also alle Arbeitsschritte von der Idee bis zum fertigen Teil durchführen.

Die ***Variantenkonstruktion*** wird angewendet, wenn gleichartige Bauteile darzustellen sind, die bei gleicher Grundgeometrie nur in unterschiedlichen Abmessungen gebraucht werden, wie z.B. Rohre oder Scheiben mit verschiedenen Längen und Durchmessern.

Die ***Anpassungskonstruktion*** wird angewendet, um vorhandene Bauteile für neue oder geänderte Anforderungen anzupassen bzw. zu ändern. Als Beispiel soll eine Welle betrachtet werden, die für die Aufnahme anderer Antriebselemente einen zusätzlichen Wellenzapfen erhält und anders angeordnete Formelemente.

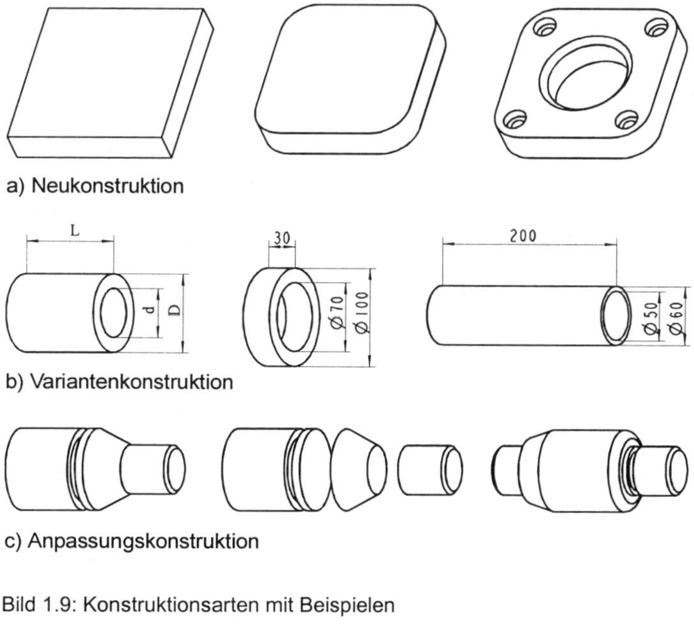

Bild 1.9: Konstruktionsarten mit Beispielen

Die Definitionen der Konstruktionsarten können nach den erforderlichen Arbeitsschritten und nach den Produktarten, wie in Bild 1.10 angegeben, allgemein formuliert werden.

Konstruktionsart	Kennzeichen	Ergebnis
Neukonstruktion	Alle Tätigkeiten von der Idee bis zur Darstellung und eindeutigen Beschreibung müssen vollständig durchgeführt werden.	Neues Produkt als Maschine, Baugruppe, Einzelteil usw.
Variantenkonstruktion	Varianten werden ohne neue Prinziplösungen durch Kombination, Anordnung oder Ergänzung bewährter Elemente, Baugruppen usw. erarbeitet.	Produkte mit vielfältigen Einsatzmöglichkeiten für ähnliche Anforderungen durch geplante Varianten. Beispiele sind Getriebe, Verbindungselemente, Armaturen.
Anpassungskonstruktion	Kundenwünsche mit speziellen Anforderungen an vorhandene Produkte werden durch neu zu konstruierende Teilbereiche erfüllt.	Angepaßte Produkte mit kundenspezifischen Eigenschaften wie z.B. Werkzeugmaschinen für bestimmte Werkstücke.

Bild 1.10: Konstruktionsarten - Kennzeichen und Ergebnisse

Für die Konstruktionsarten Neu-, Varianten- oder Anpassungskonstruktion werden beim methodischen Konstruieren die Arbeitsschritte festgelegt, die als zu bearbeitende Konstruktionsphasen unterschiedlichen Umfang haben. Als ***Konstruktionsphasen*** bezeichnet man die vier Arbeitsschritte Planen, ***Konzipieren***, Entwerfen und Ausarbeiten, in die man die Aufgaben zerlegen kann. Die Zuordnung der Konstruktionsphasen zu den Konstruktionsarten ist im Bild 1.11 dargestellt. Dabei ist zu beachten, daß die unterschiedlichen Produkte in den Unternehmen gewisse Streubereiche bei der Zuordnung bedeuten. Einige Produkte werden z.B. nur als Einzelteile in der Ausarbeitungsphase variiert, während Getriebe in der Regel als Baugruppenvarianten noch einen gewissen Anteil an Größenstufungsberechnungen und Entwurfsuntersuchungen erfordern. Mit dieser Aufteilung der Gesamtaufgabe in Teilaufgaben ergibt sich ein systematischer Ablauf beim Konstruieren.

Das ***Planen*** umfaßt alle Tätigkeiten, um aus den vorliegenden Angaben alle Anforderungen an das Produkt zu erkennen und eindeutig zu beschreiben. Erst danach wird ein Konzept erarbeitet, das für die notwendigen Funktionen physikalische Prinzipien festlegt. Beim ***Entwerfen*** werden ausgewählte Prinzipien durch gestaltete Bauteile zu Produkten entwickelt, indem Werkstoffe, Abmessungen, Teilearten und Verbindungen in geeigneter Form kombiniert werden. Aus den Entwürfen können alle Angaben für Zeichnungen und Stücklisten entnommen und für das ***Ausarbeiten*** verwendet werden.

Die schematische Darstellung in Bild 1.11 ist als Übersicht zu verstehen, die das Grundsätzliche zeigt. So wird z.B. bei der Anpassungskonstruktion nur für zusätzliche Teilaufgaben das Konzipieren erforderlich, ebenso wie bei der Variantenkonstruktion nicht immer das Entwerfen erforderlich ist.

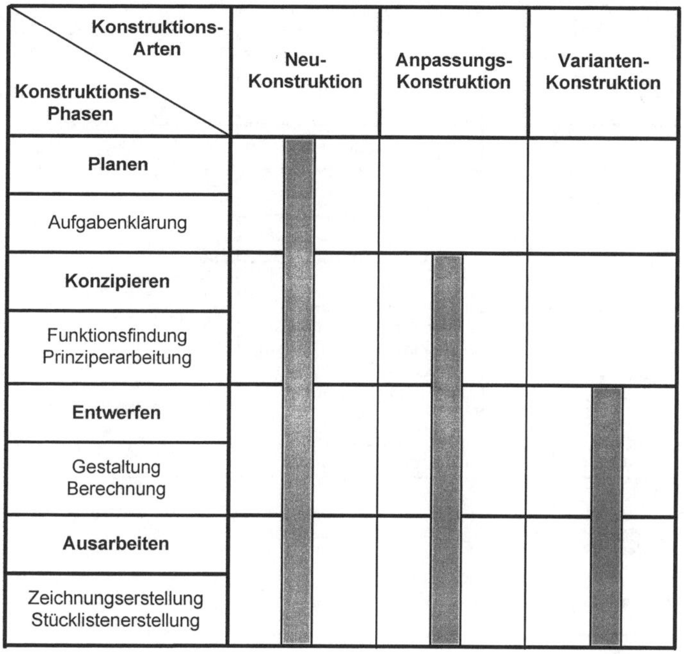

Bild 1.11: Zuordnung von Konstruktionsphasen zu den Konstruktionsarten

Die Zeitanteile für die einzelnen Konstruktionsphasen sind schon allein für die Planung und für die Bewertung eines Konstruktionsbereiches von großem Interesse. Sie werden in der Regel durch Firmenbefragungen ermittelt. Die Ergebnisse solcher Befragungen sind in dem Bild 1.12 dargestellt. Da neben den Tätigkeiten für die vier Konstruktionsphasen noch ein Bereich „Sonstiges" für Routinearbeiten mit einem Aufwand von bis zu einem Tag pro Woche anfallen kann, bleiben für die Konstruktionsarbeiten nur noch ca. 80 %. Außerdem zeigt die Praxis, daß das Planen als erste Phase immer wichtiger wird, weil die Arbeiten für die Aufgabenklärung einen ganz entscheidenden Einfluß auf die Produktentwicklung und auf die Auftragsabwicklung haben. Die Phase Planen wurde deshalb nach eigenen Erfahrungen mit bis zu 5 % festgelegt. Für das Fallbeispiel aus dem Werkzeugmaschinenlabor Aachen fehlt diese Angabe. Die Prozentzahlen geben jeweils den Zeitaufwand an bezogen auf den Gesamtaufwand mit 100 %. Vergleicht man den Zeitaufwand für die gesamte Konstruktionsdauer in den verschiedenen Firmen mit früheren Angaben, so ergeben sich nur sehr geringe Abweichungen, die noch im Streubereich liegen.

Konstruktions-Phasen	Tätigkeiten	Tätigkeiten in %
Planen 0 - 5 %	Aufgabe klären Anforderungsliste	?
Konzipieren 0 - 10 %	Berechnen	4%
	Informieren	12%
Entwerfen 20 - 40 %	Gestalten Berechnen Informieren	15%
Ausarbeiten 50 - 60 %	Zeichnen	32%
	Stücklisten	5%
	Kontrollieren	6%
	Ändern	12%
Sonstiges 10 - 20 % (Streubereich)	Routinearbeiten (Verkaufsunterstützung, Schriftwechsel, Kundendienst, Ablage, Telefonieren, Besprechungen)	14% Summe 100% (Fallbeispiel)

Bild 1.12: Konstruktionstätigkeiten mit Zeitanteilen

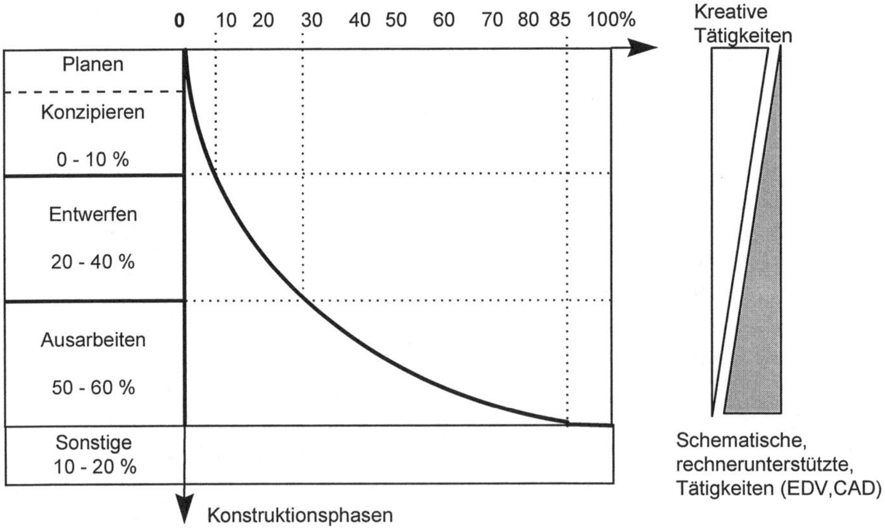

Bild 1.13: Arbeitsaufwand für Konstruktionsphasen (nach *Ehrlenspiel*)

Der Arbeitsaufwand in der Konstruktion wird immer dann analysiert, wenn der Einsatz neuer Techniken (z.B. EDV) oder wirtschaftliche Bedingungen dazu Anlaß geben. Das rechnerunterstützte Konstruieren ist besonders geeignet, die Konstruktionsphasen Entwerfen und Ausarbeiten effektiv durchzuführen.

Die kreativen Tätigkeiten werden besonders in den ersten Phasen des Konstruierens eingesetzt, wenn das Konzept erarbeitet wird. Diese Aussagen sind zugeordnet zu den Konstruktionsphasen im Bild 1.13 enthalten. Außerdem sind noch die mittleren Zeitanteile von allen Arbeitsschritten den Konstruktionsphasen zugeordnet, so daß sich ein dem Arbeitsaufwand entsprechender Verlauf ergibt, der durch Addieren der Zeitanteile entsteht.

In den Unternehmen ist die Organisation der Konstruktionsbereiche häufig in Abteilungen oder Gruppen so, daß für bestimmte Aufgaben Mitarbeitergruppen zuständig sind, die im Produktentstehungsprozeß spezielle Aufgaben durchführen. Diese Spezialisierung ist insbesondere in größeren Unternehmen und bei komplexen Produkten anzutreffen, wie z.B. im Werkzeugmaschinenbau. Das folgende Bild 1.14 enthält übliche ***Konstruktionsbereiche*** und die erforderlichen Erläuterungen.

Abteilung	**Konstruktionsbereich**	**Kennzeichen**
Angebotsabteilung	*Angebotskonstruktion*	Kundenanfragen nach spezifischen Problemlösungen mit vorhandenen oder neuen Produkten werden konstruktiv untersucht. Beispiel: Bearbeitung von speziellen Werkstücken auf Drehmaschinen.
Entwicklung	*Entwicklungskonstruktion*	Entwicklung neuer Produkte nach Kundenauftrag oder Marktbedarf mit allen Konstruktionsphasen.
Auftragsabwicklung	*Auftragskonstruktion*	Kundenauftragsbearbeitung zur Veranlassung aller Aktivitäten im Unternehmen zum Bau und Betrieb einschließlich erforderlicher Anpassungen für den Auftrag.
Werkzeugbau	*Werkzeugkonstruktion*	Werkzeuge für Fertigungsverfahren als Neuentwicklung, Variante oder Anpassung für Kundenaufträge
Vorrichtungsbau	*Betriebsmittelkonstruktion*	Vorrichtungen für Fertigungs-, Montage- oder Prüfaufgaben im Produktentstehungsprozeß.

Bild 1.14: Konstruktionsbereiche – Abteilungen und Kennzeichen

1.6 Konstruktionsmethodik – Erwartungen

Die Konstruktionslehre erhebt nicht den Anspruch, vollständig oder abgeschlossen zu sein. Sie bemüht sich, Methoden miteinander verträglich und praktikabel darzustellen, um Lehre und Praxis zu unterstützen:

- Lehre: Einführung, Grundlage, Hilfe und Beispiele
- Praxis: Information, Ergänzung und u.U. Weiterbildung

Die zur Zeit bekannten Erfahrungen kann man zusammengefaßt als Regeln darstellen:

Was kann man von dem methodischen Konstruieren erwarten ?

1. Das methodische Konstruieren muß durch Üben erlernt werden. (Das Lesen von Büchern oder Berichten reicht nicht aus.)
2. Es ergeben sich nicht zwanghaft beste Lösungen. (Nur methodische Stütze für die rein intuitive Tätigkeit.)
3. Die konstruktive Erfahrung und das Geschick des Konstrukteurs spielen nach wie vor eine wesentliche Rolle.
4. Methodik erhöht die Wahrscheinlichkeit guter Lösungen, führt aber nicht unbedingt zu "genialen" Lösungen.
5. Es handelt sich nicht um eine "Lösungsmechanik", sondern um eine geeignete Denkweise und Lösungshilfsmittel.
6. Methodik verhilft zu mehr Lösungsvarianten, und damit im allgemeinen auch zu besseren Lösungen. Man erkennt schneller den Kern der Aufgabe.
7. Die Konzeptphase ist wichtig, weil hier noch in Richtung guter oder schlechter Lösung beeinflußt werden kann, aber sie ist nur ein Teil der Konstruktionsarbeit (ca. 10 %, Entwurf 20...40 %, Ausarbeiten 50...60 %).
8. Die Konzeptphase ist nicht für alle Produktarten gleich wichtig. Die Prinzipien von gleichförmigen Getrieben, Turbomaschinen, Motoren usw. liegen fest. Hier ist Methodik nur bei Detailproblemen interessant (Ventilsteuerung von Motoren). Produktbereiche mit stärkerer Lösungsvielfalt können die Methodik besser gebrauchen, wie z.B. Verfahrenstechnik, Verpackungs-, Lebensmittel-, Textiltechnik-, Haushaltsmaschinen usw.
9. Mehr Ordnung, Vermeidung von Fehlern, Vermeidung von Wiederholarbeit ist durch methodisches Arbeiten möglich.
10. Diskutierbarkeit der Lösungen wird durch die Methodik nach objektiven Kriterien im Team oder mit Vorgesetzten verbessert.
11. Verantwortlichkeit und Delegationsfähigkeit werden durch klare Aufgabenunterteilung möglich.
12. Vermeidung unnützer Arbeit wegen geänderter Aufgabenstellung, wenn zusätzliche Anforderungen das bisherige Konzept unmöglich machen.

13. Schnellere Einarbeitung in einen neuen Produktbereich, da gezielte Fragestellungen möglich und frühere Entwicklungsarbeiten schriftlich dokumentiert vorliegen (nicht nur Zeichnungen, sondern auch Konzeptvarianten, Bewertung, Lösungsalternativen usw.).
14. Insgesamt wird weniger Zeit und Kostenaufwand im Konstruktionsbüro im Mittel bessere Lösungen ergeben. Der objektive Nachweis ist jedoch schwierig, wegen der vielen Einflußgrößen und langer Zeitspannen, die zu betrachten sind. Sofern es nicht übertrieben wird, dürfte methodisches Vorgehen rationeller sein als wenig geplantes.
15. Systematische Vorgehensweisen durch Anwendung von Konstruktionsmethoden werden bei der Verbesserung der ohnehin schon sehr perfekten technischen Produkte – auch wenn man nur an kleine Schritte denkt – in Zukunft zunehmen.
16. Produktneutrale oder generelle Konstruktionslehre für Maschinensysteme hat neben dem Vorteil der systematischen Lösungsfindung auch noch den Vorteil, einen besseren Überblick über das verzweigte Gebiet des Maschinenwesens zu liefern.

Die Konstruktionsmethodik hatte von Anfang an als Ziel Methoden und Hilfsmittel zur Entwicklung von technisch optimalen Produkten bereitzustellen, wobei insbesondere die Prinzipfindung, also die Konzeptphase, unterstützt werden sollte. Dabei wurden im Laufe der Jahre viele Ziele konkreter erkannt, die aber bisher nur teilweise von der Konstruktionswissenschaft bearbeitet werden konnten. Daraus ergaben sich Probleme für die Akzeptanz der Methodik in der Praxis, bzw. sie bestehen noch. Die Konstrukteure setzen nur die Methoden und Hilfsmittel ein, von denen sie durch einen praktischen Nutzen schnell überzeugt werden können. Als sehr vorteilhaft hat sich das systematische Vorgehen in der Lehre durchgesetzt, da viele Studierende dadurch die Scheu vor konstruktiven Aufgaben verlieren und gleichzeitig eine gewisses Interesse für die Konstruktion entsteht.

Die ***Ziele der Konstruktionsmethodik*** können in vier Bereiche gegliedert werden:

- technische Ziele
- organisatorische Ziele
- persönliche Ziele
- didaktische Ziele

Ordnet man diesen Zielen Formulierungen zu, die direkt in Konstruktion und Entwicklung bewertbar werden, so ergibt sich Bild 1.15.

Einige der beschriebenen Ziele werden durch Methoden, Hilfsmittel und Hinweise in den nächsten Abschnitten umfangreich erläutert. Außerdem werden aus den Kenntnissen, die in diesem Abschnitt vermittelt werden, viele Ziele klarer. Die aufgelisteten Ziele können die allgemein geltende Erkenntnis unterstützen und bestätigen:

Erst Systematisieren, dann Automatisieren.

Das systematische Arbeiten sollte stets konsequent durchgeführt werden, bevor ein automatisierter Ablauf, z.B. mit Rechnerunterstützung, eingesetzt wird.

Zieleigenschaft	Zielbeschreibung
Technische Ziele	• Entwicklung von neuen Produkten unterstützen • Verbesserung von Produkten unterstützen • Optimierung des Kosten/Nutzen-Verhältnisses von Produkten
Organisatorische Ziele	• Rationalisierung der Konstruktionsarbeit • Verkürzung von Konstruktionszeit und Lieferzeit • Erleichtern von Teamarbeit • Erleichtern von Projektarbeit • Nachvollziehbar machen von Konstruktionen • Objektivierung der Konstruktionsarbeit • Verbesserung des Rechnerunterstützten Konstruierens • Verkürzung der Einarbeitungszeit für Konstrukteure
Persönliche Ziele	• Hilfestellung bei neuen Situationen • Steigerung der Kreativität • Darstellbarkeit des Konstruktionsablaufs • Erweiterung des Problembewußtseins • Verbesserung der Präsentation der Konstruktion • Besserer Überblick über die Fachgebietsentwicklung
Didaktische Ziele	• Lehrbar machen des Konstruierens • Rationalisierung der Lehre • Interesse wecken für Konstruktionstätigkeit

Bild 1.15: Ziele der Konstruktionsmethodik (nach *Ehrlenspiel*)

Eine ausführliche Darstellung vieler Überlegungen und viele Ergebnisse von wissenschaftlichen Untersuchungen hat *Ehrlenspiel* veröffentlicht. Hier sollen nur die wesentlichen Gründe für die unzureichende ***Nutzung der Konstruktionsmethodik*** in der Praxis zusammengefaßt vorgestellt werden:

- Konstrukteure in der Praxis, und z.T. auch Studierende, haben zum großen Teil im Unterbewußten ablaufende Problemlösungs- und Vorgehensmethoden ausgebildet ("Normalbetrieb des Denkens"), die nur schwer und durch intensives Üben "umprogrammiert" werden können.
- Gerade für das Üben allein und vor allem im Team, steht in Aus- und Weiterbildung viel zu wenig Zeit zur Verfügung. Dies wiederum ist wohl auf mangelnden Einblick in die "Ablaufmechanismen" des Denkens und Handels zurückzuführen. Es ist ähnlich wie beim Radfahren und Schwimmen, das man auch nicht nur über die Theorie lernen kann. Statt Fähigkeiten und Verhaltensweisen werden im Übermaß Fakten vermittelt.
- Schwerpunkte praktischer Entwicklungs- und Konstruktionsarbeit, wie das Gestalten, das Entwerfen und Verwerfen, die Versuchstechnik, die zwischenmenschlichen und organisatorischen Belange kommen, aus welchen Gründen auch immer, bisher zu kurz. Praktiker sehen sich bei einem Großteil ihrer Arbeit zu wenig unterstützt.

2 Grundlagen des systematischen Konstruierens

Konstruieren umfaßt alle Tätigkeiten zur Darstellung und eindeutigen Beschreibung von gedanklich realisierten technischen Gebilden als Lösung technischer Aufgaben. Diese bereits formulierte Definition in der täglichen Praxis umzusetzen, ist nur dann effektiv möglich, wenn die dafür erforderlichen Grundlagenkenntnisse vieler Teilgebiete beherrscht werden. Dabei handelt es sich um naturwissenschaftlich-technische Grundlagen, die z.B. in Mathematik, Physik, Mechanik, Thermodynamik, Strömungslehre vermittelt werden, und um Kenntnisse in Fertigungstechnik, Maschinenelementen, Werkstofftechnik sowie um den Einsatz der Datenverarbeitung mit Programmanwendungen für Berechnungen und Geometrieerzeugung. Dieses Grundlagenwissen wird hier nicht behandelt, sondern als bekannt vorausgesetzt.

Für das systematische Entwickeln und Konstruieren von Lösungen hat es sich bewährt, die *Grundlagen der technischen Systeme* und die daraus abgeleitete Vorgehensweise für die konstruktive Arbeit zu erläutern. Die dann folgende Vorstellung bewährter *allgemeiner Arbeitsmethoden* ist für das Verständnis der in der Konstruktion eingesetzten Methoden hilfreich. Als dritter Bereich wird in diesem Abschnitt die *Informationsverarbeitung* in der Konstruktion behandelt, die als sehr wichtiger Faktor beachtet werden muß.

2.1 Technische Systeme

2.1.1 Systematische Begriffsordnung

Die Produkte, mit denen wir täglich umgehen, sind in der Regel von Menschen erdacht, konstruiert und hergestellt worden, wenn es sich um technische Produkte handelt. Je nach der Komplexität des Produkts gibt es dafür bewährte allgemeine Bezeichnungen, wie z.B. Drehmaschine, Schraube, Vorrichtung, Rasierapparat, Gartengerät oder Elektromotor. Da alle diese Produkte nach bestimmten ähnlichen Arbeitsschritten entstehen, die sich im Laufe der Jahre branchenspezifisch entwickelt haben, ergab sich für die Konstruktionslehrer die Aufgabe, ein allgemeines Verfahren zu entwickeln, das eine technisch sinnvolle Vereinheitlichung zuläßt. Dafür wurden die inzwischen entwickelten Erkenntnisse der Systemtechnik eingesetzt. Der schon mehrfach benutzte Begriff ***Technisches Gebilde*** kann als Oberbegriff für Produkte angesehen werden, die die Lösungen technischer Aufgaben erfüllen und als Anlage, Apparat, Maschine, Gerät, Baugruppe, Maschinenelement oder Einzelteil bezeichnet werden. Diese bekannten Bezeichnungen sind grob nach ihrem Einsatz geordnet, wobei die Benennungen aus der geschichtlichen Entwicklung und dem jeweiligen Verwendungsbereich erklärbar sind.

Mit der Systemtechnik wurde das ***Technische System*** als Oberbegriff für Einzelteile, Baugruppen, Maschinen, Geräte, Apparate und Anlagen definiert. Die Bedeutung hat sich praktisch nicht verändert, es wurden nur neue vorteilhafte Größen der Systemtechnik nutzbar. Nach wie vor bestehen Maschinen aus Einzelteilen und Baugruppen ebenso wie Geräte und Apparate, nur haben diese jeweils unterschiedliche Verwendungsbereiche. Zusätzlich lassen sich auch noch Fertigungssysteme oder Verkehrssysteme einordnen.

Systeme sind dadurch gekennzeichnet, daß sie mit ihrer Umgebung durch Eingangsgrößen und Ausgangsgrößen in Verbindung stehen, durch Teilsysteme untergliederbar sind und daß durch Systemgrenzen jeweils festgelegt wird, was zum betrachteten System gehört.

Tätigkeiten oder Vorgänge in technischen Systemen erfolgen nach *Koller* stets so, daß in diesen Energien, Stoffe und/oder Informationen umgesetzt werden. Der Begriff "Umsetzen" ist als Oberbegriff für jede Art von Tätigkeit technischer Systeme, wie z.B. Wandeln, Leiten, Sammeln, Teilen zu verstehen.

Entsprechend lassen sich technische Systeme in energie-, stoff- und datenumsetzende Systeme gliedern. Versucht man den Umsatzarten die Begriffe Maschinen, Geräte und Apparate zuzuordnen, so läßt sich nach *Koller* definieren:

- *Maschinen*
  sind technische Systeme, deren primärer Zweck es ist, Energie in irgendeiner Weise umzusetzen und/oder einen Energiefluß zu ermöglichen.
- *Geräte*
  sind technische Systeme, deren primärer Zweck es ist, Informationen bzw. Daten in irgendeiner Weise umzusetzen und/oder einen Datenfluß zu ermöglichen.
- *Apparate*
  sind technische Systeme, deren primärer Zweck es ist, Stoffe in irgendeiner Weise umzusetzen und/oder einen Stoffffluß zu ermöglichen.

Beispiele typischer Produkte des Maschinen-, des Geräte- und des Apparatebaus zeigen, daß die Bezeichnungen von Produkten nicht konsequent erfolgte, sondern daß eher eine willkürliche Festlegung in der Praxis stattfand. So sollten nach den Definitionen technische Systeme zum Schreiben bzw. Rechnen nicht als Maschinen, sondern als Schreib- bzw. Rechengeräte bezeichnet werden, da diese primär dem Umsatz von Informationen und nicht dem von Energie dienen. Landmaschinen sind keine Maschinen, sondern Apparate zum Umsatz von Stoffen (Getreide). Werkzeugmaschinen sind Apparate, da sie ebenfalls primär dem Umsatz von Stoffen dienen.

Diese Schwierigkeiten kann man umgehen, wenn man die Begriffe "Maschine", "Gerät" und "Apparat" nicht definiert und sie als Oberbegriffe für energie-, stoff- und datenumsetzende Systeme betrachtet. Die bisherige Diskussion hat gezeigt, daß eine strenge Einteilung nach diesen Merkmalen und Definitionen nicht immer möglich oder im Hinblick auf bereits eingeführte Begriffe nicht immer zweckmäßig ist.

Man betrachtet in Übereinstimmung mit der ***Systemtechnik*** technische Gebilde als Systeme, die durch Eingangsgrößen (Inputs) und Ausgangsgrößen (Outputs) mit ihrer Umgebung in Verbindung stehen. Was zum betrachtenden System gehört, wird durch die Systemgrenze jeweils festgelegt. Die Eingangs- und die Ausgangsgrößen überschreiten die Systemgrenze. Damit kann man für den jeweiligen Betrachtungszweck geeignete Systeme definieren, als Teile eines größeren übergeordneten Systems. Diese Systembetrachtung ist für die Untersuchung von komplexen Aufgaben nützlich und hilfreich. Für die Konstruktionslehre werden daraus praktikable Vorgehensweisen entwickelt, die im folgenden Abschnitt mit einem Beispiel vorgestellt werden.

2.1.2 Systemanalyse Drehmaschine

Drehmaschinen sind von ihrem vielfältigem Einsatz in fast allen Werkstätten so bekannt, daß sie sich als Beispiel sehr gut eignen.

Die in dem folgenden Bild 2.1 vereinfacht dargestellte Drehmaschine soll schrittweise analysiert werden, um zu zeigen, welche Überlegungen sich für Konstrukteure aus ***Systemuntersuchungen*** ergeben.

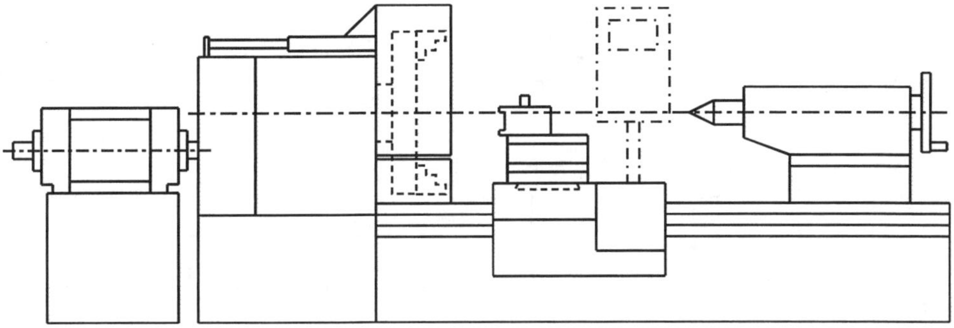

Bild 2.1 : Spitzendrehmaschine; vereinfacht (nach *Fa. Wohlenberg*)

Eine ***Drehmaschine*** ist eine Werkzeugmaschine, auf der durch die Relativbewegung von Werkzeugen zum Werkstück in der Regel ein rotationssymmetrisches Drehteil als Werkstück entsteht. Sie kann also als Fertigungssystem für Drehteile bezeichnet werden. Für Konstrukteure wird dieses System sofort durchschaubar, wenn sie sich klar machen, welche Funktionen durch die verschiedenen Baugruppen erfüllt werden.

Für das Einspannen der Rohteile ist ein Futter oder eine Planscheibe vorhanden, die vom Dreher mit einem speziellen Werkzeug betätigt wird, um das Rohteil zum Bearbeiten in einer bestimmten Lage zu halten.

Die Werkzeuge werden als Drehmeißel nach der Form der Oberfläche, nach der Art der Bearbeitung usw. ausgewählt, eingerichtet und vermessen, bevor sie in den Werkzeugträger eingesetzt werden.

Die Steuerung ist erforderlich zur Bedienung der Maschine, zur Programmeingabe und zum Automatikbetrieb. Für lange oder schwere Wellen ist eine Abstützung mit einem Reitstock erforderlich.

Der Antrieb des Werkstücks erfolgt über den Hauptantrieb und ein Getriebe bis zur Hauptspindel mit dem Futter.

Die Werkzeugbewegungen werden durch zwei Vorschubantriebe für den Bettschlitten erzeugt. Alle Baugruppen befinden sich auf einem Drehmaschinenbett, das noch weitere Funktionen erfüllt.

Die Baustruktur mit den wesentlichen Elementen kann man Bild 2.2 entnehmen. Diese Darstellung deutet schon wichtige Baugruppen, wie z.B. Bettschlitten, Reitstock, Spindelkasten, Antrieb und Bett, als Teilsysteme an, die für die Gesamtfunktion der Drehmaschine vorhanden sein müssen. Alle Teilsysteme sind um den Arbeitsraum D x L als Kernbereich jeder Werkzeugmaschine angeordnet. Sie können durch systematisches Variieren in der Anordnung und Anzahl der Teilsysteme zu einigen abgewandelten Bauformen führen, wie z.B. Futterdrehmaschine, Plandrehmaschine oder Senkrechtdrehmaschine. Die Systemgrenzen wurden nicht eingezeichnet, um die Übersichtlichkeit zu erhalten.

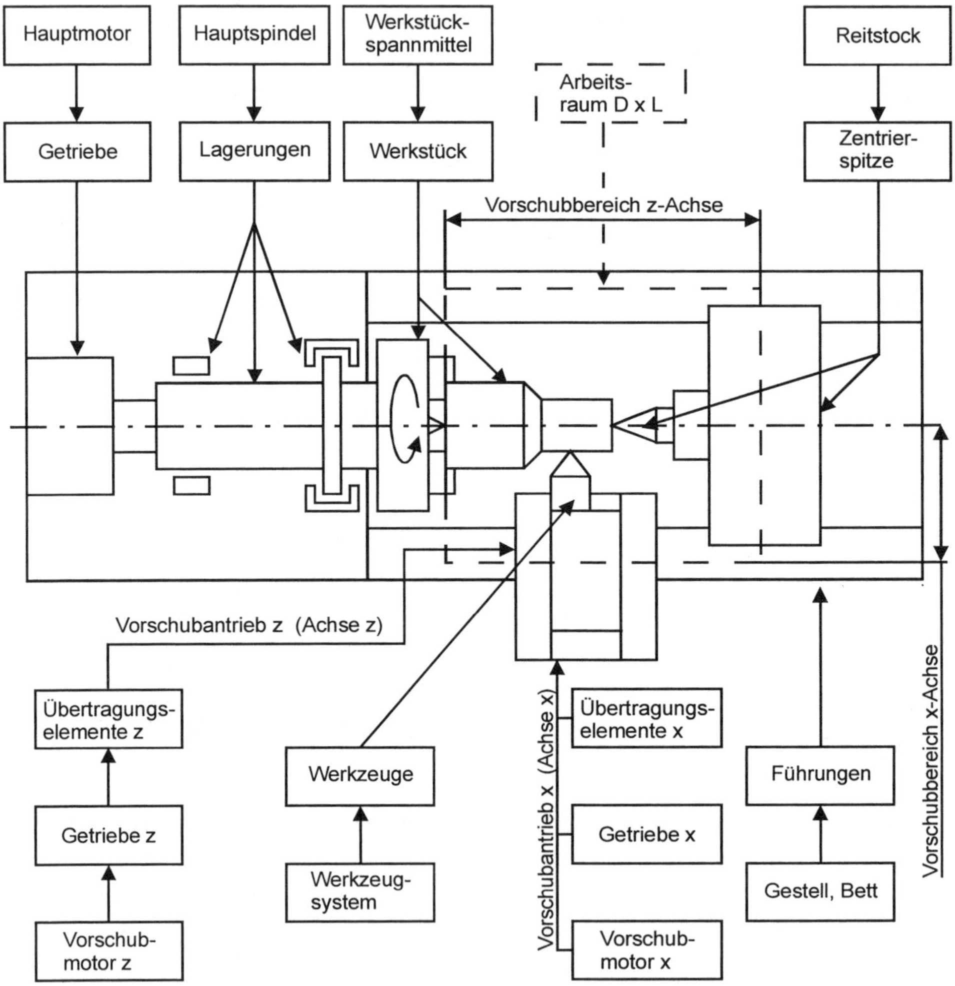

Bild 2.2: Vereinfachte Systemdarstellung einer Drehmaschine

2.1.3 Energie-, Stoff- und Informationsumsatz

Alles physikalische Geschehen in Maschinen ist an den Umsatz von Energie, Stoffen oder Informationen gebunden. Energie, Stoffe und Informationen sind als "Produkte" zu verstehen, die in Maschinen umgesetzt werden und physikalisch gesehen mannigfaltige Formen annehmen können.

Nach einer Deutung von *v. Weizsäcker*, die hier in stark vereinfachter Form nach *Rodenacker* zitiert wird, hängen diese "Produkte" wie folgt zusammen:

Die Physik läßt sich als Lehre von der Bewegung der Materie auffassen, Energie als das Vermögen, Materie zu bewegen oder auch als Maß der Menge der Bewegung. Materie und Formen sind immer miteinander verknüpft. Form bedeutet Informationen oder Menge der Alternativen. Im technischen Bereich wird statt Materie der Begriff Stoff und statt Information für die Konstruktion der Begriff Signale verwendet. Denn Geräte werden unabhängig von den übertragbaren Informationen für eine bestimmte Form von Signalen ausgebildet.

In Maschinen werden oft alle drei "Produkte" gleichzeitig umgesetzt, wobei ein Umsatz als ***Hauptumsatz***, die anderen als ***Nebenumsatz*** zu betrachten sind. Die Umsatzarten sind meist miteinander verknüpft, wie das beim Energieumsatz einer Wasserturbine mit dem Stoffumsatz, beim Stoffumsatz einer Pumpe mit dem Energieumsatz und beim Signalumsatz einer Hydrauliksteuerung mit dem Energie- und Stoffumsatz der Fall ist. Es wird immer das für die Konstruktion Relevante in Betracht gezogen.

Analysiert man die ***technischen Systeme***, die Anlage, Apparat, Maschine, Gerät, Baugruppe oder Einzelteil genannt werden, so kann man erkennen, daß sie einem technischen Prozeß dienen, in dem Energien, Stoffe und Signale geleitet und/oder verändert werden.

Am Beispiel einer Drehmaschine kann man erkennen, daß meistens alle drei Umsatzarten bei einem technischen System zusammen wirken, um die gewünschte Zustandsänderung, die Hauptfunktion, zu erfüllen. Beim Drehen ist die Hauptfunktion, die geforderte Form des Werkstücks durch Relativbewegungen von Werkzeugen zum Werkstück unter Abtrennen von Materialteilchen zu erzeugen.

Die entsprechende Bedeutung der Umsatzarten an einer CNC-Drehmaschine ist einer Darstellung in Bild 2.3 zu entnehmen. Der Hauptumsatz ist hier der Stoffumsatz, der Rohteile in Fertigteile umwandelt, wobei Späne als Abfall entstehen. Dafür ist ein Energieumsatz erforderlich, damit die elektrische Energie in mechanische Energie zur Drehbearbeitung vorhanden ist.

Die Antriebe der Drehmaschine werden durch Signale gesteuert, die durch die Informationen des NC-Programms vorgegeben werden. Gleichzeitig wird durch das NC-Programm die Drehteilkontur festgelegt.

Vergleicht man die vereinfachte ***Systemdarstellung einer Drehmaschine*** in Bild 2.2 mit dem Energie-, Stoff- und Informationsumsatz in Bild 2.3, so erkennt man die Verlagerung der Beschreibung. Statt konkreter Elemente und Baugruppen werden nur noch allgemeine und neutrale Begriffe gewählt. Die Vorgehensweise wird abstrakter, damit aber auch lösungsneutraler.

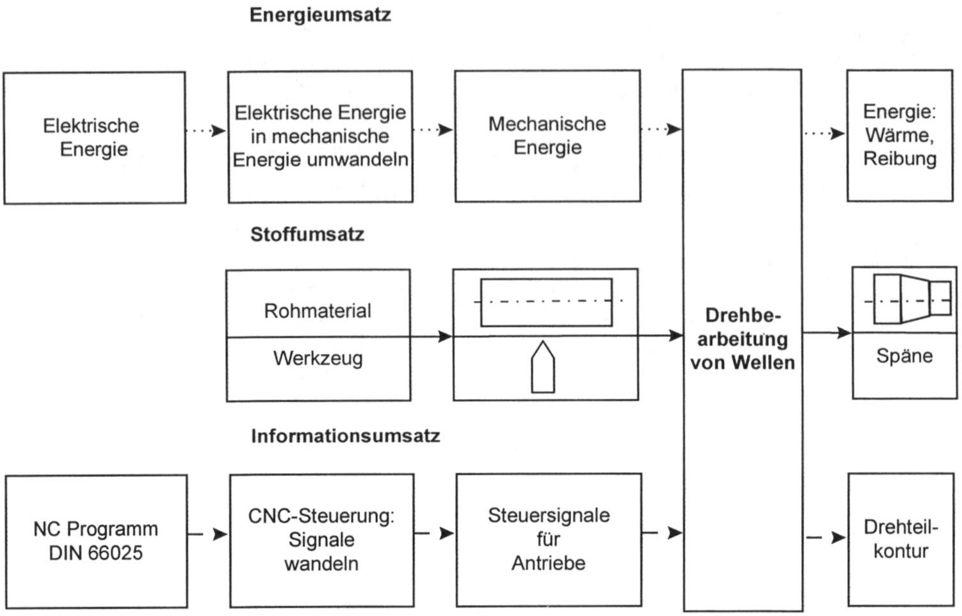

Bild 2.3: Vereinfachter Energie-, Stoff- und Informationsumsatz von Drehmaschinen

2.1.4 Funktionsbeschreibung und Black-Box-Methode

Die Beschreibung von Konstruktionsaufgaben wird abhängig von der Denkweise der Mitarbeiter in den verschiedenen Abteilungen unterschiedlich erfolgen. Während Vertriebsmitarbeiter eher zu wortreichen Erklärungen tendieren, sind Konstrukteure stets bemüht, mit wenigen Worten den Kern einer technischen Aufgabe zu treffen.

Für technische Aufgaben beschreiben sie die Zusammenhänge zwischen Eingangsgrößen und Ausgangsgrößen, um Lösungen zu suchen. Diese Zusammenhänge sind zur Aufgabenerfüllung erforderlich und sollten eindeutig sein. Zweckmäßig wird das Beschreiben und Lösen konstruktiver Aufgaben durch das Formulieren einer Funktion beschrieben, wie z.B. Längsbewegung erzeugen.

Der ***Funktionsbegriff** in der Konstruktion* kann auf verschiedene Weise definiert werden:

- Unter Funktion versteht man den allgemeinen Zusammenhang zwischen Eingang und Ausgang eines Systems mit dem Ziel, eine Aufgabe zu erfüllen. (*Pahl/Beitz*)
- Eine Funktion im Sinne der Konstruktionsmethodik ist die lösungsneutrale Formulierung des gewollten (geplanten, bestimmungsgemäßen) Zwecks eines technischen Gebildes. (*Ehrlenspiel*)
- Funktion nennt man die Tätigkeit oder Fähigkeit technischer Gebilde. (*Koller*)

Zu allen Definitionen gibt es umfangreiche Erläuterungen, die die Bedeutung des Funktionsbegriffs für den Konstrukteur unterstreichen. Allen gemeinsam ist, daß man zunächst nicht weiß, durch welche Lösungen eine solche Funktion erfüllt wird. Die Funktion wird damit zu einer Formulierung der Aufgabe auf einer abstrakten und lösungsneutralen Ebene.

Ist die Gesamtaufgabe ausreichend genau bekannt, d.h. sind alle beteiligten Größen und ihre bestehenden oder geforderten Eigenschaften bezüglich des Ein- und Ausgangs bekannt, kann auch die Gesamtfunktion angegeben werden.

Eine ***Gesamtfunktion*** muß in vielen Fällen in ***Teilfunktionen*** aufgegliedert werden, die dann Teilaufgaben innerhalb der Gesamtaufgabe entsprechen, weil man für die Gesamtfunktion nicht unmittelbar eine Lösung findet. Die Verknüpfung der Teilfunktionen zur Gesamtfunktion ergibt dann die gewünschte Lösung der Aufgabe. Dabei ergeben sich sehr häufig gewisse notwendige Abläufe, weil bestimmte Teilfunktionen erst erfüllt sein müssen, bevor andere sinnvoll eingesetzt werden können.

Andererseits bestehen auch fast immer mehrere Möglichkeiten bei der Verknüpfung von Teilfunktionen, wodurch Varianten entstehen. In jedem Fall muß die Verknüpfung der Teilfunktionen untereinander verträglich sein, die strukturiert angeordnet wird.

Funktionsstruktur nennt man die sinnvolle und verträgliche Verknüpfung von Teilfunktionen zur Gesamtfunktion.

Für die Darstellung von Funktionen wird die Blockdarstellung gewählt, die sich um die Vorgänge und Teilsysteme innerhalb eines einzelnen Blockes zunächst nicht kümmert. Andere Bezeichnungen dafür sind „Schwarzer Kasten“ oder „***Black-Box***“.

Die *Funktionen* werden in der Praxis vereinfacht durch eine Wortangabe mit einem Haupt- und Zeitwort beschrieben, wobei, falls erforderlich, noch erläuternde Eigenschaftsworte verwendet werden. Beispiele solcher Funktionsbeschreibungen sind:

- Temperatur messen
- Werkstück spannen
- Drehmoment übertragen
- Drehzahl schalten

Sie können den genannten Flüssen des Energie-, Stoff- und Informationsumsatzes zugeordnet werden. Diese Angaben sollten durch die beteiligten physikalischen Größen ergänzt und, falls erforderlich, genau festgelegt werden. In den meisten technischen Anwendungen wird es sich stets um die Kombination aller drei Umsatzarten handeln, wobei entweder der Stoff- oder der Energiefluß die Funktionsstruktur maßgebend bestimmt.

Bei der Funktionsbeschreibung darf die Abstraktion nicht zu weit getrieben werden, um die Lösungsfindung nicht unnötig zu erschweren. Eine Funktion „Materie leiten“ wäre beispielsweise viel zu allgemein für die Lösungssuche von Elementen für den Transport von Kartons. Die Funktion „Kartons transportieren“ führt den Konstrukteur sofort zu Ideen für Lösungselemente, wie z. B. Sackkarre, Transportband, Rollgang, Wagen oder Hängeförderer.

Die lösungsneutrale Beschreibung von Aufgaben der Konstruktion mit Funktionen und der Einsatz der grundlegenden Erkenntnisse der Systemtechnik führten zur Entwicklung der Black-Box-Methode, die im Bild 2.4 vorgestellt wird.

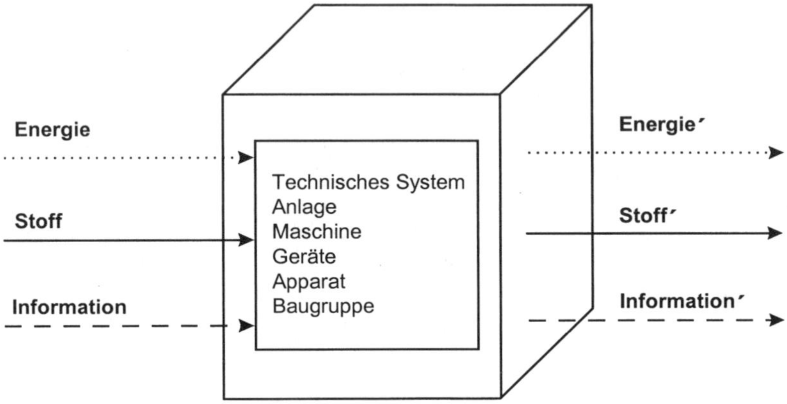

Energie : Mechanische, Thermische, Elektrische, Chemische, Optische Energie, Wärme, Kraft, Strom usw.

Stoff : Flüssigkeiten, Gase, Werkstoffe, feste Körper, Rohmaterial, Rohstoffe, Prüfgegenstände, Waren, Naturprodukte, Gegenstände usw.

Information: Signale, Daten, Meßwerte, Steuerimpulse, Anzeigen, Programm-Befehle usw.

Bild 2.4: Black-Box-Darstellung technischer Systeme

Black-Box-Methode

*Die **Black-Box-Methode*** ist die Darstellung des physikalischen Geschehens in Maschinen durch die drei Grundgrößen Energie, Stoff und Information. Es werden nur die Eingangs- und Ausgangsgrößen zur Beschreibung von Vorgängen, Funktionen usw. benutzt, ohne die Lösung zu kennen.

Die verschiedenen Möglichkeiten für die drei Grundgrößen sind beispielhaft unter der Black-Box in Bild 2.4 angegeben. Eine vereinfachte Form ist die Blockdarstellung in Bild 2.5, wobei stets die realen Angaben der Konstruktionsaufgabe einzutragen sind.

Für das Wort Gesamtfunktion wird dann beispielsweise „Drehbearbeitung von Wellen" oder „PKW heben" eingetragen, wenn man einen Wagenheber konstruieren soll. Ebenso werden die drei Größen Energie, Stoff und Information konkret beschrieben, wenn eine Blockdarstellung für eine Aufgabe erstellt wird.

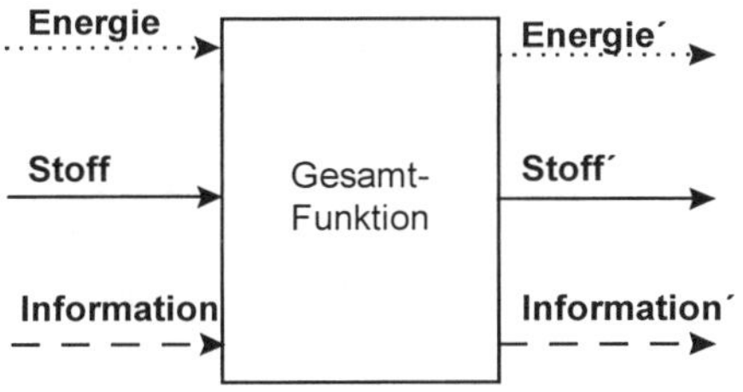

Bild 2.5: Vereinfachte Black-Box-Darstellung

Durch den Umsatz ändern sich die Eingangsgrößen in entsprechende Ausgangsgrößen, deren Bezeichnung dann jeweils angepaßt an die Aufgabenstellung gewählt werden, wie z.B. Eingangsdrehmoment und Ausgangsdrehmoment.

Funktionen werden in die Black-Box geschrieben oder skizziert. Alle Eingangs- und Ausgangsgrößen sollten mit Quantitäts-, Qualitäts- und Kostenangaben genau festgelegt werden.

Das Bild 2.6 zeigt als Beispiel für die in diesem Abschnitt genannten Regeln und Festlegungen eine ***Funktionsbeschreibung*** für den Arbeitsraum einer Drehmaschine als Ausgangsbasis für Neuentwicklungen. Ausgehend von der Gesamtfunktion mit den Eingangs- und Ausgangsgrößen erfolgt die Aufgliederung in Teilfunktionen in zwei Schritten, wobei auch Systemgrenzen angegeben wurden.

Mit zunehmender Angabe von immer mehr Teilfunktionen muß sich der Konstrukteur immer intensiver gedanklich mit der zu lösenden Aufgabe auseinandersetzen. Man erkennt sehr schnell die Grenzen dieser Methode, insbesondere, wenn es sich um komplexere Aufgaben handelt. Trotzdem gibt es Bereiche in der Entwicklung, die dieses Vorgehen sinnvoll nutzen können. Als weiterer Bereich kann die Lehre genannt werden, da hiermit eine Möglichkeit vorhanden ist, um das notwendige Eindringen in das konstruktive Denken zu fördern.

2.1.5 Wirkprinzipien für Teilfunktionen

Die Festlegung von Teilfunktionen durch Konstrukteure geschieht in der Regel bereits unter Beachtung von physikalischen Gesetzen, stofflichen Eigenschaften und mit gewissen Vorstellungen von den Abmessungen der Teillösungen. Wenn z.B. ein Drehmoment übertragen werden soll, weiß der Konstrukteur aus der Aufgabenstellung auch die technischen Daten wie Größe des Drehmoments und daß die Übertragung von einer Welle auf eine Nabe erfolgen soll. Daraus ergeben sich dann schnell konkrete Prinzipskizzen, die z.B. mit dem Hilfsmittel ***Konstruktionskatalog*** zu mehreren Lösungskonzepten führen.

Die im Abschnitt 5 behandelten Konstruktionskataloge sind inzwischen sehr umfangreich in der Literatur veröffentlicht worden und unterstützen insbesondere das systematische Erarbeiten von Lösungsalternativen.

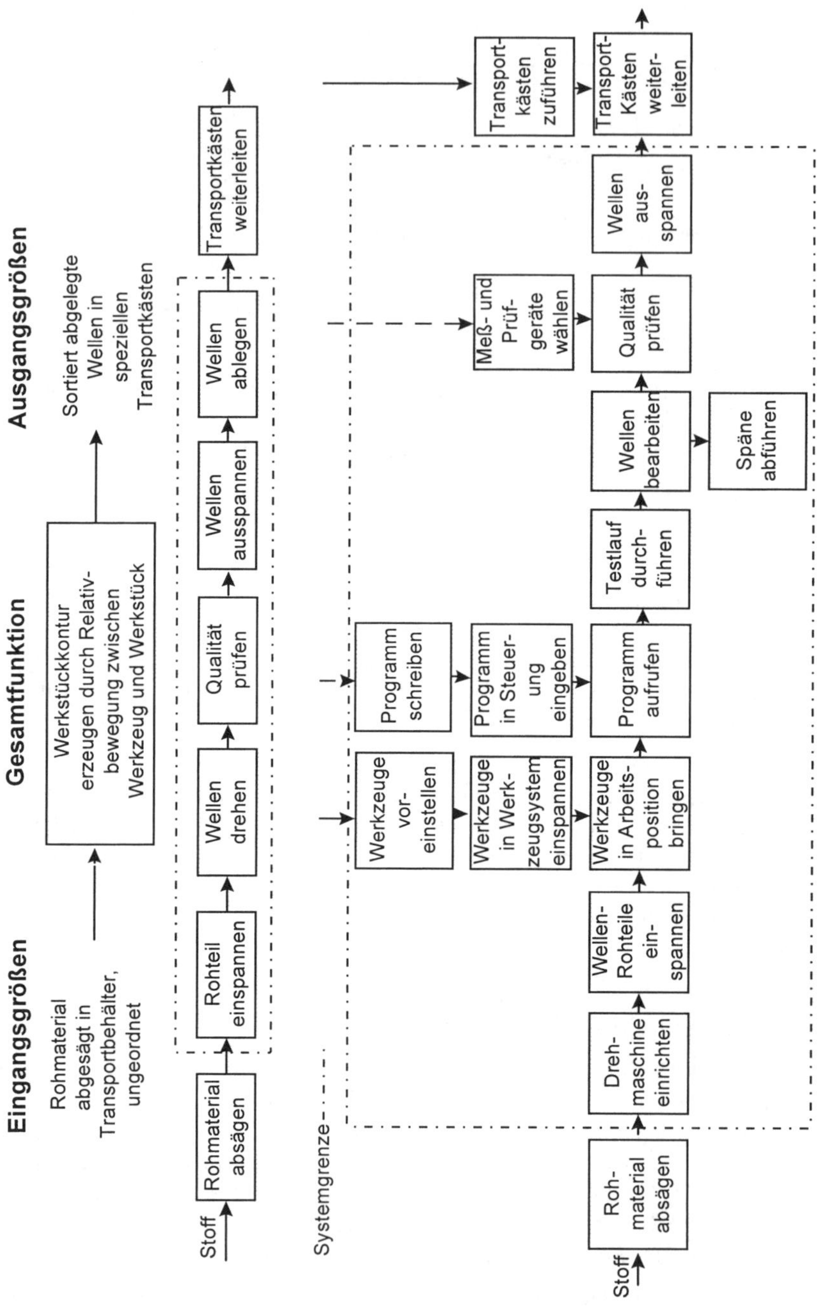

Bild 2.6: Funktionsstruktur für die Drehbearbeitung von Wellen

Die Black-Box-Darstellung mit Angabe der Teilfunktion sowie den Eingangs- und Ausgangsgrößen wird also schrittweise durch einen physikalischen Effekt sowie durch geometrische und stoffliche Merkmale zu einer ***Prinziplösung*** entwickelt. Beispiele dieser Vorgehensweise zeigt Bild 2.7:

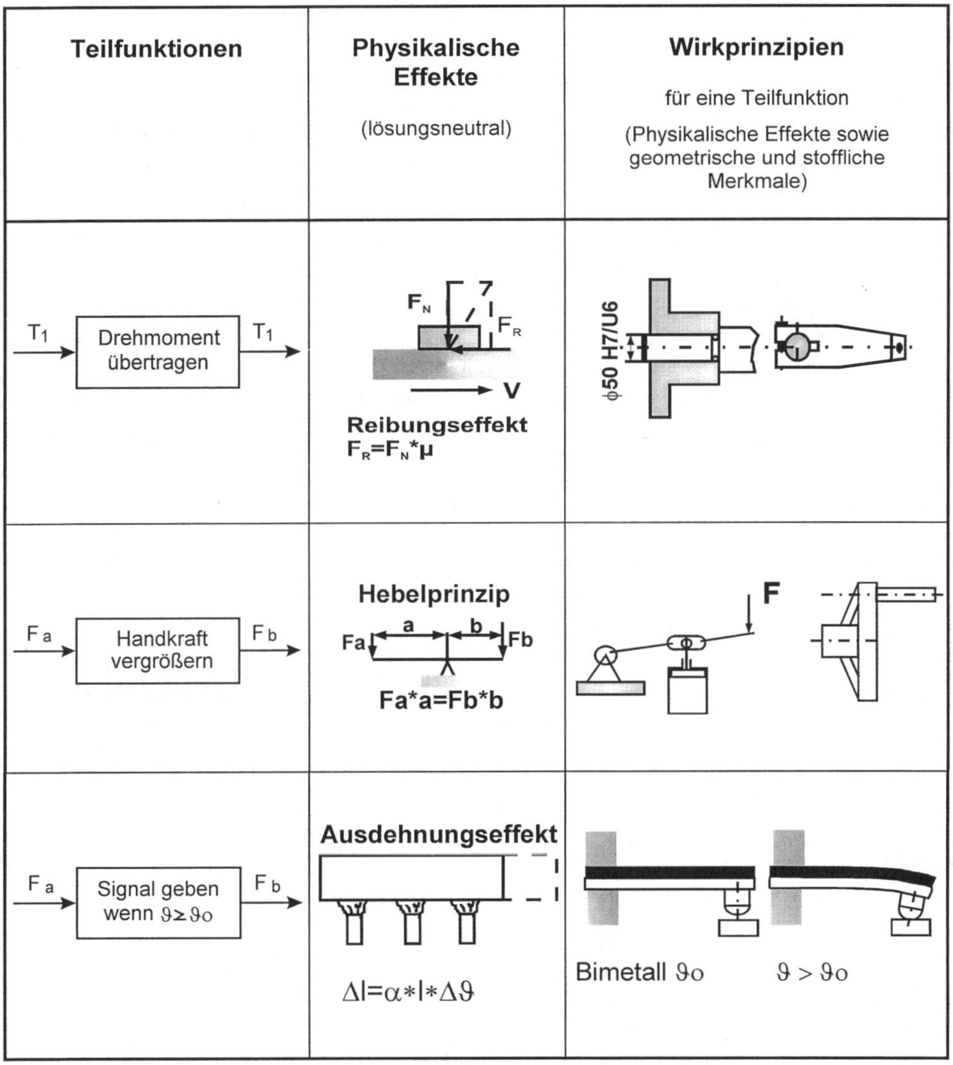

Bild 2.7: Erfüllen von Teilfunktionen durch Wirkprinzipien (nach *Pahl/Beitz*)

Drehmoment übertragen (durch Reibungseffekt)
Kann durch Preßverbindungen oder durch Klemmverbindungen erfolgen. Die stoffliche Ausführung ist skizziert, die Welle als geometrische Form ebenfalls.

Kraft vergrößern (durch Hebelgesetz)
Findet viele Anwendungen. Die Wahl verschiedener Kraft- und Drehangriffspunkte und der entsprechenden Bewegungen führt zu Handrädern oder dem hier nur als Strichskizze angedeuteten Pumpenhebel.

Signal geben (durch Temperaturänderung über Ausdehnungseffekt)
Die Realisierung erfolgt durch Bimetall, das aus zwei fest miteinander verbundenen Metallschichten besteht. Der Längen-Temperatur-Koeffizient ist in beiden Schichten unterschiedlich groß. Das führt bei Temperaturänderungen zu einer Streifenkrümmung, die die Signalübertragung bewirkt.

Für die Entwicklung von Prinziplösungen für Funktionen sind Kenntnisse über physikalische Effekte sowie über stoffliche und geometrische Merkmale notwendig.

Physikalische Effekte beschreiben die durch physikalische Gesetze vorhandene Zuordnung der beteiligten Größen. Da das physikalische Geschehen die Grundlage vieler Lösungen ist, ist für den Einsatz im konstruktiven Bereich eine entsprechende Aufbereitung sehr hilfreich. Insbesondere *Koller* und *Rodenacker* haben hier umfangreiche Vorarbeiten durchgeführt, so daß heute Kataloge aller wichtigen physikalischen Effekte so vorliegen, daß Konstrukteure sie nutzen können.

Teilfunktionen werden oft erst durch Verbinden mehrerer physikalischer Effekte erfüllt, z.B. die Wirkung eines Bimetalls durch den Effekt der thermischen Ausdehnung und durch das Hooke'sches Gesetz. Außerdem können Teilfunktionen durch verschiedene Effekte erfüllt werden, wie z.B. für die Funktion „Kraft vergrößern".

Stoffliche und geometrische Merkmale sind allgemein bekannt unter den Bezeichnungen Werkstoffe und Gestaltung. Deren systematische Aufgliederung führt dann zu den Werkstoffarten und zu den Werkstoffeigenschaften, während bei der Gestaltung der Geometrieelemente überlegt und festgelegt werden müssen:

- die Art der Flächen
- die Form der Flächen
- die Lage der Flächen
- die Größe der Flächen
- die Anzahl der Flächen

Die erforderlichen Bewegungen können ebenfalls systematisch gegliedert werden:

- Bewegungsart (Drehbewegung, Längsbewegung)
- Bewegungsform (gleichförmig, ungleichförmig)
- Bewegungsrichtung (in x- oder z-Richtung oder um die z-Achse)
- Bewegungsbetrag (Geschwindigkeitswert) und
- Bewegungsanzahl (eine oder mehrere Bewegungen)

Für die Flächen und für die Realisierung der erforderlichen Bewegungen muß die Art des Werkstoffes festgelegt werden, insbesondere die Werkstoffeigenschaften (elastisch, plastisch, Festigkeit, Härte usw.). Eine Vorstellung über die Gestalt wird erst durch die Festlegung der Werkstoffeigenschaften, der Flächeneigenschaften und der Bewegungen erreicht. Nur die Gemeinsamkeit von physikalischem Effekt sowie geometrischen und stofflichen Merkmalen läßt das Prinzip der Lösung erkennen. Dieser Zusammenhang wird als ***Wirkprinzip***, Prinziplösung oder Konzept bezeichnet.

Die Gesamtfunktion wird durch die Kombination der Wirkprinzipien der Teilfunktionen zu einer Lösung verknüpft. Es sind natürlich auch mehrere unterschiedliche Kombinationen möglich, die auch als Prinzipkombination bezeichnet werden.

Die Kombination mehrerer Wirkprinzipien für die Teilfunktionen führt zu Lösungsprinzipien für die Gesamtaufgabe. Diese sind aber oft noch zu wenig konkret, um das Prinzip der Lösungen beurteilen zu können. Sie müssen durch überschlägige Rechnungen zur Auslegung und durch grobmaßstäbliche Skizzen zur Untersuchung der Geometrie genauer beschrieben werden.

2.1.6 Baugruppen festlegen

Die entwickelten Lösungsprinzipien für die Teilfunktionen und deren Anordnung zu einer Gesamtlösung erfordern in der Regel weitere Überlegungen über die Struktur und Anpassung sowie deren zeichnerische Darstellung. Unterschiede ergeben sich z.B. dadurch, ob mit einem 3D-CAD/CAM-System modelliert wird oder ob die konventionelle Entwurfszeichnung eingesetzt wird.

Bauteile werden entsprechend den Funktionen mit Verbindungselementen zu ***Baugruppen*** gestaltet und mit anderen Baugruppen zu Maschinen weiterentwickelt. Bei der Festlegung der Baustruktur sind beispielsweise die Fertigungsmöglichkeiten, die Montage, die Qualität, die Kosten und die Ergonomie zu beachten. Als Ergebnis erhält man ein konkretes technische Gebilde als Baugruppe, Maschine oder Technisches System.

Als Beispiel wird eine Reitstockpinole betrachtet, für die in Bild 2.8 die grundlegenden Entwicklungsschritte dargestellt sind. Ausgehend von der Funktion, Drehmoment in Axialkraft umwandeln, erfolgt eine Aufgliederung in Teilfunktionen, die in der Baugruppe realisiert werden müssen. Diese Teilfunktionen sind das Ergebnis weiterer Überlegungen unter Beachtung der Gesamtaufgabe. Deshalb wurde die gleichzeitige Übertragung der Dreh- in eine Längsbewegung berücksichtigt, die durch das Lösungselement Gewindespindel/Mutter realisiert wurde. Dafür sind die physikalischen Effekte angegeben sowie eine vereinfachte Darstellung der Baugruppe Reitstockpinole. Eine Pinole ist eine Rundführung, die häufig in Werkzeugmaschinen eingesetzt wird. In Kombination mit dem Schraubgelenk wird das dann erforderliche Schubgelenk für die Geradführung der Pinole als formschlüssiges Führungselement eingesetzt. Diese Baugruppe gehört zu einer Drehmaschine mit vielen weiteren Komponenten. Als Technisches System zum Fertigen von Drehteilen muß es dem Menschen als Bediener angepaßt sein und sollte mit allen möglichen Wirkungen die Umgebung nicht negativ beeinflussen.

Schritt	Elemente	Struktur	Beispiel
Funktionen festlegen	**Funktionen**	Funktions-struktur	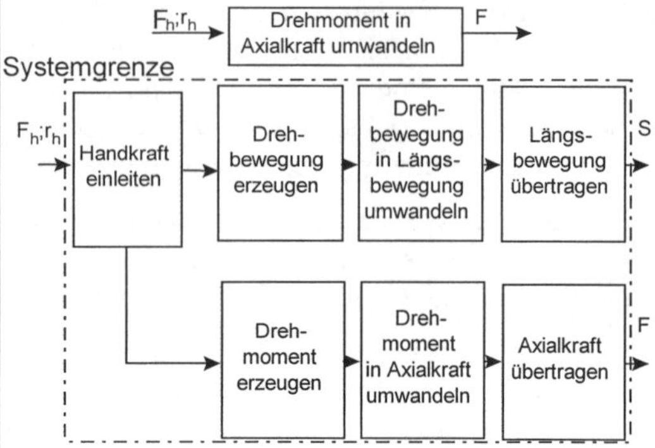
Wirkprinzip festlegen	Physikalische Effekte sowie geometrische und stoffliche Merkmale ergeben **Wirk-prinzipien**	Wirk-struktur	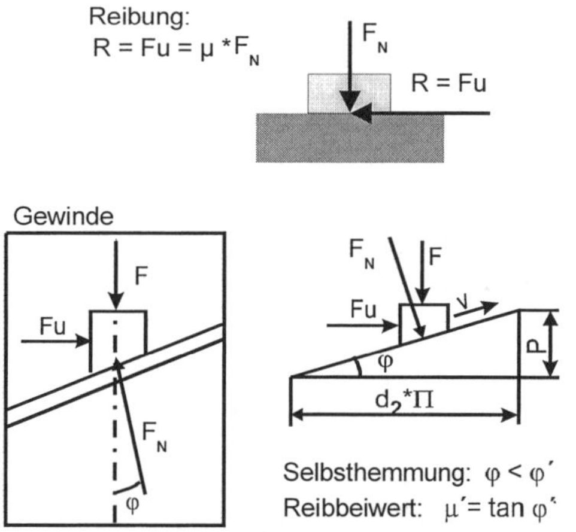
Baugruppen festlegen	**Bauteile Verbindungen Baugruppen**	Bau-struktur	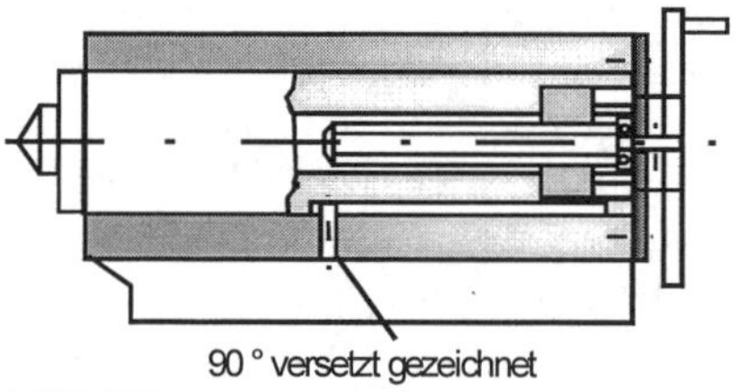
Komponenten festlegen	**Technische Gebilde Mensch Umgebung**	System-struktur	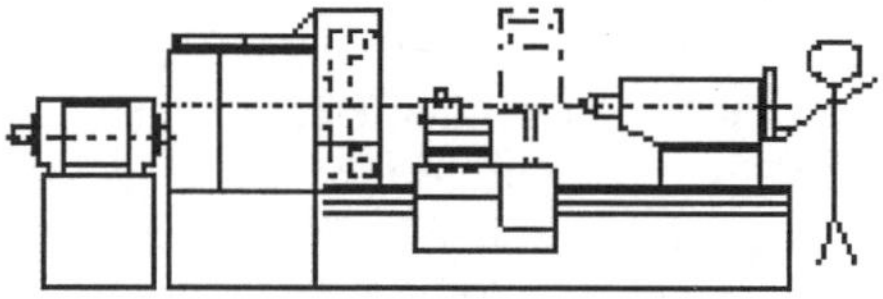

Bild 2.8: Entwicklungsschritte technischer Systeme (nach *Pahl/Beitz*)

Technische Systeme sind im allgemeinen Bestandteil eines übergeordneten Systems, z.B. eines Produktionsbetriebes. Neben der Drehmaschine gibt es noch verschiedene andere Fertigungseinrichtungen, Meß- und Prüfeinrichtungen sowie Transporteinrichtungen.

In einem solchen System sind viele Menschen tätig, die auf das technische System im Sinne der Funktionserfüllung einwirken. Sie beeinflussen das System durch Bedienung und Überwachung. Dabei sind sie Wirkungen ausgesetzt, wie z.B. Lärm, Wärme oder Werkstückungenauigkeiten, die nicht gewollt sind und deshalb stören. Außerdem wird das Gesamtsystem auf die Umgebung und auf andere Menschen einwirken. Auch diese Einflüsse und deren Auswirkungen müssen bei der Entwicklung von Technischen Systemen beachtet werden.

2.2 Grundlegende Arbeitsmethoden

Das ***methodische Vorgehen*** beim Konstruieren erfolgt nach Regeln und Ansätzen, die allgemein anwendbar sind und Grundlage bzw. Hilfsmittel für die später behandelten speziellen Methoden in der Konstruktion sind. Die Vorschläge für eine solche Arbeitsmethodik wurden von verschiedenen Fachgebieten entwickelt und gelten in ihren Grundlagen fachübergreifend. Sie werden deshalb auch für Aufgabenstellungen eingesetzt, die nicht ausschließlich konstruktiver Art sind.

Diese allgemeinen Methoden dienen dem besseren Verständnis und unterstützen die Konstrukteure insbesondere dann, wenn sie die Eigenheiten, Fähigkeiten und Grenzen der Menschen berücksichtigen, die durch Denken konstruktive Probleme lösen. Außerdem soll eine allgemeine Arbeitsmethodik branchenunabhängig und ohne fachspezifische Vorkenntnisse einsetzbar sein.

Folgende Voraussetzungen müssen nach *Pahl/Beitz* beim methodischen Vorgehen erfüllt werden:

- *Ziele definieren.* Das Gesamtziel und die möglichen Teilziele sind zu nennen und ihre Bedeutung ist zu erläutern.
  (Motivation zur Lösung der Aufgabe und Unterstützung der eigenen Einsicht.)
- *Bedingungen aufzeigen.* Klarstellen von Rand- und Anfangsbedingungen.
  (Ungenügende Klarstellung führt zu Fehlern; Anfang und Grenzen müssen definiert werden.)
- *Vorurteile auflösen, beseitigen.* Unvoreingenommenheit herstellen, wozu jeder Beteiligte zunächst grundsätzlich bereit sein muß. (Erst dann ist eine breit angelegte Lösungssuche bei Vermeidung von Denkfehlern möglich.)
- *Lösungsvarianten suchen.* Aus mehreren Lösungen die günstigste auswählen; Auswahl durch Vergleich.
- *Beurteilen.* Auswählen, Bewerten; Objektive und umfassende Kriterien anwenden im Hinblick auf Ziele und gegebene Bedingungen.
- *Entscheidungen fällen.* Erleichtert durch Bewertung; ohne Entscheidungen ist kein Erkenntnisfortschritt möglich.

Die folgenden grundlegenden Methoden werden in Anlehnung an die ausführlichere Darstellung vorgestellt. Für einen ersten Überblick ist dies ausreichend.

Methoden sollte man durch Anwenden einüben. Dafür gibt es spezielle Lehrbücher und Lehrveranstaltungen, die bei Bedarf eingesetzt werden sollten.

Intuitives und diskursives Denken

Intuitives Denken und Vorgehen vollzieht sich stark einfallsbetont, wobei die Erkenntnis plötzlich in das Bewußtsein fällt und kaum beeinflußbar oder nachvollziehbar ist.

(*Intuitiv*: Einfallsbetontes Erkennen)

Vorteil: Intuition führt zu guten oder sehr guten Lösungen

Nachteile rein intuitiver Arbeitsweise:

- Der richtige Einfall kommt selten zum gewünschten Zeitpunkt, denn er kann ja nicht erzwungen oder erarbeitet werden.
- Das Ergebnis hängt stark von Veranlagung und Erfahrung des Bearbeiters ab.
- Es besteht die Gefahr, daß sich Lösungen nur innerhalb eines fachlichen Horizontes des Bearbeiters vor allem durch dessen Vorfixierung einstellen.

Deshalb wird angestrebt, durch bewußteres Vorgehen ein zu lösendes Problem schrittweise zu bearbeiten. Eine solche Arbeitsweise wird diskursiv genannt. (*Diskursiv*: Von einem Gedankeninhalt zum anderen fortschreitend, dabei ist die Entstehung in Teilschritten verfolgbar.)

Die Arbeitsschritte werden bewußt vollzogen, sind beeinflußbar und mitteilsam, indem man die einzelnen Ideen oder Lösungsansätze analysiert, variiert und kombiniert. Wichtigstes Merkmal dieses Vorgehens ist also, daß eine zu lösende Aufgabe selten sofort in ihrer Gesamtheit angegangen wird, sondern daß man diese zunächst in übersehbare Teilaufgaben aufgliedert, um letztere dann leichter lösen zu können.

Intuitives und diskursives Arbeiten stellen keinen Gegensatz dar. Die Erfahrung zeigt, daß die Intuition durch diskursives Arbeiten angeregt wird. Es sollte stets angestrebt werden, komplexe Aufgabenstellungen schrittweise zu bearbeiten, wobei es zugelassen bzw. erwünscht ist, Einzelprobleme intuitiv zu lösen. Für ein tieferes Eindringen wäre es erforderlich, bestimmte Eigenheiten des Denkprozesses zu kennen bzw. auszunutzen.

Analysieren von Aufgaben

Analyse ist in ihrem Wesen Informationsgewinnung durch Zerlegen und Aufgliedern sowie durch Untersuchen der Eigenschaften einzelner Elemente und der Zusammenhänge zwischen ihnen. Es geht dabei um Erkennen, Definieren, Strukturieren und Einordnen. Die gewonnenen Informationen werden nach *Pahl/Beitz* zu einer Erkenntnis verarbeitet. Zur eindeutigen und klaren Aufgabenstellung gehört eine Analyse des vorliegenden Problems: Problemanalyse.

Problemanalyse heißt, das Wesentliche vom Unwesentlichen zu trennen und bei komplexeren Aufgabenstellungen durch Aufgliedern einzelne, übersehbare Teilprobleme für eine diskursive Lösungssuche vorzubereiten. Die Problemanalyse ist mit der wichtigste Schritt beim methodischen Arbeiten.

Bei der Lösung von Aufgaben ist eine ***Strukturanalyse***, d.h. das Suchen nach strukturellen Zusammenhängen, hilfreich. Es werden z.B. hierarchische Strukturen oder logische Zusammenhänge ermittelt, um mit Hilfe von Analogiebetrachtungen Gemeinsamkeiten oder auch Wiederholungen zwischen unterschiedlichen Systemen aufzuzeigen.

Die ***Schwachstellenanalyse*** ist ein weiteres Hilfsmittel. Dieser Ansatz geht davon aus, daß jedes System, also auch ein technisches Produkt, Schwachstellen und Fehler besitzt, die durch Unwissenheit und Denkfehler, durch Störgrößen und Grenzen, die im physikalischen Geschehen selbst liegen, sowie durch die Fülle fertigungsbedingter Fehler hervorgerufen wird.

Konzepte und Entwürfe sind auf Schwachstellen hin zu analysieren, um Verbesserungen zu finden und unter Umständen Anregungen zu neuen Lösungsprinzipien zu erhalten.

Abstrahieren der Aufgabe

Abstrahieren heißt Absehen von etwas für die Überlegung Unwesentlichem. Dieser übergeordnete Zusammenhang ergibt sich in der Regel aus der Analyse aufgrund erkannter Merkmale, die allgemein und damit weitreichend beschrieben werden können. Die wesentlichen Merkmale führen dazu, die in ihnen enthaltenen Lösungen zu suchen und zu finden. Die Abstraktion unterstützt also gleichermaßen kreative als auch systematische Denkvorgänge. Mit Hilfe der Abstraktion ist es auch eher möglich ein Problem so zu definieren, daß es von Zufälligkeiten der Entstehung oder Anwendung befreit wird und damit eine allgemeingültige Lösung ergibt.

Beispiel: Konstruiere keine Schraubverbindung, sondern suche eine zweckmäßige Lösung Platten und Träger zur Kraftübertragung bei definierter Lage zu verbinden.

Synthese durchführen

Synthese bedeutet Informationsverarbeitung durch Bilden von Verbindungen, durch Verknüpfen von Elementen mit insgesamt neuen Wirkungen und das Aufzeigen einer zusammenfassenden Ordnung. Es ist der Vorgang des Suchens und Findens sowie des Zusammensetzens und Kombinierens (*Pahl/Beitz*).

Wesentliches Merkmal konstruktiver Tätigkeit ist das Zusammenfügen einzelner Erkenntnisse oder Teillösungen zu einem funktionierenden Gesamtsystem, d.h. das Verknüpfen von Einzelheiten zu einer Einheit. Allgemein ist bei einer Synthese das Ganzheits- oder Systemdenken zu empfehlen. Es bedeutet, daß bei einer Bearbeitung einzelner Teilaufgaben oder bei zeitlich aufeinanderfolgenden Arbeitsschritten immer die Gegebenheiten der Gesamtaufgabe behandelt werden müssen. Dadurch vermeidet man, trotz Optimierung einzelner Baugruppen oder Teilschritte eine ungünstige Gesamtlösung zu erhalten.

Allgemeine Methoden

Grundlage für methodisches Arbeiten sind oft folgenden Methoden:

- *Methode des gezielten Fragens.* Fragen stellen, um Intuition anzuregen und den Denkprozeß zu fördern. Das kann auch durch Fragenkataloge oder Checklisten erfolgen, die zusätzlich das diskursive Denken unterstützen.
- *Methode des Vorwärtsschreitens.* Lösungsansatz wird benutzt, um durch möglichst viele Wege, die von diesem Ansatz wegführen, neue, weitere Lösungen zu finden. Ein Beispiel ist im Bild 2.9 für die Entwicklung von Welle-Nabe-Verbindungen gezeigt. Die Pfeile verweisen auf mögliche Wege der schrittweisen Verbesserung und Entwicklung. Die dargestellten Elemente werden als bekannt vorausgesetzt.

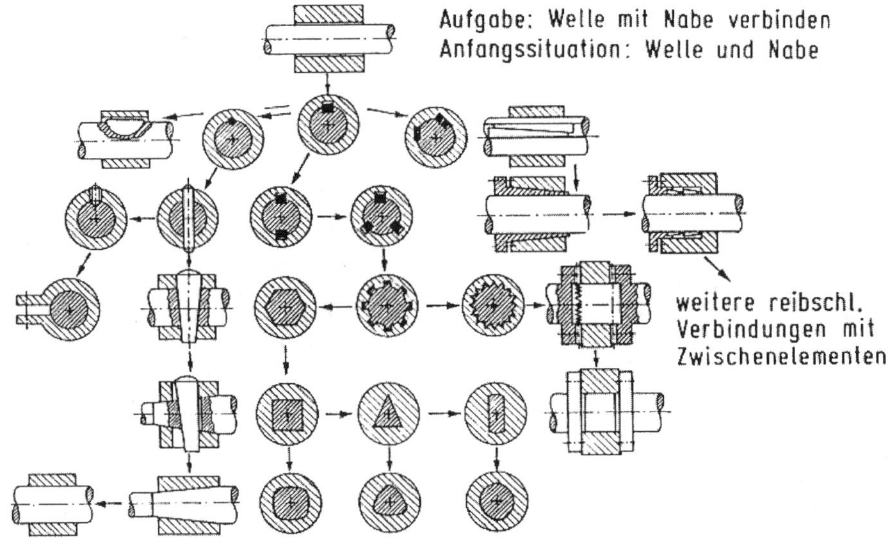

Bild 2.9: Methode des Vorwärtsschreitens für Welle-Nabe-Verbindungen (nach *Pahl/Beitz*)

- *Methode des Rückwärtsschreitens.* Ausgehend von einer Zielsituation wird versucht, rückwärtsschreitend möglichst viele Wege zu finden. Beispiel: Erstellen von Arbeitsplänen und Fertigungssystemen zur Bearbeitung eines fest vorgegebenen Werkstückes in Form einer technischen Zeichnung (Zielsituation). Der Arbeitsvorbereiter muß sich überlegen, aus welchen Rohteilen mit welchen Fertigungs- und Prüfverfahren das gezeichnete Werkstück kostengünstig hergestellt werden kann.
- *Methode der Faktorisierung.* Gesamtproblem in Teilprobleme zerlegen und diese dann lösen. Definierbare einzelne Elemente (Faktoren) sind Bestandteile des Systems. Anwendung: Aufgliedern in Teilfunktionen und Auswählen von geeigneten Lösungselementen unter Beachtung von Unverträglichkeiten beim Kombinieren mit Hilfe von Funktionsstrukturen.

- *Methode der Negation und Neukonzeption.* Bewußte Umkehrung vorhandener Lösungen oder von Lösungselementen, um neue Möglichkeiten zu finden, z.B. rotierend – stehend, innen – außen, weglassen – hinzufügen.
- *Methode des Systematisierens.* Systematisches Ändern von Lösungselementen, um durch Variation zu mehr Lösungen zu kommen. Beispielsweise können sich durch systematisches Einsetzen verschiedener Verbindungselemente einige neue Erkenntnisse ergeben, die für die Lösungsfindung sinnvoll sind. Das Finden von Lösungen durch Aufbau und Ergänzung einer Ordnung fällt dem Menschen leichter.

2.3 Informationsverarbeitung in der Konstruktion

Konstruktionsprozesse beginnen meist mit einer mehr oder weniger umfangreichen Aufgabenstellung über das zu entwickelnde Produkt. Für den Lösungsprozeß besteht ein großer Informationsbedarf, und es erfolgt eine ständige ***Informationsverarbeitung***. Da außerdem in der Konstruktion erfahrungsgemäß ungefähr 75 % der Herstellkosten festgelegt werden, müssen sehr viele Regeln und Erkenntnisse beachtet werden. Dies bezieht sich z.B. auf Werkstoffe, Fertigung, Montage und Qualität.

Die Konstruktion benötigt also Informationen aus allen Abteilungen des Unternehmens, von Zulieferern, von Kunden, vom Markt, aus Veröffentlichungen usw. Das ***Informationswesen*** kann entsprechend seiner besonderen Bedeutung für die Konstruktion in Teilaufgaben gegliedert werden, die auch in Bild 2.10 dargestellt werden:

- Informationen beschaffen
- Informationen bereitstellen
- Informationen handhaben
- Informationen verarbeiten
- Informationen ausgeben

Die Informationsbeschaffung ist ebenso wie die Bereitstellung und Handhabung von Informationen eine indirekte Konstruktionstätigkeit, die aber bei den vielfältigen Informationsquellen von Konstrukteuren intensiv genutzt werden muß. Das Beschaffen von Informationen umfaßt sowohl die Bestellung von Büchern, Patenten, Normen oder Vorschriften als auch die Kenntnisse, die durch das Lesen von Berichten, Zeitschriften oder von Produktkatalogen gewonnen werden.

Informationen, die zum richtigen Zeitpunkt und am richtigen Ort zur Verfügung stehen, erfüllen durch gezieltes Bereitstellen die zweite Aufgabe.

Die Informationshandhabung umfaßt das Verwalten, Archivieren und Aktualisieren von Unterlagen, die als Kataloge in gedruckter Form oder auf Speichermedien vorliegen.

Die Informationsverarbeitung und die Informationsausgabe zählen zu den direkten Konstruktionstätigkeiten, da für das Entwerfen, Berechnen, Gestalten und Zeichnen Informationen umgesetzt werden und in Form von Zeichnungen, Stücklisten und Produktbeschreibungen als Ergebnis der Konstruktionstätigkeit vorliegen.

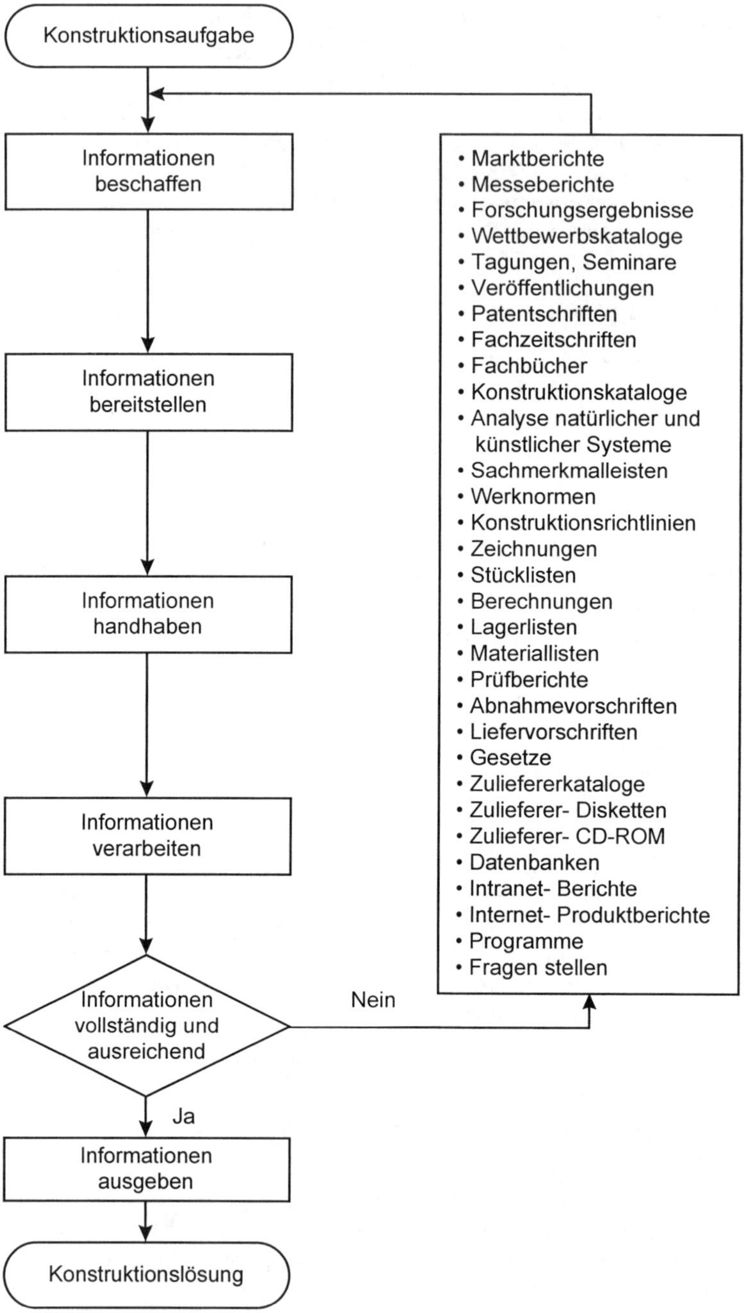

Bild 2.10: Informationsumsatz in der Konstruktion

Der Konstruktionsprozeß hat sich in den letzten Jahren durch ein sehr breites Angebot an bestehenden Informationen, die aus der ganzen Welt kurzfristig durch moderne Medien beschaffbar sind, gewandelt. Außerdem wird heute weltweit im internationalen Firmenverbund in verschiedenen Ländern am gleichen Projekt gearbeitet. Als weitere Gründe sind die gestiegene Komplexität der Produkte und die erhöhte Verantwortung der Konstrukteure zu nennen, die heute nicht nur vielfältige Umweltvorschriften beachten müssen, sondern auch die Gesetze der Produkthaftung und die stark gestiegenen Qualitätsansprüche der Kunden zu erfüllen haben.

Der *Aufwand für die* ***Informationsbeschaffung*** allein nimmt heute schon einen Anteil von 5...15 % der Arbeitszeit der Konstrukteure ein; zählt man noch Kommunikation und Weiterbildung hinzu, so kann fast die halbe Arbeitszeit dafür erforderlich werden. Die Aufgaben des Konstrukteurs haben sich also erheblich verändert.

Die ***Informationsquellen*** *zum Konstruieren* richten sich nach der Konstruktionsphase.

Eine Sammlung wichtiger Quellen enthält das Bild 2.10, das auch den Ablauf der Informationsumsetzung in vereinfachter Form enthält. Die vielen Informationsquellen dürfen nicht dazu verführen, eine perfekte Informationsbereitstellung aufbauen zu wollen, sondern darauf zu achten, daß eine möglichst effiziente Bereitstellung geschaffen wird.

Als wichtige Informationsquellen gelten:

- Kataloge
- Normen
- Konstruktionsrichtlinien

Kataloge sind eine bewährte Aufbereitung von Informationen für die Konstruktion. Insbesondere Konstruktionskataloge wurden als Hilfsmittel zum systematischen Entwickeln von neuen Lösungen und zur schnellen Wiederverwendung bekannter Elemente aufgestellt. Sie sind in verschiedenen Formen vorhanden und werden in einem späteren Abschnitt ausführlicher behandelt.

Normen sind technische Regelwerke, die den Stand der Technik enthalten und damit als bewährte Lösungen für eine Standardisierung dem Konstrukteur bekannt sein müssen. Es gibt verschiedene Normen, die beispielsweise

- Normteilabmessungen enthalten,
- Berechnungsvorschriften enthalten,
- Unterlagenerstellung festlegen,
- Merkmalsbeschreibungen enthalten,
- Fertigungsverfahren definieren.

Normen werden in Deutschland vom Deutschen Institut für Normung als DIN-Normen herausgegeben. Europaweit gelten Normen mit der Abkürzung EN (Europa-Norm). Die internationale Normenorganisation ISO (International Organization for Standardization) erarbeitet weltweit geltende Normen. Die Übernahme der Normen für Deutschland wird jeweils durch den Vorsatz DIN gekennzeichnet, wie z.B. DIN EN, DIN EN ISO.

Weiterhin gibt es die ***Werknormen***, die firmenspezifisch erstellt werden, um speziell für das eigene Unternehmen eine Standardisierung und eine Wiederverwendung bewährter Lösungselemente oder Abläufe sicherzustellen.

Außerdem geben noch viele Verbände wie z.B. der VDI (Verein Deutscher Ingenieure), der VDE (Verband Deutscher Elektrotechniker) oder der VDA (Verband der Automobilindustrie) wichtige Richtlinien heraus.

Konstruktionsrichtlinien, Technische Anweisungen oder ähnlich bezeichnete Vorschriften in den Unternehmen enthalten Vorgaben und Erfahrungswerte zum Auslegen oder zum Lösen von konstruktiven Aufgaben. Die richtige Anwendung führt in der Regel zu Kosteneinsparungen, da Fertigungs- oder Montageerfahrungen genutzt werden, wie beispielsweise die Beachtung der Bearbeitungsmöglichkeiten der vorhandenen Fertigung oder Hinweise auf vorhandene erforderliche Montagevorrichtungen.

Konstruieren ist ein enormer Datenerzeugungsprozeß, da sehr viele Angaben und Informationen umgesetzt werden müssen. Am Ende des Konstruktionsprozesses liegt als Ergebnis eine große Informationsmenge über das zu bauende technische System vor.

Der Informationsumsatz ist in der Regel sehr komplex. Zum Lösen von Aufgaben werden Informationen von sehr unterschiedlicher Art, unterschiedlichem Inhalt und Umfang benötigt, verarbeitet und ausgegeben. Die wichtigsten Begriffe zur Theorie des Informationsumsatzes sind in DIN 44300 und DIN 44301 festgelegt.

Jeder Konstrukteur muß alle für seine Tätigkeit wichtigen Informationen in aktueller Form verfügbar haben. Er muß genauso auch seine Erfahrungen schnell und direkt anderen mitteilen. Der Konstrukteur hat eine Holschuld bei der Informationsbeschaffung und eine Bringschuld bei der Informationsweitergabe.

In seinem Arbeitsumfeld muß er stets sehr gut informiert sein und dabei auch seine Abteilung oder das ganze Unternehmen berücksichtigen. Durch die in immer kürzeren Abständen erfolgende Erneuerung der Produkte eines Unternehmens wird es notwendig, ständig Neues zu lernen. In manchen Unternehmen wird bereits ein großer Teil des Umsatzes mit Produkten erzielt, die weniger als fünf Jahre alt sind. Daran erkennt man, wie schnell Wissen veraltet, wenn es nicht ständig aktualisiert wird.

3 Der Konstruktionsprozeß

Die ständige Weiterentwicklung der Technik hat in den letzten Jahren dazu geführt, daß die klassische ***Funktionsorientierung*** mit sehr starker Arbeitsteilung immer mehr durch eine ***Prozeßorientierung*** abgelöst wird. Heute wird versucht, die Aufgaben und Abläufe in den Unternehmen durch Denken und Arbeiten in Prozessen zu lösen. Man spricht von einem Paradigmawechsel, dem Wechsel von einer rationalistischen zu einer ganzheitlichen Weltsicht. Ein ***Paradigma*** ist ein Denkmuster, das das wissenschaftliche Weltbild, die Weltsicht einer Zeit prägt.

Entsprechend ist der ***Konstruktionsprozeß*** zu sehen: Konstrukteure müssen ihre Tätigkeiten als Teil des gesamten ***Produktentstehungsprozesses*** sehen und in Prozessen denken. Deshalb werden auch die wesentlichen Tätigkeiten als Abläufe dargestellt, wobei die Lösung von Teilaufgaben durch Systembetrachtungen, Methoden und Informationsumsetzung unterstützt werden. Diese bereits im vorherigen Abschnitt behandelten Grundlagen sollten den Konstrukteuren bekannt sein, da sie die konstruktive Arbeit beeinflussen. Damit dies sinnvoll realisierbar ist, muß daraus ein allgemein anwendbares methodisches Vorgehen erarbeitet werden, das in allen Bereichen der Konstruktion eingesetzt werden kann, unabhängig von der Art des Produkts. Da in der Praxis nur Methoden angenommen und eingesetzt werden, die für die jeweilige Aufgabe und für den jeweiligen Arbeitsschritt am wirksamsten sind, sollen hier auch nur schwerpunktmäßig diese Methoden und Hilfsmittel als Auswahl vorgestellt werden.

3.1 Der Lösungsprozeß

Das Lösen von Aufgaben ist von der Schule und aus dem täglichen Leben eigentlich ausreichend bekannt, da, abhängig von Art und Umfang der Aufgaben, im Laufe der Zeit eine gewisse Vorgehensweise eingeübt und angewendet wird. Durch umfangreiche Untersuchungen haben sich die Erkenntnisse zu einem Grundschema verdichtet, das in der Regel unbewußt gedanklich abläuft. Erst bei Schwierigkeiten oder neuen Aufgaben, wie der Anwendung dieser Vorgehensweise auf den Konstruktionsprozeß, wird der ***Lösungsprozeß*** wieder interessant.

Unsere Arbeitsweise beim Lösen von konstruktiven Aufgaben besteht darin zu analysieren, was durch die Aufgabenstellung gegeben ist, und anschließend durch eine Synthese die bekannten Lösungselemente schrittweise einzusetzen, um eine Lösung für die Aufgabe festzulegen. Nach jeder Teillösung muß entschieden werden, ob das Teilergebnis sinnvoll ist und weitergearbeitet werden soll oder ob eine Überprüfung erforderlich ist. Diese Gliederung in Arbeits- und Entscheidungsschritte stellt sicher, daß der notwendige Zusammenhang zwischen den Zielen der Aufgabe, der Planung, der Durchführung und der Prüfung der Ergebnisse besteht. Vor der Übernahme des Ergebnisses als Lösung der Aufgabe ist noch einmal zu klären, ob diese Lösung plausibel und realisierbar ist. Die grundsätzliche Vorgehensweise läßt sich also als Grundschema für den Lösungsprozeß in Form eines Ablaufs darstellen und ist dem Bild 3.1 zu entnehmen, das in Anlehnung an *Pahl/Beitz* erläutert wird.

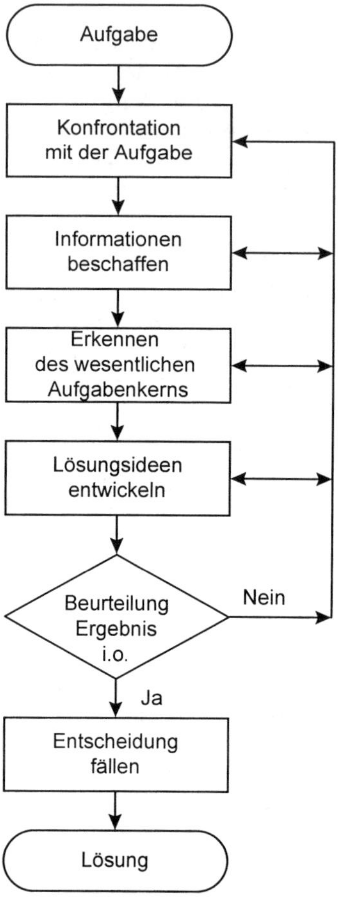

Bild 3.1: Ablauf von Lösungsprozessen

- Jede Aufgabe bewirkt zunächst eine Konfrontation, eine Gegenüberstellung von Problemen und bekannten oder (noch) nicht bekannten Realisierungsmöglichkeiten. Die Stärke der Konfrontation hängt ab von Wissen, Können und Erfahrung des Konstrukteurs.
- Informationen zu beschaffen über nähere Aufgabenstellung, Bedingungen, Lösungsprinzipien und bekannte ähnliche Lösungen sind nützlich. (Abschwächung der Konfrontation, Erhöhung der Motivation)
- Erkennen des wesentlichen Aufgabenkerns ermöglicht Ziele festzulegen und die wesentlichen Bedingungen zu beschreiben. (Abstrahierende Definition öffnet denkbare Lösungswege)

- Entwickeln der Lösungsideen nach verschiedenen Lösungsmethoden als kreative Phase, um durch Kombinieren und Anpassen an Randbedingungen gute Lösungen zu entwikkeln.
- Eine Beurteilung wird erforderlich, wenn mehrere Ergebnisse vorliegen, um festzustellen, welche Lösung am besten die Aufgabe erfüllt.
- Die Entscheidung legt die bessere Variante fest.

Konstruktionstätigkeiten setzen schrittweise Überlegungen zur Lösungsfindung durch grafische Darstellungen, Auslegungsberechnungen oder Beschreibungen um. Nach der Ausführung wird beurteilt und entschieden, ob das Ergebnis die Anforderungen erfüllt oder der Arbeitsschritt wiederholt werden muß. Dieser allgemeine ***Entscheidungsprozeß*** kann für jeden Arbeitsschritt beim Lösen von Konstruktionsaufgaben in der im Bild 3.2 angegebenen Form erfolgen.

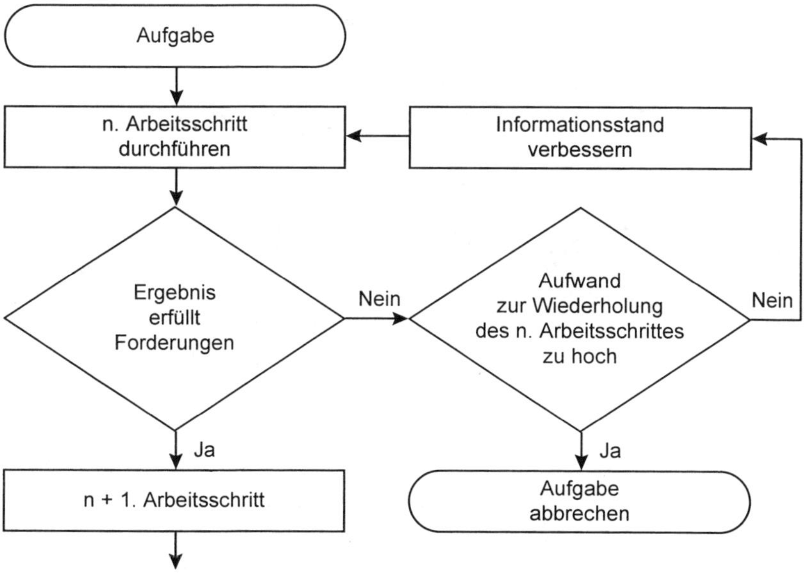

Bild 3.2: Ablauf von Entscheidungsprozessen

Das Entscheiden, ob ein Ergebnis akzeptiert wird oder nicht, fällt mit zunehmender Erfahrung leichter. Es setzt aber auch das Entscheiden können voraus, das nicht nur von fachlichen Kenntnissen abhängig ist, sondern von der Bereitschaft des Konstrukteurs, Verantwortung zu übernehmen. Die Verbesserung eines Ergebnisses durch Wiederholung von davor liegenden Arbeitsschritten ist ebenfalls eine Entscheidung, die gut überlegt werden sollte. Im Regelfall wird der Konstrukteur durch erneutes Nachdenken und durch die Beschaffung von zusätzlichen Informationen Lösungen durch Überarbeiten verbessern können. Es zeigt sich leider erst in einer späteren Produktentstehungsphase, ob es nicht besser gewesen wäre, eine Entwicklung abzubrechen, statt durch Selbstüberschätzung und Vertrauen auf die möglichen Leistungen der Folgeabteilungen einfach weiter zu arbeiten.

Der gesamte Ablauf von der Konfrontation über die kreative Lösungsfindung bis zur Entscheidung wiederholt sich mehrfach an den verschiedenen Stellen des Konstruktionsprozesses für ein zu entwickelndes Produkt.

3.2 Bearbeiten von Ingenieuraufgaben

Die Tätigkeit von Ingenieuren hat sich schon immer an einer Vorgehensweise orientiert, die die Verknüpfung von Wissenschaft und Praxis als wesentliches Merkmal hatte. Dabei wurden die Ingenieuraufgaben jemandem zugeordnet, der entsprechend der Übersetzung aus dem Französischen „sinnreiche Vorrichtungen baut" und dafür natürliche Begabung, Erfindungskraft und Genie mitbringt.

Im Laufe der Jahre wurde mit der Entwicklung der Technik eine etwas differenziertere Betrachtungsweise entwickelt, die Bild 3.3 zeigt.

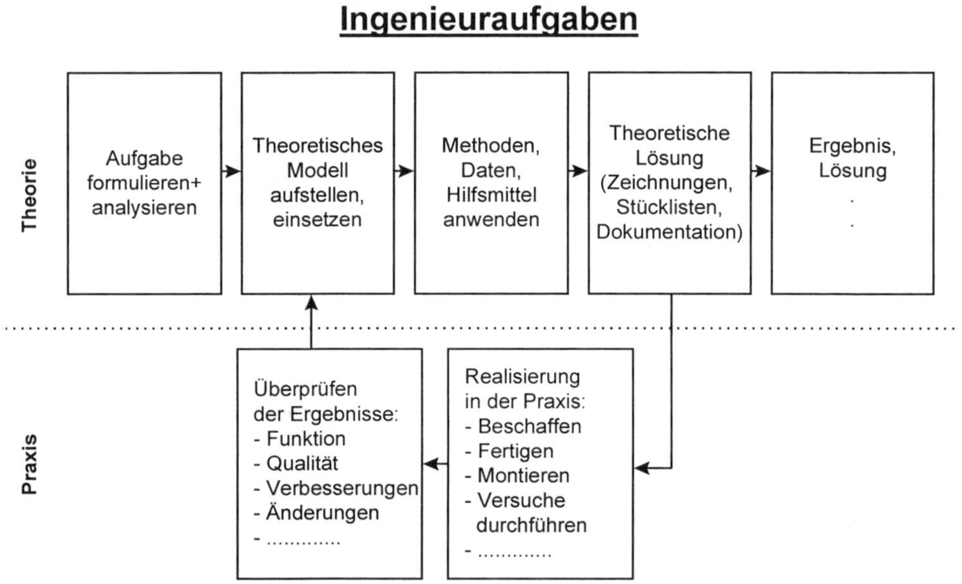

Bild 3.3: Vorgehen beim Bearbeiten von Ingenieuraufgaben

Die ***Lösung von Ingenieuraufgaben*** ist gekennzeichnet durch die Verknüpfung von Praxiswissen mit theoretischen Kenntnissen und der schrittweisen Entwicklung von Lösungsideen zu Produkten oder Verfahren. Gleichzeitig stellte sich immer häufiger heraus, daß erst durch die Realisierung der theoretischen Lösung in der Praxis und durch das

Überprüfen der geforderten Ergebnisse die Anforderungen an die Aufgabe als erfüllt bestätigt werden konnten oder nicht. Daraus ergibt sich der wesentliche Kreislauf zwischen Theorie und Praxis, der insbesondere auch für Konstrukteure sehr wichtig ist. Konstrukteure müssen stets das von ihnen entwickelte Produkt in den folgenden Produktentstehungsphasen begutachten, um Erfahrungen in der Praxis zu sammeln. Außerdem ist es sehr erkenntnisfördernd, wenn sie das entwickelte Produkt im Einsatz beim Kunden beobachten können.

Ein einfaches Beispiel soll dieses Vorgehen noch etwas erläutern. Die Aufgabenstellung lautet: Eine Kraft *F* soll im Abstand *L* an eine Wand angeschlossen werden entsprechend der Skizze in Bild 3.4, unter Beachtung der Bedingungen möglichst leicht, möglichst billig und möglichst verformungsarm.

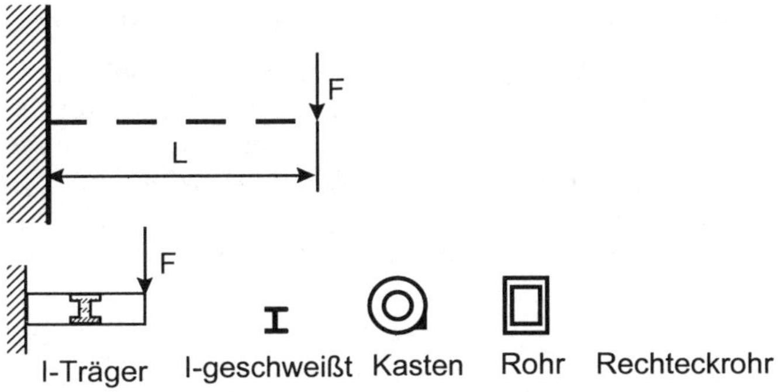

Bild 3.4: Ingenieuraufgabe „Kraft an eine Wand anschließen"

Jeder Konstrukteur wird sich für die Lösung an die Festigkeitslehre erinnern und an die dort mit Hilfe der Biegetheorie entwickelte Gleichung für die Berechnung der Durchbiegung eines einseitig fest eingespannten Trägers. Um die Bedingungen der Aufgabe zu erfüllen, werden die Größen der Gleichung mit den Forderungen verglichen. Daraus ergibt sich die Überlegung, welches Profil für den Träger vorgesehen werden könnte und welche Materialart in Frage kommt. In Abhängigkeit von den Werten für *F* und *L* wird ein Profil ausgewählt und die Verformung berechnet. Die Kosten richten sich nach der Profilform und nach der Materialart. Durch mehrere Optimierungsrechnungen wird eine theoretische Lösung gefunden. Nach den auf einer Zeichnung festgelegten Daten wird in der Praxis die Herstellung und die Montage durchgeführt und damit ist in der Regel die Aufgabe beendet. Bei den genannten Bedingungen ist nur dann eine Überprüfung der Verformung in der Praxis erforderlich, wenn besondere Sicherheitsbedingungen gelten, die sonst eine Gefährdung ergeben könnten, oder wenn der Nachweis der berechneten Verformung verlangt wird.

Ingenieuraufgaben enthalten natürlich auch alle Arbeitsschritte des allgemeinen Lösungsprozesses und erfordern häufig Entscheidungen während der Entwicklung.

3.3 Ablauf bei der Lösungssuche

Die Entwicklung der Konstruktionslehre wurde stets durch die Arbeitsweise guter Konstrukteure beeinflußt, indem man versucht hat, möglichst umfangreiche Erkenntnisse über deren Vorgehen beim Entwickeln konstruktiver Lösungen zu erhalten. Während früher erste Konstruktionsregeln aus der Praxis entstanden und als Erfahrungen weiter vermittelt wurden, versucht heute die Konstruktionswissenschaft mit Testverfahren im Konstruktionsbüro gezielter die Denkvorgänge beim Konstruieren zu untersuchen.

Das bekannte Wechselspiel von ***Entwerfen und Verwerfen*** beim Konstruieren entstand aus der alten Regel von *Irrtenkauf*: *"Has't nicht radiert, has't nicht konstruiert"*. Dieses Darstellen von Lösungsideen durch Bleistift-Entwurfszeichnungen und deren Änderung durch Radieren, weil das technische Gebilde nicht den Vorstellungen entspricht, kennt jeder Konstrukteur. *Ehrlenspiel* hat daraus durch umfangreiche Untersuchungen eine ***Strategie der Lösungssuche*** entwickelt, deren Ergebnisse hier vorgestellt werden sollen:

Konstrukteure entwickeln erste Lösungen aus dem Gedächtnis und skizzieren diese Ideen freihand, um sich anschließend mit dieser Darstellung auseinanderzusetzen, sie zu analysieren und anzupassen, bevor sie aufgezeichnet wird. Wenn dann Varianten erzeugt werden sollen, empfiehlt die Konstruktionsmethodik bisher, mehrere zunächst gleichberechtigte Lösungen zu suchen und daraus die beste zu wählen. Dieses ***generierende Vorgehen*** bei der Lösungssuche wird jedoch nur zu 20 % der Bearbeitungszeit angewandt.

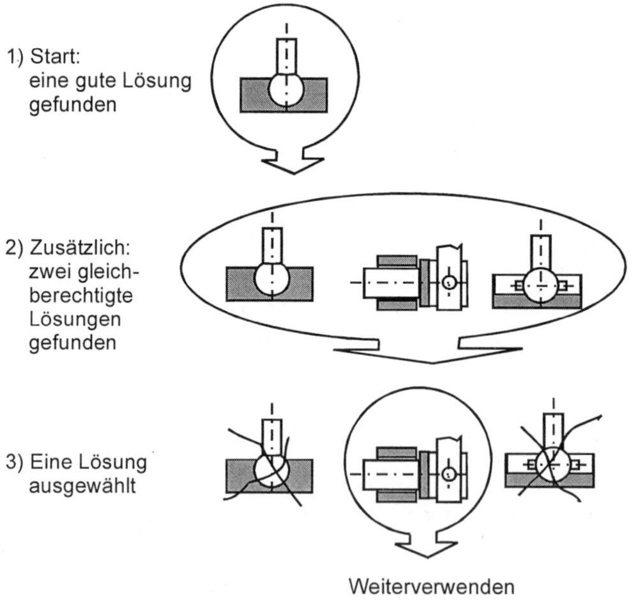

Bild 3.5: Beispiel für generierendes Vorgehen bei der Lösungssuche (nach *Ehrlenspiel*)

In den meisten Fällen (also in den restlichen 80 % der Zeit) wird mit dem ***korrigierenden Vorgehen*** bei der Lösungssuche zunächst nur eine Lösung angegeben. Diese wird gleich oder im Verlauf der weiteren Bearbeitung auf Schwachstellen analysiert und entsprechend abgeändert oder ersetzt.

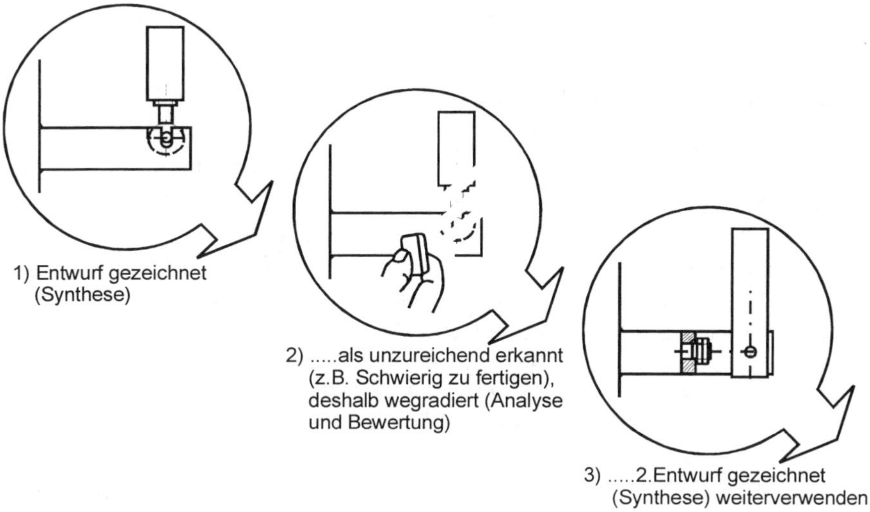

Bild 3.6: Beispiel für korrigierendes Vorgehen bei der Lösungssuche (nach *Ehrlenspiel*)

In Bild 3.7 werden noch einmal die Vorteile und die Nachteile beider Vorgehensweisen gegenübergestellt.

Generierendes Vorgehen	**Korrigierendes Vorgehen**
Vorteile: • führt eher zu neuen, interessanten Lösungen	**Vorteile:** • geht schneller • weniger geistige Belastung • tiefergehende Analyse möglich • einfachere Austauschbarkeitsprüfung
Nachteile: • mehr Erzeugnisaufwand • größere geistige Belastung durch höhere Komplexität und längeres Aushalten in einer ungewissen Lösungssituation • Genauigkeit der Analyse schwieriger • Austauschbarkeitsprüfung aufwendiger	**Nachteile:** • eher Verharren bei bekannten Lösungen

Bild 3.7: Vergleich des generierenden und korrigierenden Vorgehens zur Lösungssuche (nach *Ehrlenspiel*)

Das generierende Vorgehen ist bei der Lösungssuche, dem Konzipieren, gut einzusetzen, weil der Aufwand für die Darstellung bei großer Auswirkung auf die Lösung noch gering ist.

Das korrigierende Vorgehen geht schneller und vermindert den Druck, weitere Lösungselemente zu finden. Man verläßt jedoch nicht das gefundene Lösungsprinzip. Das korrigierende Vorgehen ist deshalb besser beim Gestalten, dem Entwerfen, einzusetzen.

3.4 Arbeitsschritte beim Konstruieren

Als ***Konstruktionsprozeß*** bezeichnet man den Ablauf aller Tätigkeiten unter Beachtung von Regeln, die zur Konstruktion technischer Produkte geeignet sind. Der Konstruktionsprozeß ist produktneutral oder allgemein, wenn er für alle Arten von technischen Produkten gilt, sonst ist es ein produktspezifischer Konstruktionsprozeß, der nach Regeln für bestimmte Produktarten abläuft.

Alle wesentlichen Zusammenhänge für die ***Methodik beim Konstruieren*** sind branchen- und produktunabhängig mit den VDI-Richtlinien 2221 und 2222 erarbeitet worden. Eine allgemein anwendbare Methodik zum Entwickeln und Konstruieren technischer Systeme und Produkte nach der VDI 2221 enthält die Erkenntnisse aus den bereits vorgestellten Grundlagen technischer Systeme, über den Einsatz allgemeiner Arbeitsmethoden und der Informationsverarbeitung.

Der Ablauf aller Tätigkeiten von der Aufgabe bis zur konstruktiven Lösung wird durch die in diesem Abschnitt vorgestellten Abläufe für Teilaufgaben mit den Arbeitsergebnissen und den Konstruktionsphasen in Bild 3.8 dargestellt.

Die in diesem Ablaufplan angegebenen allgemeinen Arbeitsschritte machen das Vorgehen beim Entwickeln und Konstruieren überschaubar und planbar, wie die folgende Erläuterungen zeigen:

- Das *Klären und Präzisieren der Aufgabenstellung* umfaßt das Zusammenstellen aller Forderungen und Wünsche auf einem Formular als Anforderungsliste.
- Das *Ermitteln der Funktionen und deren Strukturen* erfolgt aus den Anforderungen, um eine lösungsneutrale Aufgabenbeschreibung der wesentlichen Zusammenhänge als Funktionsstruktur zu erhalten.
- Das *Suchen nach Lösungsprinzipien und deren Strukturen* führt über Prinziplösungen für Teilfunktionen durch Kombinieren zu Konzepten oder prinzipiellen Lösungen.
- Das *Gliedern in realisierbare Module* ist eine Aufteilung in kleinere Einheiten des Gesamtsystems. Modul nennt man eine sich aus mehreren Elementen zusammensetzende Einheit innerhalb eines Gesamtsystems, die ausgetauscht werden kann.
- Das *Gestalten der maßgebenden Module* führt zu Vorentwürfen, aus denen im Maschinenbau bei entsprechendem Umfang Baugruppen festgelegt werden können.
- Das *Gestalten des gesamten Produkts* umfaßt die Berücksichtigung der Vorentwürfe in einem Gesamtentwurf, der alle Angaben für Baugruppen, Bauteile und Stücklisten enthält.

- Das *Ausarbeiten der Ausführungs- und Nutzungsangaben* für die Produktdokumentation besteht aus dem Erstellen von Zeichnungen, Stücklisten und technischen Beschreibungen.

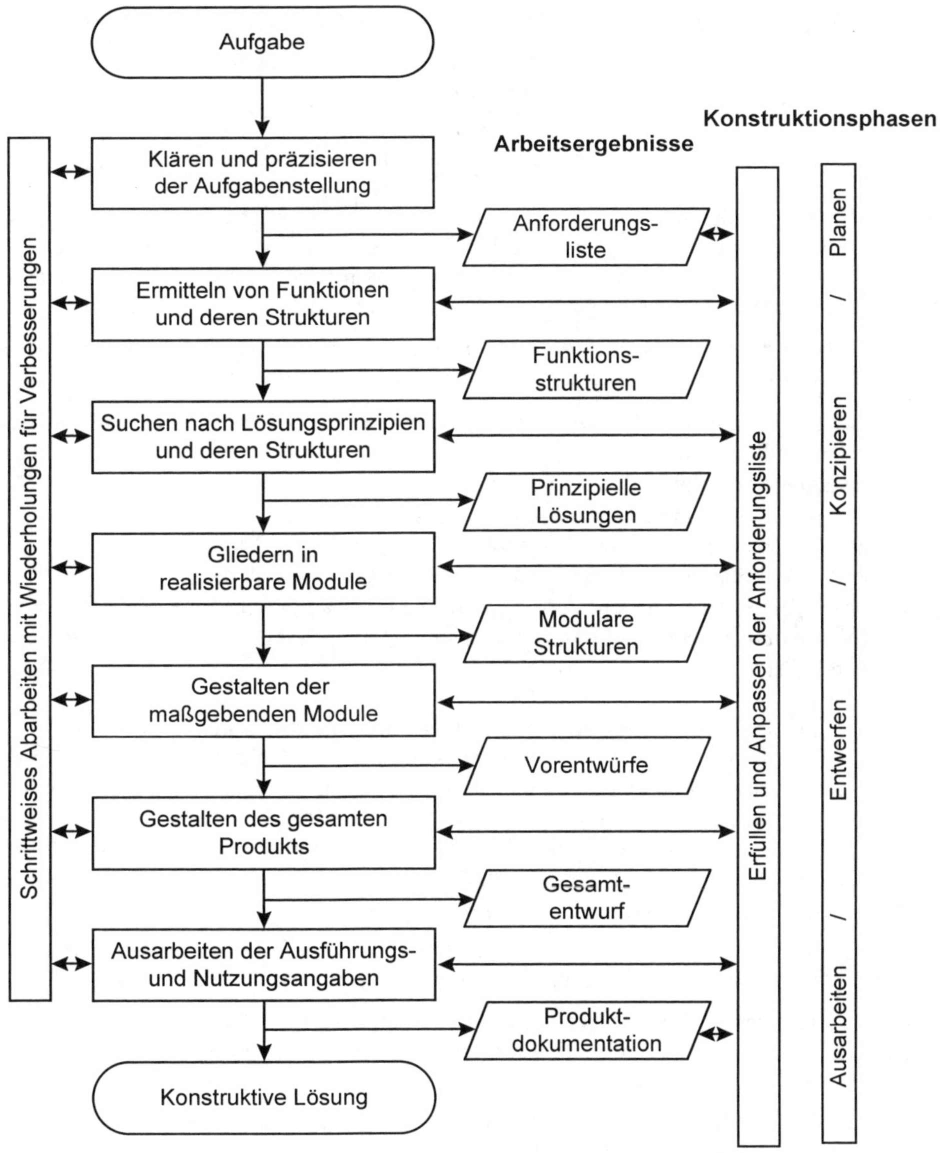

Bild 3.8: Allgemeines Vorgehen beim Entwickeln und Konstruieren (nach VDI 2221)

Außerdem wird auf das schrittweise Abarbeiten mit Wiederholungen für alle Arbeitsschritte hingewiesen, das erforderlich ist, um alle Anforderungen anzupassen und zu erfüllen. Mit diesem Vorgehen wird sichergestellt, daß alle Arbeitsschritte nach Durchführung und Kontrolle durch Entscheidungen abgeschlossen werden.

Die bewährte Aufteilung in vier ***Konstruktionsphasen*** ist auch in Bild 3.9 enthalten:

- **Planen**: Aufgabenstellung klären (informative Festlegung)
- **Konzipieren**: Konzept entwickeln (prinzipielle Festlegung)
- **Entwerfen**: Entwurfsarbeit durchführen (gestalterische Festlegung)
- **Ausarbeiten**: Unterlagen ausarbeiten (herstellungstechnische Festlegung)

Diese Aufteilung stellt eine Zusammenfassung der wichtigsten Tätigkeiten dar, die sich als wesentliche Gliederung für das Vorgehen beim Konstruieren im Maschinenbau bewährt hat. Deshalb werden in den folgenden Abschnitten diese vier Konstruktionsphasen ausführlich mit den notwendigen Methoden, Hilfsmitteln und Anwendungen erklärt.

Ein Beispiel für die vier Konstruktionsphasen mit den Aufgaben und Ergebnissen einer Teilaufgabe für die Konstruktion einer Reitstockpinole enthält Bild 3.9:

- Für die Konstruktionsphase ***Planen*** werden Anforderungen festgelegt und eine Anforderungsliste aufgestellt.
- Das ***Konzipieren*** erfolgt in drei Arbeitsschritten:
  Funktionen festlegen und Funktionsstruktur aufstellen.
  Physikalische Prinzipien für das Wirkprinzip festlegen.
  Geometrie, Bewegungen und Stoffarten als Lösungsprinzip festlegen.
- Das ***Entwerfen*** besteht aus dem Festlegen von Teilen, Baugruppen und Verbindungen.
- Das ***Ausarbeiten*** bedeutet, alle Fertigungs- und Montageangaben in Zeichnungen und Stücklisten festzulegen.

Der Auszug aus der Anforderungsliste enthält hier nur zwei Forderungen, die maßgeblich für die Reitstockpinole sind. Aus der Gesamtfunktion des Reitstocks sind zwei Funktionen für die Umwandlung des eingeleiteten Drehmomentes in die Längsbewegung der Pinole, also der Pinolenantrieb, angegeben. Da für diese Teilfunktion als Beispiel die Umwandlung mit Hilfe eines Gewindes als physikalisches Prinzip möglich ist, sind die entsprechenden Größen als Wirkprinzip mit Skizzen dargestellt.

Das Lösungsprinzip für den Pinolenantrieb ist nur als Strichskizze ohne geometrische Gestaltung als Ergebnis des Konzipierens gezeichnet. Es besteht aus einer einseitig gelagerten Spindel, die durch ein Handrad angetrieben wird.

Beim Entwerfen werden Teile, Baugruppen und Verbindungen festgelegt. Die vereinfachte Zeichnung enthält alle wesentlichen Elemente, die jedoch nicht normgerecht als technische Zeichnung dargestellt wurden.

Aus diesem Entwurf können dann in der letzten Phase durch das Ausarbeiten alle Zeichnungen und Stücklisten abgeleitet werden, die alle Fertigungs- und Montageangaben enthalten.

<table>
<tr><th>Konstruktions-phasen</th><th>Aufgaben und Ergebnisse</th><th>Beispiel: Reitstockpinole</th></tr>
<tr><td>Planen</td><td>Anforderungen festlegen
...
<u>Anforderungsliste</u></td><td>
<table>
<tr><th colspan="2">Anforderungsliste</th><th></th></tr>
<tr><td>F
F</td><td>Handkraft FH
Axialkraft für Werkstückgewicht zwischen den Spitzen von</td><td>200 N

5000 kg</td></tr>
</table>
</td></tr>
<tr><td rowspan="3">Konzipieren</td><td>Funktion festlegen
...
<u>Funktionsstruktur</u></td><td>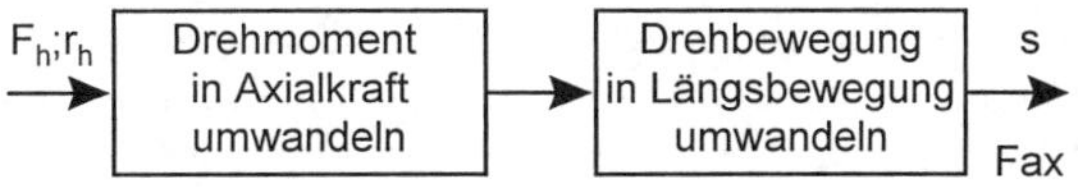
</td></tr>
<tr><td>Physikalische Prinzipien festlegen
.
.
.
<u>Wirkprinzip</u></td><td>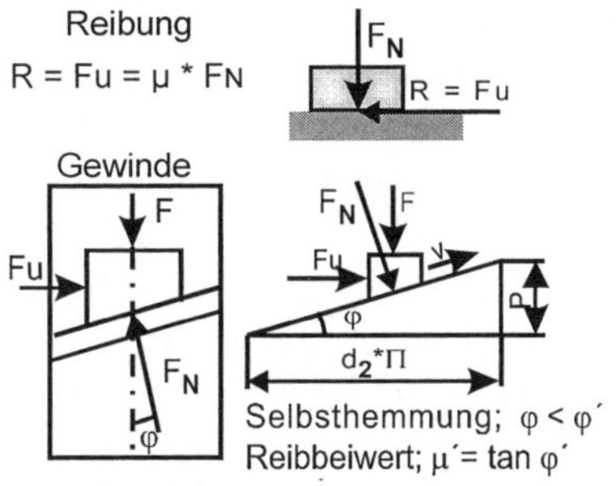
</td></tr>
<tr><td>Geometrie, Bewegungen, Stoffarten festlegen
...
<u>Lösungsprinzip</u></td><td>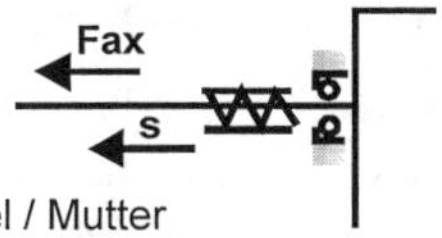
</td></tr>
<tr><td>Entwerfen</td><td>Teile, Baugruppen, Verbindungen festlegen
.
.
.
<u>Entwurf</u></td><td>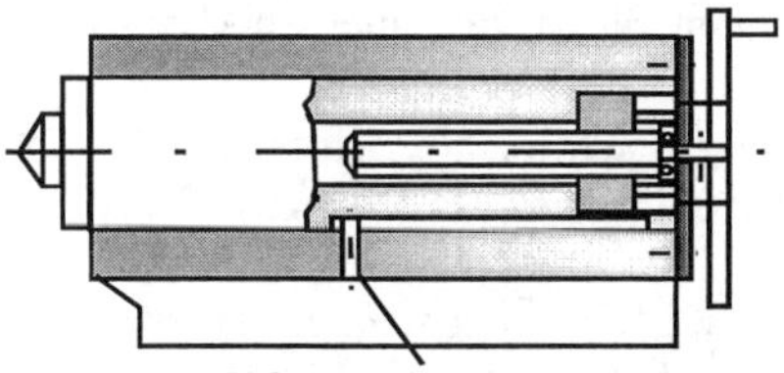
</td></tr>
<tr><td>Ausarbeiten</td><td>Fertigungs- und Montageangaben festlegen
...
<u>Zeichnungen, Stücklisten</u></td><td>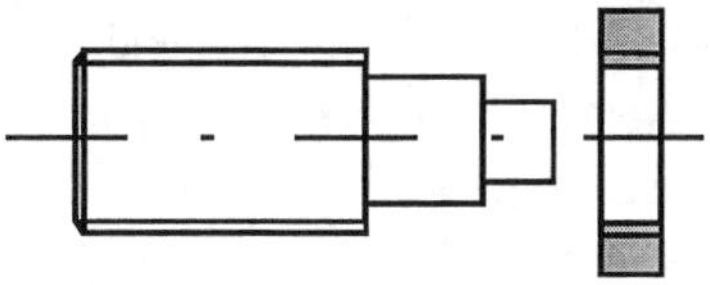
</td></tr>
</table>

Bild 3.9: Aufgaben und Ergebnisse der Konstruktionsphasen

Ablaufpläne für das Vorgehen beim Konstruieren wurden in verschiedenen Varianten veröffentlicht und werden in der Regel firmenspezifisch angepaßt, da dafür in jedem Unternehmen eine Organisation vorhanden ist. Wichtig ist nicht ein starres Einhalten aller Vorgaben, sondern eine flexible Handhabung zur Unterstützung der Konstrukteure.

Der ***Ablaufplan*** mit Angaben der Tätigkeiten beim Bearbeiten konstruktiver Aufgaben in Bild 3.10 zeigt im mittleren Bereich die Teilaufgaben pro Arbeitsschritt mit dem jeweils zugeordneten Entscheidungsschritt.

Jeder ***Entscheidungsschritt*** dient dazu, Ergebnisse festzulegen und den weiteren Fortgang im Sinne des Ablaufs freizugeben oder aber ein erneutes Durchlaufen der jeweils engsten Schleife zu veranlassen, wenn das Arbeitsergebnis unbefriedigend erscheint und verbessert werden muß. Dies umfaßt auch die Überprüfung der Anforderungen. Ein Durchlaufen bis zum Ende kann schwere Mängel erst zu spät zeigen und deren Abhilfe unnötig erschweren.

Der gegebenenfalls notwendige ***Abbruch einer Entwicklung***, weil diese sich als nicht mehr lohnend erweist, wurde nicht eingezeichnet. Eine Überprüfung und frühzeitiges, konsequentes Aufhören in aussichtslosen Situationen bringt jedoch die geringsten Enttäuschungen und Kosten!

Wie bei allen Vorgehensplänen ist flexible Handhabung je nach Problemlage erforderlich. Es können weitgehende Überschneidungen auftreten, da z.B. Fertigungsgesichtspunkte, Werkstoffe, gestalterische Merkmale usw. bereits das Lösungsprinzip beeinflussen können.

In dem Ablauf der Arbeitsschritte fehlen Angaben über einige im ***Konstruktionsalltag*** organisierte Maßnahmen, die von Konstrukteuren beachtet werden müssen:

- Herstellung von Modellen und Prototypen
- Durchführung von Versuchen zur Prinzipfindung
- Erstmuster-Fertigung von Zulieferern
- Projektgespräche im Unternehmen und mit dem Kunden
- Zeitpunkte für Bestellangaben (Lange Lieferfristen von Steuerungen, Rohteilen usw. erfordern Vorabbestellungen)
- Auftragsabwicklungshinweise (EDV-Abwicklung, Angebotszeichnungen, Montage- und Aufstellpläne, Vorschriften, CAD-Einsatz)

Diese und weitere unternehmensspezifische Organisationsanweisungen müssen zwar unbedingt eingehalten werden, würden aber als Ergänzung zu den im Ablaufplan angegebenen Arbeitsschritten diesen nur unnötig überfrachten. Außerdem wurden die nach jedem Arbeitsschritt erforderlichen Entscheidungen nur als Texthinweis angegeben.

Die für jeden Arbeitsschritt einsetzbaren Methoden und Hilfsmittel werden hier nur in Bild 3.10 dargestellt, um erforderliches Grundlagenwissen und in der Praxis häufig angewendete Methoden, die in den folgenden Abschnitten behandelt werden, schon jetzt richtig zuordnen zu können.

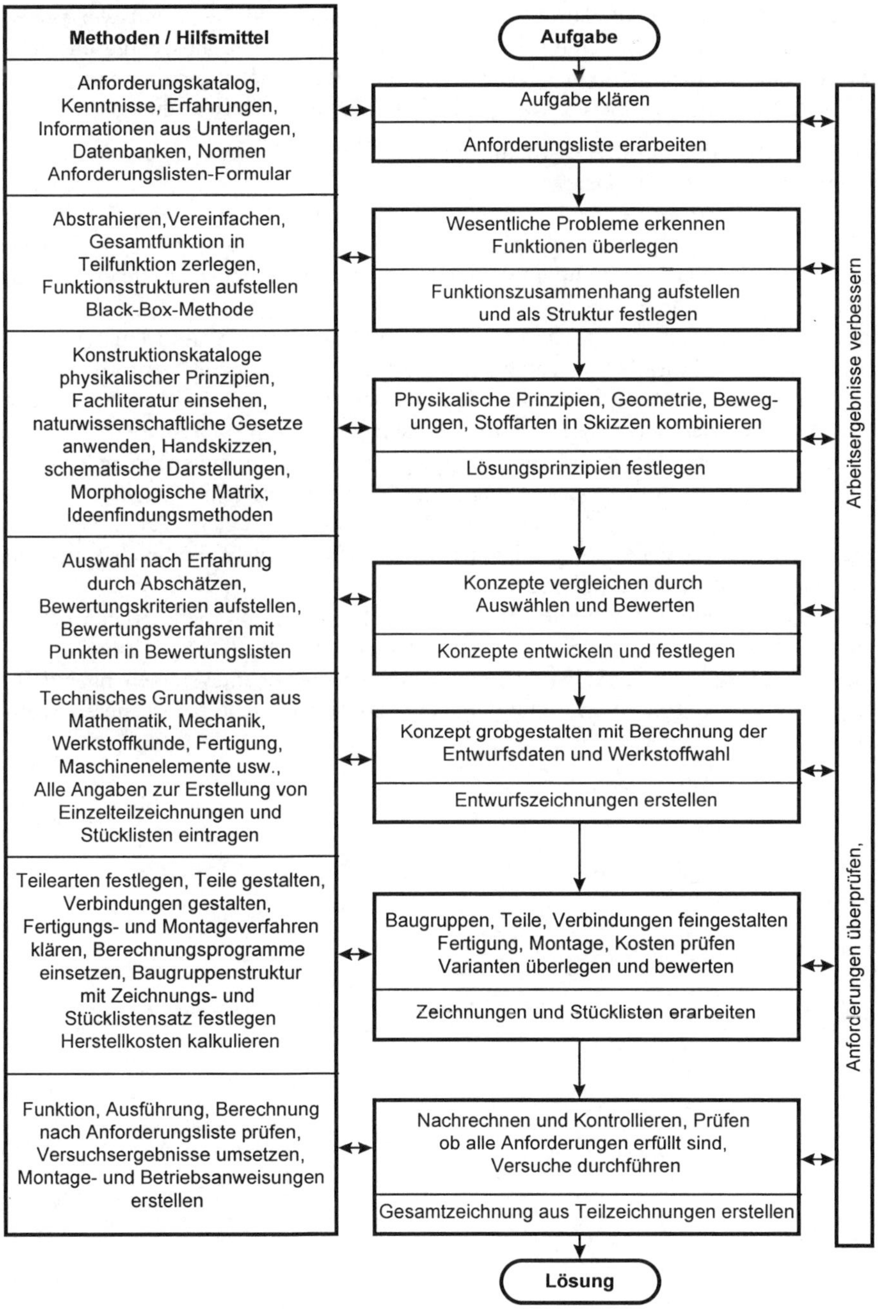

Bild 3.10: Ablaufplan für das Bearbeiten konstruktiver Aufgaben

Konstrukteure in der Praxis sind häufig sehr skeptisch, wenn ihnen die Arbeitsweise nach diesen Ablaufplänen erklärt wird, weil sie dieses Vorgehen als viel zu aufwendig und zeitintensiv empfinden. Dabei sollte jedoch beachtet werden, daß es sich eigentlich nur um die Darstellung von Abläufen handelt, die von guten Konstrukteuren übernommen wurden.

- Konstrukteure durchlaufen diesen Ablauf unbewußt im Kopf, fassen aber oft zu stark zusammen, zum Nachteil für das Ergebnis.
- Bei Neukonstruktionen sollte der Konstrukteur unbedingt methodisch vorgehen, wenn Art und Umfang der Aufgabe dafür geeignet sind. Das bewußte, schrittweise Vorgehen verleiht Sicherheit, nichts Wesentliches vergessen oder unberücksichtigt gelassen zu haben und ergibt einen guten Überblick möglicher Lösungswege.
- Bei Anpassungskonstruktionen wird man vorhandene Baugruppen von Produkten durch zusätzliche Konstruktionsarbeiten verändern, entsprechend den neuen Anforderungen, und nur dort methodisch vorgehen, wo es sich als notwendig und zweckmäßig erweist (Anforderungsliste ausarbeiten, systematische Lösungssuche für Teilaufgaben).
- Bessere Konstruktionen durch methodisches Vorgehen erfordern angemessene Zeit, die den Konstrukteuren bewilligt werden muß. Sie läßt sich auch für einzelne Arbeitsschritte besser überschauen und abschätzen. Der geringfügig höhere Zeitaufwand im Vergleich zu konventionellen Methoden wird durch die größere Wahrscheinlichkeit gute Lösungen zu konstruieren mehr als ausgeglichen.
- Die zunehmende Komplexität der zu entwickelnden Produkte und die kundenorientierten Märkte haben heute in den Unternehmen für klare und straffe Organisationen gesorgt mit prozeßorientierten Abläufen und Qualitätsmanagementsystemen nach DIN EN ISO 9001. Auch unter diesen Bedingungen ist das methodische Konstruieren zwingend erforderlich.

4 Produkt planen und Aufgabe klären

In diesem Abschnitt wird die erste der vier Konstruktionsphasen behandelt. Dafür werden die in den ersten drei Abschnitten erläuterten Begriffe, Vorgehensweisen und Abläufe angewendet. Hier geht es also um die ersten Schritte des Konstruktionsprozesses, in dem ausgehend von der *Planung der Produkte* das *Klären und Präzisieren der Aufgabenstellung* zu dem Arbeitsergebnis *Anforderungsliste* führt. Die dafür bewährten Methoden und Hilfsmittel werden vorgestellt und mit Beispielen erläutert.

4.1 Planen der Produkte

Aufgabenstellungen ergeben sich durch Kundenaufträge, durch Produktideen oder durch Produktplanungen innerhalb eines Unternehmens, wie z.B. für Neuentwicklungen von Produkten. Erst nach diesem Schritt wird die Entwicklung und Konstruktion beginnen, nach technisch und wirtschaftlich günstigen Lösungen zu suchen, und diese dann bis zur Fertigungsreife auszuarbeiten. Gesichtspunkte und Vorgehen bei der *Produktplanung* sind wichtig für den ersten Schritt "Klären der Aufgabenstellung".

Vorgehen bei der Produktplanung

Die Produktplanung wird in den Unternehmen unterschiedlich organisiert. Während in kleinen und mittleren Unternehmen sehr gezielt neue Produktideen von den Mitgliedern der Unternehmensleitung in die Konstruktionsabteilungen gebracht werden, findet man in größeren Unternehmen ganze Abteilungen, die durch intensive Marktanalysen neue Produktideen in die dann auch vorhandene Produktplanung bringen. Da neue Produkte für jedes Unternehmen sehr wichtig sind, gibt es auch umfangreiche Veröffentlichungen über die Erkenntnisse und Erfahrungen, die bei der ***Planung neuer Produkte*** zu beachten sind.

Hier soll, als Vorstufe zur Produktentwicklung, nur eine kurze Darstellung der Vorgehensweise behandelt werden, um die Konstruktion als Abteilung im Produktentstehungsprozeß richtig einordnen zu können. Man kann allgemein beschreiben, was Produktplanung umfaßt. ***Produktplanung*** ist die systematische Suche und Auswahl zukunftsträchtiger Produktideen und deren Verfolgung auf der Grundlage der Unternehmensziele. Das Vorgehen bei der Produktplanung kann stark vereinfacht auf zwei Verfahren reduziert werden, wobei in der Praxis natürlich viele weitere Varianten möglich sind:

- Richtiger "Riecher" des Unternehmers oder der Führungskräfte für das richtige Produkt zum richtigen Zeitpunkt durch entsprechende Produktideen.
- Neue Produkte mit Hilfe methodischer Ansätze für Produktideen finden.

Die Produktideen der Unternehmer sind in der Regel das Ergebnis von Anregungen durch intuitives Denken und damit nicht einfach nachvollziehbar. Sie sind aber die Basis vieler Unternehmen und deshalb von größter Wichtigkeit.

Die Vorschläge für eine ***methodische Produktplanung*** haben nach *Kramer* und der VDI-Richtlinie 2220 folgendes Vorgehen gemeinsam, das im Bild 4.1 dargestellt ist.

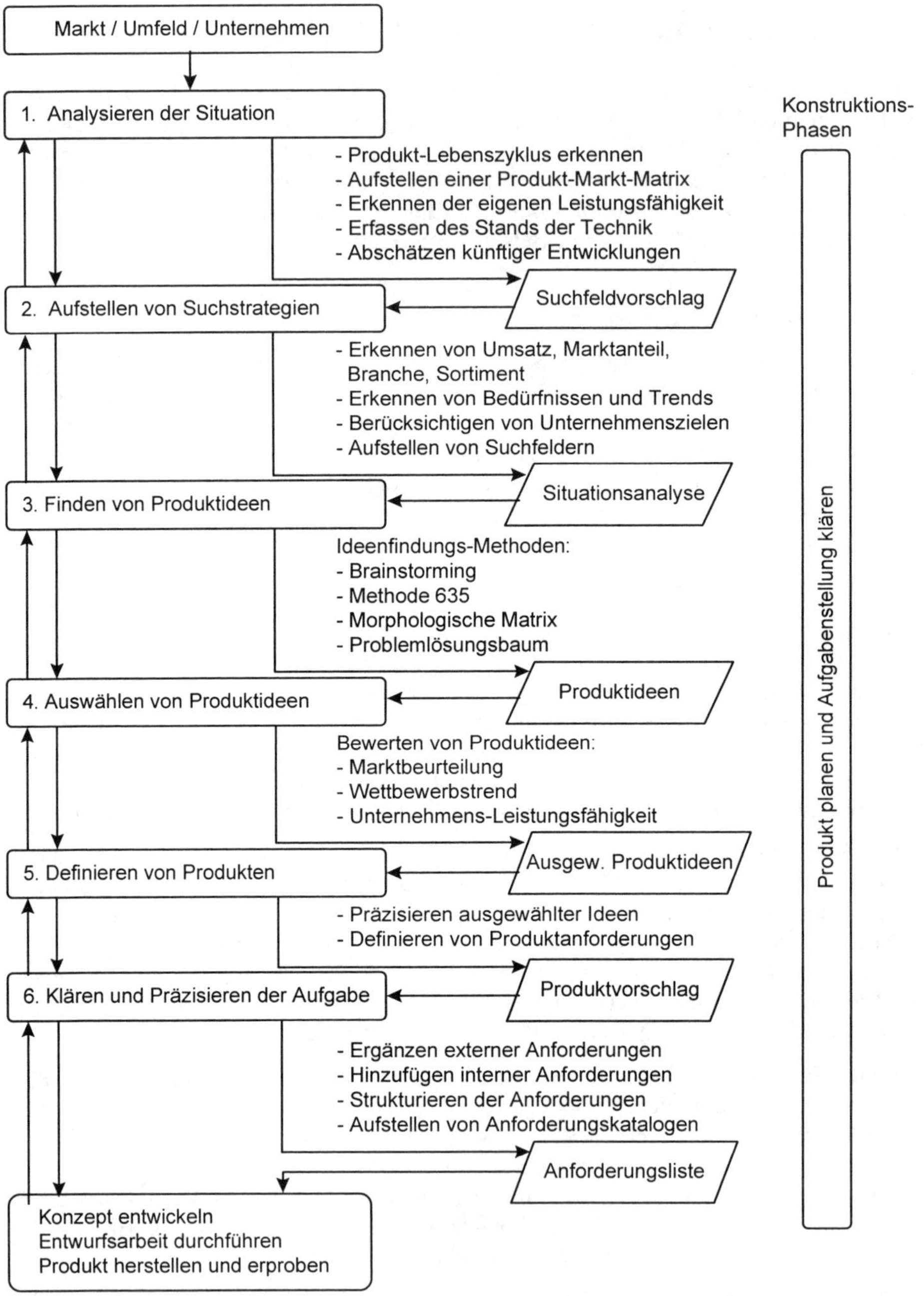

Bild 4.1: Vorgehen bei der Produktplanung (nach *Kramer* und VDI 2220)

Auslösende ***Impulse für eine Produktplanung*** können sowohl von außen durch den Markt und das Umfeld als auch von innen durch das Unternehmen selbst entstehen.

Impulse vom Markt:

- Umsatz der eigenen Produkte am Markt
- Änderung der Marktwünsche
- Anregungen und Kritik der Kunden
- Wettbewerbsprodukte

Impulse vom Umfeld:

- Wirtschaftspolitische Ereignisse (Rohstoffverknappung)
- Neue Technologien (Mikroelektronik, Computereinsatz)
- Umweltauflagen und Recycling

Impulse durch das eigene Unternehmen:

- Produktideen und Eigenforschungsergebnisse
- Erweiterung des Absatzgebietes durch breitere Produkteigenschaften
- Einsatz neuer Fertigungstechnologien (Laser, Roboter)
- Diversifikation (mehrere Produkte, die sich sinnvoll ergänzen)

Die systematische Produktplanung ist dann durch einen Ablauf gekennzeichnet, der in fünf Hauptarbeitsschritte mit entsprechenden Untersuchungen und Methoden schrittweise zu Produktvorschlägen führt, wie Bild 4.1 zu entnehmen ist:

- Das Analysieren der Situation ergibt einen Suchfeldvorschlag.
- Das Aufstellen von Suchstrategien führt zur Situationsanalyse.
- Das Finden von Produktideen ergibt Produktideen.
- Das Auswählen von Produktideen stellt eine Vorauswahl der Produktideen dar.
- Das Definieren von Produkten führt zum Produktvorschlag.

Dieser Produktvorschlag wird durch Klären und genaues Beschreiben der Aufgabe zur Anforderungsliste, die alle Forderungen und Wünsche in der Sprache des Bearbeiters enthält. Die erläuternden Angaben zwischen den Arbeitsschritten in Bild 4.1 sollen hier nicht ausführlicher behandelt werden. Sie zeigen aber den Umfang und die eingesetzten Methoden der Produktplanung.

Die ersten beiden Punkte werden in der Regel durch die Vertriebsbereiche im Unternehmen bearbeitet. Ab Punkt 3 werden mit der Produktentwicklung Produktideen soweit untersucht, bis Entscheidungen für einen Produktvorschlag vorliegen. Das Klären und Präzisieren der Aufgabe erfolgt dann durch die Konstruktion, da dies gleichzeitig die erste Konstruktionsphase ist.

Die Methoden zur Ideenfindung werden ausführlich mit Beispielen im Abschnitt 5 vorgestellt.

4.2 Klären der Aufgabenstellung

Die Aufgabenstellung wird in unterschiedlichen Formen mehr oder weniger ausführlich in der Regel von Nichtkonstrukteuren formuliert und den Konstrukteuren dann übergeben. Ausnahmen sind die von einer Forschungs- oder Entwicklungsabteilung vorbereiteten Aufgaben sowie die durch eine Produktplanung systematisch erarbeiteten. Ansonsten sind alle Varianten mit dem Umfang eines Satzes bis zu einer ausführlichen Beschreibung in einem oder mehreren Ordnern anzutreffen.

Die ***Aufgabenstellung*** erhalten die Konstruktionsabteilungen z.B. als:

- Auftrag eines Kunden
- Auftrag eines Zulieferers
- Auftrag einer Unternehmensabteilung
- Auftrag zur Produktverbesserung
- Auftragsanteil für ein Großprojekt

Der Konstrukteur informiert sich über den Umfang der Aufgabe durch Lesen, Gespräche, Fragen und Klärung der geforderten Eigenschaften des Produkts. Dabei ist er in sehr engem Kontakt mit dem Auftraggeber, um dessen Wünsche und Vorstellungen möglichst genau zu erfassen. Er muß alle Informationen in die Sprache der Konstrukteure umsetzen und dafür sorgen, daß nichts Wesentliches vergessen wird. Sehr vorteilhaft ist die Umsetzung der Aufgabe durch den Konstrukteur, der auch die Konstruktion ausführen wird, weil bei dem Umsetzen der Forderungen und Wünsche bereits das Nachdenken über die konstruktiven Lösungsmöglichkeiten und deren Realisierung beginnt.

Sehr wichtig ist eine möglichst vollständige Klärung aller Punkte der ***Aufgabenstellung*** durch Fragen, wobei auch schon die gesamte Produktnutzung erfaßt werden sollte:

- Welches Kernproblem muß für die Aufgabe gelöst werden?
- Welchen Zweck muß die Aufgabe erfüllen?
- Welche Produkteigenschaften sind zu erfüllen?
- Welche Eigenschaften dürfen nicht auftreten?
- Welche Forderungen und welche Wünsche sind zu erfüllen?
- Welche Erwartungen hat der Auftraggeber?
- Welche Bedingungen müssen beachtet werden?
- Welche Schwachstellen können auftreten?
- Welche Lösungen sind vom Wettbewerb bekannt?

Die Aufgabenklärung kann auch dazu verwendet werden, Produkte oder Baugruppen nicht zu konstruieren, sondern diese komplett zu kaufen. Grundsätzlich besteht heute ein so großes Marktangebot, daß es zwingend erforderlich ist, als Konstrukteur ständig über Produkte informiert zu sein, die als Teillösungen eingesetzt werden können. Ebenso wie man Wälzlager, Dichtungen und Schrauben nicht konstruiert, sondern kauft, kann man Getriebe, Werkzeugmaschinenführungen, Kugelgewindetriebe, Meßsysteme, Steuerungen usw. als ***Zulieferteile*** beziehen.

Erst wenn geklärt ist, daß es nicht sinnvoll ist zu kaufen (technisch, wirtschaftlich), wird mit den Arbeitsschritten und methodischen Hilfen der Konstruktionslehre konstruiert!

Das Festlegen und Umsetzen der Anforderungen durch die Konstrukteure wird durch Einflußfaktoren und Merkmale geprägt, die beachtet werden müssen. Die wichtigsten Merkmale und Einflußfaktoren, die systematisch abgearbeitet werden, enthält Bild 4.2. Dieses Bild zeigt auch die vielfältigen Wechselwirkungen, die bei der Umsetzung der Anforderungen für ein Produkt in die ***Anforderungsliste*** aufzunehmen sind.

Da eine Anforderungsliste alle Forderungen und Wünsche enthalten muß, die für die Produktlebensphasen wichtig sind, zeigt Bild 4.2 nicht nur die Einflußfaktoren Funktion, Kosten, Zeit und Qualität, sondern auch Gestaltung, Produktion und Produktgebrauch. Der Konstrukteur hat so eine erste Übersicht wichtiger Größen, für die er vom Markt und von den Kunden sowie von den Zulieferern und aus Datenbanken Informationen beschaffen muß. Diese Informationen muß er umsetzen in Forderungen und Wünsche, um in der Anforderungsliste alle wichtigen Daten festzuhalten, die für Entwicklung, Konstruktion, Produktion und Gebrauch beachtet werden müssen.

Da heute die Aufgaben für Konstrukteure einige neue Schwerpunkte haben, wie beispielsweise recyclinggerechte Gestaltung oder Ersatz mechanischer Baugruppen durch elektrische bzw. elektronische Lösungen, müssen auch viele neue Techniken beherrscht werden. Dies ist auch unter dem Gesichtspunkt der Produktverantwortung nach dem Gebrauch bis zur Entsorgung zu beachten. Die Einflußfaktoren und Merkmale für die Anforderungen müssen also laufend dem Stand der Technik angepaßt werden, wenn ein erfolgreiches Produkt entwickelt werden soll. Das in den letzten Jahren unter Umweltgesichtspunkten aufgebaute recycling- und entsorgungsgerechte Gestalten hat heute schon bei vielen Produkten einen hohen Stellenwert und wird deshalb im Abschnitt 6 ausführlich behandelt.

Die Einflußgrößen und Merkmale für Anforderungen an ein Produkt werden schrittweise umgesetzt und müssen stets überprüft und verbessert werden, um die Auswirkungen neuer Erkenntnisse und Informationen auf alle erledigten Arbeitsschritte zu überprüfen.

Für spezielle Produkte sind noch zusätzliche Überlegungen erforderlich und es müssen noch weitere Merkmale berücksichtigt werden. Als Beispiel sei auf die Anpassung oder auf die Entwicklung von Software hingewiesen. Für technische Aufgaben, wie beispielsweise die Entwicklung von Modulen für CAD-Systemanwendungen, wird immer häufiger der Konstruktionsbereich selbst tätig, da dieser am besten die Anforderungen kennt.

Alle Informationen zur Lösung der Aufgabe müssen systematisch aufbereitet werden, um die jetzt vorliegende konstruktionsgerechte Beschreibung der Aufgabe mit dem Auftraggeber, den beteiligten Mitarbeitern und allen Abteilungen im Unternehmen abzustimmen. Eine vollständig geklärte Aufgabenstellung ist die wichtigste Voraussetzung für ein erfolgreiches Produkt. Bereits in dieser Konstruktionsphase wird ein wesentlicher Beitrag für die Qualität erbracht, die ja bekanntlich durch wohlüberlegte Ausführung und nicht durch nachträgliches Kontrollieren entsteht.

Das Aufstellen einer Anforderungsliste hat sich für dieses Phase als sehr gute Lösung bewährt und wird deshalb in vielen Unternehmen erfolgreich eingesetzt.

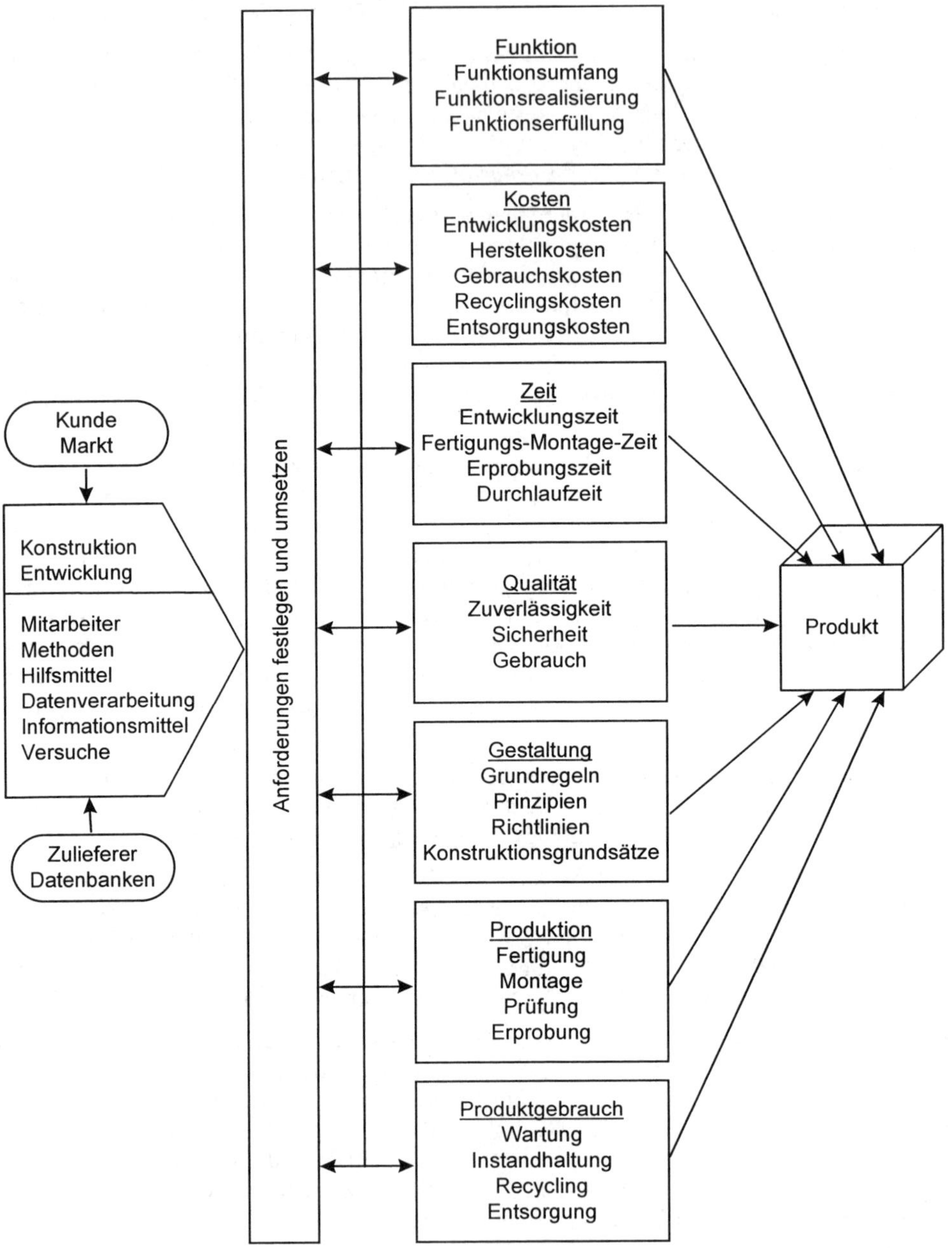

Bild 4.2: Einflußfaktoren und Merkmale für Anforderungen

4.3 Anforderungslisten

Die ***Anforderungsliste*** ist eine systematisch erarbeitete Zusammenstellung aller Daten und Informationen durch den Konstrukteur für die Konstruktion von Produkten. Sie dient der Klärung und genauen Festlegung der Aufgabe und wird in enger Zusammenarbeit mit dem Auftraggeber erstellt und aktualisiert.

Neben der Anforderungsliste sind noch Lastenhefte und Pflichtenhefte in den Unternehmen im Einsatz, deren Bedeutung und Abgrenzung hier in Anlehnung an VDI/VDE 3694 erläutert werden soll.

Diese Richtlinie enthält auch eine gute Gliederung von Lastenheften und Pflichtenheften als Beispiel für Automatisierungssysteme. Das ***Lastenheft*** wird vom Auftraggeber, also dem Kunden, vollständig erstellt, während das ***Pflichtenheft*** vom Auftragnehmer, also dem Lieferanten, unter Beachtung der im Lastenheft genannten Anforderungen an das Produkt erarbeitet wird.

Im Lastenheft sind die Anforderungen und alle Randbedingungen aus Kundensicht beschrieben. Es dient als Ausschreibungs-, Angebots- und/oder Vertragsgrundlage.

Das Pflichtenheft enthält das Lastenheft. Die Kundenvorgaben werden im Pflichtenheft mit allen Anforderungen genau beschrieben. Das Pflichtenheft und die Anforderungsliste müssen vom Auftraggeber genehmigt werden und beide gelten dann als verbindliche Vereinbarung für das bestellte Produkt. In Bild 4.3 wird durch eine Gegenüberstellung der wichtigsten Merkmale eine Abgrenzung ermöglicht.

Merkmal	**Lastenheft**	**Pflichtenheft**	**Anforderungsliste**
Definition	Anforderungen des Kunden als Liefer- und Leistungsumfang zusammenstellen.	Realisierung aller Anforderungen durch den Lieferanten beschreiben lassen	Zusammenstellung aller Daten und Informationen durch den Konstrukteur für die Konstruktion von Produkten.
Ersteller	Kunde	Lieferant	Konstrukteur
Aufgabe	Definieren WAS und WOFÜR zu lösen ist.	Definieren WIE und WOMIT Anforderungen zu realisieren sind.	Definieren von Zweck und Eigenschaften der Anforderungen.
Bemerkung	Lastenheft enthält Anforderungen und Randbedingungen	Pflichtenheft enthält Lastenheft mit Realisierung der Anforderungen.	Anforderungsliste entspricht erweitertem Pflichtenheft

Bild 4.3: Gegenüberstellung der Aufgabenklärungshilfen

4.3.1 Anforderungsarten

Die Konstruktion erhält die Aufträge meistens in Form von umfangreichen Texten, die die Aufgaben erläutern und alle Daten enthalten, die der Kunde wichtig findet einschließlich Randbedingungen, Vorschriften usw. Der Auftrag für die Entwicklung einer Drehmaschine wird z.B. neben Typ und Ausstattung noch Angaben zum Arbeitsraum, zur Steuerung, zur Werkzeugausrüstung, zur Aufstellung und zur Sicherheit für den Bediener enthalten. Diese und viele weitere Daten müssen so aufbereitet werden, daß jeder Konstrukteur für sich daraus klare Arbeitsanweisungen entnehmen kann. Außerdem müssen auch allgemeine, wirtschaftliche, technische und organisatorische Bedingungen beachtet werden, da sowohl im eigenen Unternehmen als auch vom Kunden ein Produkt erwartet wird, das dem Stand der Technik entspricht.

Konstrukteure analysieren die Angaben und legen in ihrer Sprache fest, was als Forderung und was als Wunsch aus den Auftragsunterlagen umgesetzt werden muß. Sie machen sich stichwortartige Notizen für die eigene Konstruktionsarbeit, die natürlich auch alle technischen Daten enthalten. Dafür ist eine enge Abstimmung aller beteiligten Konstrukteure mit den Auftraggebern erforderlich, um Fehlentwicklungen zu vermeiden.

Als Anforderungsarten haben sich Forderungen und Wünsche bewährt, die bei Bedarf auch noch weiter untergliedert werden können:

Forderungen müssen unter allen Umständen erfüllt werden. Alle Lösungen, die die Forderungen nicht erfüllen, entfallen. Beispiele für Forderungen sind: Leistung 50 kW, Führungsbahnen gehärtet, Werkzeugrevolver mit 12 Werkzeugen, Farbe Grün.

Wünsche sollten möglichst erfüllt werden, da sie die Kundenzufriedenheit fördern. Beispiele für Wünsche sind: Vorhandene Spannmittel einsetzbar, wenig Fundamentarbeit für die Aufstellung, Schnittstelle für Werkzeugvoreinstellgerät mitliefern. Wünsche werden oft erst nach der Auftragserteilung geäußert und sind entsprechend aufzunehmen.

Die Formulierungen von Forderungen und Wünschen sollten kurz aber eindeutig sein. Beschreibungen in Befehlsform mit Hauptwort, Eigenschaftswort und Tätigkeitswort schaffen oft die notwendige Klarheit, wobei unbedingt alle Angaben mit Daten und Werten erfolgen sollten. Beispielsweise sind die Forderungen „Geringe Verformungen, niedrige Kosten" nicht ausreichend, weil der zulässige Zahlenwert fehlt. Ebenso sind alle Mengenangaben, Abmessungen, Stückzahlen, Leistungen anzugeben. Eigenschaften, die die ***Qualität*** beschreiben, wie bedienerfreundliche Steuerung, Rundlaufgenauigkeit oder wartungsfreie Getriebe sollten ebenfalls genau festgelegt werden. Forderungen und Wünsche sind also mit Quantitäts- und Qualitätsangaben aufzustellen, um ausreichende Informationen für alle zu gewährleisten.

Beispiele für Anforderungsformulierungen sind:

- Einschaltzeit bei Standardbetrieb — $t = 25$ ms
- Toleranz der Temperatur — ± 5 °C
- Sicherheit nach Maschinenrichtlinie — DIN EN 292
- Werkstoff der Einschlagfolie — Polypropylen
- Herstellkosten — < 500,– DM

4.3.2 Anforderungskataloge

Anforderungskataloge sind geordnete Sammlungen von bewährten und möglichen Merkmalen mit Beispielen und Hinweisen für das Aufstellen von Anforderungslisten.

Sie sind in ähnlicher Form als Checkliste, Leitlinie, Leitblatt oder Gedankenstütze aus der Literatur bekannt. Der Anforderungskatalog ist aus diesen Alternativen durch Erkenntnisse aus vielen Projekten entstanden. Die Anwendung von Anforderungslisten für verschiedene Projekte in unterschiedlichen Branchen zeigte schnell, daß zwar viele allgemeine Maschinenbaukonstruktionen ähnliche Merkmale haben, aber oft zusätzliche firmenspezifische Erfahrungen fehlten. Insbesondere haben Untersuchungen zum rechnerunterstützen Erstellen von ***Anforderungslisten*** gezeigt, daß eine sinnvolle Unterstützung der Konstrukteure bei der Aufstellung von Anforderungslisten am Rechner nur dann möglich ist, wenn die Merkmale produktspezifisch zugeordnet werden können. Für den Einsatz der dafür entwickelten Software wurde also der Ablauf der Erstellung von Anforderungslisten mit entsprechender Bedienerführung so festgelegt, daß die für ein Produkt erforderlichen und zu beachtenden Merkmale getrennt in einer Datenbank abgelegt werden. Der Konstrukteur wird dann automatisch nach Eingabe bzw. Aufruf des Anforderungskatalogs für ein Produkt systematisch alle Merkmale aus der Datenbank abrufen und vergißt nichts Wesentliches.

Für die Aufstellung von Anforderungskatalogen hat sich ein Formblatt im Format DIN A4 bewährt, das Bild 4.4 in verkürzter Form zeigt. Die Kopfzeile enthält neben dem Firmensymbol die Angabe des Produktbereichs und ein Feld für die Blattnummer. Die drei Spalten für Hauptmerkmale, Nebenmerkmale und Beispiele/Hinweise ermöglichen mit einem Blick, die gesuchten Punkte zu finden. Ergänzungen und Erweiterungen sind jederzeit möglich.

<table>
<tr><td>FH HANNOVER</td><td colspan="2">Anforderungskatalog</td><td>Blatt-Nr. /</td></tr>
<tr><td colspan="2">Hauptmerkmal</td><td>Nebenmerkmale</td><td>Beispiele / Hinweise</td></tr>
<tr><td colspan="2"></td><td></td><td></td></tr>
<tr><td colspan="2"></td><td></td><td></td></tr>
<tr><td colspan="2"></td><td></td><td></td></tr>
<tr><td colspan="2"></td><td></td><td></td></tr>
<tr><td colspan="2"></td><td></td><td></td></tr>
<tr><td colspan="2"></td><td></td><td></td></tr>
</table>

Bild 4.4: Anforderungskatalog

Das Vorgehen beim ***Aufstellen von Anforderungskatalogen*** kann entsprechend dem Ablauf in Bild 4.5 erfolgen. Für spezifische Produktbereiche, die sich nicht mit dem allgemeinen Anforderungskatalog für die Maschinenbaukonstruktion bearbeiten lassen, sind die wichtigsten Arbeitsschritte angegeben. Da Konstrukteure in der Regel schon viele Erfahrungen über bestimmte Produkte haben, sollten diese auch solche Kataloge selbst zusammenstellen. Der schon häufig erwähnte Begriff ***Merkmal*** soll entsprechend der Definition der DIN 4000 verwendet werden: „Ein *Merkmal* ist eine bestimmte Eigenschaft, die zum Beschreiben und Unterscheiden von Gegenständen einer Gegenstandsgruppe dient".

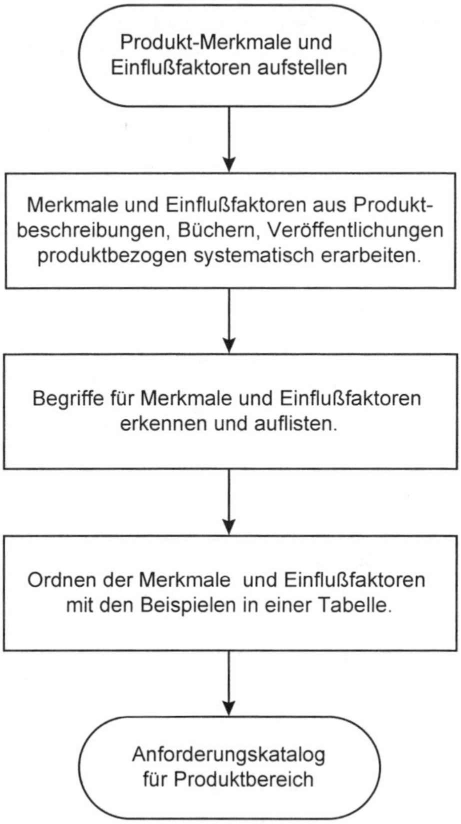

Bild 4.5: Vorgehen beim Aufstellen von Anforderungskatalogen

Ein Beispiel eines Anforderungskatalogs für Konstruktionen im Maschinenbau zeigt Bild 4.6. Dieser Katalog wird für den allgemeinen Maschinenbau sehr häufig einsetzbar sein. Durch Anwenden dieses Hilfsmittels ist eine gute Unterstützung vorhanden, die sicherstellt, daß neben den vom Kunden vorgegebenen Anforderungen nichts vergessen wird. Anforderungskataloge leisten damit auch einen Beitrag zur Qualität.

FH HANNOVER	**Anforderungskatalog** Maschinenbaukonstruktion	Blatt-Nr. 1/3

Hauptmerkmal	**Nebenmerkmale**	**Beispiele /Hinweise**
Funktion	Gesamtfunktion Teilfunktion Hauptfunktion Nebenfunktion	Lösungsneutrale Kurzfassung der Aufgabe mit den wichtigsten Angaben
Geometrie	Abmessungen Raumbedarf Anzahl Anordnung Anschluß Ausbau Erweiterung	Breite, Höhe, Länge, Durchmesser Größe, Ausdehnung einfach oder mehrfach vorhanden Lage im Raum Maße, Flächen, Formelemente
Kinematik	Bewegungsart Bewegungsrichtung Geschwindigkeit Beschleunigung	gleichförmig, ruckartig linear, rotatorisch Größenwerte Größenwerte
Kräfte	Kraft Gewicht Kraftwirkung Steifigkeit Federkraft Stabilität Resonanzen	Größe, Richtung, Häufigkeit maximale Werte Verformung, Pressung zulässige Werte Eigenschaften durch Federanordnung
Energie	Leistung Wirkungsgrad Verluste Zustandsgrößen thermische Energie Anschlußenergie Speicherung Arbeitsaufnahme Energieumformung	 Verhältnis Nutzen zu Aufwand Reibung, Ventilation Druck, Temperatur, Feuchtigkeit Erwärmung, Abkühlung

Bild 4.6 - 1: Anforderungskatalog für Maschinenbaukonstruktionen

FH HANNOVER	**Anforderungskatalog** Maschinenbaukonstruktion	Blatt-Nr. 2/3

Hauptmerkmal	**Nebenmerkmale**	**Beispiele /Hinweise**
Stoff	Physikal. Eigenschaften Chemische Eigenschaften Biologische Eigenschaften Hilfsstoffe Werkstoffart Materialfluß Transport	Eingangs- und Ausgangsprodukt Schmierstoffe Stahl, Kunststoff, Keramik
Signal	Signalart Anzeigeart Betriebsgeräte Überwachungsgeräte Sicherheitsgeräte Signalform	Eingang und Ausgang analog, digital Ton, Leuchte, Zeiger
Sicherheit	Sicherheitstechnik Schutzsysteme Betriebssicherheit Arbeitssicherheit Umweltsicherheit	3-Stufen DIN 31000 Abdeckhauben, Gitter Störungsfreie Laufzeit
Ergonomie	Mensch - Maschine Beziehung Design	Bedienung, Bedienungsart Übersichtlichkeit, Beleuchtung Formgestaltung und Funktion
Fertigung	Produktionsverfahren Arbeitsraum Fertigungsverfahren Fertigungsgenauigkeit Betriebsmittel	Eigenfertigung, Fremdfertigung herstellbare Abmessungen Drehen, Fräsen, Lasern, Stanzen Toleranzen, Oberflächen Vorrichtungen
Qualität	Meßmöglichkeiten Prüfmöglichkeiten Prüfplanung Vorschriften	Längen, Durchmesser, Winkel Ebenheit, Geradheit, Oberflächen Funktionsmaße, Reihenfolge DIN, ISO, Werknormen

Bild 4.6 - 2: Anforderungskatalog für Maschinenbaukonstruktionen

FH HANNOVER	**Anforderungskatalog** Maschinenbaukonstruktion		Mechanische Konstruktion Blatt-Nr. 3/3
Hauptmerkmal	**Nebenmerkmale**	**Beispiele /Hinweise**	
Montage	Montierbarkeit	Montagerichtungen, Reihenfolge	
	Zusammenbau	Montagehilfen, -vorrichtungen	
	Einbau	Reihenfolge, Baugruppen	
	Aufstellung	Fundament, Anschlüsse	
Transport	Gewichtsbegrenzung	Zulässige Belastung	
	Transportmittel	Hebezeuge, Fahrzeuge	
	Transportwege	Abmessungen und Gewicht	
	Versand	Bedingungen, Arten, Verpackung	
Gebrauch	Anwendung	Fertigungseinrichtung	
	Absatzgebiet	Kunden	
	Einsatzort	Tropen, im Freien, unter Wasser	
	Geräusche	Lärmschutz	
	Verschleiß	austauschbare Verschleißteile	
Instandhaltung	Wartung	Wartungsfrei, Anzahl und Zeitbedarf	
	Inspektion		
	Austausch	Verschleißteile leicht austauschbar	
	Instandsetzung		
	Oberflächen	Reinigung, Anstrich	
Recycling	Verwendung	Wieder- und Weiterverwendung	
	Verwertung	Wieder- und Weiterverwertung	
	Entsorgung		
Kosten	Herstellkosten	maximal zulässige Kosten	
	Werkzeugkosten	Sonderwerkzeuge, Anzahl	
	Betriebskosten	Kosten für störungsfreien Lauf	
	Investitionskosten		
Termin	Endtermin	Ende der Konstruktionsarbeit	
	Zwischentermin	Terminplan	
	Lieferzeit		

Bild 4.6 - 3: Anforderungskatalog für Maschinenbaukonstruktionen

Außerdem sind solche Vorlagen als Beispiele für den Einsatz und für Neuentwicklungen von Anforderungskatalogen sehr nützlich. Das zeigte sich auch bei der Aufstellung des Anforderungskatalogs für ***CAD/CAM-Applikationen*** in Bild 4.7. Der Einsatz von 3D-CAD/CAM-Systemen in der Konstruktion erfordert oft Anpassungen, um bestimmte Abläufe effektiver durch das System zu unterstützen. Nur Konstrukteure, die täglich mit einem System arbeiten, haben das Know-how, um die beiden Aufgaben Technik und EDV-Anwendung zu einer angepaßten Lösung zu führen. Deshalb würde eine externe Programmierung nur selten den gewünschten Erfolg bringen. Der Anforderungskatalog für CAD/CAM-Applikationen ist deshalb für Konstrukteure ein sinnvolles Hilfsmittel.

FH HANNOVER	**Anforderungskatalog** CAD/CAM-Systemapplikation	Blatt-Nr. 1/2
Hauptmerkmal	**Nebenmerkmale**	**Beispiele /Hinweise**
Funktion	Gesamtfunktion	Leistungsbeschreibung, Spezifikation
	Teilfunktion	Modularer Aufbau
Softwarequalität	Funktionserfüllung	Vollständiges Produkt nach Spezifikation
	Zuverlässigkeit	Verfügbarkeit, Datensicherheit, Robustheit
	Benutzerfreundlichkeit	Erlernbarkeit, Zufriedenheit, Handhabbarkeit
	Zeitverhalten	Antwortzeiten, Durchsatzraten, Zugriffszeiten
	Wartungsfreundlichkeit	Änderbarkeit, Wartbarkeit
	Übertragbarkeit	Portabilität, Wiederverwendbarkeit, Verknüpfbarkeit
Projektorganisation	Durchführung	Art der Tätigkeiten, Zuständigkeit, Arbeitsumfeld, Arbeitsort, Mitarbeiterqualifikation
	Überwachung	Richtigkeit und Qualität der Ergebnisse
		Termineinhaltung
	Planung	Arbeitsschritte nach Terminen im Projektplan, Testphasen, Liefertermin
	Personal	Verantwortlichkeit für Planung, Betriebliche Nutzung und Anlagenbetreuung, Bereitstellung für Planung und Realisierung, Anforderungen an das Personal
	Kostenrahmen	Investitionsvorgaben (Lieferkosten, Einkaufkosten) Betriebskosten (Wartungskosten, Updatekosten, Datenpflegekosten) Beistellungsleistungen, Amortisation

Bild 4.7 - 1: Anforderungskatalog für CAD/CAM-Systemapplikationen

FH HANNOVER	**Anforderungskatalog** CAD/CAM-Systemapplikation	Blatt-Nr. 2/2

Hauptmerkmal	**Nebenmerkmale**	**Beispiele /Hinweise**
Untersuchungs-objekte	Programme	Softwaremodule
	Verfahren	Ablauf, Reihenfolge
	Baugruppen	automatische Baugruppenmontage
	Konstruktionselemente	Art, Varianten, Anzahl
Ergonomie	Benutzerfreundlichkeit	On-Line-Hilfe, Tastenbelegung der Maus, Verständlichkeit, Struktur
	Bedienung	selbstklärend, Dialogfenster, anwendungsgerechte Darstellung
	Normen	DIN, VDI, ISO, Produkthaftung
Systemtechnik	Software	Betriebssystem, Programmiersprache, Anwendungssoftware, Werkzeuge zur Softwareherstellung
	Hardware	Prozessor, Arbeitsspeicher, Grafikkarte, Arbeitsplatzbedingungen, PC, Workstation
	Leistungsfähigkeit	Antwortzeiten, Datenmenge pro Zeit, Netzbetrieb, Einsatzverhalten, Portabilität
	Schnittstellen	Mensch – Rechner, Anwendungsprogramm – Rechner, Technischer Prozeßrechner, Einbindung in Basiskonzept
Inbetriebnahme und Einsatz	Dokumentation	Handbuch, Arbeitsanweisungen, Beschreibungsform, Gliederung
	Inbetriebnahme	Zeitaufwand, Einweisung
	Testbetrieb	Abnahmeplanung, Simulations-, Echtzeitbetrieb
	Wartung	Wartungsfreiheit, Datenpflege
	Softwarepflege	Störungsbeseitigung, Strukturierung
	Programm/ Daten	Diskette, CD-ROM, Netz
	Schulung	Anwender, Systembetreuer
	Vorkenntnisse	Anwendererfahrung
Kosten	Lieferkosten	Kosten pro Arbeitsplatz
	Wartungskosten	Kosten für Datenpflege, Update
	Schulungskosten	Schulungsunterlagen und -zeit
Termin	Liefertermin	Zwischentermine nach Projektplan

Bild 4.7 - 2: Anforderungskatalog für CAD/CAM-Systemapplikationen

4.3.3 Formblatt für Anforderungslisten

Die systematische Zusammenstellung aller Forderungen und Wünsche in übersichtlicher und geordneter Form erfordert ein Formblatt, das mit der Organisation eines Unternehmens abgestimmt werden muß. Anforderungslisten müssen so aufgebaut sein, daß sie für Anlagen, Maschinen oder Baugruppen eingesetzt werden können. Sie werden firmenspezifisch unterschiedlich ausfallen und können durch eine Werknorm oder durch eine Verfahrensanweisung im Handbuch Qualitätsmanagement eingeführt werden.

Der Aufbau des Formblatts soll an einem Beispiel erläutert werden, das im Bild 4.8 in verkürzter Form dargestellt ist. Das üblicherweise als DIN A4-Blatt angelegte Formblatt enthält einen Kopf, den Hauptteil und eine Fußzeile. Im Kopf sind Firmensymbol, Bezeichnung, Auftragsnummer, Projektname und der Name des verantwortlichen Bearbeiters enthalten. Die Anforderungen werden mit F oder W für Forderung oder Wunsch gekennzeichnet eingetragen, wobei für jeden Gliederungspunkt erst die Forderungen aufgelistet werden sollten. Eine sinnvolle Ordnung ergibt sich durch die Gliederung, wie sie in den Anforderungskatalogen vorhanden ist. Die Vergabe von Nummern und das getrennte Eintragen der Werte, Daten usw. sorgt für Übersichtlichkeit. In die letzte Spalte wird der für die einzelnen Punkte verantwortliche Mitarbeitername eingetragen. Die Fußzeile hat Felder für die Abzeichnung bei Einverständnis, für das Datum und für eine Blattnummer, wenn mehrere Blätter für ein Produkt gebraucht werden. Für die Eintragungen haben sich folgende Vereinbarungen bewährt:

- Der Kern der Aufgabe wird durch Angabe der Gesamtfunktion und der wichtigsten Daten jeweils an erster Stelle in die Anforderungsliste geschrieben, um das Projekt genauer zu beschreiben.
- Spezielle Forderungen und Wünsche sollten mit Quellenangaben versehen werden, falls extreme Werte nicht erreichbar sind und zusätzliche Informationen erforderlich werden.
- Die Klärung offener oder nicht eindeutiger Forderungen sollten zuständigen Mitarbeitern aus anderen Abteilungen zugewiesen werden, z.B. dem Vertrieb oder dem Versand. Diese würden dann mit Namen eingetragen werden und wären verantwortlich für die Klärung.
- Änderungen und Ergänzungen müssen stets mit Datum nachgetragen werden, um aktuell zu bleiben. Dabei sind Änderungen so einzutragen, daß der alte Zustand erkennbar bleibt. Dies kann durch sichtbares Streichen oder durch Textkommentare erfolgen.
- Die Verantwortung für die Anforderungsliste eines Auftrags muß einem Mitarbeiter der Konstruktion oder Entwicklung übertragen werden.
- Die Festlegung eines Verteilers für die Anforderungslisten sichert den Informationsfluß.

Für Anforderungslisten wird heute schon sehr häufig eine Tabelle im PC so angelegt, daß der Konstrukteur dieses Formblatt direkt mit Rechnerunterstützung ausfüllt. Die Vorteile sind eine schnelle Erstellung sowie die Möglichkeit der Nutzung vorhandener Vorlagen aus anderen Projekten. Es muß jedoch eindeutig festgelegt werden, wer Zugriffsrecht hat, wie Änderungen und Ergänzungen eingetragen werden und wie die Anforderungslisten freigegeben werden.

FH HANNOVER	**Anforderungsliste**	F = Forderung W = Wunsch
Auftrags- Nr.:	Projekt	Bearbeiter:

Anforderungen				
F W	Nr.	Bezeichnung	Werte, Daten, Erläuterung, Änderungen	Verant- wortlich, Klärung durch:

Einverstanden:	Datum:	Blatt:

Bild 4.8: Anforderungsliste

4.3.4 Aufstellen der Anforderungsliste

Die erste ***Anforderungsliste*** aufzustellen, ist ungewohnt und verursacht einige Mühe, wenn das systematische Arbeiten gleichzeitig erlernt wird. Geübte Konstrukteure haben weniger Schwierigkeiten, da sie einen Arbeitsstil entwickelt haben, der nach ähnlichen Kriterien abläuft. Nach einiger Übung und durch den Einsatz entsprechend vorhandener Vorlagen werden alle erkennen, daß Anforderungslisten nützliche und unentbehrliche Hilfsmittel sind. Die meisten Firmen verwenden Anforderungslisten als methodische Hilfsmittel bereits in dieser oder in einer abgewandelten Form.

Hilfen für das Aufstellen einer Anforderungsliste wurden bereits mehrfach in diesem Abschnitt genannt. Sie sollen in der folgenden Aufstellung noch einmal zusammengefaßt werden. Außerdem ist eine unausgefüllte Anforderungsliste als Formblatt in Bild 4.8 enthalten.

Regeln zum Aufstellen einer Anforderungsliste:

Anforderungen sammeln

- Alle Forderungen und Wünsche der Aufgabenstellung erfassen.
- Anforderungskataloge einsetzen, um Anregungen zu erhalten.
- Technische Daten, Werte und Angaben genau festhalten.
- Anforderungen durch Fragen nach Zweck und Eigenschaften genauer erfassen.
- Informationen beschaffen zur eindeutigen Beschreibung der Anforderungen.

Anforderungen sinnfällig ordnen

- Anforderungsliste produktspezifisch gliedern durch Aufteilen von Maschinen in Baugruppen und, falls erforderlich, für jede Baugruppe eine eigene Liste erstellen, um Übersicht zu behalten.
- Anforderungsliste nach Anforderungskatalog gliedern.

Anforderungsliste auf Formblättern erstellen

- Anforderungsliste einheitlich aufbauen für effektiveres Durcharbeiten.
- Anforderungsliste durch geeigneten Verteiler allen betroffenen Abteilungen zustellen.

Anforderungsliste prüfen und ergänzen

- Verantwortung für Anforderungslisten für jeden Auftrag festlegen.
- Mitarbeiternamen für das Klären offener oder unklarer Punkte eintragen.
- Ergänzungen und Änderungen einfügen mit Datum und Namen.
- Zustimmung der beteiligten Abteilungen, daß die formulierten Anforderungen in bezug auf Technik und Wirtschaftlichkeit realisiert werden können.
- Abstimmung und Genehmigung durch den Auftraggeber vereinbaren.

Eine ausgefüllte Anforderungsliste enthält als Beispiel Bild 4.9. Es handelt sich um das einfache Produkt Wäscheklammer.

Das Aufstellen dieser Anforderungsliste erfolgte mit Hilfe des Anforderungskatalogs und der oben genannten Regeln. Alle nicht geeigneten Hauptmerkmale des Anforderungskatalogs wurden weggelassen.

Bei der Ausarbeitung stellte sich schnell heraus, daß das Produkt umfangreich untersucht und hinterfragt werden mußte, bis alle Eigenschaften als Forderungen und Wünsche formuliert waren. Außerdem gab es bei einigen Punkten viele Diskussionen, wenn verschiedene Personen mit unterschiedlichen Kenntnissen und Erfahrungen zum ersten Mal eine Anforderungsliste aufstellen sollten.

FH HANNOVER	**Anforderungsliste**	F = Forderung W = Wunsch
Auftrags-Nr.:	Projekt	Bearbeiter:
001	Wäscheklammer	A. Bunte

Anforderungen

F W	Nr.	Bezeichnung	Werte, Daten, Erläuterung, Änderungen	Verantwortlich, Klärung durch:
F	1	Funktion: Nasse Wäschestücke bei jedem Wetter an einer handelsüblichen Leine fixieren bis Windstärke	≤ 5	
	2	Geometrie		
F	2.1	Länge	≤ 75 mm	
F	2.2	Geeignet für Wäschestücke plus Leine	∅ 10 mm	
F	2.3	Schnabelöffnung *a*	10 ≤ *a* ≤ 15 mm	
F	2.4	Breite	≥ 10 mm	
F	2.5	Anzahl der Elemente	≤ 3	
W	2.6	symmetrische Gestalt		
	3	Kräfte		A. Bunte
F	3.1	Betätigungskraft	≤ 10 N	
F	3.2	Haltekraft	≥ 50 N	
	4	Stoff		
F	4.1	Witterungsbeständig		
F	4.2	Wiederverwendbare Materialien		
	5	Sicherheit		
F	5.1	Abgerundete griffgünstige Form		
F	5.2	Keine wegspringenden Teile		

Einverstanden: *Con*	Datum: 8.11.96	Blatt: 1/3

Bild 4.9 - 1: Anforderungsliste für Wäscheklammern

FH HANNOVER	Anforderungsliste	F = Forderung W = Wunsch
Auftrags-Nr.: 001	Projekt Wäscheklammer	Bearbeiter: A. Bunte

F W	Nr.	Bezeichnung	Werte, Daten, Erläuterung, Änderungen	Verantwortlich, Klärung durch:
	6	Fertigung		A. Bunte
F	6.1	Einfache Formelemente		
F	6.2	Vorhandene Produktionsmittel verwenden		
F	6.3	Grobe Toleranzen zulassen		
W	6.4	Nur ein Arbeitsschritt je Teil		
	7	Qualität		
F	7.1	Endprüfung soll entfallen		
F	7.2	Stichprobenprüfung	$N = 200$	
F	7.3	Lastwechselprüfung bei Stückzahl N	$N = 10.000$	
	8	Montage		
F	8.1	Elemente automatisch montieren		
W	8.2	Keine Montage		
	9	Transport		
F	9.1	Produktverpackung auf Behälter abstimmen	Vertrieb/Versand	
F	9.2	Losgrößen-Verpackung	≤ 20 kg	
	10	Gebrauch		
F	10.1	Alterungsbeständig		
F	10.2	Standfestigkeit: Betätigungshäufigkeiten n	$500 \leq n \leq 1000$	
Einverstanden: Con		Datum: 8.11.96	Blatt: 2/3	

Bild 4.9 - 2: Anforderungsliste für Wäscheklammern

FH HANNOVER	**Anforderungsliste**	F = Forderung W = Wunsch
Auftrags-Nr.: 001	Projekt Wäscheklammer	Bearbeiter: A. Bunte

Anforderungen

F W	Nr.	Bezeichnung	Werte, Daten, Erläuterung, Änderungen	Verantwortlich, Klärung durch:
	11	Instandhaltung		A. Bunte
W	11.1	Wartungsfrei		
	12	Recycling		
F	12.1	Wiederverwendbare Materialien einsetzen		
F	12.2	Verbundmaterialien vermeiden		
W	12.3	Kunststoffe kompostierbar		
	13	Kosten		
F	13.1	Herstellkosten	≤ 0,05 DM	
	14	Termine		
F	14.1	Entwicklung bis	20.11.96	
F	14.2	Prototyp bis	30.11.96	
F	14.3	Nullserienfertigung	01.01.97	
W	14.4	Modellpflege	01.01.98	

Einverstanden: Con	Datum: 8.11.96	Blatt: 3/3

Bild 4.9 - 3: Anforderungsliste für Wäscheklammern

Die Anforderungsliste enthält alle Angaben in der Sprache der Abteilungen, die die Konstruktion durchzuführen haben. Dies ist automatisch gewährleistet, wenn die betroffenen Konstrukteure die Anforderungsliste selbst aufstellen. Während der Ausarbeitung der Anforderungsliste wird bereits die ganze Aufgabe durchdacht und erste Lösungsideen bzw. Anregungen bereits bekannter Lösungen stellen sich ein. Die Anforderungsliste kann mit sichtbaren Änderungsvermerken stets aktuell gehalten werden und sollte vom Auftraggeber abgezeichnet werden. Sie zwingt Kunden und Lieferanten zur klaren Stellungnahme, wenn die in der Anforderungsliste festgelegten Forderungen und Wünsche nicht den Vorstellungen beider Partner entsprechen.

4.4 Qualitätssicherung beim Planen

Die Anforderungsliste ist auch ein sehr effektives Mittel, um von Anfang an Einfluß auf eine qualitätsgerechte Ausführung eines Auftrags zu nehmen. Alle Eigenschaften können in dieser ersten Phase des Konstruktionsprozesses noch so geplant werden, daß die Qualität des Produkts gewährleistet wird. Da der Kunde festlegt, was ***Qualität*** ist, gilt:

Qualität ist die Erfüllung von Kundenforderungen.

Das Qualitätsmanagment nach VDI 2247 E in der Produktentwicklung ordnet den Konstruktionsphasen qualitätssichernde Maßnahmen zu und verweist auf potentielle Fehler. Da Qualität gedacht und von Anfang an umgesetzt werden muß, werden entsprechende Hinweise jeder Phase zugeordnet.

Als qualitätssichernde Maßnahmen empfiehlt VDI 2247 E:

- systematisches Marketing
- systematische Konstruktionsanalyse
- Erstellen von Anforderungslisten
- Verwenden von Checklisten

Diese Maßnahmen bewirken das Vermeiden folgender potentieller Fehler:

- Fehlende oder falsche Produktionsvorgaben
- nicht sichergestellte Kundenakzeptanz
- unzureichende Berücksichtigung von Konkurrenzprodukten

Ein Vergleich dieser Aussagen mit den behandelten Themen dieses Abschnitts zeigt, daß Qualität nur bei konsequenter Anwendung der Methoden und Hilfsmittel erreichbar ist.

Hinweis:
Als Methode zur ***Qualitätsplanung*** in der Entwicklung wird Quality Function Deployment (QFD) angewendet. ***QFD*** ist eine umfassende Systematik für eine kundenorientierte Produktentwicklung. Die Kundenwünsche sollen bereits vor der Produktplanungsphase erfaßt und in technische Merkmale umgesetzt werden. QFD ist z.B. in VDI 2247 E ausführlich beschrieben.

5 Konzipieren

Die zweite Konstruktionsphase, das ***Konzipieren***, wird in diesem Abschnitt behandelt. Es wird also erklärt, wie Konzepte entwickelt werden, um die prinzipielle Festlegung von konstruktiven Aufgaben zu erreichen. Voraussetzung für die Durchführung dieses Arbeitsschritts ist eine vollständig geklärte Aufgabenstellung durch eine vorliegende Anforderungsliste. Das bedeutet, eine klare Endscheidung für die Fortführung des Projekts oder des Auftrags muß vorliegen.

Das Erarbeiten eines ***Lösungsprinzips*** ist nicht nur für unerfahrene Konstrukteure eine Herausforderung und erfordert den größten Einsatz. Da es keine Vorlagen oder Beispiele gibt, sind die Konstrukteure auf kreative Ideen und auf methodische Hilfen angewiesen, um sich schrittweise ein Ergebnis zu erarbeiten. Da es außerdem noch keine gesicherten Erkenntnisse gibt, wie sehr gute konstruktive Lösungen entstehen, können hier nur Hilfsmittel und Methoden vorgestellt werden, die sich für diese Phase bewährt haben. Aus der Erfahrung vieler Projekte ist bekannt, daß mit dem entsprechenden Interesse an konstruktiven Aufgaben, guten Grundlagenkenntnissen und durch systematisch eingesetzte methodische Hilfsmittel gute Konstruktionen entwickelt werden können. Hilfreich ist auch hier das Zerlegen der Phase Konzipieren in kleinere Arbeitsschritte, die dann nacheinander durchlaufen werden. Diese Arbeitsschritte werden mit Beispielen erklärt und es werden einige Methoden vorgestellt, die in der Praxis eingesetzt werden.

Als ***Arbeitsschritte des Konzipierens*** haben sich bewährt:

- Erkennen des Kerns der Aufgabe durch Abstrahieren.
- Gesamtfunktion in Teilfunktionen zerlegen und Funktionsstrukturen aufstellen.
- Für Teilfunktionen geeignete Wirkprinzipien suchen und diese zu Prinziplösungen kombinieren.
- Lösungsvarianten als realisierbare Konzepte skizzieren.
- Auswahl der besten Lösungsvariante durch Bewertung.
- Festlegen des Konzepts für das Entwerfen.

5.1 Abstrahieren und Problem formulieren

Eine erfolgreich durchgeführte Klärung der Aufgabenstellung mit dem Ergebnis einer Anforderungsliste sollte in der Regel schon die wesentlichen Eigenschaften eines neuen Produkts eindeutig beschreiben. Damit hat der Konstrukteur sich bereits sehr intensiv mit der Lösungsfindung beschäftigt, da bekanntlich ein genau beschriebenes Ziel schon die halbe Lösung ist.

Wie bereits bei den Grundlagen erwähnt, wird beim ***Abstrahieren*** das Wesentliche vom Unwesentlichen getrennt, um das Allgemeingültige hervorzuheben. Eine solche Verallgemeinerung, die das Wesentliche hervortreten läßt, führt dabei auch auf den Kern der Aufgabe. Wird dieser treffend formuliert, so werden die Gesamtfunktion und die wesentlichen Bedingungen erkennbar, ohne damit schon eine bestimmte Art der Lösung festzulegen.

Die erarbeitete Anforderungsliste hat bereits die bestehende Aufgabe mit vielen Informationen versehen. Man kann deshalb aus der Anforderungsliste auf die geforderte Funktion und auf wesentliche Bedingungen schließen.

Eine ***schrittweise Abstraktion*** erreicht man, wenn man auf ein gegebenes Problem die Frage: „Worauf kommt es eigentlich an?“ wiederholt anwendet und sich dabei jedesmal um Antworten grundsätzlicher Richtigkeit bemüht. Man erreicht durch dieses Fragen, daß man von der speziellen Formulierung einer Aufgabe zu einer abstrakten Formulierung kommt, die dann auch eine größere Lösungsmenge beinhaltet.

Am Beispiel Wagenheber soll dieses Vorgehen erklärt werden. In Bild 5.1 sind die Abstraktionsstufen 01 bis 05 eingetragen, die durch das wiederholte Beantworten der Frage „Worauf kommt es eigentlich an?“ von der bekannten speziellen Lösung schrittweise zum Kern der Aufgabe führen, die dann als abstrakte Formulierung lösungsneutral ist und auch zu erheblich mehr Lösungsmöglichkeiten führt.

Eingang und Ausgang beschreiben jeweils die Größen an den Systemgrenzen der Black-Box für die Aufgabe „Pkw heben“.

Stufe	Eingang	Ausgang	Lösungsmöglichkeiten
01	Drehbewegung von Hand	Pkw angehoben in Radnähe	Mechanischer Wagenheber mit Handkurbel
02	Beliebige Bewegung eines Menschen	Pkw angehoben in Radnähe	Lösung 01 und Bewegung für Betätigung „hin und her“ oder „auf und ab“, mechanische und hydraul. Übersetzung (auch Fußbetätigung)
03	Beliebiger Energieeinsatz, sofern an der Straße verfügbar	Pkw angehoben in Radnähe	Lösung 01, 02 und elektr., hydraul., pneumat. Antrieb mit Motor, Hydraulikzylinder an Karosserie, aufblasbares Kunststoffkissen
04	Beliebiger Energieeinsatz, sofern an der Straße verfügbar	Beliebiges Rad entlastet	Lösung 01, 02, 03 und Aufpumpen von nur 3 hydropneumatischen Radfedern, Einfahren in eine Grube mit einem Rad
05	Ursache der Aufgabe: Warum wurde sie gestellt?	Radpannen verhindern, so daß kein Notwechsel nötig ist	Reifen mit Selbstdichtung, Reifen mit Kunststoffüllung Reifen mit Notlaufeigenschaften (Continental CTS), Vollgummireifen

Bild 5.1: Abstraktion der Aufgabe Pkw-Wagenheber (nach *Ehrlenspiel*)

Die Einschränkungen durch bekannte oder vorgegebene Lösungen kann der Konstrukteur durch diese Vorgehensweise erkennen und überwinden. Damit bewirkt das Abstrahieren, daß man die Einschränkungen beurteilen kann, um nur die notwendigen zu berücksichtigen.

Weitere Beispiele für das ***Abstrahieren*** und das lösungsneutrale Formulieren der Aufgabe:

- Schraubstock konstruieren ⇒ ersetzen durch: Spannvorrichtung für prismatische Teile
- Wellenschulter konstruieren ⇒ ersetzen durch: axiale Begrenzung mit Kraftaufnahme
- Zahnradgetriebe konstruieren ⇒ ersetzen durch: Drehmoment- und Drehzahlwandlung
- Fräsvorrichtung konstruieren ⇒ ersetzen durch: zweckentsprechende Fertigung prismatischer Teile
- Montageautomat konstruieren ⇒ ersetzen durch: Montage von Werkstücken durchführen

Aus diesen Beispielen ist erkennbar, daß die endgültige lösungsneutrale Formulierung der Aufgabe mehr Lösungsmöglichkeiten eröffnet.

Die Beschreibung der Funktion mit Haupt- und Tätigkeitswort ist z.B. für einige Lösungselemente bei einem Getriebeentwurf durch eine lösungsneutrale Form zu ersetzen:

- Welle mit Kugellagern lagern ⇒ Welle lagern
- Wälzlager mit Wellenmutter axial festlegen ⇒ Wälzlager axial festlegen
- Lagerung mit Radial-Wellendichtring abdichten ⇒ Lagerung abdichten
- Lagerung mit Ölpumpe schmieren ⇒ Lagerung schmieren

5.2 Aufstellen von Funktionsstrukturen

Durch das Abstrahieren liegen die Funktionen in lösungsneutraler Form vor. Die Darstellung der Funktionen erfolgt mit der Black-Box-Methode, also mit den Ein- und Ausgangsgrößen. Die Formulierung der Gesamtaufgabe ergibt auch die Gesamtfunktion, die mit den Größen Energie-, Stoff- und/oder Informationsumsatz für die jeweilige Aufgabe angepaßt untersucht wird. Bei dieser Analyse sollte die Beschreibung so konkret wie möglich erfolgen.

Die ***Gesamtfunktion*** muß in ***Teilfunktionen*** aufgegliedert werden, wenn die Aufgabe zu komplex ist, d.h., wenn der Zusammenhang zwischen Eingangs- und Ausgangsgrößen nicht übersichtlich bezüglich der Anzahl der zu erwartenden Baugruppen oder Einzelteile wird. Analog der Aufteilung von Systemen in Teilsysteme lassen sich komplexe Funktionen in übersehbare Teilfunktionen auflösen. Die Verknüpfung der einzelnen Teilfunktionen ergibt die ***Funktionsstruktur***, die die Gesamtfunktion darstellt. Als Beispiel soll der Reitstock einer Drehmaschine betrachtet werden, dessen Gesamtfunktion in Bild 5.2 dargestellt ist. Außerdem enthält dieses Bild die Funktionsstruktur, also die Zerlegung der Gesamtfunktion in Teilfunktionen, die konkret beschrieben sind. Damit hat der Konstrukteur seine Überlegungen zu der Aufgabe strukturiert und übersichtlich vorliegen. Er will damit erreichen, daß die anschließende Lösungssuche erleichtert wird, da für Teilfunktionen meist Lösungen bekannt sind.

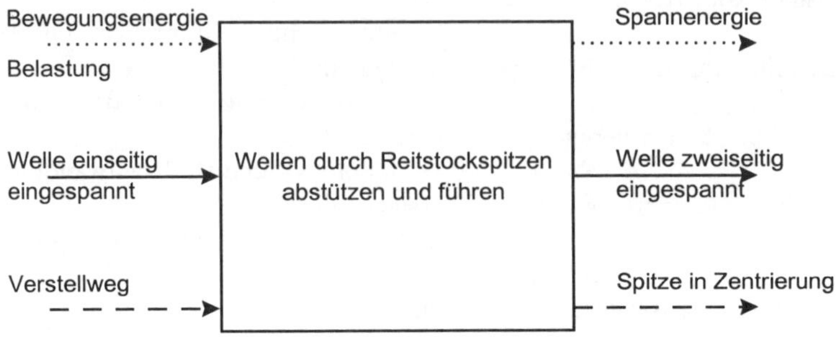

a) Gesamtfunktion Reitstock

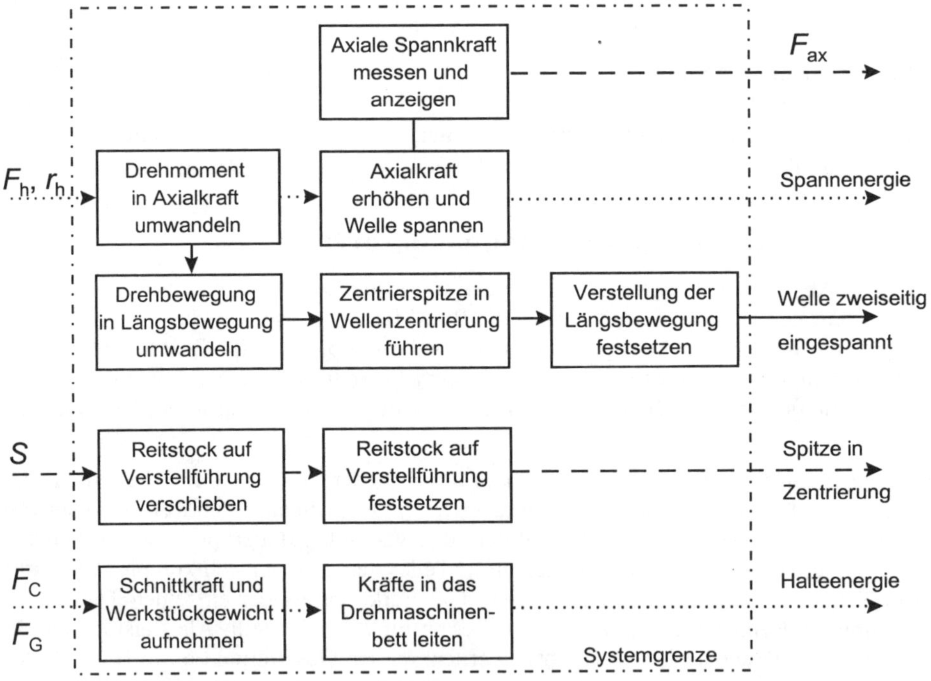

b) Funktionsstruktur für die Gesamtfunktion Reitstock

Bild 5.2: Gesamtfunktion und Funktionsstruktur für einen Reitstock

Bei ***Neukonstruktionen*** wird die Funktionsstruktur aus der vorliegenden Anforderungsliste und der abstrakten Aufgabenformulierung erarbeitet. Aus den Forderungen und Wünschen sind funktionale Zusammenhänge erkennbar, zumindest ergeben sich aus diesen oft die Teilfunktionen am Eingang und am Ausgang einer Funktionsstruktur.

Bei ***Anpassungskonstruktionen*** kann man die Funktionsstruktur aus der bekannten Lösung durch Analyse der Bauelemente ermitteln. Damit hat man eine Grundlage für Varianten der Funktionsstruktur, die zu anderen Lösungsmöglichkeiten führen können.

Das Aufstellen von Funktionsstrukturen wird bisher noch von vielen Firmen als zu aufwendig und mit wenig erkennbarem Nutzen für die Erledigung konstruktiver Aufgaben angesehen. Gute Konstrukteure führen dieses Strukturieren der Aufgabe im Kopf durch, ohne eine detaillierte Darstellung auf Papier vorzunehmen. Anfänger verschaffen sich mit dieser Darstellung jedoch die erforderliche Sicherheit und Klarheit, um nicht wesentliche Teilfunktionen zu übersehen.

Die Anwendung wird nur dann erfolgreich sein, wenn man selbst an einfachen Aufgaben diesen Schritt "einübt". Falls das Aufstellen von Funktionsstrukturen nicht übertrieben wird, wird mit dieser Zerlegung der Gesamtfunktion auch die Qualität eines Produktes positiv beeinflußt.

Als Methode für das Erkennen von Funktionen wird die ***Analyse bekannter Systeme*** durchgeführt. Diese Vorgehensweise wird besonders für Weiterentwicklungen und Verbesserungen von Maschinen, Baugruppen usw. eingesetzt, bei denen ja mindestens eine Lösung mit den dazugehörigen Zeichnungen und Stücklisten bekannt ist.

Bewährt haben sich die Arbeitsschritte:

- Auflistung der enthaltenden Systemelemente
- Aufgaben je Systemelement beschreiben
- Teilfunktionen aus den Aufgaben der Systemelemente ableiten
- Lösungselemente für neue Prinziplösungen suchen

Dieses Vorgehen ist für das bekannte Beispiel Reitstock aus dem Bild 5.3 zu entnehmen. Die Schnittzeichnung des Reitstocks mit Positionsnummern wird schrittweise analysiert.

Die Systemelemente werden geordnet aufgelistet, so daß die zusammengehörenden Bauteile, die für eine bestimmte Aufgabe erforderlich sind, möglichst untereinander stehen. Beispielsweise gehören Handrad, Ballengriff und Paßfeder zusammen, weil sie durch Drehen des Handrades die Pinolenbewegung ermöglichen.

Die Teilfunktionen ergeben sich nicht immer so zugeordnet, wie in diesem Beispiel angegeben. Oft sind auch mehrere Systemelemente für Teilfunktionen vorhanden. Dieser Fall wäre z.B. bei den Teilfunktionen Gehäuse abdichten oder Lagerstellen schmieren gegeben, die in diesem Beispiel nicht auftreten.

Diese Arbeitsweise ist sehr gut geeignet, um durch schrittweises Zerlegen die Funktionen bewährter Lösungselemente zu erkennen.

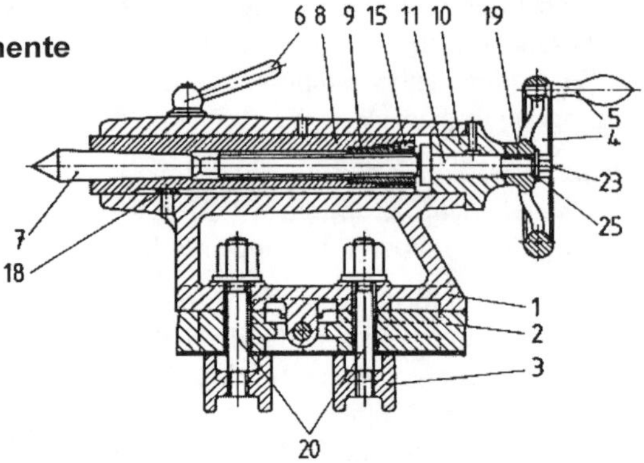

Systemelemente	Aufgabe der Systemelemente	Teilfunktionen
1 Reitstock-Oberteil 2 Reitstock-Unterteil	Aufnehmen der Bauelemente, Abstützen der Belastungen auf dem Bett, Anschlußflächen für Bettführungen.	Kräfte übertragen, Reitstock führen, Reaktionskräfte aufnehmen
3 Spannbrücke 20 Stiftschraube	Befestigen und Halten des Reitstocks auf den Bettbahnen	Reitstock klemmen
4 Handrad 5 Ballengriff 19 Paßfeder	Pinole bewegen durch Drehen des Handrades	Handkraft einleiten Handkraft verstärken Drehbewegung einleiten
6 Kegelgriff	Pinole klemmen zum Spielausgleich und gegen Schwingungen.	Pinole klemmen
7 Körnerspitze	Wellen-Werkstücke halten und stützen gegen Kräfte.	Werkstück führen Werkstück stützen
8 Pinole 9 Gewindebuchse 15 Gewindestift 10 Lagerbuchse 11 Spindel	Rundführung verschiebbar mit Spindel und Mutter; sichern der Mutter	Drehbewegung in Längsbewegung umwandeln
18 Paßfeder	Geradführung der Pinole	Mutter sichern Pinole führen

Bild 5.3: Funktionsermittlung durch Analyse

5.3 Lösungsprinzipien suchen

Die ***prinzipielle Lösung*** wird nach dem Festlegen der Teilfunktionen entweder durch die Suche nach physikalischen Effekten oder durch die Suche nach einer geeigneten Gestaltung gefunden. Dieser Vorgang wurde bereits mit einem Beispiel im Bild 2.8 erläutert. Kombinationen sind natürlich auch möglich, weil man oft einen physikalischen Vorgang nur mit bestimmten Werkstoffen und unter bestimmten geometrischen Bedingungen realisieren kann. Prinzipielle Lösungen bzw. Teillösungen werden in der Regel als Prinzipskizzen oder als grobmaßstäbliche Handskizzen dargestellt.

Dieser Lösungsschritt soll nun zu mehreren Lösungsvarianten führen. Dafür sind eigentlich alle Methoden geeignet, die Ideen liefern. Von der Vielzahl der ***bekannten Methoden der Ideenfindung*** sollen hier nur einige vorgestellt werden, die sich allgemein bewährt haben. Sie können eingeteilt werden in:

- Konventionelle Methoden
- Intuitiv betonte Methoden
- Systematisch-analytische Methoden

Alle Methoden ergänzen sich und werden automatisch so eingesetzt, daß man die Ideen erhält, die man für ein Lösungsprinzip benötigt. Dabei wird der wechselnde Einsatz der Suchmethoden oft unbewußt und spontan erfolgen, was von großem Vorteil ist. Die Anwendung ist abhängig von der Aufgabe, den Informationen, den Anforderungen, den Vorarbeiten zur Aufgabenklärung und dem Können und der Erfahrung des Bearbeiters. Die im folgenden vorgestellten Methoden sind weder vollständig noch umfassend für alle Anwendungen beschrieben. Es handelt sich in der Regel um eine Übersicht mit Hinweisen, die durch ergänzende Literatur bei Bedarf zu vertiefen ist. Wichtig ist nicht das Auswendiglernen der Methoden, sondern deren Anwendung durch Üben zu lernen.

5.3.1 Konventionelle Methoden

Literaturrecherchen

Informationen über den Stand der Technik sind für den Konstrukteur sehr wichtig. Sie werden vielfältig angeboten und sollten systematisch genutzt werden. Dabei sind neben der allgemeinen Fachliteratur besonders Informationen über Produkte der Zulieferer und des Wettbewerbs interessant. Konstrukteure sollten regelmäßig Fachzeitschriften lesen und durch Seminarteilnahme sowie durch Schulungen stets für aktuelles Fachwissen sorgen. Für ***Literaturrecherchen*** gibt es neben dem Suchen in Fachliteratur viele Möglichkeiten der elektronischen Recherche in Computerdatenbanken. Insbesondere die firmeninternen Netze (Intranet) der großen Unternehmen und natürlich das Internet bieten viele Informationen an.

Anregungen und Ideen werden aus diesen Recherchen meistens sehr individuell genutzt. Einige Konstrukteure setzen diese Methode oft und erfolgreich ein, andere sehen wenig Sinn darin.

Analyse natürlicher Systeme

Bei dieser Methode wird versucht, Strukturen und Systeme aus der Natur zum Lösen von Aufgaben in der Technik zu nutzen. Die Erkenntnisse können zu vielseitig anwendbaren und neuartigen Lösungen führen. Konstrukteure, die sich intensiv mit der Natur beschäftigen, erkennen dort vielfältige Prinzipien, die konsequent umgesetzt zu sehr guten technischen Lösungen entwickelt werden können. Hier sollen nur die wichtigsten Begriffe und einige Beispiele vorgestellt werden mit dem Ziel, für die inzwischen vorhandene Literatur zu diesem Thema mit umfangreichen Anwendungsbeispielen Interesse zu wecken.

Die Zusammenhänge zwischen Natur und Technik können nach *Nachtigall* mit den Begriffen „Bionik" und „Technische Biologie" erklärt werden. Für ***Bionik*** soll eine Definition von *Nachtigall* vorgestellt werden: *Bionik nennt man das Lernen von der Natur als Anregung für eigenständig-technisches Gestalten.* Der Ingenieur kopiert nicht einfach nur die Natur, sondern entwickelt eigenständig eine technische Lösung aus den Angaben, die er von den Biologen erhält.

Bevor man Bionik einsetzen kann, muß man technisch-biologische Erkenntnisse haben, die man im wesentlichen aus physikalisch-technischen Untersuchungen erhält. Diese Arbeitsweise bezeichnet *Nachtigall* als „Technische Biologie", die er wie folgt definiert: ***Technische Biologie*** betreiben bedeutet, die Natur zu erforschen und zu beschreiben aus dem Blickwinkel und mit dem methodischen Verfahren der technischen Physik und verwandter Gebiete. Ohne Technische Biologie ist Bionik nicht vorstellbar. Ohne eine Umsetzung durch Bionik ist Technische Biologie nur ein interessanter Buchtitel.

Ein Beispiel für das Zusammenwirken von Technischer Biologie und Bionik hat *Nachtigall* beschrieben. Die Untersuchung der Bauchschuppen von Schlangen, die auf glitschigem Untergrund vorwärtsgleiten können, ergab eine bestimmte Bauchschuppenform als Ergebnis der Technischen Biologie. Die Bionik hat daraus eine Folie entwickelt, die als Antirutschbelag unter Langlaufski geklebt wird, um das Zurückrutschen zu verhindern.

Einige weitere Beispiele für die Bionik:

- Ähnlichkeiten zwischen Orientierungssystem der Fledermäuse und der Radartechnik
- Röhrenknochen und Halme zeigen, daß Hohlkörper unter bestimmten Umständen höhere Festigkeit haben als massive Stäbe
- Strukturen von Bäumen geben Hinweise auf Bauwerksträger für große Dachflächen

Bionik basiert auf sorgfältiger Naturbeobachtung. Die Frage lautet:

"Gibt es in der Natur ein ähnliches Problem und wie ist es gelöst?"

Analyse bekannter technischer Systeme

Dieses Vorgehen gehört zu den wichtigsten Hilfsmitteln, um schrittweise und nachvollziehbar zu neuen oder verbesserten Varianten bekannter Lösungen zu kommen. Eine solche Analyse besteht in einem gedanklichen oder sogar stofflichen Zerlegen ausgeführter Produkte, wie im Bild 5.3 beispielhaft erläutert. Ein weiteres Beispiel ist die Analyse von Vorschubantrieben der am Markt bekannten Ausführungen der Wettbewerber, um für eine neue Produktreihe einen optimalen Antrieb zu entwickeln. Bekannte Systeme für eine Analyse können sein:

- Produkte oder Verfahren des Wettbewerbs
- Produkte oder Verfahren des eigenen Unternehmens, die nicht mehr hergestellt werden
- Produkte oder Baugruppen für ähnliche Aufgaben

Die Gefahr bei dieser Methode besteht darin, daß man bei bekannten Lösungen bleibt, ohne neue Wege zu suchen.

Analogiebetrachtungen

Die Übertragung eines vorliegenden Problems oder Systems auf ein analoges ist nützlich zur Lösungssuche und zur Ermittlung der Systemeigenschaften. Hierbei wird das analoge System als Modell des beabsichtigten Systems zur weiteren Betrachtung verwendet. Man kann z.B. elektrische Netzwerke als "Ersatzschaltung" und damit als Modell für biologische Vorgänge in der Bionik benutzen, um Blutkreislaufsysteme durch Analogsetzung eines biologischen und eines technischen Vorgangs (Modell) zu demonstrieren. Neben der Anregung für die Lösungssuche bieten ***Analogien*** die Möglichkeit durch Simulations- und Modelltechnik das Systemverhalten schon während der Entwicklung zu erkennen.

Messungen, Modellversuche

Messungen, ***Modellversuche*** und experimentelle Untersuchungen gehören zu den wichtigsten Informationsquellen eines Konstrukteurs. Für die Entwicklung neuer Produkte werden oft die Versuchswerkstatt und die Musterherstellung in den Konstruktionsprozeß einbezogen. Umfang und Vorgehen sind von der Produktart und der geplanten Produktion abhängig, wie bereits im Abschnitt 1 erläutert.

5.3.2 Intuitiv betonte Methoden

Ideen für die Lösung schwieriger Aufgaben werden in der Konstruktion sehr häufig intuitiv gefunden. Durch die intensive Beschäftigung mit der Aufgabenstellung und durch die Kreativität des Konstrukteurs entsteht oft ganz plötzlich eine Lösungsidee. Weder der Zeitpunkt noch der Grund für diesen guten Einfall sind nachvollziehbar. Das Umsetzen dieser Idee in eine konstruktive Lösung erfolgt dann durch weitere Untersuchungen, Skizzen usw., bis die Lösung in der gewünschten Form vorliegt. Dabei werden dann auch Methoden und Hilfsmittel eingesetzt, so daß sich ein Wechselspiel zwischen Kreativität und Methodik ergibt, die für das Bearbeiten konstruktiver Aufgaben sehr gut geeignet ist.

Gespräche und kritische Diskussionen mit Kollegen sind ebenfalls eine einfache Methode, um Anregungen zu erhalten. Bei straffem Ablauf kann solch ein Erfahrungsaustausch sehr wirkungsvoll sein.

Brainstorming

Brainstorming ist eine Methode zur Ideenfindung in einer Gruppe. Die Teilnehmer werden durch die Äußerungen gegenseitig angeregt beim intuitiven, kreativen Denken. Der Ablauf für dieses Verfahren wurde von *Osborn* vorgeschlagen. Eine Gruppe besteht aus 4 bis 9 aufgeschlossenen Menschen aus unterschiedlichen Erfahrungsbereichen. Die Methode eignet sich vor allem für klar definierte Probleme, die nicht zu komplex sind.

Die Teilnehmer sollen für ein Problem, das vor der Sitzung erläutert wird, eine große Anzahl von Ideen frei äußern (Gedankensturm), die ohne schöne Formulierungen frei sichtbar für alle notiert werden. Diese Gedanken sollen die Teilnehmer anregen und für neue Vorschläge sorgen. Der Ablauf ist als Übersicht im Bild 5.4 dargestellt.

FH HANNOVER	**Brainstorming (Gedankensturm)**	Datum: Blatt-Nr.

Ablauf:
Gruppe von aufgeschlossenen Menschen aus unterschiedlichen Erfahrungsbereichen produziert neue Ideen ohne Vorurteile und läßt sich von geäußerten Gedanken zu weiteren neuen Vorschlägen anregen.

Grundregeln:
1. Keine Kritik !
2. Quantität vor Qualität ! Viele Ideen !
3. Ideen anderer aufgreifen und weiterentwickeln !
4. Alles ist erlaubt ! Freies Gedankenspiel !

Randbedingungen:

1. Sitzungsraum ohne Störungen in angenehmer Umgebung.
2. Anzahl der gleichberechtigten Teilnehmer 4 bis 9.
3. Neutraler Moderator hält alle Ideen unbewertet und vollständig fest.
4. Zeitlichen Verlauf planen, z.B. arbeitsfreien Vormittag mit 1 bis 2 Stunden vorsehen.

Gezielte, präzise Problemformulierung:

Ideensammlung:

Bild 5.4: Brainstorming – Vorgehen und Ablauf

Entscheidend für den Erfolg von Brainstorming ist die Einhaltung folgender Regeln:

- Quantität vor Qualität; d.h., bei steigender Anzahl geäußerter Ideen vergrößert sich die Chance, daß sich besonders brauchbare darunter befinden.
- Kein Konkurrenzdenken; d.h., die einzelnen Teilnehmer sollen nicht aus persönlichen Gründen Gedanken oder Ideen zurückhalten und auch Ideen anderer übernehmen.
- Keine Kritik; d.h., ***Killerphrasen*** wie "Das geht nicht!" oder "Das haben wir schon immer so gemacht!" sind verboten.
- Sitzungsort möglichst außerhalb der gewohnten Arbeitsatmosphäre.
- Teilnehmer möglichst aus unterschiedlichen Bereichen jedoch aus einer hierarchischen Ebene. Dadurch wird ein sehr großes Wissensgebiet abgedeckt und es entwickelt sich kein Konkurrenzdenken.
- Teilnehmerzahl sollte sich auf 4 bis 9 Mitarbeiter beschränken.

Die Auswertung der Ideen erfolgt von Fachleuten, die systematisch ordnen und überprüfen, was realisierbar ist. Anschließend wird die Gruppe erneut die Ideen diskutieren und weiterentwickeln.

Vorteilhaft macht man von Brainstorming Gebrauch, wenn

- noch kein realisierbares Lösungskonzept vorliegt,
- das physikalische Geschehen einer möglichen Lösung noch nicht erkennbar ist,
- das Gefühl vorherrscht, mit bekannten Vorschlägen nicht weiterzukommen oder
- eine völlige Trennung vom Konventionellen angestrebt wird.

Von Brainstorming-Sitzungen sollte man keine großen Überraschungen oder Wunder erwarten, da Fachleuten schon vieles bekannt ist, oder weil nicht realisierbare Lösungen genannt werden. Meist entstehen nur ein oder zwei Gedanken, die weiterentwickelt werden. Dies wäre schon ein sehr gutes Ergebnis.

Brainwriting

Die Ideen und Lösungsansätze werden nicht mündlich vorgetragen, sondern aufgeschrieben. Die Prinzipien sind die gleichen wie beim Brainstorming: Anregung der Gedanken durch wechselseitige Assoziation, Aufgreifen und Weiterentwickeln von Vorgängerideen. Als Hilfsmittel können Karten für je eine Idee und eine Pinnwand benutzt werden, um die Ideen allen vorzustellen.

Diese Methode kann man auch als ***Solo-Brainstorming*** durchführen, indem man nach der Durchsicht aller Informationen zu einem Problem in 20 bis 30 Minuten alles aufschreibt, was einem einfällt, selbst wenn es völlig abwegig erscheint. Die Auswertung erfolgt auch hier erst später. Um schneller an die Lösung zu gelangen, gibt es sehr viele Checklisten-Verfahren, wie z.B. das System der ***Fragenreihe der W-Wörter***: Wer – Was – Wo – Wann – Warum – Weshalb – Wozu?

Methode 635

Diese Methode wurde von *Rohrbach* durch Weiterentwicklung des Brainstormings aufgestellt. Der Name dieser Technik ergibt sich daraus, daß hier

- 6 Gruppenmitglieder
- 3 Vorschläge aufschreiben, die
- 5 mal weiterentwickelt werden.

Die wichtigsten Hinweise enthält ein beispielhaft in Bild 5.5 vorgestelltes Formblatt. Auch für diese Methode sind kreative, aufgeschlossene Mitarbeiter verschiedener Bereiche aus einer Hierarchieebene einzuladen. Das vorgegebene Problem wird gemeinsam analysiert und genau definiert. Für die drei Lösungsideen sind für jeden Teilnehmer jeweils 5 Minuten vorgesehen. Die ersten drei Lösungen werden dann problemlos in 5 Minuten aufgeschrieben. Bei den letzten Umläufen sind Abweichungen von der Zeitvorgabe möglich.

FH HANNOVER | **Methode 635** | Datum: Blatt-Nr.

Ablauf:

6 Gruppenmitglieder schreiben jeweils 3 Vorschläge auf, die 5 mal weiterentwickelt werden. Die 3 Lösungsideen werden weitergegeben, vom nächsten Mitglied weiterentwickelt und aufgeschrieben. Für 3 Lösungsideen sind jeweils ca. 5 Minuten vorgesehen.

Randbedingungen:

1. Sitzungsraum ohne Störungen in angenehmer Umgebung.
2. Anzahl der gleichberechtigten Teilnehmer 6.
3. Kein Moderator erforderlich, Protokoll entsteht automatisch.
4. Zeitlichen Verlauf planen, z.B. arbeitsfreien Vormittag mit 1 bis 2 Stunden vorsehen.

Gezielte, präzise Problemformulierung:

Idee 1:	Idee 2:	Idee 3:

Bild 5.5: Methode 635 – Vorgehen und Ablauf

Der Einsatz dieser Technik erfolgt in drei Phasen:

a) Vorbereitung

- Einladung von 6 Teilnehmern unterschiedlicher Bereiche
- Erarbeiten eines geeigneten Formblatts für diese Methode (z.B. Bild 5.5)
- Sicherung der Störungsfreiheit der Gruppensitzung

b) Durchführung

Nach Bekanntgabe der Regeln, des Themas und des Skizzierens seiner Problematik wird in folgenden Schritten vorgegangen:

- Jeder Teilnehmer schreibt auf seinen Vordruck 3 Lösungsalternativen
- Weitergabe der Vordrucke an den Nachbarn
- Nach der Durchsicht dieser Alternativen entwickelt jedes Mitglied die notierten Lösungsansätze weiter und schreibt diese dann ebenfalls auf den Vordruck
- Die Vordrucke werden wieder weitergegeben und die bisherige Vorgehensweise wiederholt

Als Ergebnis müßten auf 6 Vordrucken jeweils 3 x 6 Ideen, also theoretisch insgesamt 108 Ideen vorliegen. Praktisch erreicht man oft nur 60 bis 70 Ideen.

c) Auswertung

Die Auswertung erfolgt in gleicher Weise wie beim Brainstorming.

Gegenüber dem Brainstorming ergeben sich nach Bild 5.6 Vorteile und Nachteile:

Vorteile	**Nachteile**
Verlauf ohne Diskussion	Keine Rückfragen möglich bei Mißverständnissen
Kritik an den Beiträgen anderer ausgeschlossen	Empfinden von Leistungsdruck
Gleiche Beteiligung aller	Weniger spontan und dynamisch
Kein Moderator erforderlich	Begrenzter Raum zur Ideendarlegung
Protokoll entsteht automatisch	Man erfährt nicht alle Ideen
Nachdenken in Ruhe	Anzahl der Ideen begrenzt
Auch für größere Gruppen geeignet (Formulare laufen 6 Takte weit)	

Bild 5.6: Methode 635 – Vorteile und Nachteile

Ein strenges Vorgehen nur nach der einen oder der anderen Methode ist erfahrungsgemäß nicht zu empfehlen. Die angegebenen Methoden sollte man gegebenenfalls in Kombination so anwenden, wie sie sich am besten nutzen lassen und den größten Erfolg sichern. Erfahrungen und Problemstellungen bestimmen ebenfalls das Vorgehen.

5.3.3 Systematisch-analytische Methoden

Die ***systematischen Methoden*** zur Ideenfindung wurden entwickelt, um zu einer Aufgabe möglichst viele Lösungen zu finden, indem schrittweise vorgegangen wird. Durch Analyse und Zerlegung in Teilaufgaben ergeben sich viele Lösungselemente, die systematisch geordnet und ausgewertet werden. Man hat mit diesen Methoden den Vorteil, daß man sehr wahrscheinlich relativ nahe an die optimale Lösung herankommt. Während man bei den intuitiven Methoden nicht sicher ist, ob es nicht noch bessere Lösungen gibt. Die intuitiven Methoden kann man hier aber auch sehr gut einsetzen, um Anregungen zu erhalten für das systematisch zu erarbeitende Lösungsfeld.

Methode Morphologischer Kasten

Die Methode des ***Morphologischen Kastens*** wurde von *Zwicky* entwickelt mit dem Ziel, zu einem gegebenen Problem ein vollständiges Lösungssystem aufzubauen, das alle denkbaren Lösungsmöglichkeiten in geordneter Form enthält. Der Begriff „***Morphologie***" kann auf verschiedene Art und Weise erklärt werden. In jedem Fall wird auf eine Ordnung verwiesen. Ordnung beim Denken führt zu der Definition: „Morphologie nennt man die Lehre vom geordneten Denken". Morphologie besteht dann daraus, Denkregeln und Denkprinzipien darzulegen, die in schwierigen Situationen ein vernünftiges, zielgerichtetes und richtiges Vorgehen ermöglichen. Da außerdem jede Methode nur eine Anweisung ist, wie etwas durchgeführt werden kann, ist Morphologie eine Methodenlehre, die fachgebietsunabhängig Prinzipien der Problemlösung bereitstellt.

Das Prinzip des Morphologischen Kastens beruht auf einer systematischen

- Zerlegung komplexer Aufgaben in Teilaufgaben,
- Variation von Lösungselementen,
- Kombination von Lösungselementen zu neuen Gesamtlösungen.

Für konstruktive Aufgaben hat sich eine Zerlegung der Gesamtfunktion in Teilfunktionen bewährt. Die Zuordnung von ***Teilfunktionen*** und ***Lösungselementen*** erfolgt in einem Kasten, der auch Schema oder Matrix genannt wird, weil er eigentlich eine Tabelle mit Zeilen und Spalten ist. Wobei zu beachten ist, daß nach Schlicksupp eine ***Morphologische Matrix*** eine andere Bedeutung hat. Der wesentliche Unterschied der Morphologischen Matrix zum Morphologischen Kasten besteht darin, daß die Ausprägungen jeweils entlang der Kopfzeile und in der Vorspalte statt der Teilfunktion stehen. In der Kopfzeile steht dann z.B. „Vorhandene Lösung", „Entwicklungsrichtung" und „Neue Lösung" während in der Vorspalte alle Merkmale aufgetragen werden.

Die Größe des Morphologischen Kastens ergibt sich aus der Anzahl der Teilfunktionen und aus der Anzahl der Lösungselemente für jede Teilfunktion.

Wie Bild 5.7 zeigt, ergeben sich die Gesamtlösungen aus den Teillösungen durch Kombination unter Beachtung von Unverträglichkeiten. Die Gesamtlösungen werden also dadurch entwickelt, daß der Konstrukteur von jeder Teilfunktion ein Lösungselement auswählt, auf Verträglichkeit prüft und diese dann durch einen Linienzug verbindet.

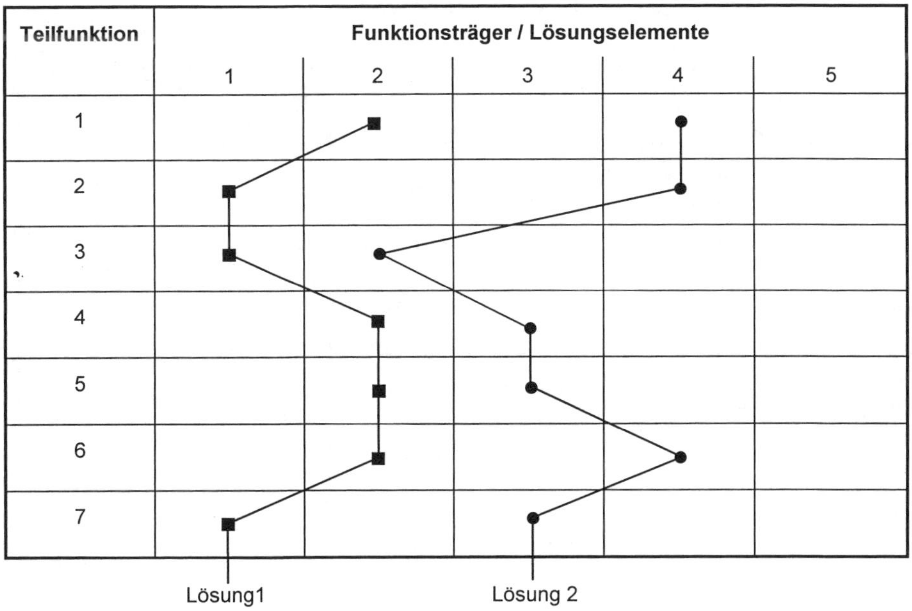

Bild 5.7: Methode Morphologischer Kasten

Für das Aufstellen eines Morphologischen Kastens hat sich folgende Vorgehensweise bewährt:

- Aufgabe analysieren und lösungsneutrale Funktionsbeschreibung erarbeiten.
- Zerlegen der Gesamtfunktion in Teilfunktionen.
- Eintragen der Teilfunktionen in die Zeilen eines Morphologischen Kastens.
- Lösungselemente durch systematisches Suchen für jede Teilfunktion ermitteln und in die Spalten eintragen als Text oder mit einfachen Skizzen.
- Kombination der verschiedenen Lösungselemente für jede Teilfunktion zu Gesamtlösungen.
- Gute Gesamtlösungen ergeben sich durch viele gedankliche Kombinationen unter Beachtung der Verträglichkeit der Lösungselemente.

Die Totalität aller Lösungen ist enthalten, wenn die Sammlung der Lösungselemente vollständig ist.

Die Anzahl der Lösungen ergibt sich aus dem Produkt der Anzahl der eingetragenen Lösungselemente aller Teilfunktionen. Für den in Bild 5.7 dargestellten Morphologischen Kasten wären also theoretisch 5 x 5 x 5 x 5 x 5 x 5 x 5 = 78.125 Gesamtlösungen möglich, wenn alle Felder mit Lösungselementen ausgefüllt wären.

Als Beispiel soll der Morphologische Kasten für Armbanduhren nach *Boesch* als Auszug im Bild 5.8 vorgestellt werden, der 1954 aufgestellt wurde.

Teilfunktion	Funktionsträger / Lösungselemente 1	2	3	4	5
1 Energie bereitstellen	Handaufzug	Erschütterungsaufzug	Ausdehnungsaufzug	Druckschwankung	Galvanisches Element
2 Energie speichern	Gewichtsspeicher	Federspeicher	Bimetallspirale	Druckbehälter	kein Speicher
3 Uhr antreiben	Federmotor	Elektromotor	Pneumatikmotor	Hydraulikmotor	
4 Uhr regeln	Unruhe	Torsionspendel mit Anker	Fliehkraftregler	Stimmgabel mit Kontakt	Elektrische Impulse
5 Bewegung wandeln	Zahnradgetriebe	Kettengetriebe	Schneckengetriebe	Magnetgetriebe	
6 Zeit anzeigen	Zeiger und Zifferblatt	Scheiben und Marke	Rollen und Fenster	Schieber und Marke	Wendeblätter
7 Stellenzahl anzeigen	Datum, Std, Min, Sek	Std, Min, Sek	Std, Min	24 Std	

Aufzugarmbanduhr Elektroarmbanduhr

Bild 5.8: Morphologischer Kasten für Armbanduhren (Auszug nach *Boesch*)

Eine Analyse der eingetragenen Lösungselemente zeigt, daß zum einen nur der Kenntnisstand des Bearbeiters und zum anderen nur der Stand der Technik enthalten sind. Sehr vorteilhaft ist diese geordnete Sammlung für das Einarbeiten und Weiterentwickeln, wenn der Stand der Technik neue Lösungselemente zuläßt. Die eingetragenen Lösungselemente ergeben theoretisch durch beliebiges Kombinieren die sehr große Zahl von 5 x 5 x 4 x 5 x 4 x 5 x 4 = 40.000 Gesamtlösungen. (Das Original ermöglicht 120.900 Gesamtlösungen.) Wenn z.B. 99 % dieser Lösungen nicht zu realisieren sind, so verbleiben noch 400 Lösungen, die man näher untersuchen sollte. Das bedeutet, daß der Konstrukteur sehr viele gedankliche Kombinationen durchführen muß, um zu erkennen, welche Lösungselemente zu guten Gesamtlösungen führen.

Als Ergebnis sind die Lösungselemente für eine mechanische und für eine elektrische Armbanduhr eingetragen, die 1954 erfundenen wurde. Die Lösungselemente für eine Quarzarmbanduhr fehlen jedoch, weil diese Technik damals noch nicht bekannt war.

Mit dem Morphologischen Kasten kann man Lösungen für neue Aufgaben finden, ein Stillstand in der Entwicklung kann neu belebt werden und es werden Lücken erkannt, wenn für eine Teilfunktion nur sehr wenige Lösungselemente gefunden wurden. Diese Lücken können mit intuitiven Methoden geschlossen werden.

Methode der Ordnenden Gesichtspunkte

Die Methode der ***Ordnenden Gesichtspunkte*** nach *Hansen* teilt formulierte Oberbegriffe systematisch in Unterbegriffe (unterscheidende Merkmale) auf. Sie schafft eine Möglichkeit, den Weg zu allen Lösungen einer Aufgabe zu erkennen. Statt aus der Erfahrung und Erinnerung denkbare Lösungen aufzuzeichnen und diese weiterzuentwickeln, erreicht man eher eine optimale Lösung, wenn man durch Abstrahieren Oberbegriffe schafft und diese dann systematisch ordnet. An dem Beispiel einer *Klemmeinrichtung mit hoher Zentrierfähigkeit* soll die Methode erklärt werden. Als Teilaufgabe soll überlegt werden, wie die beweglichen Klemmstücke in bestimmter Art zu verbinden sind. Die verschiedenen Möglichkeiten kann man ordnen und nennt sie dann *Ordnende Gesichtspunkte (OGP):*

- Bewegungsform der Klemmstücke
- Anordnung um den zu klemmenden Körper
- Anzahl der Klemmflächen
- Bewegungsverbindung der Klemmstücke

Ordnende Gesichtspunkte sind Oberbegriffe für bestimmte Bestandteile der für ein Lösungsprinzip zu erarbeitenden Alternativen. Den OGP (Klassifizierungsmerkmale) können jeweils wieder durch verschiedene Ausführungen bestimmte ***unterscheidende Merkmale*** (Varianten) zugeordnet werden. In dem Beispiel ergeben sich für die Bewegungsform der Klemmstücke die *Unterscheidenden Merkmale (UM):*

- geradlinige Schiebung
- Drehung
- radiale Bewegung
- axiale Bewegung

In allen bekannten oder unbekannten Klemmeinrichtungen muß aber jeder OGP mit mindestens einem unterscheidenden Merkmal vertreten sein. Durch Kombination einer bestimmten Mindestzahl dieser unterscheidenden Merkmale als Lösungselemente erhält man Prinziplösungen. Als Richtlinie läßt sich daraus ableiten:

- Ordnende Gesichtspunkte sind für Teilaufgaben zu suchen und festzulegen.
- Pro OGP müssen mindestens zwei UM auffindbar sein, sonst ist er nicht brauchbar.
- Unterscheidende Merkmale für die OGP sind zu erarbeiten und zu ordnen.
- Lösungen ergeben sich dann durch Kombinieren der unterscheidenden Merkmale.

Eine zweckmäßige Form der Darstellung dieser Methode ist ein ***Ordnungsschema***. Ein Ordnungsschema ist nach *Dreibholz* eine zweidimensionale Tabelle, die aus Zeilen und Spalten besteht. Die in die Zeilen und Spalten einzutragenden Parameter werden unter Ordnenden Gesichtspunkten zusammengefaßt. Es handelt sich also um eine Ordnung von Merkmalen eines Lösungsfelds. Je nach Anwendungsfall können nur die Zeilen- oder nur Spaltenparameter eingetragen werden.

Ebenso ist eine weitere Aufgliederung möglich, die zu mehr Übersicht führt, wie das Beispiel Konstruktionskatalog noch zeigen wird. Auch der Morpholgische Kasten kann als Ordnungsschema betrachtet werden. Einige Beispiele für den Grundaufbau zeigt Bild 5.9.

Ordnender Gesichtspunkt für die Spaltenbennung / Ordnender Gesichtspunkt für die Zeilenbenennung		Spaltenparameter				
		s1	s2	s3	s4	
Zeilenparameter	z1					
	z2					
	z3					
	z4					

a) Ordnungsschema – Aufbau 1

Numerierung durch laufende Nummer / Ordnender Gesichtspunkt für die Zeilenbenennung						
		1	2	3	4	
Zeilenparameter	z1					
	z2					
	z3					
	z4					

b) Ordnungsschema – Aufbau 2

		1	2	3	4	
s1	z1					
	z2					
	z3					
	z4					
s2	z1					
	z2					
	z3					
	z4					
s3	z1					
	z2					
	z3					
	z4					

c) Ordnungsschema – Modifizierter Aufbau

Bild 5.9: Allgemeiner Aufbau von Ordnungsschemata (nach *Dreibholz*)

Die Ordnenden Gesichtspunkte und die Parameter auszuwählen, erfordert den höchsten Aufwand, weil damit ja bereits das gesamte Lösungsfeld gedanklich strukturiert wird. Die systematische und geordnete Darstellung von Informationen bzw. Daten hat Vorteile:

- Ein Ordnungsschema regt zum Suchen nach weiteren Lösungen in bestimmten Richtungen an.
- Wesentliche Lösungsmerkmale und entsprechende Kombinationsmöglichkeiten für Weiterentwicklungen werden leichter erkannt.
- Der Konstrukteur erhält einen Lösungselementespeicher als Hilfsmittel und zur Anregung für neue Ideen.

Ordnende Gesichtspunkte für bestimmte Bereiche können allgemein Tabellen entnommen werden, die in verschiedenen Fachbüchern zu finden sind, z.B. in *Pahl/Beitz*. Den OGP Geometrie kann man durch die unterscheidenden Merkmale Art, Form, Lage, Größe und Zahl beschreiben, wobei unter Geometrie auch Flächen und Körper eingeordnet werden. Eine Variation der Geometrie bei der Verbindung von Wellen und Naben ist dafür als Beispiel in Bild 5.10 dargestellt. Die bekannten Welle-Nabe-Verbindungen können durch die Merkmale Art, Form, Lage, Größe und Zahl geordnet und systematisch weiterentwickelt werden.

Solche Ordnungsschemata werden beim Konstruktionsprozeß häufig als Hilfsmittel eingesetzt. Sie können als ***Lösungskataloge*** mit geordneter Speicherung von Lösungen je nach Art und Komplexität in allen Phasen zur Lösungssuche dienen.

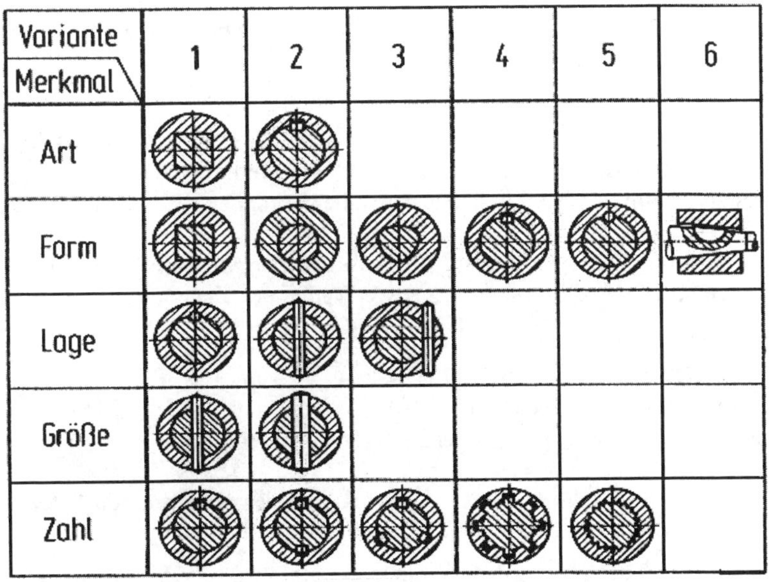

Bild 5.10: Geometrievarianten von Welle-Nabe-Verbindungen (nach *Pahl/Beitz*)

Methode Konstruktionskatalog-Einsatz

Kataloge sind eine geordnete Sammlung bekannter und bewährter Lösungen für bestimmte konstruktive Aufgaben oder Teilfunktionen. ***Konstruktionskataloge*** können beispielsweise gespeichert haben:

- Physikalische Effekte
- Wirkprinzipien
- Prinzipielle Lösungen für komplexe Aufgaben
- Maschinenelemente
- Normteile
- Werkstoffe
- Zukaufteile

Bisher gab es dafür nur sehr verteilt vorliegende Informationen, die auch noch nach sehr unterschiedlichen Kriterien gegliedert waren. Beispiele enthalten:

- Fach- und Handbücher
- Firmenkataloge
- Prospektsammlungen
- Normenhandbücher

Teilweise sind in diesen Quellen auch Angaben über Berechnungsverfahren, Lösungsmethoden sowie Konstruktionsregeln enthalten.

Konstruktionskataloge wurden entwickelt, um beim methodischen Konstruieren folgende Ziele zu erreichen:

- Schneller, aufgabenorientierter Zugriff zu den Lösungen.
- Möglichst ein vollständiges Lösungsfeld anbieten, das ergänzbar sein sollte.
- Leichte Auswahl der Lösungselemente durch die Merkmale des Zugriffteils.
- Anwendbar beim konventionellen als auch beim rechnerunterstützten Konstruieren.

Die VDI-Richtlinie 2222 Blatt 2 regelt heute den ***Aufbau von Konstruktionskatalogen***. Dort ist vereinbart, daß alle Kataloge aus vier Teilen bestehen:

- Gliederungsteil (mit OGP und unterscheidenden Merkmalen)
- Hauptteil (mit Bildern und Schemaskizzen)
- Zugriffsteil (mit Lösungseigenschaften)
- Anhang (mit Literaturangaben oder Lieferantennamen)

Gliederungsgesichtspunkte bestimmen den Aufbau des Konstruktionskatalogs. Die Ordnenden Gesichtspunkte beeinflussen die Handhabbarkeit und den schnellen Zugriff.

Der Hauptteil enthält Lösungen oder Elemente als Skizze oder Schema je nach Anwendung. Die Auswahlmerkmale können aus einem Zugriffsteil und einem Anhang mit technischen Daten, Normen oder Verwendungshinweisen bestehen.

Beim Arbeiten mit Konstruktionskatalogen sollte der Konstrukteur einige kritische Überlegungen durchführen, um nicht systematisch falsche Lösungen zu erzeugen. Die Kataloge haben z.B. den Vorteil, daß man sofort eine Übersicht der bekannten Lösungselemente erhält. Dieser ist jedoch abhängig von den Kenntnissen des Erstellenden und von der Aktualität des Inhalts. So sind z.B. Kataloge, die Verbindungstechniken in Fertigung oder Montage beschreiben, nur dann sinnvoll, wenn auch die neuesten Verfahren berücksichtigt werden. Sonst besteht die Gefahr, daß der Konstrukteur veraltete Technik einsetzt.

Das ***Aufbauschema*** zeigt Bild 5.11 und ein Beispiel als Auszug aus einem Katalog für Kraftverstärkung enthält Bild 5.12. Die Zahl der verfügbaren Konstruktionskataloge ist insbesondere durch Arbeiten von Roth relativ groß. Eine Übersicht mit Angabe der Verfasser enthält Bild 5.13. Ausführliche Literaturangaben zu verfügbaren Katalogen sind in der Fachliteratur von *Roth* und *Pahl/Beitz* zu finden.

Gliederungs-gesichtspunkte			**Hauptteil**		**Zugriffsteil Auswahlmerkmale**		
1	2	3 usw.	Lösungen, Elemente		1	2	3 usw.
1	1.1	1.1.1	Anordnungsbeispiele, Gleichungen, Schaubilder	1	Beurteilung oder Beschreibung der Lösungen oder Elemente		
		1.1.2		2			
	1.2	1.2.1		3			
		1.2.2		4			
		1.2.3		5			
		1.2.4		6			
2	2.1	2.1.1		7			
		2.1.2		8			
		2.1.3		9			
	usw.	usw.		10			

Bild 5.11: Aufbau von Konstruktionskatalogen (nach VDI 2222)

Konstruktionskataloge werden nach ihrem Inhalt und Verwendungszweck eingeteilt:

- ***Objektkataloge*** enthalten aufgabenunabhängig die für das Konstruieren notwendigen grundlegenden Sachverhalte, insbesondere aus den Bereichen Physik, Geometrie, Technologie, Werkstoffe.
- ***Operationskataloge*** enthalten Verfahrensschritte oder Verfahren, die für das methodische Konstruieren nützlich sind sowie deren Anwendungsbedingungen und Einsatzkriterien. Beispiele sind Verfahren zur Erzeugung von Gestaltvarianten, zur Lösungsauswahl oder zur Festigkeitsberechnung.
- ***Lösungskataloge*** enthalten eine möglichst vollständige Sammlung von Lösungselementen, skizzierten Lösungsprinzipien oder vereinfachte Entwurfsskizzen. Beispiele sind Lösungssammlungen für Kaufteile, Normteile oder Wiederholteile.

Gliederungsteil		Hauptteil		
Gliederungsgesichtspunkte		Lösungen		
Art der beteiligten Körper	Spezieller Effekt	Gleichung	Anordnungsbeispiel	
1	2	1	2	Nr.
Festkörper	Keil	$F_2 = \cot(\alpha + 2\rho) F_1$	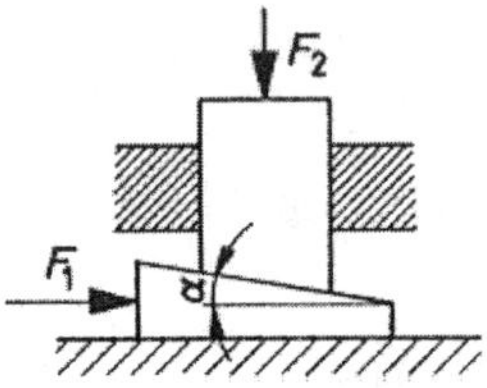	1
	Kniehebel	$F_2 = \cot \alpha \cdot F_1$	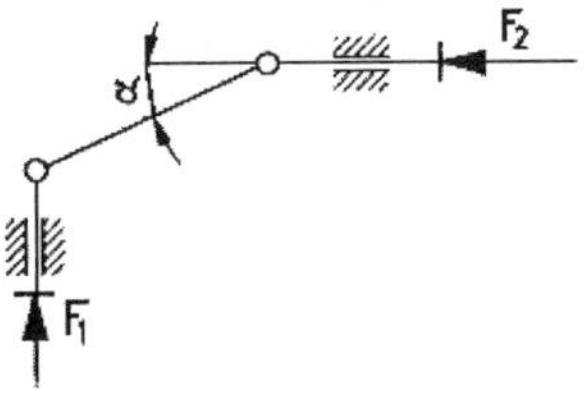	2
	Hebel	$F_2 = \frac{l_1}{l_2} F_1$	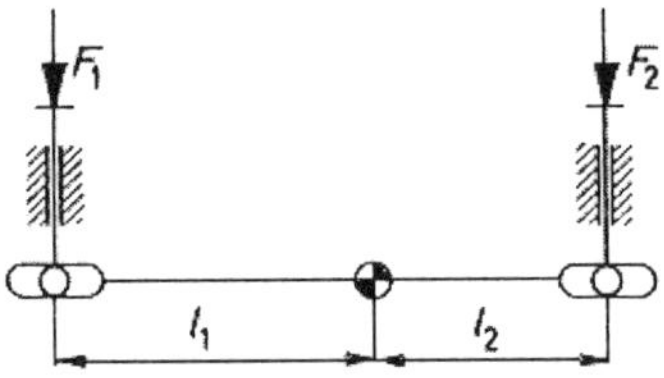	3
	Flaschenzug	$F_2 = F_1 + F_0$	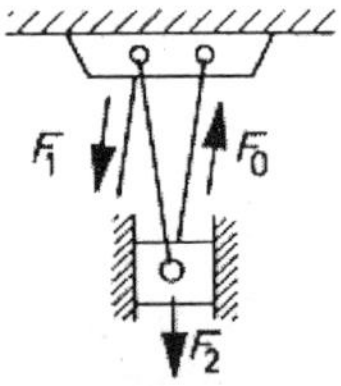	4
Fluid	Druckausbreitung	$F_2 = \frac{A_2}{A_1} F_1$	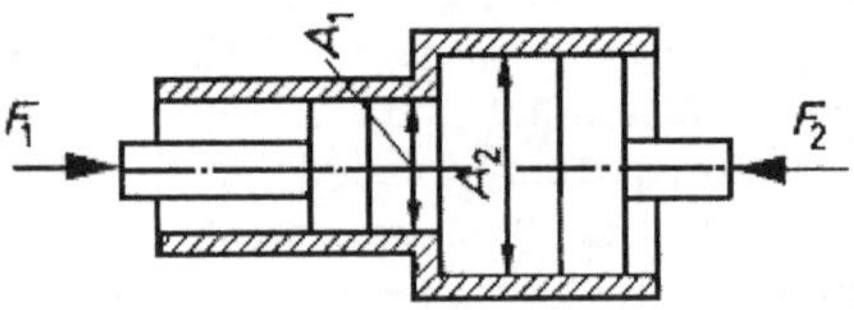	5

Bild 5.12 - 1: Konstruktionskatalog Kraftverstärkungen (nach *Roth, Franke, Simonek*)

	Zugriffsteil					
	Auswahlmerkmale					
	Verstärkungsfaktor	Hub s	Einfluß der Reibung auf Verstärkung	Baulänge l	Zahl der Führungen	Zusätzliche Eigenschaften
Nr.	1	2	3	4	5	6
1	$V = \cot(\alpha + 2\ \rho)$ $V_{max} \approx 10$	$s_{2\,max} = \frac{1}{V} \cdot l$	Steigender Reibwert mindert die Verstärkung	$l = V \cdot s_{2\,max}$	3 Schubführungen	Bewegungssperrung in einer Richtung für $\alpha < \rho$
2	$V = \cot\ \alpha$ $V_{max} \to \infty$	$s_{2\,max} \approx 0{,}6\ l$	geringer Einfluß infolge von Drehgelenken	$l \approx 1{,}7\ s_{2\,max}$	2 Schub- 2 Drehführungen	progressive Kraftverstärkung
3	$V = \frac{l_1}{l_2}$ $V_{max} \to \infty$	$s_{2\,max}$ beliebig (Rad) $\approx 2\ l_2$ (Hebel)		$l \approx 2\ d$ (Rad) $l = l_1 + l_2$ (Hebel)	2 Schub- 1 Drehführungen	Übertragung unbegrenzter Bewegungen (Rad)
4	$V = 2n$ n untere Ösenzahl $V_{max} \approx 8$	abhängig von Seillänge	Reibung begrenzt die maximale Verstärkung	$l > s_{2\,max}$	1 Schubführung	einfache Kraftleitung und Richtungsumlenkung möglich
5	$V = \frac{A_2}{A_1}$ V_{max} begrenzt durch Dichtproblem	—	kaum Einfluß bei Wahl eines geeigneten Mediums		2 Schubführungen	

Bild 5.12 - 2: Konstruktionskatalog Kraftverstärkungen (nach *Roth, Franke, Simonek*)

FH HANNOVER	**Verfügbare Konstruktionskataloge**	Blatt-Nr. 1/1

Anwendungsgebiet	Objekt	Autor
Grundsätzliches zu Konstruktions- katalogen	Aufbau von Katalogen Zusammenstellung verfügbarer Katalog- und Lösungssammlungen	Roth
Verbindungen	Schlußarten, feste Verbindungen, Nietverbindungen Verbindungen, Spielbeseitigung bei Schraubpaaren Geschweißte Verbindungen an Stahlprofilen Nietverbindungen Klebeverbindungen Spannelemente Verschraubungsprinzipien, Schraubverbindungen Elastische Verbindungen Welle-Nabe-Verbindungen	Roth Ewald Wölse, Kastner Kopowski, Grandt, Roth Fuhrmann und Hinterwalder Ersoy Kopowski Gießner Roth, Diekhöhner und Lohkamp, Kollmann
Führungen, Lager	Geradführungen, Rotationsführungen Gleit- und Wälzlager Lager und Führungen	Roth Diekhöhner Ewald
Antriebstechnik, Krafterzeugung, Kraftleitung	Kraft mit einer anderen Größe erzeugen, Einstufige Kraftmultiplikation, Reibsysteme Schraubantriebe Mechanische Huberzeugung Elektrische Kleinmotoren Antriebe, allgemein Krafterzeuger, mechanisch Wegumformer mit großer Übersetzung	Roth Kopowski Raab, Schneider Jung, Schneider Schneider Ewald
Kinematik, Getriebelehre	Lösungen von Bewegungsaufgaben mit Getrieben Gliederketten und Getriebe, Logische Negationsgetriebe, Logische Konjunktions- und Disjunktionsgetriebe, Mechanische Flipflops, Mechanische Rücklaufsperren, Gleichförmige übersetzende Getriebe Mechanische Huberzeuger Zwangsläufige kinematische Mechanismen mit vier Gliedern, Mechanische Rücklaufsperren	VDI 2727 Blatt 2 Roth Raab u. Schneider VDI 2222 Blatt 2 Roth
Getriebe	Stirnradgetriebe Spielbeseitigung bei Stirnradgetrieben Mechanische einstufige Getriebe mit konstanter Übersetzung	VDI 2222 Blatt 2, Ewald Ewald Diekhöhner und Lohkamp
Sicherheitstechnik	Gefahrstellen, Trennende Schutzeinrichtungen, Sicherheitsgerechte Produkte	Neudörfer
Ergonomie	Anzeiger, Bedienteile	Neudörfer
Fertigungsverfahren	Gießtechnische Fertigungsverfahren Gesenkformverfahren, Druckumformverfahren	Roth

Bild 5.13: Übersicht vorhandener Konstruktionskataloge (nach *Pahl/Beitz*)

Methode Problemlösungsbaum

Die Methode ***Problemlösungsbaum*** nach *Schlicksupp* wird eingesetzt, um alle Alternativen zu erfassen, die sich zu einer Fragestellung anbieten, und diese in geordneter Form darzustellen. Die Baumstruktur mit sich verzweigender Struktur ist typisch und als Ergebnis zu sehen. Jede Verzweigung erfolgt nach einem bestimmten Kriterium zur Differenzierung des untersuchten Bereichs. Man versucht zuerst solche Unterscheidungskriterien zu finden, die eine elementare Aufgliederung bewirken. Erst in den Folgeverzweigungen werden weniger entscheidende Unterschiede zwischen den Alternativen beschrieben. Eine Rangordnung der Gliederungskriterien ist von den besonderen Bedingungen des Anwendungsfalls abhängig und läßt sich nicht allgemein festlegen. Ein Beispiel eines Problemlösungsbaums für Transportsysteme im Bild 5.14 zeigt den prinzipiellen Aufbau.

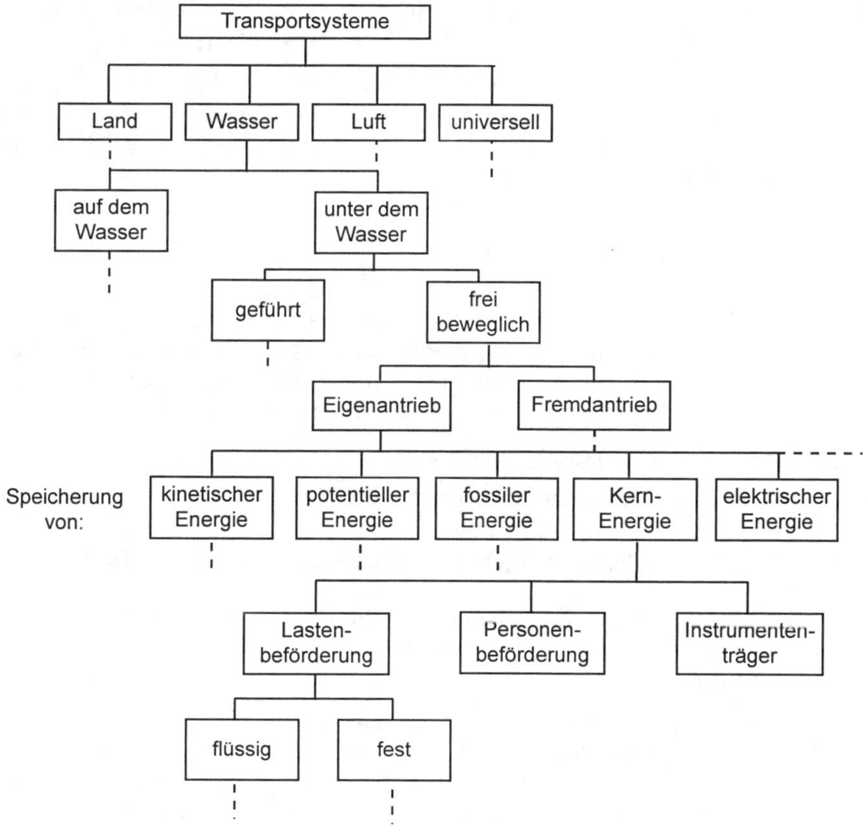

Bild 5.14: Problemlösungsbaum für Transportsysteme (nach *Schlicksupp*)

Die Aufstellung eines Problemlösungsbaums erfordert sehr gutes Fachwissen über den jeweiligen Sachbereich. Am günstigsten wird der Problemlösungsbaum bei der Lösung komplexer Probleme durch Einzelpersonen oder durch Kleingruppen von zwei bis drei Personen angewendet. Es hat keinen Sinn, mit Laien diese Methode durchzuführen. Bei komplexen Problemen können Problemlösungsbäume schnell unübersichtlich werden, wenn mehr als fünf Gliederungsstufen aufeinanderfolgen und sehr feine Differenzierungen bei den jeweiligen Alternativen dargestellt werden sollen. Dann ist es sinnvoller, mehrere Problemlösungsbäume parallel oder nacheinander anzulegen.

5.4 Bewerten von Lösungsvarianten

In diesem Arbeitsschritt müssen die Prinziplösungen als konkrete Lösungsvorschläge beurteilt werden, um eine objektive Entscheidungsgrundlage zu erhalten. Dafür setzt man ***Bewertungsverfahren*** ein. Diese sind so aufgebaut, daß sie allgemein zur Beurteilung von Lösungsvarianten in jeder Konstruktionsphase eingesetzt werden können.

Das große Lösungsfeld, das bei der Prinziperarbeitung geschaffen wurde, muß möglichst früh auf eine sinnvolle Lösungsanzahl begrenzt werden. Dabei ist besonders sorgfältig vorzugehen, um nicht gute Lösungen zu übersehen oder um zu verhindern, daß die falschen Kriterien zu Fehlentscheidungen führen.

5.4.1 Grundlagen der Bewertung

Bewerten ist ein Vergleichen von Eigenschaften nach vorgegebenen Zielen. Eine Bewertung soll den Wert bzw. den Nutzen einer Lösung in bezug auf vorher aufgestellte Zielgrößen ermitteln. Die Zielgrößen sind unbedingt erforderlich, da der Wert einer Lösung nicht absolut, sondern immer nur für bestimmte Anforderungen gesehen werden kann. Eine Bewertung führt zu einem Vergleich von Lösungsvarianten untereinander.

Bewertungsmethoden müssen folgende Punkte erfüllen:

- Der Erkenntnisstand der Lösungsprinzipien muß ausreichend sein.
- Der Aufwand für die Bewertung muß gering sein.
- Das Verfahren muß weitgehend durchschaubar, wiederholbar und leicht erlernbar sein.

Von den Methoden sollen hier nur zwei für eine einfache Bewertung vorgestellt werden.

Vorteil/Nachteil-Vergleich

Der Vergleich von Vor- und Nachteilen ist nach *Ehrlenspiel* die häufigste und am schnellsten durchführbare Methode der Bewertung. Eine Lösungsalternative wird relativ zu einer vorhandenen oder auch zu einer gedachten idealen Lösung bewertet. Dabei sollte man sich vorher klar machen, welches die Vergleichslösung ist und sich eine Kriterienliste erstellen, die der Reihe nach abgearbeitet wird. Als Beispiel kann eine Bewertung von einfachen Zulieferteilen betrachtet werden, die meist nur nach Funktion, Kosten und Betriebssicherheit beurteilt werden.

Dominanzmatrix

Dieses auch als paarweiser Vergleich bekannte Verfahren wird mehrfach von verschiedenen Autoren vorgestellt. Es beruht auf einer Bewertung der Lösungsvarianten mit 0 oder 1 und wird eingesetzt, wenn man für viele Lösungsvarianten schnell eine erste Rangfolge ermitteln will. Ein Beispiel für eine ***Dominanzmatrix*** zeigt Bild 5.15.

Mit diesem Grobvergleich von Lösungsvarianten kann man arbeiten, wenn eine relativ feine Bewertung zu aufwendig und nicht gesichert ist. Die Varianten werden paarweise hinsichtlich eines Bewertungskriteriums miteinander verglichen und es wird jeweils nur binär entschieden, welche von beiden Varianten die stärkere ist. Es wird jeweils paarweise überlegt, ob eine Variante im Vergleich mit einer anderen besser (1) oder schlechter (0) ist und dementsprechend in die Matrix 0 oder 1 eingetragen. Durch die Summe der Punkte für jede Variante ergibt sich dann die gesuchte Rangfolge.

Eine Anwendung ergibt sich für Alternativen, von denen mehr qualitative Eigenschaften als quantitative bekannt sind, wie z.B. bei der Vorauswahl von Anwendungssoftware von unterschiedlichen Anbietern bei zehn bis fünfzehn Angeboten. Bei dem vergleichsweise geringen Aufwand sollte man keine hohe Aussagequalität erwarten.

		Variante						
		1	2	3	4	5	6	7
	1	-	1	0	1	0	1	0
Im	2	0	-	0	1	0	0	0
Vergleich	3	1	1	-	1	0	1	0
zu	4	0	0	0	-	0	0	0
Variante	5	1	1	1	1	-	1	1
	6	0	1	0	1	0	-	0
	7	1	1	1	1	0	1	-
	Summe	3	5	2	6	0	4	1
	Rang	4	2	5	1	7	3	6

Bild 5.15: Dominanzmatrix (nach *Pahl/Beitz*)

5.4.2 Erkennen von Bewertungskriterien

Um Lösungsvarianten zu beurteilen, sind ***Bewertungskriterien*** erforderlich. Diese ergeben sich aus den Zielgrößen, die für technische Aufgaben vor allem aus den Forderungen der Anforderungsliste bestehen. Außerdem können noch allgemeine Bedingungen aus dem Anforderungskatalog hinzukommen, die für die Lösungen zu beachten sind. Die Ziele können technische, wirtschaftliche und sicherheitstechnische Gesichtspunkte mit unterschiedlicher Bedeutung enthalten.

Nach *Pahl/Beitz* sollten folgende Voraussetzungen beim Aufstellen der Ziele möglichst erfüllt sein:

- Anforderungen und Bedingungen möglichst vollständig erfassen, damit keine wesentlichen Gesichtspunkte unberücksichtigt bleiben.
- Ziele müssen unabhängig voneinander sein und dürfen andere Ziele nicht beeinflussen (Sicherheit darf nicht wegen ungünstiger Kosten vernachlässigt werden).
- Eigenschaften sollten bei vertretbarem Aufwand der Informationsbeschaffung möglichst quantitativ, zumindest aber qualitativ mit Worten konkret erfaßt sein.

Aus den ermittelten Zielen leiten sich unmittelbar die Bewertungskriterien ab. Alle Kriterien werden wegen der späteren Zuordnung zu den Wertvorstellungen positiv formuliert, d.h. mit einer einheitlichen Bewertungsrichtung versehen wie beispielsweise:

- „geräuscharm“ und nicht „laut“
- „hoher Wirkungsgrad“ und nicht „große Verluste“
- „wartungsarm“ und nicht „Wartung erforderlich“

5.4.3 Bewertung mit Punkten

Durch Vergeben von Werten wird die eigentliche Bewertung durchgeführt. Dabei ergeben sich die Werte durch die Vorstellungen des Konstrukteurs von den Eigenschaften der Lösungsalternative. Sie sind also mehr oder weniger subjektiv, wenn die Bewertung nur durch den Konstrukteur allein durchgeführt wird. Erst das Bewerten durch eine Gruppe aus unterschiedlichen Bereichen eines Unternehmens ermöglicht ein objektiveres Ergebnis. Bewährt hat sich eine Gruppe aus Mitarbeitern der Fertigung, der Montage, der Arbeitsvorbereitung, des Vertriebs und der Konstruktion. Häufig wird dadurch ein verbessertes neues Konzept entstehen, das viele Vorteile aller Varianten enthält oder es wird ein ganz neuer Weg weiterverfolgt.

Bei der üblichen ***Punktbewertung*** werden Vorstellungen über die Wertigkeit einer Lösung durch die Vergabe von Punkten ausgedrückt. Bei der ***Nutzwertanalyse*** ist eine Wertskala von 0 bis 10 üblich. Der große Wertebereich von 0 bis 10 Punkten wird entsprechend den üblichen Prozenten vergeben. Die Nutzwertanalyse wird vor allem bei komplexen Produkten mit Rechnerunterstützung durchgeführt. Das Verfahren wird in der Fachliteratur ausführlich beschrieben. Hier soll nur die ***Wertskala*** im Vergleich mit der Wertskala nach VDI 2225 und deren Bedeutung im Bild 5.16 vorgestellt werden.

Wertskala			
Nutzwertanalyse		**Richtlinie VDI 2225**	
Pkt.	Bedeutung	Pkt.	Bedeutung
0	absolut unbrauchbare Lösung		
1	sehr mangelhafte Lösung	0	unbefriedigend
2	schwache Lösung		
3	tragbare Lösung	1	gerade noch tragbar
4	ausreichende Lösung		
5	befriedigende Lösung	2	ausreichend
6	gute Lösung mit geringen Mängeln		
7	gute Lösung	3	gut
8	sehr gute Lösung		
9	über die Zielvorstellung hinausgehende Lösung	4	sehr gut (ideal)
10	Ideallösung		

Bild 5.16: Wertskalen für die Nutzwertanalyse und VDI 2225 (nach *Pahl/Beitz*)

Die Punktbewertung nach VDI 2225 arbeitet mit einer Wertskala von 0 bis 4 Punkten und ist damit gröber aber entsprechend den Kenntnissen über die nur teilweise bekannten Eigenschaften der Varianten ausreichend genau. Einfache Urteilsstufen ergeben sich dafür nach *Pahl/Beitz* durch folgende Übersicht:

weit unter Durchschnitt
unter Durchschnitt
Durchschnitt
über Durchschnitt
weit über Durchschnitt.

Die extremen Punkte 0 und 4 bzw. 0 und 10 sollte man nur bei extremen Eigenschaften vergeben. Falls die Bewertungskriterien nicht gleichwertig sind, können Gewichtungsfaktoren mit der Summe der Gewichte = 1 vergeben werden, d.h., die Punkte werden mit ***Gewichtungsfaktoren*** $g = 0{,}2$; $g = 0{,}05$ usw. multipliziert, und die sich aus dem Produkt $P*g$ ergebenden Punkte werden für die Bewertung addiert. Für die Gewichtung müssen dann jedoch erneut Kriterien festgelegt werden.

Als Anhalt für die Güte einer Lösung kann nach VDI 2225 die ***Technische Wertigkeit*** W_t für jede Variante ermittelt werden. Sie errechnet sich aus dem Verhältnis der erreichten Punktzahl zur maximal erreichbaren Punktzahl:

$$W_t = \frac{\text{Summe der Punkte je Variante}}{\text{Anzahl der Bewertungskriterien x maximale Punktzahl}}$$

Zur Beurteilung wird die erreichte Technische Wertigkeit in Bereiche eingeteilt:

- Sehr gute Lösung $W_t > 0{,}8$
- Gute Lösung $W_t = 0{,}7$
- Unbefriedigende Lösung $W_t < 0{,}6$

Erreicht man bei der Bewertung also weniger als 60 % für eine Lösungsvariante, so sollte man das Konzept überarbeiten oder die Entwicklung abbrechen.

Die VDI 2225 schlägt vor, für die Bestimmung einer ***Gesamtwertigkeit*** einer Variante zusätzlich zur ermittelten Technischen Wertigkeit die Wirtschaftliche Wertigkeit zu berechnen. Da die Abschätzung der Kosten für Lösungsvarianten in dieser Phase aber sehr schwierig ist, wird hier darauf verzichtet. Bei Bedarf ist die VDI 2225 heranzuziehen. In der VDI 2225 wird ausdrücklich darauf hingewiesen, daß die Technische Wertigkeit allein zunächst nur einen allgemeinen Überblick gibt. Man erhält nur eine Aussage, ob die gewählte Lösung aus technischer Sicht Aussicht auf Erfolg hat.

5.4.4 Bewertungspraxis in der Konzeptphase

Eine Bewertung sollte schnell und überschaubar mit Hilfe von ***Bewertungskatalogen*** und Bewertungslisten erfolgen. Ein Bewertungskatalog enthält die wichtigsten Merkmale einer Konstruktion in geordneter Form, so daß mit den ebenfalls eingetragenen Beispielen und Hinweisen die ***Bewertungskriterien*** festgelegt werden können. Die Bewertungskriterien werden in eine ***Bewertungsliste*** eingetragen. Diese wird im Kopf mit dem Produktnamen versehen und sollte auch das Entwicklungsziel enthalten. Die Anzahl der zu bewertenden Lösungsvarianten ist in der Regel kleiner als fünf und die Bewertungskriterien sollten die Zahl fünfzehn nicht überschreiten.

Die Bewertung erfolgt stets so, daß jedes Bewertungskriterium vergleichend bei allen Varianten untersucht und beurteilt wird. Die Punktzahl wird dann eingetragen und für jede Variante wird die Summe der Punkte für alle Bewertungskriterien addiert. Mit der maximalen Punktzahl, die sich aus dem Produkt der Summe aller Bewertungskriterien mit der Punktzahl vier ergibt, kann man die Technische Wertigkeit berechnen. Für zwölf Bewertungskriterien erhält man also beispielsweise die Punktzahl $P_{max} = 48$. In dem Feld „Bemerkung mit Variantenangabe" können Hinweise zur Verbesserung von einzelnen Bewertungskriterien eingetragen werden. Der Bewertungskatalog ist in Bild 5.17 enthalten und die Bewertungsliste in Bild 5.18.

FH HANNOVER	Bewertungskatalog für die Konzeptphase	Blatt-Nr. 1/1
Hauptmerkmal	**Nebenmerkmale**	**Beispiele / Hinweise**
Funktion	Hauptfunktion Nebenfunktion	Eigenschaften des gewählten Lösungsprinzips oder der Konzeptvariante Eigenschaften erforderlicher Lösungselemente
Wirkprinzip	Prinzipienwahl Wirkung Störgrößen Kenntnisse	einfache und eindeutige Funktionserfüllung ausreichend gering Aufwand für Einarbeitung, Unsicherheit, Erfahrungen sammeln oder beschaffen
Gestaltung	Komponenten Raumbedarf Werkstoffe Auslegung	geringe Zahl mit einfachem Aufbau, Zulieferkomponenten gering Standardwerkstoffe keine besonderen Verfahren, Wirkungsgrad
Sicherheit	Sicherheitstechnik Schutzmaßnahmen Arbeitssicherheit Umweltsicherheit	unmittelbare Sicherheitstechnik bevorzugen keine zusätzlichen Maßnahmen erforderlich hoher Standard gegen Unfälle, Betriebssicherheit gewährleisteter Schutz
Ergonomie	Schnittstelle Belastungen Design	Mensch-Maschine-Beziehung Grenzwerte für Bediener einhalten Formgestaltung und Funktion
Fertigung	Fertigungsverfahren Teile Vorrichtungen	wenige und bekannte Verfahren geringe Zahl einfacher Teile keine oder einfache Vorrichtungen
Prüfung	Messen Prüfen	wenige Messungen erforderlich einfache und aussagesichere Prüfungen durchführen
Montage	Montageaufwand Montagevorrichtung Montagerichtungen	leichte und schnelle Montage keine oder einfache Vorrichtungen eine Montagerichtung einhalten
Transport	Transportarten	normale Einrichtungen und Transporthilfen einsetzen
Gebrauch	Einsatz Lebensdauer Bedienung	einfacher Betrieb lange Lebensdauer, geringer Verschleiß leichte und sinnfällige Bedienung
Instandhaltung	Wartung Inspektion Instandsetzung	geringe und einfache Wartung geeignete Beachtung einfache Demontage u. einfache Teile, Ersatzbeschaffung
Recycling	Verwertung Entsorgung	Kreislaufwirtschaft erfüllen problemlose Beseitigung
Aufwand	Kosten Termin	Betrieb und Nutzung mit niedrigen Kosten einhalten durch Beseitigen von Schwachstellen
Kosten	Herstellkosten	Abschätzung kostenintensiver Teile und Prinzipien
Markt	Beurteilung Wettbewerbstrend	Marktbedarf, kostendeckend verkaufbar Prinzipvergleich, Marktanteile

Bild 5.17: Bewertungskatalog für die Konzeptphase

FH HANNOVER	**Bewertungsliste**	Blatt-Nr.

Ziel:

Wertskala nach VDI 2225 mit Punktvergabe P von 0 bis 4 :
0 = unbefriedigend, 1 = gerade noch tragbar, 2 = ausreichend, 3 = gut, 4 = sehr gut

Bewertungskriterien nach Bewertungskatalog für die Konzeptphase.
Gewichtungsfaktoren g vergeben, wenn Bewertungskriterien nicht gleichwertig sind.

Konzeptvarianten			A		B		C		D	
Nr.	Bewertungskriterium	g	P	P*g	P	P*g	P	P*g	P	P*g
1										
2										
3										
4										
5										
6										
7										
8										
9										
10										
11										
12										
13										
14										
15										
Maximale Punktzahl P_{max}		Σ								
Technische Wertigkeit W_t										
Rangfolge										

Bemerkung mit Variantenangabe und Kriterien-Nr. :

Entscheidung:	Datum: Bearbeiter:

Bild 5.18: Bewertungsliste

Bei einem ***Bewertungsverfahren*** sollten folgende Punkte beachtet werden:

- Entwicklungsziel mit Hilfe der Anforderungsliste formulieren und in die Bewertungsliste eintragen.
- Bewertungskriterien mit Hilfe eines Bewertungskatalogs festlegen.
- Gleichwertige Bewertungskriterien formulieren und nur bei sehr unterschiedlicher Bedeutung eine Gewichtung vorsehen.
- Bewertungskriterien in eine Bewertungsliste eintragen.
- Punktbewertung nach VDI 2225 vergleichend für alle Varianten durchführen.
- Berechnen der Technischen Wertigkeit nach VDI 2225.
- Vergleich der Bewertungsergebnisse der Lösungsvarianten durchführen.
- Technische Wertigkeiten sollten Werte > 0,6 haben.
- Varianten mit nahezu gleicher Punktsumme dürfen nicht zur Entscheidung für eine Variante mit 2 oder 3 Punkten mehr führen. Besser wäre eine erneute Bewertung unter Beachtung von Beurteilungsunsicherheiten, Schwachstellen und Gleichwertigkeit der Bewertungskriterien.
- Varianten mit einer Schwachstelle sind besonders zu prüfen und zu überarbeiten.
- Kombination von guten Teillösungen der bewerteten Varianten zu einer neuen Variante kann für die Zielerfüllung sinnvoll sein.

Die Bewertung in der Konzeptphase ist erforderlich, weil rechtzeitig Schwierigkeiten und besondere Kriterien erkannt werden müssen. Der Kenntnisstand sollte auch in der Konzeptphase schon mit technischen Daten, Skizzen, schematischen Darstellungen, Überschlagsrechnungen und unter Nutzung von Wettbewerbslösungen bewertbar gemacht werden.

Als Anwendungsbeispiel für die Bewertung nach Punkten, unter Einsatz der vorgestellten Hilfsmittel, soll ein Vorschubantrieb für eine Großdrehmaschine untersucht werden. Die im Bild 5.19 vorgestellten Vorschubantriebe sollten für die Weiterentwicklung bewertet werden. Die Bewertungskriterien und alle oben genannten Punkte sind als Ergebnis im Bild 5.20 enthalten.

Das Beispiel Vorschubantrieb für die z-Achse von Großdrehmaschinen mit großer Drehlänge wurde vor einigen Jahren als Projekt durchgeführt. Für Konstrukteure von Werkzeugmaschinen sind die technischen Daten und die sich daraus ergebenden Möglichkeiten zum damaligen Zeitpunkt eindeutig. Große Vorschublängen können mit Schräg- oder Schneckenzahnstangen am Drehmaschinenbett realisiert werden. Die Spielfreiheit der eingreifenden Zahnräder kann durch hydrostatische Schneckentriebe oder durch verspannte Doppelritzel mit Schrägzahnstangen erreicht werden. Ein erster Einblick, hier nur zum Nachvollziehen der Bewertungskriterien und der Funktion, ist durch die Darstellung in Bild 5.19 möglich. Die Punktvergabe erfordert erheblich mehr Kenntnisse, die hier nicht erläutert werden sollen.

Die Berechnung der Technischen Wertigkeit führt mit W_t = 0,63 für die Variante A (Hydrostatische Schnecke) zu Rang 2 und mit W_t = 0,78 für die Variante B (Verspannter Doppelritzelantrieb) zu einem guten Ergebnis.

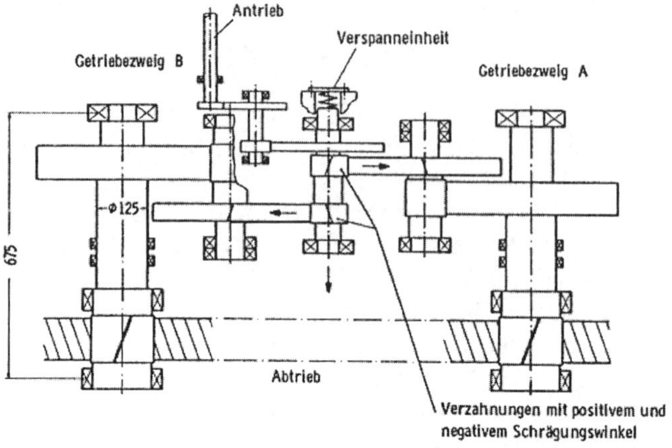

a) Spielfreier Vorschubantrieb mit Zahnstange-Ritzel-System (nach *Fa. Schiess*)

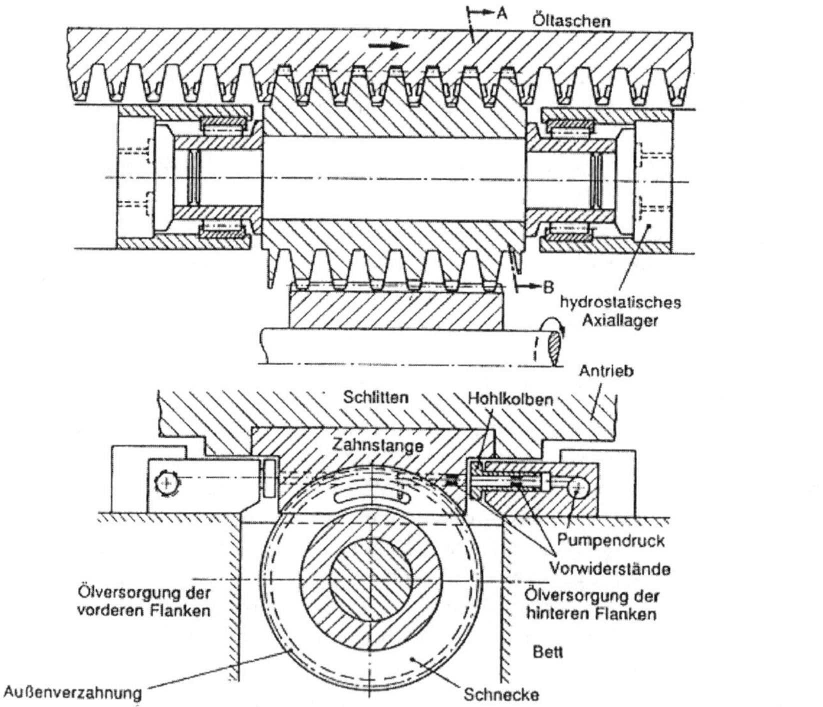

b) Vorschubantrieb mit hydrostatischem Zahnstange-Schnecke-System (*Fa. Ingersoll*)

Bild 5.19: Vorschubantriebe für die z-Achse von Großdrehmaschinen

FH HANNOVER	**Bewertungsliste** **Vorschubantrieb für z-Achse**	Blatt-Nr. 1/1

Ziel:
Konstruktionskonzept und Verkaufsargumente für Großdrehmaschinen mit Drehlänge > 10 m

Wertskala nach VDI 2225 mit Punktvergabe P von 0 bis 4 :
0 = unbefriedigend, 1 = gerade noch tragbar, 2 = ausreichend, 3 = gut, 4 = sehr gut

Bewertungskriterien nach Bewertungskatalog für die Konzeptphase.
Gewichtungsfaktoren g vergeben, wenn Bewertungskriterien nicht gleichwertig sind.

Konzeptvarianten			A		B		C		D	
Nr.	Bewertungskriterium	g	P	P*g	P	P*g	P	P*g	P	P*g
1	Umkehrspiel bei 0,05 mm Zahnspiel		4		3					
2	Steifigkeit		3		3					
3	Dämpfung		3		2					
4	Kenntnisse, Erfahrungen		1		3					
5	Zulieferabhängigkeit		3		4					
6	Getriebewirkungsgrad		4		3					
7	Betriebssicherheit		2		4					
8	Eigenfertigungsaufwand		1		3					
9	Prüfaufwand		2		4					
10	Montageaufwand		2		3					
11	Verschleiß und Lebensdauer		4		3					
12	Ersatzbeschaffung		2		3					
13	Betriebs- und Nutzungskosten		2		4					
14	Herstellkosten		1		3					
15	Wettbewerbstrend		4		2					
Maximale Punktzahl $P_{max} = 15 * 4 = 60$		Σ	38		47					
Technische Wertigkeit W_t			0,63		0,78					
Rangfolge			2		1					

Bemerkung mit Variantenangabe und Kriterien-Nr. :

A	Hydrostatikkenntnisse fehlen		

Entscheidung: Variante B mit spielfreiem Zahnstangen-Doppelritzelantrieb weiterverfolgen	Datum: 02.05.85 Bearbeiter: *Con*

Bild 5.20: Bewertungsliste Vorschubantriebe

5.5 Konstruieren mit Zulieferkomponenten

Prinziplösungen als Konzept für eine Neukonstruktion enthalten heute immer häufiger Komponenten, die die Konstrukteure nicht mehr selbst entwickeln, sondern von Zulieferern aus Katalogen entnehmen. Da in der Praxis die Konstruktionsphasen nicht streng getrennt nacheinander behandelt werden, führt die Lösungssuche für bestimmte Funktionen oft direkt auf ein Zulieferprodukt, das nicht mehr entworfen, gestaltet, gefertigt und erprobt werden muß.

Konstrukteure, die gute Kenntnisse über am Markt vorhandene ***Zulieferkomponenten*** haben, denken und arbeiten sehr häufig mit diesen Produkten, so daß bereits in der Konzeptphase auf diese Möglichkeit hingewiesen werden soll. Die folgenden Ausführungen enthalten grundlegende Hinweise, die in Anlehnung an Veröffentlichungen von *Birkhofer* und nach eigenen Erfahrungen zusammengestellt wurden.

Neuentwicklungen von wirtschaftlich überzeugenden Produkten enthalten oft einen beachtlichen Anteil von bekannten Lösungselementen, die zugekauft werden. So entfallen nach *Birkhofer* im Lastwagen- und Omnibusbau ca. 45 % der Materialkosten auf zugekaufte Bauteile, bei Verpackungsmaschinen sind Werte von 70 % üblich und bei Montageautomaten sogar über 90 %.

Unter ***Zulieferungen*** versteht man Fertigprodukte, die von einem Zulieferunternehmen entwickelt, hergestellt und vom Kunden in dessen Produkte neben den Eigenteilen integriert werden. Damit entfällt für das Unternehmen der gesamte Entwicklungsprozeß mit allen Vor- und Nachteilen. Bei den Zulieferungen unterscheidet man:

- Fremdentwicklungs- und Fremdfertigungsteile (Teile, die im Kundenauftrag entwickelt bzw. gefertigt werden.)
- Katalogteile (Teile, die fremdentwickelt und produziert werden. Sie werden unabhängig von Kundenauftrag beim Zulieferer hergestellt und von diesem am Markt angeboten.)
- Zulieferkomponenten (Begriff, der sowohl die Einzelteile als auch die komplexen technischen Produkte umfaßt, die z.B. als Baugruppen vom Zulieferer hergestellt werden, wie Linearführungssysteme, Meßsysteme usw.)

Gründe für den verstärkten Einsatz von Zulieferkomponenten ergeben sich durch den Rationalisierungsdruck in den Unternehmen und die schon sehr früh erkannte Möglichkeit der Steigerung der Produktivität durch Arbeitsteilung. Durch den Einsatz dieser Komponenten wird eine Verringerung der Fertigungstiefe in den Unternehmen angestrebt.

Die wachsende Bedeutung der Zulieferkomponenten für die Konstruktion kann man an der zunehmenden Zahl der Fachmessen und an der erheblich gestiegenen Zahl der Zulieferkataloge erkennen, die heute schon umfangreich auf elektronischen Medien angeboten werden. Der Trend geht heute weg von den Einzelkomponenten hin zu umfassenden und hochwertigen Problemlösungen für den Kunden. Der Zulieferer nimmt dabei wegen seiner Stellung als Lieferant zunehmend die eines Beraters ein, auf dessen Kenntnisse der Kunde angewiesen ist.

5.5.1 Zulieferkomponenten und Eigenentwicklungen im Vergleich

Zulieferkomponenten und Eigenentwicklungen lassen sich nur durch eine differenzierte Betrachtungsweise vergleichen. Beide unterscheiden sich hinsichtlich ihrer Eigenschaften und den Auswirkungen auf die einzelnen Phasen des Produktlebenslaufs und der davon betroffenen Bereiche. Mit zunehmender Produktkomplexität steigen die Einflußfaktoren und erfordern üblicherweise eine technisch-wirtschaftliche Beurteilung.

Als Beispiel soll eine überwiegend eigengefertigte Wellenlagerung und eine im wesentlichen aus Zulieferkomponenten bestehende hinsichtlich technischer und wirtschaftlicher Eigenschaften im Bild 5.21 verglichen werden. Allgemein kann kaum entschieden werden, welche Lösung eingesetzt werden soll, da je nach Anforderungen die bessere Rundlaufeigenschaft oder wegen des geringeren Entwicklungsaufwands die Zulieferkomponente bevorzugt werden soll.

Bereich	Eigenfertigung	Zulieferkomponente
	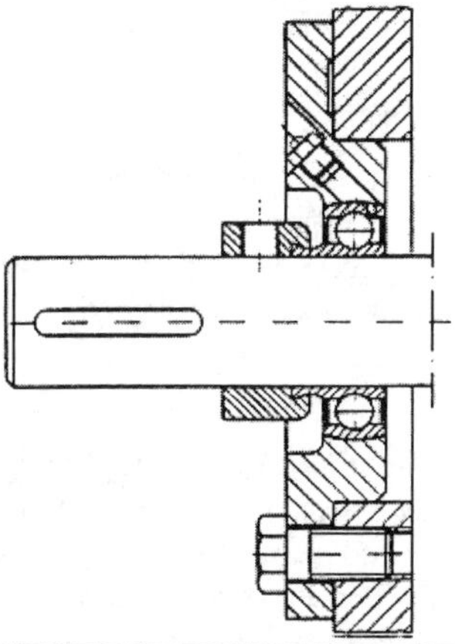	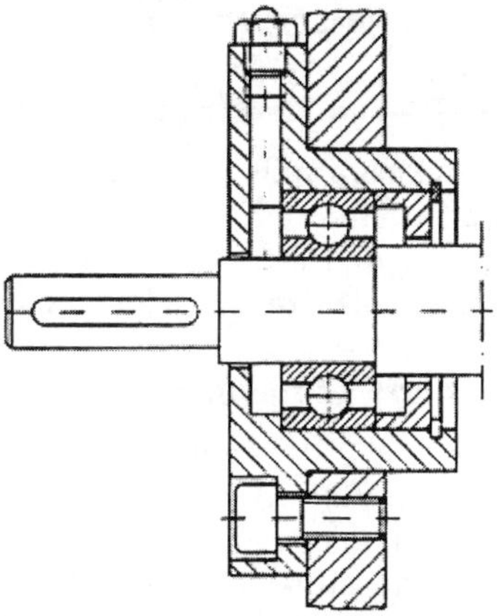
Produktplanung Entwicklung Konstruktion	hoher Aufwand für Werkstückzeichnungen, Normteilfestlegung und umfangreiche Stückliste	mittlerer Aufwand für Werkstückzeichnungen, Stückliste und Normteilfestlegung
Arbeitsvorbereitung Fertigung Montage	mittlerer Aufwand für Eigenfertigungsteile eindeutige Montage	sehr geringer Aufwand für Fertigung der Paßfedernut einfache Montage
Einkauf Materialwirtschaft	mittlerer Aufwand, da außer Norm- und Zulieferteilen auch Halbzeuge beschafft werden müssen	geringer Aufwand für die Beschaffung von Norm- und Zulieferteilen
Betrieb Wartung Reparatur	guter Rundlauf der Welle Schmiernippel gut erreichbar	durch Lagerklemmung exzentrischer Lauf möglich; Lager mit Winkeleinstellbarkeit zum Fluchtungsfehlerausgleich; steife Wellen ohne Absätze; schnelle Demontage, geringer Aufwand bei Ersatzteilbeschaffung

Bild 5.21: Wellenlagerung in Eigenfertigung und als Zulieferkomponente (nach *Birkhofer*)

5.5.2 Produktentwicklung mit Zulieferkomponenten

Einsatzbereiche für Zulieferkomponenten ergeben sich aus den bereits dargestellten Überlegungen und sollen hier kurz erläutert werden. In jedem Fall muß aber darauf geachtet werden, daß auch eventuelle Nachteile zusätzlich beurteilt werden müssen.

Herstellkosten senken

Zulieferer haben im eigenen Unternehmen wirtschaftliche Vorteile. Sie können wirtschaftlicher produzieren, weil höhere Stückzahlen und Losgrößen mit ausgereifter Fertigungstechnologie für einen großen Markt hergestellt werden. Zulieferer nutzen eine optimierte Produkt- und Produktionstechnik. Sie haben die Erfahrungen vieler Einsatzfälle, die bei Eigenfertigung fehlen oder nur mit hohem Aufwand zu erreichen wären. Standardprodukte werden fast immer zugekauft (Lager, Motoren, Ventile) und zunehmend auch Sonderkomponenten. Sie können viele Anwendungen berücksichtigen und abdecken. Zulieferkomponenten werden oft mit großer Funktionsintegration realisiert, die wirtschaftliche und gleichzeitig vielfältig einsetzbare Produkte ergeben. Der Anpassungs-, Fertigungs- und Montageaufwand verringert sich dadurch erheblich.

Produkt- und Konstruktionsleistung steigern

Konstrukteure sollten neben den üblichen Maschinen- und Antriebselementen auch komplette Systeme einsetzen, die in hervorragender Qualität am Markt angeboten werden. Die konstruktive Tätigkeit für Eigenfertigungsanteile wird dadurch stark reduziert, während das Auswählen von Zulieferkomponenten immer wichtiger wird.

Hochwertige Produkte realisieren

Die Beratung der Konstrukteure durch Ingenieure der Zulieferer bei der Erstellung von Angeboten für schwierige Aufgabenstellungen ist vorteilhaft für beide Seiten. Auf diese Weise kann der Zulieferer seine Produkte und seine Erfahrungen fachgerecht darstellen, und der Konstrukteur spart sich viel Arbeit. Die Produktqualität kann ohne direkte zusätzliche Kosten gesteigert werden. Schriftlich ausgearbeitete Angebote aufgrund spezifizierter Aufgabenstellungen binden darüber hinaus den Zulieferer in eine Gewährleistungspflicht ein, die über die übliche Produkthaftung hinausgeht.

Termine verkürzen

Der Einsatz von Zulieferteilen wird in der Regel dazu führen, daß die Produktentstehungs- und Realisierungsphase verkürzt wird, wenn diese statt eigengefertigter Bauteile und Baugruppen eingesetzt werden. Die Zeitersparnis in der Konstruktion ist vergleichsweise gering. In der Teilefertigung und Montage ergibt sich die wesentliche Reduzierung des Zeitbedarfs und damit der Kosten.

Wird z.B. ein Planetengetriebe als Zulieferkomponente ausgewählt, so muß eine vollständige Klärung aller Schnittstellen erfolgen. Neben dem Platzbedarf sind technische Daten zur Berechnung von Drehzahlen und Drehmomenten erforderlich, die Auslegung muß überprüft werden und Gespräche mit verschiedenen Lieferanten kosten auch Zeit.

Entwicklungsrisiko senken

Neu- und Anpassungskonstruktionen haben in der Regel einen hohen Änderungsanteil, da die eigenen Fähigkeiten überschätzt und die technischen und wirtschaftlichen Risiken unterschätzt werden. Das bedeutet in vielen Fällen hohen Änderungsaufwand, Nachbesserungen beim Kunden oder Rückrufaktionen sowie ein erhebliches Überschreiten der geplanten Kosten und Termine.

Ein Linearantrieb, der als Eigenentwicklung konstruiert wurde, soll als Beispiel nach *Birkhofer* untersucht werden. Trotz der einfachen Aufgabenstellung ergaben sich bei der ausgeführten Maschine erhebliche technische und wirtschaftliche Probleme, die aufwendig nachgebessert werden mußten. Der gesamte Antrieb wurde in Zusammenarbeit mit dem Außendienst eines Zulieferers überarbeitet und durch zugekaufte Lineareinheiten ersetzt. Die Eigenfertigung beschränkte sich auf Anschlußteile. Der Aufwand in den Unternehmensabteilungen war nur noch sehr gering, und vom Kunden gab es keine Reklamationen. Die im Vergleich zu den ***Herstellkosten*** der Eigenfertigung höheren ***Beschaffungskosten*** der Zulieferkomponenten sind sehr viel niedriger, als die durch Änderungen bedingten Gesamtkosten der Eigenfertigung. Bild 5.22 zeigt den Linearantrieb als Eigenentwicklung und Bild 5.23 die Lösung mit Zulieferkomponenten.

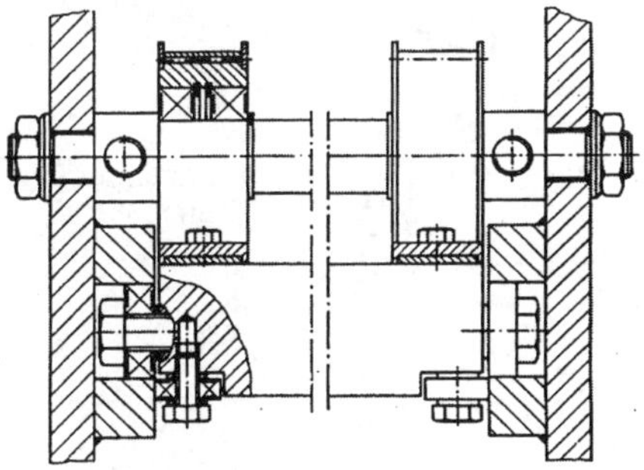

Bild 5.22: Linearantrieb als Eigenentwicklung (nach *Birkhofer*)

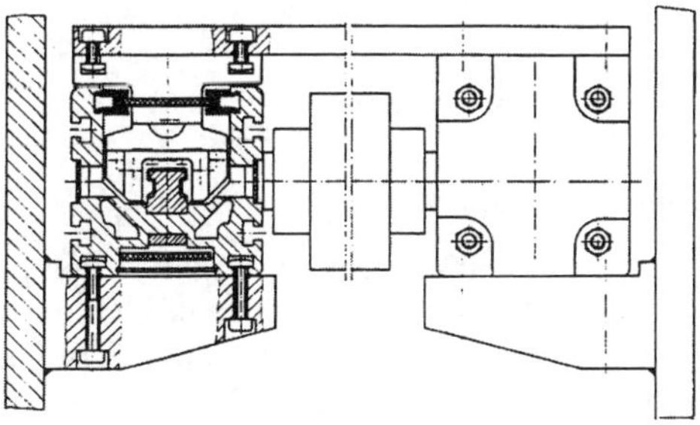

Bild 5.23: Linearantrieb mit Zulieferkomponenten (nach *Birkhofer*)

Bild 5.24 zeigt, daß die Kostenanteile für Material und Fertigung bei der Eigenfertigung sehr viel geringer sind als beim Einsatz von Zulieferkomponenten. Dafür sind die Montagekosten mehr als doppelt so hoch. Der entscheidende Anteil kommt jedoch aus dem Bereich Versuch, Nacharbeit und Reklamation. In diesem Bereich sind die Vorteile erprobter Zulieferkomponenten besonders groß.

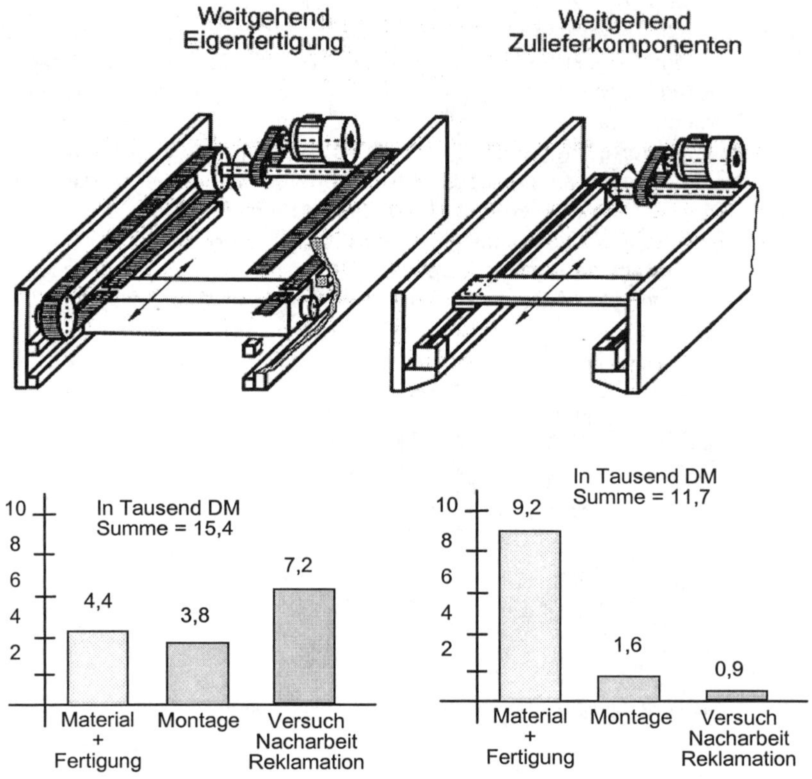

Bild 5.24: Variantenvergleich mit Kostenangaben (nach *Birkhofer*)

5.5.3 Zulieferorientiertes Konstruieren

Die Konstruktionsarbeit verlagert sich beim Konstruieren mit Zulieferkomponenten weg von der gestalterischen Tätigkeit hin zur Recherche nach geeigneten Zulieferkomponenten und deren optimale Einbindung in das Gesamtprodukt. ***Zulieferorientiertes Konstruieren*** muß daher durch geeignete Recherchesysteme zum Finden von Zulieferern und Zulieferkomponenten und durch Methoden zur schnellen, zielgerichteten und fehlerfreien Konfiguration komplexer Zulieferungen unterstützt werden.

In der Konstruktion wird häufig nach Zulieferkomponenten als Lösungen für Produktfunktionen gesucht. Für die Konstruktion und den technischen Einkauf eines Unternehmens sind daher Systeme, die eine ***funktionsorientierte Recherche*** ermöglichen, von grundlegender Bedeutung. Bekannte Systeme wie Bezugsquellennachweise und Lieferdatenbanken bieten zur Zeit jedoch ausschließlich die Möglichkeit zur ***benennungsorientierten Suche*** nach Zulieferkomponenten. Auch die schon häufig geforderte Aufnahme von Sachmerkmalleisten in Kataloge würde bereits eine Verbesserung bringen, weil die Übersichtlichkeit und die Vergleichbarkeit ähnlicher Komponenten verschiedener Hersteller erheblich effektiver für die Konstrukteure wäre.

Solche Recherchesysteme sollten aber auch den Zugriff auf nichttechnische Eigenschaften wie Lieferzeiten oder Transportkosten und herstellerbezogene Eigenschaften wie Lieferantenimage, Unternehmenscharakter oder Kundendienstqualität ermöglichen.

Fehlende Normen und Richtlinien zur Kataloggestaltung und die medienbedingten Nachteile des gedruckten Zulieferkataloges führen zu Problemen für die praktische Arbeit beim Auswählen geeigneter Zulieferkomponenten:

- Die sichere und eindeutige Ablage gedruckter Kataloge im Unternehmen ist vielfach wegen ungeeigneter Benennungen der Produkte problematisch und erfordert hohen Aufwand zur Pflege und Aktualisierung.
- Veraltete, unvollständige oder mißverständliche Kataloginhalte be- oder verhindern die Auswahl geeigneter Zulieferkomponenten.
- Berechnungsvorschriften und -verfahren müssen vom Konstrukteur mit dem Taschenrechner mühsam nachvollzogen werden. Fehlende, falsche oder veraltete Werte und Einheiten sind eine permanente Fehlerquelle.
- Kostenbewußtes Konstruieren wird erheblich erschwert durch die häufige Trennung der technischen Informationen von den wirtschaftlichen Informationen (Preise, Rabatte, Lieferzeiten). Fehlende Preise führen zu unnötigen Anfragen beim Zulieferer.
- Die Entwicklung mit Einsatz von CAD-Systemen und weg vom Zeichenbrett wird durch gedruckte Kataloge behindert. Die mühsame Übernahme der Katalogdaten in ein CAD-System bedeutet unnötige Arbeit für den Konstrukteur. Nur wenige Zulieferer bieten ihre Produkte als CAD-Dateien an.
- Durch unübersichtlich gestaltete und didaktisch nicht genügend durchdachte Kataloge können komplexe Zulieferkomponenten nur unter hohem Zeitaufwand und fehleranfällig konfiguriert werden.
- Katalogformate, Art der Katalogbindung und Farbgestaltung der Inhalte werden als formale Gestaltungskriterien nicht beachtet und führen zu unnötig erschwertem Weiterverarbeiten von Informationen für den Konstrukteur oder den Einkäufer.

Einsatz elektronischer Zulieferkataloge

Elektronische Zulieferkataloge werden von den Unternehmen in Form von Disketten, CD-ROM oder direkt in Netzen wie Internet oder firmenintern als Intranet zur Verfügung gestellt. In der Regel handelt es sich um moderne Datenbanken, die entsprechend dem Stand der Technik laufend verbessert werden.

Der Konstrukteur erhält alle Informationen in geordneter Form als grafische Darstellungen Texte, Tabellen, technische Zeichnungen, Prinzipskizzen, Kosten und Bestelltexte. Auch Funktionen zur Berechnung auswahlrelevanter Eigenschaften von Zulieferkomponenten sind vorhanden. Der Konstrukteur bekommt also alle zur Auswahl und Auslegung einer Zulieferkomponente notwendigen Informationen rechnerintegriert zur Verfügung gestellt. Die Anbindung an CAD-Systeme ist ebenso möglich wie der rechnerunterstützte Informationsaustausch zwischen Zulieferer und Kunden.

Durch den Einsatz dieser modernen Hilfsmittel haben Konstrukteure bereits bei der Suche nach Lösungselementen für die Konzeption neuer Produkte erhebliche Vorteile, die die Entwicklungszeiten verkürzen, die Qualität verbessern, die Produktkosten senken und die Funktionalität erhöhen.

5.6 Qualitätssicherung beim Konzipieren

Als qualitätssichernde Maßnahmen empfiehlt VDI 2247 E:

- Konstruktionsmethodik anwenden
- systematische Lösungsfindung nutzen
- Morphologischen Kasten aufstellen
- Informationssysteme nutzen, z.B. Konstruktionskataloge und technische Datenbanken
- kompetente Fachleute einschalten
- Qualifizierung von Lieferanten sicherstellen
- gesicherte Spezifikation beschaffen
- Organisationspläne aufstellen
- Schnittstellen standardisieren
- Checklisten und FMEA einsetzen
- frühere Anforderungslisten nutzen

Durch diese Maßnahmen werden folgende potentielle Fehler vermieden:

- Lösungsideen werden übersehen, weil nicht funktionell, sondern gegenständlich gedacht wird
- Verpassen technologischer Trends
- fehlerhafte Bestellungen und Lieferungen
- Schnittstellenprobleme durch fehlende Standards und Versäumnisse
- vergessene Anforderungen
- Fehleinschätzungen

Hinweis:
FMEA ist eine Methode zum Qualitätsmanagment in der Produktentwicklung. Die Fehlermöglichkeits- und Einflußanalyse (FMEA) wird eingesetzt, um im Entwicklungsstadium eines Produktes Fehler zu vermeiden. Die VDI-Richtlinie VDI 2247 E erläutert diese Methode.

6 Entwerfen

Das ***Entwerfen*** ist die dritte Phase des Konstruierens und wird als typischer Arbeitsschritt für Ingenieurarbeit im Konstruktionsbüro eingeordnet. In dieser Phase erfolgt die grafische Darstellung der technischen Gebilde, die als Lösungsprinzip unter Beachtung der Anforderungen der Aufgabe gedanklich entwickelt wurden. Ideenskizzen sowie erste Auslegungsberechnungen werden als konstruktive Lösung gestaltet und dargestellt. Das Ergebnis dieses Arbeitsschritts ist ein ***Entwurf*** mit festgelegter Gestalt und Anordnung aller Elemente eines Produkts sowie allen Angaben zur Herstellung und Beschaffung dieser Elemente. Das grundlegende Vorgehen wurde bereits im dritten Abschnitt erwähnt.

Ein Entwurf wird in der Regel mit Bleistift und Radiergummi am Zeichenbrett erarbeitet. Das rechnerunterstützte Entwerfen mit 2D-CAD-Systemen konnte in einigen Arbeitsbereichen das Zeichenbrett ersetzen. Der entscheidende Erfolg ist jedoch erst mit 3D-CAD/CAM-Systemen erreichbar, für die dann die Konstrukteure nach entsprechender Schulung mit ganz anderen Methoden vorgehen müssen.

6.1 Arbeitsschritte beim Entwerfen

Die Konstrukteure legen bei diesem Arbeitsschritt die ***Gestalt*** aller ***Bauteile*** und deren ***Anordnung*** so fest, daß das Lösungsprinzip umgesetzt wird. Dafür sind erforderlich:

- Festlegung der Hauptabmessungen
- Untersuchung der räumlichen Verhältnisse
- Wahl von Werkstoffen
- Berechnung der Auslegungsgrößen
- Ergänzung des Lösungsprinzips
- Festlegung von Fertigungsverfahren
- Gestaltung aller Bauteile und Verbindungen
- Festlegung von Baugruppen
- Festlegung der Teilearten
- Festlegung der Zulieferteile
- Analyse auf Schwachstellen
- Bewertung und Auswahl

Um diese Forderungen umzusetzen, muß sich der Konstrukteur Klarheit über die Größe des Entwurfs verschaffen und über den Bereich, mit dem er anfangen möchte. Häufig wird er auch hier beim Kern der Aufgabe beginnen, den er sich ja schon durch Skizzen und Lösungsprinzipien erarbeitet hat. Bei einem Reitstock beispielsweise ist dies die Pinole mit der Zentrierspitze, die um die berühmte Mittellinie gezeichnet wird. Um diese gleichzeitig als z-Achse einer Drehmaschine gedanklich vorhandene Mitte der Maschine wird der Reitstockkörper entworfen, der die Pinole aufnimmt und die Abstützung zum Bett darstellt. Anschließend werden alle weiteren Forderungen und Randbedingungen durch Elemente und Gestaltung festgelegt. Dieser sehr vereinfacht beschriebene Ablauf soll beispielhaft den Arbeitsablauf am Zeichenbrett erklären. Das rechnerunterstützte Entwerfen erfordert eine dem System angepaßte Vorgehensweise, auf die hier nicht weiter eingegangen werden soll.

Als Ergebnis erhält man Grobentwürfe mit den wichtigsten Angaben und Darstellungen oder Feinentwürfe, die bereits alle konstruktiven Einzelheiten enthalten. Die Entwürfe müssen unter Beachtung der geforderten Funktionen insbesondere eine wirtschaftliche Lösung ergeben, die die neuesten Technologien berücksichtigt. Die Entwurfsarbeit wird immer durch regelmäßig durchgeführte Fortschrittsgespräche und Beratungsgespräche begleitet. Durch die ***Fortschrittsgespräche*** in der Konstruktion wird sichergestellt, daß alle Informationen und Erfahrungen umgesetzt werden. Die ***Beratungsgespräche*** finden mit Mitarbeitern anderer Abteilungen oder mit Zulieferern statt, um z.B. Fertigung, Montage, oder Handelsteile rechtzeitig zu berücksichtigen. Vor dem letzten Arbeitsschritt, der Konstruktionsphase Ausarbeiten, wird gemeinsam mit Mitarbeitern der technischen Bereiche entschieden, ob der vorliegende Entwurf weiterverfolgt werden soll oder ob noch weitere Untersuchungen erforderlich sind.

Beim Entwerfen müssen viele Informationen umgesetzt werden, da Normen, Werkstoffe bewährte Detaillösungen, Wiederholteile, Zulieferteile mit allen Angaben exakt berücksichtigt werden müssen. Außerdem ist dieser Vorgang gekennzeichnet durch

Entwerfen und Verwerfen.

Das bedeutet, viele Ideen der Gestaltung und Anordnung werden erst nach der Darstellung beurteilbar und stellen sich dann als gut oder nicht brauchbar heraus. Außerdem müssen erkannte Fehler beseitigt und viele Größen durch mehrfache Ansätze optimiert werden. Ebenso müssen Änderungen und deren Auswirkungen eingearbeitet werden. Deswegen ist ein konsequentes Vorgehen nach einem Ablaufplan nicht möglich. Der Konstrukteur wird also sein Vorgehen festlegen und anpassen:

- nach der Art der Aufgabe
- nach dem Umfang der Aufgabe
- nach der Informationsbereitstellung
- nach den Gesprächsergebnissen

Die ***Entwurfszeichnungen*** werden nach den Regeln des Technischen Zeichnens angefertigt, so daß einheitliche Darstellungen mit firmenspezifischen Besonderheiten vorliegen.

Die ***Auslegung*** und die eingesetzten Berechnungsverfahren erfolgen mit den bekannten Regeln und Gesetzen der technischen Grundlagenfächer, der speziellen Fachgebiete und der allgemeingültigen Regeln und Vorschriften, die den Stand der Technik darstellen. Deshalb werden heute sehr viele Auslegungen und Berechnungen mit Rechnerunterstützung durchgeführt, mit dem Ziel, den gesamten Produktentwicklungsprozeß mit 3D-CAD/CAM-Systemen durchgängig zu erledigen.

Die ***Gestaltung*** ist ein wesentlicher Schwerpunkt des Entwerfens. Beim Grobgestalten werden erste Abmessungen festgelegt, die sich häufig durch Erfahrungswerte und Überschlagsrechnungen ergeben. Die Festlegung aller Einzelheiten durch entsprechende

Formelemente für einen endgültigen Entwurf nennt man ***Feingestalten***. Für das Gestalten sind einige Methoden bekannt, die die Erfahrungen guter Konstrukteure durch systematische Untersuchungen umsetzen und anwendbar machen.

Trotzdem können bei den Entwurfsarbeiten Schwierigkeiten auftreten, die auch durch sehr sorgfältiges Gestalten nicht behoben werden. Dann ist es günstiger, mit dem verbesserten Erkenntnisstand das Vorgehen in der Konzeptphase zu überprüfen und dort neue, bessere Lösungen zu suchen. Aber auch bei sehr günstig erscheinenden Prinziplösungen können noch Schwierigkeiten im Detail auftreten. Sie entstehen oft, weil manche Eigenschaften falsch beurteilt oder unterschätzt wurden. Beim Entwerfen ist also ein flexibles Vorgehen der Konstrukteure erforderlich, das auch durch Arbeitsstil, Organisationsfähigkeiten und breites Technikwissen geprägt ist.

6.2 Grundsätze für das Entwerfen

Das Entwerfen kann heute durch viele systematisch aufbereitete Erfahrungen guter Konstrukteure unterstützt werden. Diese Erkenntnisse wurden zu Grundsätzen, Regeln, Prinzipien und Richtlinien zusammengefaßt, wie die Übersicht in Bild 6.1 zeigt. Um die Unterschiede zu erkennen und zum Verständnis sollen wichtige Begriffe erläutert werden.

Entwerfen nennt man alle Tätigkeiten zur grafischen Darstellung von technischen Gebilden. Die Gestaltung und Anordnung aller Elemente eines Produkts sowie alle Angaben zur Herstellung und Beschaffung dieser Elemente werden festgelegt.

Gestalten bedeutet, die Gestalt eines Elements durch die geometrisch beschreibbaren Merkmale Form, Größe und Oberfläche festzulegen. Ein Produkt wird durch die Gestalt seiner Elemente, deren Zahl und Lage bestimmt. Dabei ergibt sich die Größe jeweils aus den Abmessungen und die Lage der Elemente entspricht deren Anordnung.

Konstruktionsgrundsätze sind produktspezifische Kenntnisse, die als theoretische oder praktische Grundlagen für das Entwerfen von Produkten beachtet werden müssen. Sie werden in der Regel in Form von Werknormen, Technischen Anweisungen oder als Konstruktionsmappen in den Unternehmen erstellt und gepflegt.

Gestaltungsregeln sind gestaltbestimmende Vorschriften, die als Grundregeln stets gelten. Sie werden allgemeingültig formuliert und sollten vorrangig eingehalten werden.

Gestaltungsprinzipien sind konstruktionsbestimmende Grundsätze, bei denen es sich in der Regel um systematisch geordnete Erkenntnisse bewährter konstruktiver Lösungen handelt.

Gestaltungsrichtlinien beschreiben besondere Eigenschaften in Verbindung mit dem Wort gerecht, die bei der Gestaltung zu beachten sind.

Gestaltungsbewertung ist eine abschließende vergleichende Beurteilung von Gestaltvarianten mit Kriterien nach vorgegebenen Zielen.

Die hier aufgelisteten Begriffe werden in den folgenden Abschnitten ausführlich mit Beispielen erläutert. Die im Bild 6.1 angegebenen Prinzipien und Richtlinien sind nicht vollständig. Sie sind nur eine erste Übersicht der behandelten Prinzipien und Richtlinien. Für weitere Hinweise ist ausreichend Fachliteratur vorhanden.

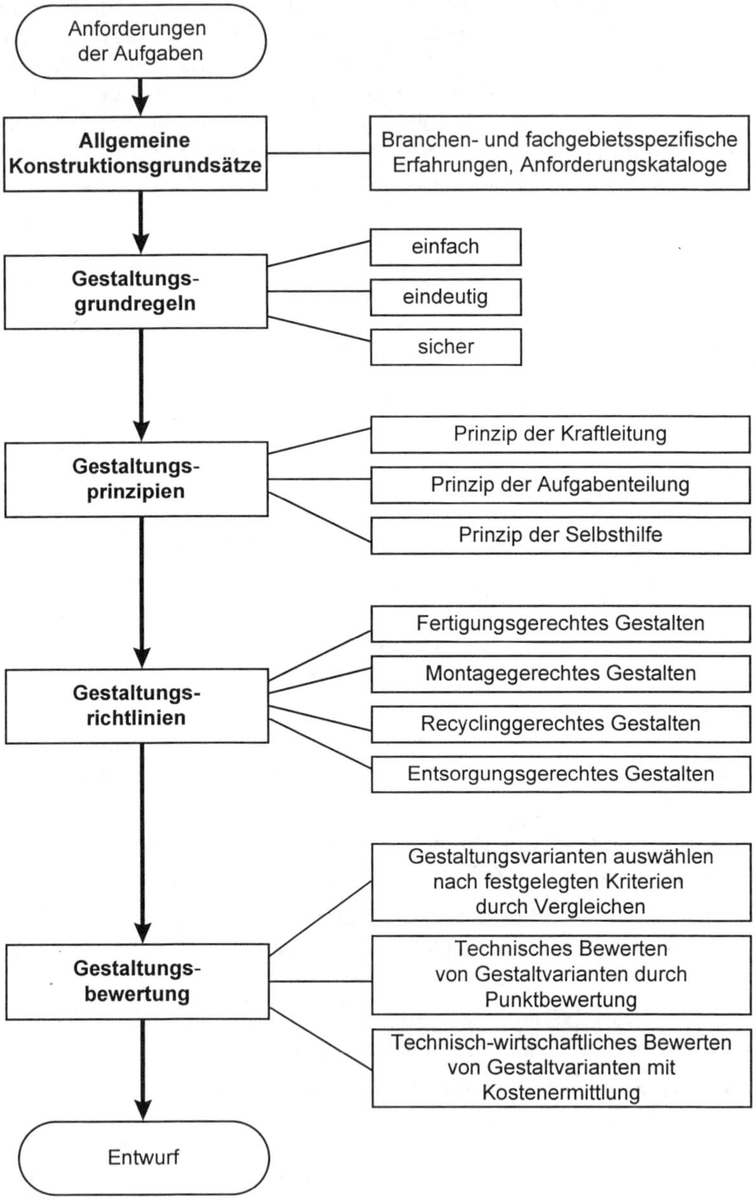

Bild 6.1: Grundsätze für das Entwerfen

6.3 Gestaltungsgrundregeln

Gestaltungsregeln sind gestaltbestimmende Vorschriften, die als Grundregeln stets gelten. Sie werden allgemeingültig formuliert und sollten vorrangig eingehalten werden.

Fast alle Gestaltungsarbeiten werden durch die Einhaltung der folgenden Grundregeln zu besseren Ergebnissen führen, weil dadurch die allgemeinen Ziele beim Entwerfen erreicht werden.

Die Beachtung der ***Grundregeln*** *eindeutig, einfach und sicher* bei der *Gestaltung* ergeben

- Erfüllung der technischen Funktion
- Wirtschaftlichkeit in der Herstellung und im Gebrauch
- Sicherheit für Mensch, Maschine und Umwelt

Die dafür einzuhaltenden Maßnahmen sind in allgemeiner Form im Bild 6.2 enthalten.

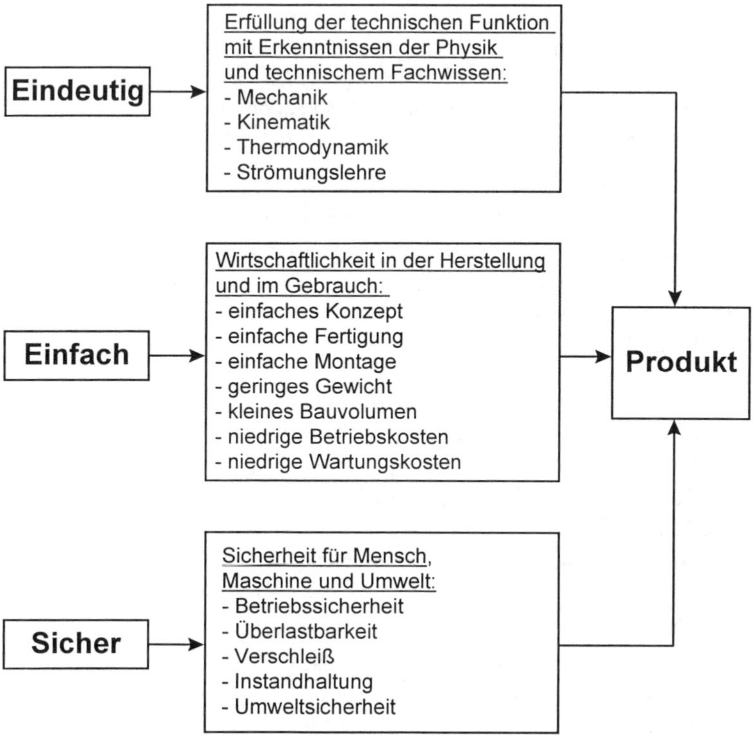

Bild 6.2: Grundregeln der Gestaltung

Die umfangreich bekannten Gestaltungsregeln haben fast alle als Grundlage die Forderung, eindeutige, einfache und sichere Lösungen zu schaffen:

- Eindeutige Lösungen sind besser zu beurteilen, da die Umsetzung des Lösungsprinzips ohne zusätzlichen Aufwand erkennbar und gewährleistet ist.
- Einfache Lösungen zeichnen sich durch wirtschaftliche Herstellung und wirtschaftlichen Gebrauch aus. Einfache Gestaltung hat Auswirkungen auf Fertigung und Montage des Produkts; einfache Konzepte senken die Wartungskosten.
- Sichere Lösungen arbeiten ohne Störungen im Betrieb, gefährden niemanden und gewährleisten Umweltsicherheit.

Gute Lösungen erfordern die Verbindung der Gestaltungsgrundregeln so, daß alle eingehalten sind und sie sich gegenseitig unterstützen.

6.3.1 Grundregel „Eindeutig"

Diese Grundregel kann für alle Merkmale und Eigenschaften des Produkts angewandt werden. Von einer eindeutigen Funktionsbeschreibung über ein eindeutiges Wirkprinzip und eindeutige Beanspruchungen für die Auslegung gibt es jeweils viele Gesichtspunkte, die man beim Gestalten beachten muß. Die eindeutige Erfüllung der technischen Funktion ist fast immer dann gegeben, wenn der Konstrukteur ohne viel Aufwand die Auslegungsgrößen berechnen kann, indem er z.B. statisch bestimmte Anordnungen festlegt. Beispiele:

- Eindeutiges Wirkprinzip: Festlager – Loslager ⇔ Schwimmende Lagerung
- Eindeutige Auslegung von Welle-Nabe-Verbindungen
- Eindeutige Montagefolge aufgrund der konstruktiven Gestaltung, die zwangsläufig Verwechslungen ausschließt.
- Eindeutige Trennstellen zwischen verwertungsunverträglichen Werkstoffen und für die Demontage zum Recycling.

Das Bild 6.3 zeigt zwei Beispiele, die verdeutlichen, welche Fehler vermieden werden können. Im Bildteil a sind eindeutige Wellenlagerungen dargestellt, die als Beispiele für Festlager-Loslager-Anordnung typisch sind. Die Axialkräfte werden eindeutig von dem jeweils durch Ringe und Schultern festgelegten Innen- und Außenring des rechten Lagers übertragen. Das linke Lager ist dann das Loslager, das so angeordnet ist, daß eine axiale „Beweglichkeit" des Außenrings im Gehäuse bzw. auf der Innenfläche des Zylinderrollenlagers vorgesehen wird. Die Festlager-Loslager-Anordnung ist eindeutig und wird in der Regel eingesetzt.

Die Kombination von zwei Welle-Nabe-Verbindungen erhöht nicht das übertragbare Moment, da nicht eindeutig ist, ob die Paßfeder oder ob der Preßverband trägt. Beide Verbindungen beeinträchtigen sich gegenseitig und sind nicht mehr einschätzbar.

Wenn die Paßfederberechnung ergibt, daß das Drehmoment nicht übertragen werden kann, sollte eine andere Welle-Nabe-Verbindung, z.B. mit Hilfe eines Konstruktionskatalogs, ausgewählt werden.

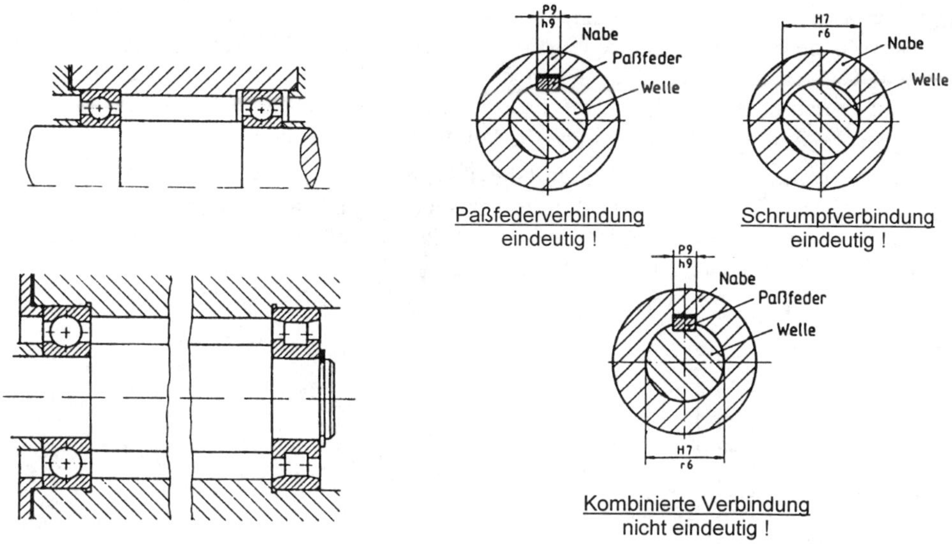

a) eindeutige Wellenlagerungen b) Welle-Nabe-Verbindungen

Bild 6.3: Beispiele für die Grundregel „Eindeutig" (nach *Steinhilper, Röper*)

6.3.2 Grundregel „Einfach"

Einfach bedeutet hier einfaches Konzept mit einfachen Teilen, die ohne besonderen Aufwand mit normalen Fertigungs- und Montageverfahren hergestellt werden können. Also keine zusammengesetzten und unübersichtlichen Teile und eine Montage mit geringerem Aufwand. Wenige und einfache Elemente eines Produkts sind kostengünstig und vermeiden Störungen im Betrieb.

Die Teilegestaltung muß aber funktionsgerecht erfolgen, so daß z.B. bestimmte Abmessungen und Formen notwendig sind. Der Konstrukteur wird sehr schnell merken, daß er Kompromisse eingehen muß, da nicht alle Grundregeln vollständig eingehalten werden können. Schon die Festlegung Serienprodukt statt Einzelprodukt, macht Gußteile im Wettbewerb mit gefügten Einzelteilen einfacher. Eine geringe Teileanzahl mit einfacher Gestaltung ist stets positiv für ein Produkt. Beispiele:

- Einfache Funktionen mit möglichst wenigen Teilfunktionen sind die Voraussetzung für eine einfache Erfüllung mit einfachen Elementen.
- Einfache Auslegung wird bei Bauteilen mit geometrisch einfacher Gestaltung durch weniger Rechen- und Versuchsaufwand ermöglicht.
- Einfache Montage durch leicht erkennbare Teile und Reihenfolge der Montage sowie nur einmal notwendige Einstellvorgänge.
- Einfaches Recycling durch Verwendung verwertungsgeeigneter Werkstoffe, durch einfache Demontagevorgänge und durch einfache Teile.

Das Bild 6.4 zeigt Beispiele einfacher Gestaltung, die durch Wertanalyse geschaffen wurde. Obwohl die Gestaltung der Teile ohne Kommentar selbsterklärend ist, muß festgestellt werden, daß häufig erst durch die zu hohen Kosten von Bauteilen intensiv untersucht wird, wie eine Vereinfachung möglich ist. Die Ursachen für nicht einfache Teile sind häufig Termindruck oder unklare bzw. geänderte Anforderungen für die Konstrukteure.

Der Abstandhalter im Bildteil 6.4 a wird durch die einteilige Bauweise trotz höherer Materialkosten in den gesamten Herstellkosten günstiger, so daß sich „Einfach“ und „Kostengünstig“ ergänzen. Ähnlich verhält es sich mit der Schrankbefestigung in Bild 6.4 b, die einfachen Teile sind auch hier kostengünstiger.

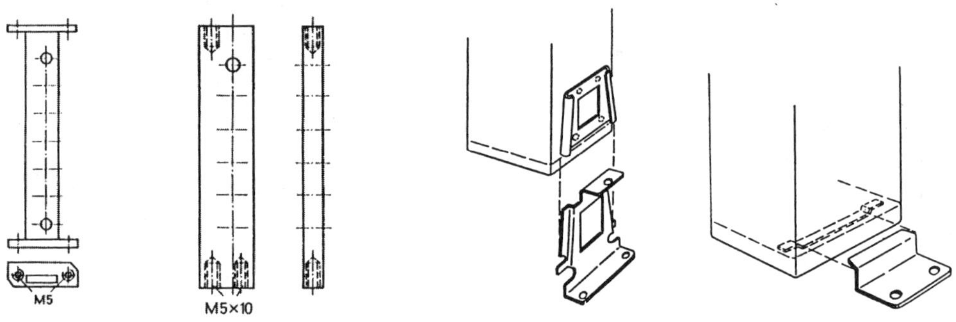

a) Abstandhalter b) Schrankbefestigung

Bild 6.4: Beispiele für die Grundregel „Einfach“ (nach *Voigt*)

6.3.3 Grundregel „Sicher“

Sicher als Grundregel hat den Zweck, die technische Funktion beim Einsatz eines Produkts zuverlässig zu gewährleisten und dabei weder den Menschen noch die Umgebung zu gefährden. Da dieses Kerngebiet der Technik schon sehr lange einen hohen Stellenwert hat, wurden alle wichtigen Sicherheitserkenntnisse in der DIN 31000 zusammengestellt.

Die Sicherheitstechnik ist in der DIN 31000 als ***Drei-Stufen-Methode*** entwickelt worden und wird in Bild 6.5 mit dem Wirkprinzip den entsprechenden Kernaussagen der EG-Maschinenrichtlinie gegenübergestellt.

Sicherheitstechnik DIN 31000	**Wirkprinzip**	**EG-Maschinenrichtlinie DIN-EN-292**
unmittelbare	Gefahr vermeiden	Gefahren beseitigen oder minimieren
mittelbare	gegen Gefahren sichern	Gegen nicht zu beseitigende Gefahren notwendige Schutzmaßnahmen ergreifen
hinweisende	vor Gefahren warnen	Benutzer über Restgefahren unterrichten

Bild 6.5: Drei-Stufen-Methode nach DIN 31000

Die ***unmittelbare Sicherheitstechnik*** ist grundsätzlich die beste Lösung, weil systembedingt überhaupt keine Gefährdung auftreten kann. Wenn keine unmittelbare Sicherheit möglich ist, so muß durch Anordnung von geeigneten Schutz- oder Sicherheitseinrichtungen für eine ***mittelbare Sicherheitstechnik*** gesorgt werden. Die ***hinweisende Sicherheitstechnik*** beschränkt sich auf das Warnen vor Gefahren und das Hinweisen auf gefährdete Bereiche. Sie ist für den Konstrukteur keine Lösung und sollte höchstens unterstützend für die beiden anderen Sicherheitstechniken eingesetzt werden.

Die unmittelbare Sicherheitstechnik stellt sicher, daß für alle möglichen Betriebszustände und Belastungsfälle vom Konstrukteur Maßnahmen vorgesehen wurden, damit das Produkt sicherheitstechnisch einwandfrei funktioniert. Beispielsweise wird bei Rohrleitungssystemen in Anlagen und Maschinen das Prinzip des beschränkten Versagens sehr häufig eingesetzt. Das Prinzip des beschränkten Versagens oder der eingeschränkten Haltbarkeit läßt für extreme Belastungen eine gewisse Störung zu, aber so, daß keine schwerwiegenden Folgen auftreten können. Bei Rohrleitungssystemen müssen z.B. Rückschlagventile so angeordnet werden, daß beim Ausfall einer Schlauchleitung eine definierte Ruhestellung gewährleistet ist, wie in Bild 6.6 dargestellt.

ungünstig	**günstig**
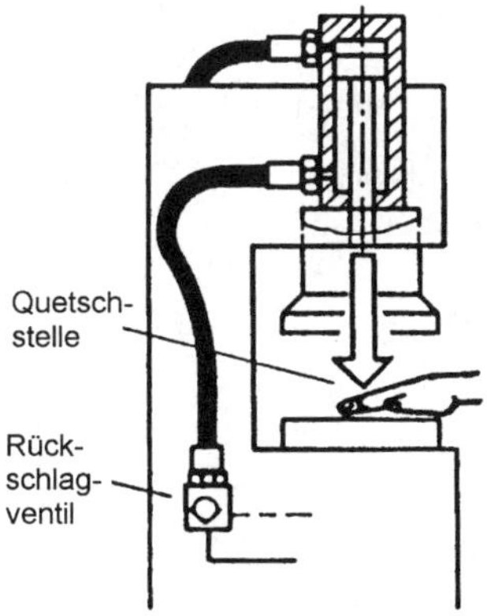	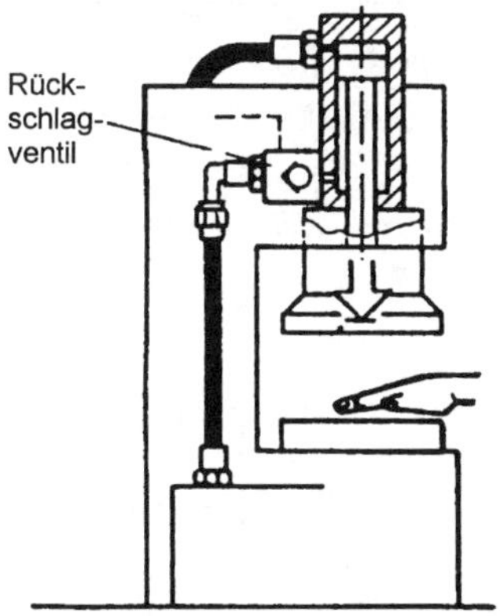
Nach Versagen der Schlauchleitung entweicht das Medium vor dem Rückschlagventil. Das Werkzeug senkt sich unkontrolliert ab.	Nach Versagen der Schlauchleitung verhindert das gesteuerte Rückschlagventil das Zusammenbrechen der Flüssigkeitssäule. Das Werkzeug bleibt oben.

Bild 6.6: Beispiel für unmittelbare Sicherheitstechnik (nach *Neudörfer*)

Umfangreiche Hinweise zu dem sehr wichtigen sicherheitsgerechten Gestalten sind in der Fachliteratur enthalten. Hier sollte nur mit einigen Erläuterungen der Grundregel eine erste Übersicht gegeben werden, die unbedingt vertieft werden muß, bevor in der Praxis konkrete Projekte bearbeitet werden. Insbesondere sind für diesen Bereich die umfangreichen Vorschriften und Standards sehr wichtig.

6.4 Gestaltungsprinzipien

Gestaltungsprinzipien sind konstruktionsbestimmende Grundsätze, bei denen es sich in der Regel um systematisch geordnete Erkenntnisse bewährter konstruktiver Lösungen handelt. Aus den Prinzipien kann die konkrete Gestalt abgeleitet werden, so daß sie bei bestimmten Voraussetzungen den Grundregeln übergeordnet sind.

Übergeordnete Prinzipien zur zweckmäßigen Gestaltung sind in der Konstruktion bekannt, da deren Anwendung in Veröffentlichungen erläutert worden sind. Beispielsweise gibt es Prinzipien zur Minimierung von Herstellkosten, des Raumbedarfs, des Gewichts oder das von *Leyer* vertretene Prinzip des Leichtbaus.

In einem Entwurf für ein technisches Produkt werden jeweils nur einige Prinzipien angewendet, da nicht alle Prinzipien die geforderten Eigenschaften unterstützen oder verbessern können. Insbesondere werden sich die geeigneten Prinzipien für den Konstrukteur aus den Anforderungen an das Produkt und aus den Möglichkeiten der Realisierung des Produkts in Fertigung und Montage ergeben. Die Nutzung der Prinzipien setzt deren Kenntnis voraus und führt in der Regel zu besseren Entwürfen für neue Erzeugnisse. Von den vielen bekannten Gestaltungsprinzipien sollen hier auch nur einige kurz erläutert werden, um deren Bedeutung zu erkennen.

Wichtige Gestaltungsprinzipien als Übersicht:

Prinzipien der Kraftleitung, die die Regeln und Erfahrungen für eine Standardaufgabe der Konstrukteure, Kräfte oder Momente durch Elemente zu leiten, beschreiben.

Ein Beispiel zeigt Bild 6.7, das die vereinfachte Kraftleitung in einer Drehmaschine darstellt, die durch das Werkstückgewicht in der Maschine verursacht wird.

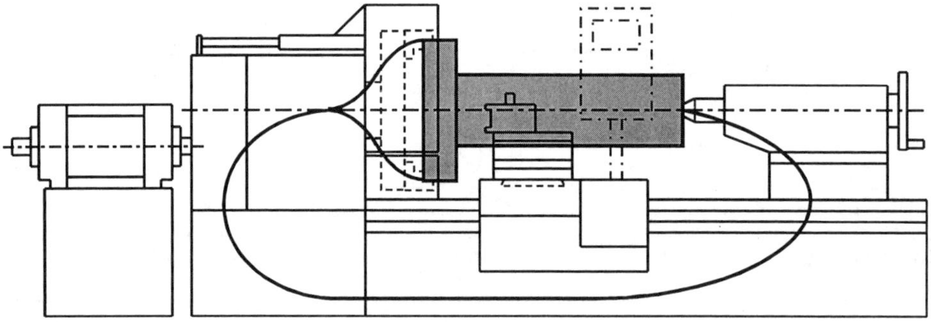

Bild 6.7: Drehmaschine mit Kraftleitung durch das Werkstückgewicht (nach *Fa. Wohlenberg*)

Prinzip der Aufgabenteilung zur Aufteilung von Funktionen in Teilfunktionen, um diesen verschiedene Lösungselemente zuzuordnen, die besser ausgenutzt werden können und ein eindeutiges Verhalten der Bauteile sicherstellen. Dabei ist aber zu beachten, ob nicht die Vorteile komplexer Bauteile für mehrere Funktionen überwiegen.

Das Bild 6.8 enthält als Beispiel für die Aufgabenteilung bei unterschiedlichen Funktionen eine Lagerung mit jeweils einem Lager für die Aufnahme der Radial- und der Axialkräfte.

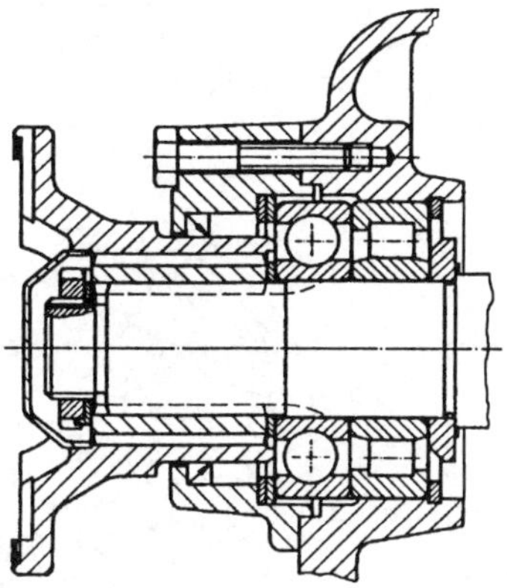

Bild 6.8: Wälzlageranordnung für Radial- und Axialkraftaufnahme (nach *Pahl/Beitz*)

Prinzip der Selbsthilfe zur sinnvollen Verbindung von Teilfunktionen und der damit verbundenen Ausnutzung unterstützender Hilfswirkungen. Eine bessere Lösung ergibt sich nach diesem Prinzip, wenn sich durch bestimmte Anordnung von Elementen die gewünschten Wirkungen verstärken lassen und damit auch vor einem Versagen schützen.

Bild 6.9 zeigt Beispiele ***selbstverstärkender Lösungen*** für Dichtungen. Die Dichtlippe bzw. der Dichtring wird mit steigendem Innendruck stärker angepreßt und verstärkt durch diese Hilfswirkung die Dichtungsfunktion.

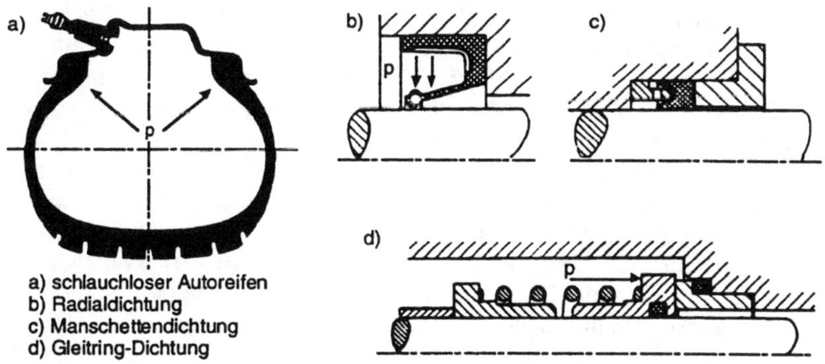

Bild 6.9: Beispiele selbstverstärkender Dichtungen (nach *Pahl/Beitz*)

Selbstschützende Lösungen nutzen die Hilfswirkung im Überlastfall durch andere Kraftleitungswege oder durch andere physikalische Wirkungen.

Bekannte Beispiele sind Druckfedern, die beim Bruch auf ihren Drahtwindungen aufliegen und damit noch eine eingeschränkte Kraftübertragung haben. Ein weiteres Beispiel sind Kupplungen, die bei Bruch oder starkem Verschleiß ihrer elastischen Elemente noch Drehmomente durch Anschläge übertragen können, wie Bild 6.10 zeigt.

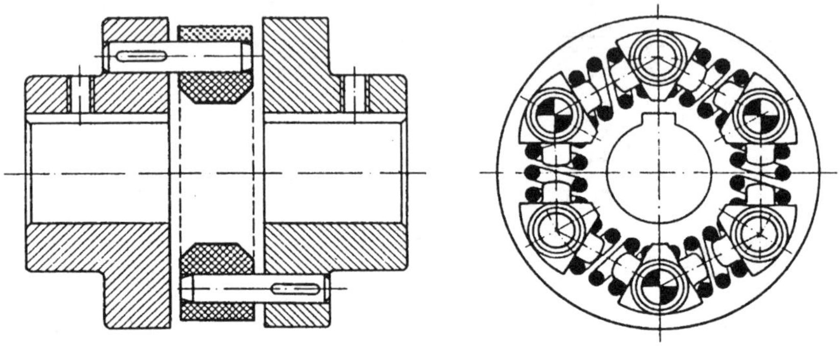

Bild 6.10: Selbstschützende Lösung einer Kupplung (nach *Fa. Hochreuter & Baum*)

Dieser erste Einblick in wichtige Gestaltungsprinzipien zeigt bereits deren Bedeutung für gute Konstruktionen. Umfangreiche Erläuterungen mit entsprechenden Beispielen und Hinweisen zu allen Prinzipien sind der Fachliteratur zu entnehmen.

Hier soll nur ein Teil der Prinzipien der Kraftleitung etwas ausführlicher erläutert werden, d.h., es werden die Grundlagen der kraftflußgerechten Gestaltung behandelt.

Prinzipien der Kraftleitung

Diese Prinzipien beschreiben die Regeln für die häufig wiederkehrende Aufgabe, Kräfte oder Momente zu leiten. Dafür wird der Kraftfluß als anschauliche Größe verwendet. Der Begriff Kraftfluß ist ein physikalisch nicht definierbares, aber sehr anschauliches Vorstellungsbild bei der Leitung von Kräften. Der Kraftfluß ist eine Hilfsvorstellung aus der Strömungsmechanik für die Funktionsanalyse und die Gestaltung von Produkten. Man stellt sich vor, daß Kräfte bzw. Momente wie eine Flüssigkeit durch ein System strömen. Man versteht unter ***Kraftfluß*** den Weg einer Kraft und/oder eines Momentes in einem Bauteil vom Angriffspunkt der Kraft bis zur Stelle, an der die Kraft durch eine Reaktionskraft und/oder ein Reaktionsmoment aufgenommen wird. Der Kraftfluß wird im Gleichgewichtszustand also durch Kraft und Gegenkraft oder Moment und Gegenmoment geschlossen. Eine örtlich höhere Dichte der Kraftflußlinien zeigt eine örtlich höhere Beanspruchung eines Bauteiles an, z.B. an beiden Enden des Stabes an der Krafteinleitungsstelle, wie ein Kraftflußlinien-Modell im Bild 6.11 zeigt.

Bild 6.11: Kraftflußlinien-Modell (nach *Müller*)

Der Kraftfluß soll möglichst ohne Richtungsänderung weitergeleitet werden, damit keine einseitige Verdichtung der Kraftflußlinien erfolgt, was eine Erhöhung der Spannungen bedeuten würde. Die Verdichtung ist um so größer, je stärker deren Umlenkung erfolgt, d.h. je größer der Umweg ist, den der Kraftfluß bewältigen muß.

Folgerungen aus einem Kraftflußlinienbild:

- Der Kraftfluß sucht sich den kürzesten Weg. Die Kraftlinien drängen sich in engen Querschnitten zusammen, in weiten dagegen breiten sie sich aus.
- Eine Querschnittsänderung für den Kraftfluß bewirkt eine Spannungsänderung.
- Die Spannungen werden höher, d.h., die Spannungsspitze wird größer, je stärker die Querschnittsänderung oder je schärfer eine Kerbe ausgeführt wird, d.h. je schroffer die Umlenkung und je stärker die Verdichtung der Kraftflußlinien werden.

Zähe Werkstoffe haben die Eigenschaft, daß sie sich selbst vor zu hohen Spannungsspitzen schützen, wenn die Streck- oder Fließgrenze überschritten wird und ein Fließen des Werkstoffes eintritt, das sich als plastische Verformung auswirkt.

Bohrungen, Nuten, Rillen und Absätze bewirken wie Kerben eine örtliche Kraftflußlinienverdichtung und damit eine Spannungserhöhung.

Abbau von Spannungsspitzen durch Leitung der Kraftflußlinien

Zu hohe und damit zu gefährliche Spannungsspitzen können durch die folgenden konstruktiven Maßnahmen verhindert werden:

- Weiche Querschnittsübergänge durch große Übergangsradien
- Mehrstufige Querschnittsänderung mit kleinen Absatzsprüngen
- Konische Querschnittsänderungen
- Entlastungskerben oder Entlastungsnuten
- Überlagerung von Kerben vermeiden

Der Kraftfluß bewirkt Spannungen im Bauteil oder über Verbindungen in einer Baugruppe, wie in der im Bild 6.12 dargestellten Schraubverbindung. Die angezogene Schraube wird gedehnt durch eine Zugspannung, die Platten werden durch eine Druckspannung gestaucht und im Kopf bzw. in der Mutter tritt durch Umleitung des Kraftflusses Biegung mit Querkraft und Schub auf.

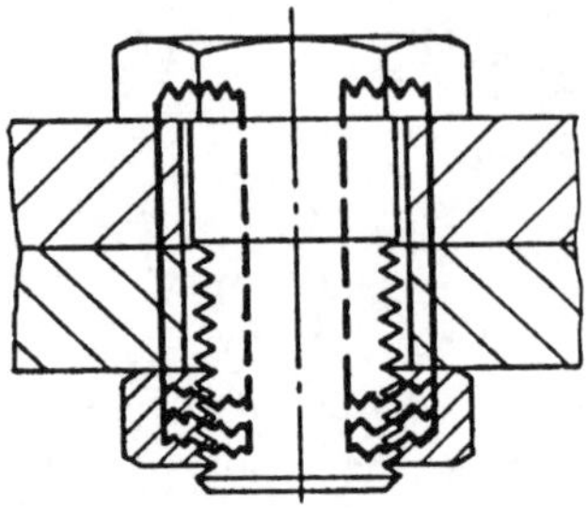

Bild 6.12: Kraftfluß in einer Schraubverbindung (nach *Müller*)

Regeln über den Kraftfluß werden in vielen Fachbüchern genannt. Hier sollen in Anlehnung an Veröffentlichen von *Müller* einige vorgestellt werden, die aus Erfahrungen und Überlegungen bekannt sind.

Grundsätze zum Kraftfluß:

- Jede statische Verspannungskraft erzeugt einen geschlossenen Kraftfluß.
- Wird nur ein Teil eines statisch belasteten Systems betrachtet, an dessen Schnittstellen Kräfte oder Momente angreifen, so verläuft der zugehörige Kraftfluß zwischen diesen Schnittstellen.
- Jede Massenkraft (Gewichtskraft, Fliehkraft) erzeugt einen offenen Kraftfluß.
- Verlaufen in einem Bauteil mehrere Kraftflüsse, so überlagern sie sich.
- In Richtung der Kraftwirkung geleitete Kräfte erzeugen Zug oder Druck. Quer zu ihrer Wirkungsrichtung geleitete Kräfte erzeugen Schub mit Biegung.
- In Richtung der Momentenachse geleitete Momente erzeugen Torsion. Quer zur Momentenachse geleitete Momente erzeugen Biegung ohne Querkraft.

Aus den Grundsätzen zum Kraftfluß werden in Anlehnung an *Ehrlenspiel* Regeln genannt und mit Beispielen erläutert.

Regeln zur kraftflußgerechten Gestaltung

***Regel 1*: Kraftfluß eindeutig führen**

Überbestimmungen oder Unklarheiten der Kraftübertragung vermeiden.
Ein Beispiel dafür ist eine Fest-/Loslager-Anordnung nach Bild 6.3.

***Regel 2*: Für steife, leichte Bauweisen den Kraftfluß auf kürzestem Wege führen**

Biegung und Torsion vermeiden, Zug und Druck mit voll ausgenutzten Querschnitten bevorzugen.
Merksatz:„Kräfte und Momente nicht spazieren führen".

Symmetrieprinzip bevorzugen.(Bsp.: Innenbackenbremsen, Doppelschrägverzahnungen) Als Beispiel enthält Bild 6.13 eine Presse mit Zugankern. Die symmetrische Presse mit den Zugankern wird leichter und bei hohen Materialanteilen kostengünstiger als die unsymmetrische C-Presse, die im ganzen Gestell Biegebeanspruchung hat. Dadurch sind Verformungsprobleme besonders zu beachten. Der Arbeitsraum bei C-Pressen ist für den Bediener aber besser zugänglich. Man erkennt auch, daß es an den Ecken unbeanspruchte Zonen (UZ) gibt, an denen man Material einsparen könnte.

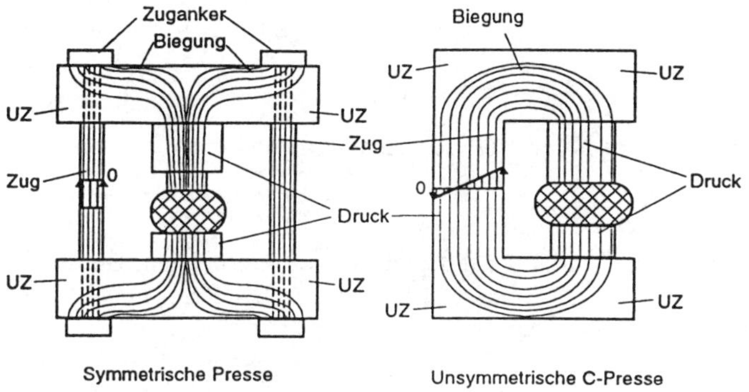

Bild 6.13: Kraftflußgestaltung in Pressengestellen (nach *Ehrlenspiel*)

Zugbeanspruchung ergibt leichte Konstruktionen, Biegebeanspruchung schwere.

Der im Bild 6.14 dargestellte Lagerbock enthält als Beispiel Hinweise, wie Biegespannungen verringert werden können.

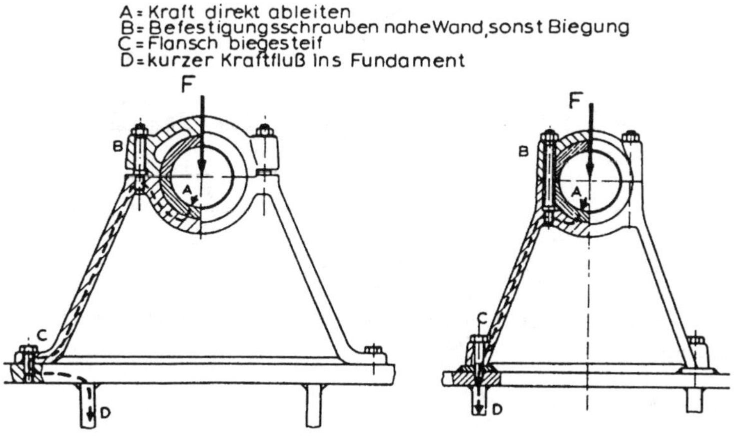

Bild 6.14: Kraftflußgerechte Gestaltung eines Lagerbockes (nach *Müller*)

Gleichartige äußere Belastungen an Bauteilen mit verschiedener Form und rechteckigen Querschnitten gleicher Breite für gleiche Belastung und gleiche Beanspruchung sind in Bild 6.15 dargestellt. Bei allen drei Bauteilen ist die maximale Zugspannung an den mit einem Pfeil gekennzeichneten Stellen gleich groß.

Der Sichelträger im Bildteil a) muß für die resultierende Zug- und Biegespannung folgendermaßen ausgelegt werden:

$$d_{\text{erf}} = 2 \cdot a$$

Das Ringelement im Bildteil b) benötigt mit resultierender Zug- und Biegespannung:

$$d_{\text{erf}} = 0{,}5 \cdot a$$

Bildteil c) enthält den Zugstab mit einer Zugspannung und einer erforderlichen Dicke:

$$d_{\text{erf}} = 0{,}2 \cdot a$$

Es läßt sich erkennen, daß durch die unterschiedliche Bauweise in Bildteil a) die 10fache Dicke und in Bildteil b) die 2,5fache Dicke gegenüber Bildteil c) benötigt wird, um gleiche Beanspruchung zu ermöglichen.

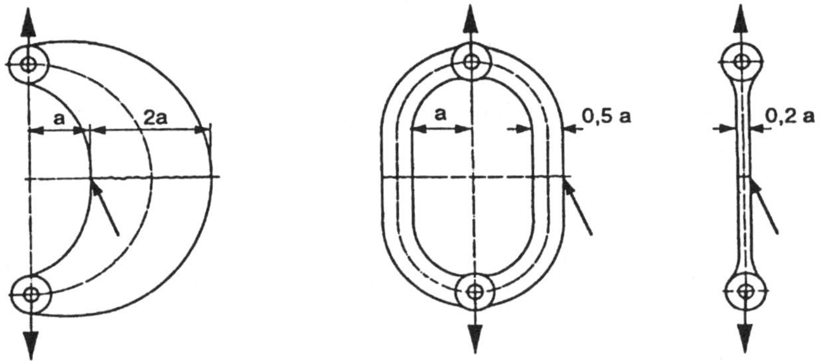

Bei allen drei Gliedern ist die maximale Zugspannung an den mit Pfeil gekennzeichneten Stellen gleich groß

a) Sichelträger b) Ringelement c) Zugstab

Bild 6.15: Abmessungen nach Beanspruchungsart (nach *Ehrlenspiel*)

***Regel 3*: Für elastische, arbeitsspeichernde Bauweisen den Kraftfluß auf weitem Weg führen**

Biegung und Torsion bevorzugen, „den Kraftfluß spazieren führen".

Beispiel sind Federn, Rohrkompensatoren und die Crashzonen von modernen Pkw-Karosserien.

***Regel 4*: Sanfte Kraftflußumlenkung anstreben**

Scharfe Umlenkungen ergeben Spannungskonzentrationen, die durch Ausrundungen und durch verformungsgerechtes Ein- und Ausleiten des Kraftflusses vermieden werden können. Das Bild 6.16 zeigt das Beispiel der Schraubverbindungen. An den verschiedenen Mutternarten kann diese Regel veranschaulicht werden. Bei der normalen Mutter (Bild a) wird die Zugkraft aus dem Bolzen plötzlich in die Mutter umgelenkt. Die Verformungen von Bolzen und Mutter sind zudem entgegengesetzt gerichtet. Deshalb brechen die meisten Bolzen im ersten Gewindegang. Bei der Zugmutter (Bild b) und der Mutter mit Entlastungskerbe (Bild c) sind die Verformungen dagegen gleich gerichtet.

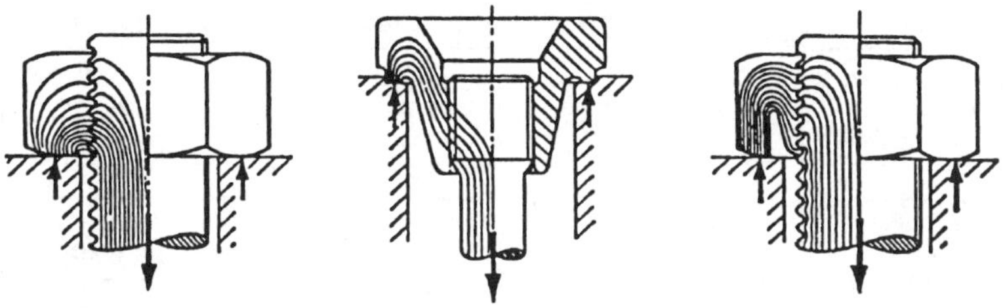

a) normale Mutter b) Zugmutter c) Mutter mit Entlastungskerbe

Bild 6.16: Kraftflußlinien in verschiedenen Mutterarten (nach *Ehrlenspiel*)

6.5 Gestaltungsrichtlinien

Gestaltungsrichtlinien beschreiben besondere Eigenschaften in Verbindung mit dem Wort „gerecht", die bei der Gestaltung zu beachten sind. Sie unterstützen die Grundregeln „Eindeutig", „Einfach" und „Sicher".

Die Verbindung mit dem Wort „gerecht", z.B. fertigungsgerecht, montagegerecht usw., als Bezeichnung für eine Gestaltungsrichtlinie beschreibt dann, welche Eigenschaft vorrangig beachtet werden soll. Viele Gestaltungsrichtlinien sind Bestandteil eigener Fachgebiete und werden dort ebenfalls umfangreich behandelt. So ergibt sich z.B. bei der Berechnung der Haltbarkeit von Bauteilen eine beanspruchungsgerechte Gestaltung und bei der Behandlung der Fertigungsverfahren eine Vielzahl von Hinweisen für die fertigungsgerechte Gestaltung. Konstrukteure mit einem breiten Technikwissen haben deshalb eine gute Grundlage für die Produktgestaltung. Eine Übersicht wichtiger ***Produkteigenschaften***, die der Konstrukteur kennen sollte, enthält Bild 6.17.

Mit den stark zunehmenden Informationen, die der Konstrukteur für alle diese Richtlinien benötigt, zeigt sich schnell, daß eine rechnerunterstützte Bereitstellung am Arbeitsplatz sehr vorteilhaft sein wird. Außerdem muß beachtet werden, daß viele neue Verfahren mit komplexen Abläufen Stand der Technik werden. Für die Konstrukteure sind dies also große Herausforderungen, insbesondere dann, wenn man die Komplexität neuer Produkte und deren Entwicklungszeiten betrachtet.

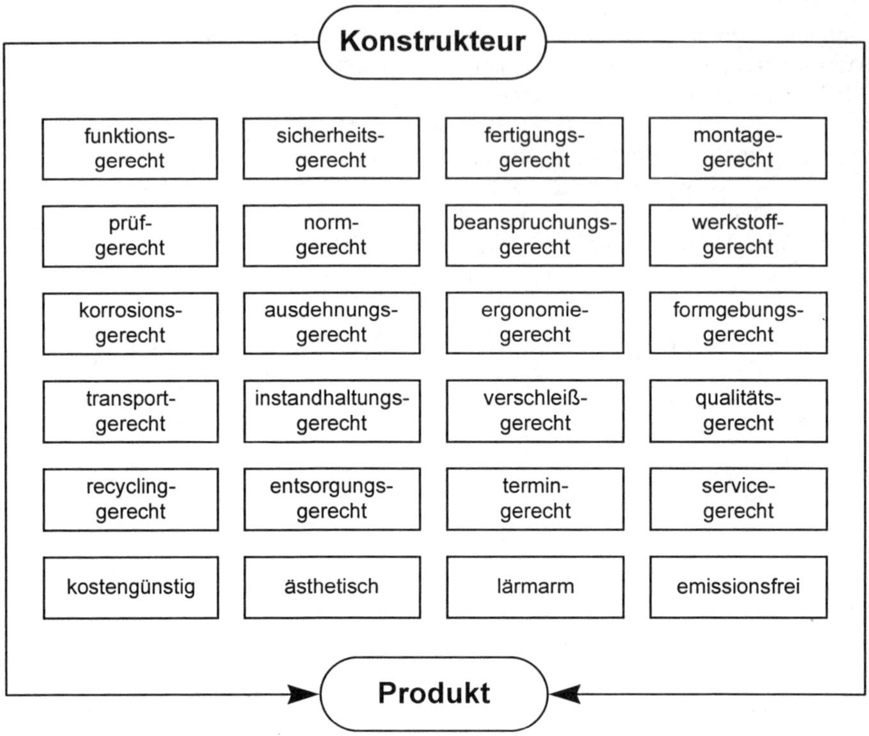

Bild 6.17: Konstrukteur und Produkteigenschaften

Von diesen Gestaltungsrichtlinien kann der Konstrukteur jeweils nur die produktspezifischen anwenden und deren Auswirkungen beim Entwerfen beachten.

Da fast alle Gestaltungsrichtlinien in verschiedenen Fachbüchern umfangreich erklärt werden, sollen hier nur einige als Einstieg in dieses Gebiet vorgestellt werden.

6.5.1 Fertigungsgerechte Gestaltung

Beim ***Fertigungsgerechten Gestalten*** werden Gestalt und Werkstoff des zu entwerfenden Produkts so festgelegt, daß mit den vorgesehenen Fertigungsverfahren eine kostengünstige und problemlose Herstellung in guter Qualität erreicht wird.

Das Fertigungsverfahren sollte so gewählt werden, daß die Herstellung ohne besonderen Aufwand möglich ist. Damit ist dann gleichzeitig gewährleistet, daß ein fertigungsgerecht entworfenes Bauteil auch ein kostengünstiges Bauteil ist. Der Konstrukteur sollte also z.B. bei Gußteilen die Freimaßtoleranzen für Gußrohteile beachten und nicht die für spanende Bearbeitung einsetzen. Ebenso ist zu beachten, daß nur die Flächen bearbeitet werden, die für die Funktion notwendig sind.

Die Gestalt der Werkstücke wird entsprechend den Beanspruchungen und Funktionen insbesondere durch die Fertigungsverfahren festgelegt, die für die Herstellung erforderlich sind. Die Fertigung von Werkstücken erfolgt nach den Fertigungsverfahren, wie sie in der DIN 8580 in 6 Hauptgruppen aufgeführt sind: Urformen, Umformen, Trennen, Fügen, Beschichten, Stoffeigenschaft ändern. Alle bekannten Fertigungsverfahren sind diesen Hauptgruppen zugeordnet. Den Einfluß des gewählten Fertigungsverfahrens auf die Gestaltung eines Bauteils zeigen die verschiedenen Ausführungen in Bild 6.18.

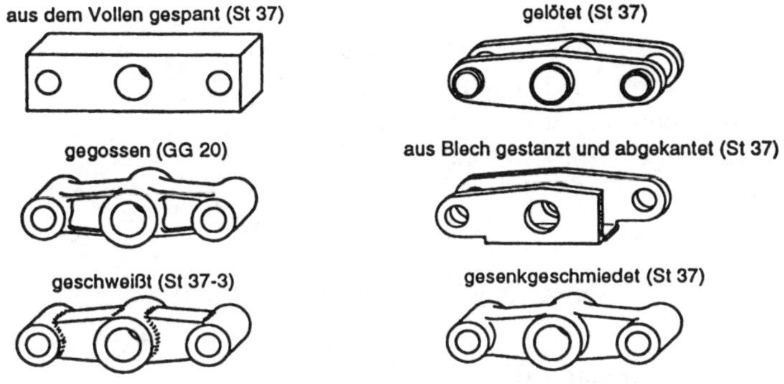

Bild 6.18: Fertigungsverfahren und Gestaltung (nach *Ehrlenspiel*)

Konstrukteure können fertigungsgerecht gestalten, wenn sie gute Kenntnisse der Fertigungsverfahren haben und wenn sie sich rechtzeitig mit Mitarbeitern der zu einer Produktion gehörenden Betriebsbereiche

- Materialwirtschaft,
- Arbeitsvorbereitung,
- Fertigung,
- Montage und
- Qualitätswesen

zusammensetzen. Dazu gehören auch Rohteillieferanten und Zulieferfirmen, um gemeinsam gute fertigungsgerecht gestaltete Werkstücke zu erarbeiten.

Der Informationsaustausch im Unternehmen, der bereits im Bild 1.6 vorgestellt wurde, ist natürlich auch hier besonders wichtig.

Die Anwendung der Grundregeln „Einfach“ und „Eindeutig“ ergibt in Verbindung mit fertigungsgerecht bereits eine sichere Grundlage für eine gute Gestaltung. Eine einfache und eindeutige Fertigung von Werkstücken ist in jedem Fall vorteilhaft.

Ein weiterer Gesichtspunkt sind die firmenspezifischen Werknormen und Erfahrungen. Konstrukteure sollten deswegen regelmäßig Kontakte zur Fertigung pflegen, um deren Fertigungskenntnisse schon bei der Entwurfsarbeit ebenfalls zu berücksichtigen.

Auch wenn manchmal der Eindruck entsteht, daß der Konstrukteur sich eigentlich um alles kümmern muß, was die Umsetzung seiner Ideen in Produkte betrifft, so ist dies bisher häufig noch der sicherste Weg zum Erfolg eines Produkts. Deshalb ist es auch üblich, daß Konstrukteure neben der Einzelteilgestaltung die Baugruppen für Erzeugnisse festlegen und sich überlegen, welche Teilearten gefertigt und welche gekauft werden. Fertigungsgerechte Gestaltung umfaßt also z.B.:

- Erzeugnisgliederung nach Baugruppen und Einzelteilen
- Eigenfertigung oder Fremdfertigung von Werkstücken
- Zulieferteile und Rohteile
- Teilearten als Neu-, Wiederhol- oder Normteile
- Fertigungsabläufe und Fertigungsverfahren
- Fertigungsmittel und Qualität
- Werkstoffwahl und Materialwirtschaft
- Qualitätsprüfung
- Zeichnungsangaben

Von diesen Einflußgrößen sollen einige etwas ausführlicher erläutert werden.

Fertigungsorientierte Erzeugnisgliederung

Die Gliederung eines Erzeugnisses in Baugruppen, Fertigungseinzelteile oder Normteile muß beim Entwerfen überlegt und geplant werden:

- Der Konstrukteur legt fest, welche Gestalt die Bauteile erhalten, indem er Flächen und Linien zu Körpern verbindet und mit Formelementen ergänzt. Dabei erkennt er, ob ein Bauteil gefertigt werden muß, ob es als Zulieferteil oder Normteil gekauft werden kann, oder ob ein Bauteil aus anderen Konstruktionen als Wiederholteil eingesetzt werden kann.
- Der Konstrukteur gestaltet Fügestellen und Verbindungen und gliedert seinen Entwurf in sinnvolle Baugruppen, damit Fertigung und Montage einfach und eindeutig möglich sind. Dabei überprüft er natürlich, ob nicht ganze Baugruppen übernommen oder als Zulieferkomponenten beschafft werden können.
- Der Konstrukteur legt Werkstoffe, Toleranzen, Passungen, Prüfpläne für die Qualitätssicherung und Oberflächenbeschaffenheiten fest.

Diese Arbeitsschritte werden stets in Abstimmung mit den betroffenen Unternehmensbereichen durchgeführt, da z.B. die Mitarbeiter der Arbeitsvorbereitung und der Montage die Möglichkeiten der Produktion besser kennen. Über vorhandene Fertigungseinrichtungen und Bearbeitungsmöglichkeiten in einer Firma sollten stets aktualisierte ***Werknormen*** vorhanden sein, um z.B. nicht einen Maschinenständer zu entwerfen, der die Arbeitsraumabmessungen der Werkzeugmaschinen um 100 mm überschreitet.

Wenn z.B. eine Werkzeugmaschinenfabrik eine eigene Gießerei hat, Fräsmaschinen für maximal 8 m Bearbeitungslänge und Kräne, die 20 t heben können, dann werden für das Produkt Drehmaschine mit 20 m Drehlänge vorrangig Gußteile konstruiert, die weniger als 20 t wiegen und eine Länge von 8 m nicht überschreiten. Das Bett einer solchen Drehmaschine würde dann aus mehreren Teilstücken unter Beachtung der Grenzwerte zusammengesetzt werden.

Bevor Bauteile als ***Eigenfertigungsteile*** festgelegt werden, muß der Konstrukteur stets untersuchen, ob diese Bauteile als bereits konstruierte Wiederholteile, als Normteile oder als Zulieferkomponenten eingesetzt werden können. Dadurch beeinflußt er die Wirtschaftlichkeit, die Qualität und den Liefertermin positiv, da die Verwendung von bereits entwickelten und erprobten Teilen erhebliche Vorteile gegenüber neuen Eigenfertigungsteilen hat.

Die Entscheidung über Eigen- oder Fremdfertigung hängt von einer Reihe zu klärender Gesichtspunkte ab, wie beispielsweise Stückzahl, Produktart, Kosten, Termine oder Art des Fertigungsverfahrens. Alle Gestaltungsmaßnahmen der Konstrukteure werden durch diese Gesichtspunkte beeinflußt. Außerdem ändern sich viele Einflußgrößen marktabhängig manchmal schon in wenigen Wochen. Deshalb müssen in immer kürzeren Abständen, beispielsweise für jeden neuen Auftrag, die Bedingungen der Fertigung und des Zulieferermarktes überprüft werden, wenn fertigungsgerechte und wirtschaftliche Produkte hergestellt werden sollen. Konstrukteure in der Praxis müssen jedoch auch alle anderen Produkteigenschaften optimieren und insbesondere die Terminsituation beachten.

Integral- und Differentialbauweise

Der fertigungsgerechte Aufbau von komplexen Bauteilen kann nach verschiedenen Bauweisen erfolgen. Die Anwendung der Differential- und Integralbauweise soll etwas näher erläutert werden.

Differentialbauweise nennt man die Aufteilung eines Bauteils in mehrere fertigungstechnisch günstige Einzelteile.

Integralbauweise nennt man das Zusammenfassen mehrerer Einzelteile zu einem Bauteil.

Die Integralbauweise wird für Serienfertigung mit größeren Stückzahlen angewendet. Die Bauteile bestehen aus einem Werkstoff, haben keine Fügestellen im Bauteil, aber meist eine komplexere Gestalt.

Die Differentialbauweise wird für die Fertigung von Einzelteilen oder bei einer kleinen Anzahl von Bauteilen verwendet. Kennzeichnend ist das Gestalten mit Halbzeugen, Normteilen und Fertigungsteilen, die aus verschiedenen Werkstoffen bestehen können. Die Einzelteile werden gefertigt und gefügt nach den üblichen Verfahren. Bei sehr großen Bauteilen wird durch die Montierbarkeit aus kleineren Einzelteilen und die Transportbedingungen ebenfalls häufig diese Bauweise eingesetzt.

Als Beispiel werden beide Bauweisen vergleichend an einem Funktionsträger in Bild 6.19 vorgestellt. Die Differentialbauweise aus 11 Einzelteilen ist denkbar für eine Einzel- oder Versuchsmaschine, da sich der Aufwand und die Kosten für ein Feingußteil erst bei größeren Stückzahlen lohnen. Dann ist aber bei dem Integralbauteil eine Fertigungszeitersparnis von 62 % und eine Kostenersparnis von 72 % gegeben.

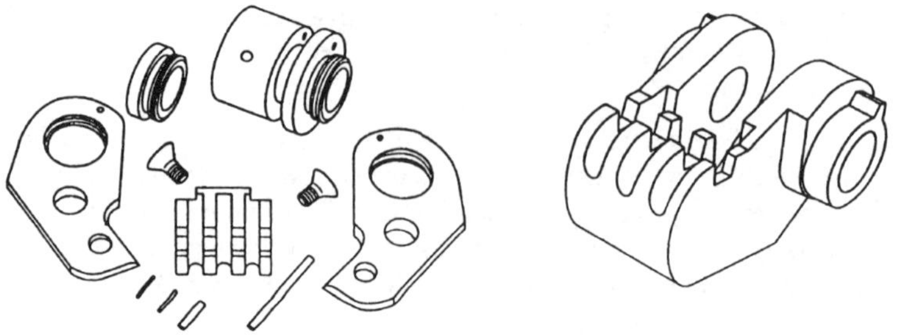

a) Differentialbauweise:
11 Einzelteile

b) Integralbauweise:
1 Feingußteil, Fertigungszeitersparnis 62%, Kostenersparnis 72%

Bild 6.19: Beispiel für Differential- und Integralbauweise (nach *Ehrlenspiel*)

Die beiden Bauweisen haben natürlich auch jeweils besondere Vor- und Nachteile, die im Anwendungsfall geklärt werden müssen. Die Integralbauweise hat als Vorteile die geringere Teileanzahl mit Auswirkungen auf Fertigung, Montage und Kosten, die sich aber erst bei Serienteilen einstellen. Der Nachteil besteht in dem Aufwand an Zeit und Kosten für komplexere Rohteilherstellung mit erhöhtem Ausschußrisiko.

Die Differentialbauweise hat entsprechend entgegengesetzte Vor- und Nachteile. Das Fertigungsrisiko ist geringer und die Kosten für einfachere Einzelteile, Halbzeuge und Normteile sind bei kleinen Stückzahlen günstig. Außerdem können verschiedene Werkstoffe mit besonderen Eigenschaften eingesetzt werden und die Beschaffung der komplexen Rohteile mit langen Lieferfristen entfällt.

Fertigungsgerechte Werkstückgestaltung

Die Werkstückgestaltung nach fertigungstechnischen Regeln ist besonders wichtig, da alle entworfenen Bauteile hergestellt werden müssen. Da damit gleichzeitig Kosten, Zeiten und die Qualität von Produkten beeinflußt werden, müssen Konstrukteure die möglichen Fertigungsverfahren gut kennen. Entsprechend den bereits genannten Kriterien werden auf den Fertigungszeichnungen, die in der Ausarbeitungsphase erstellt werden, alle wichtigen Größen der Bauteile festgelegt. Deshalb ist es sehr wichtig, schon in der Entwurfsphase die notwendigen Fragen einer fertigungsgerechten Gestaltung umfassend zu klären.

Die Entscheidung, ob bei der Gestaltung Eigen- oder Fremdfertigung günstiger ist, wird oft von den Gegebenheiten der eigenen Fertigung beeinflußt. So wird z.B. ein Stahlbauunternehmen mit entsprechenden Blechbearbeitungsmaschinen zu mehr Schweißteilen tendieren und die vorhandenen Werkzeugmaschinen werden mit entsprechenden Werkzeugen für die Stahlbearbeitung ausgerüstet sein. Die Konstrukteure werden dann in der Regel Schweißteile gestalten. Die dadurch vorhandene bessere Auslastung der eigenen Fertigung muß jedoch bei den Fertigungskosten so günstig sein, daß nicht durch Fremdfertigung mit anderen Fertigungsverfahren erheblich kostengünstigere Bauteile möglich sind.

Dem Konstrukteur bisher noch weniger geläufig sind die werkstoffseitigen Forderungen und Möglichkeiten mit neuen Fertigungsverfahren, wie z.B. Ultraschallverfahren, Elektronenstrahlschweißen, Materialbearbeitung mit Lasern, Plasmaschneiden, Wasserstrahlschneiden, funkenerosive Bearbeitung und elektrochemische Verfahren. Auch hier gelten die bekannten Regeln: Grundlagenkenntnisse aus Veröffentlichungen entnehmen, Seminare besuchen, rechtzeitig Fachleute der Lieferanten einschalten und dann entscheiden.

Gestaltungsrichtlinien zum ***Fertigungsgerechten Gestalten*** *von Werkstücken* sind umfangreich im Schrifttum vorhanden. Fast alle Maschinenelementebücher enthalten Richtlinien zur Gestaltung, außerdem gibt es einige Fachbücher, die umfangreiche Beispielssammlungen enthalten. Deswegen sollen diese hier nicht wiederholt werden. Fertigungsgerechte Gestaltung ist nur dann gegeben, wenn alle Gesichtspunkte des gewählten Fertigungsverfahrens mit den neuesten Erkenntnissen genutzt werden. Dies ist aber nur in Gesprächen mit Fertigungsfachleuten möglich, da Veröffentlichungen in Fachbüchern selten auf dem allerneuesten Stand sind.

Die in den folgenden Bildern 6.20, 6.21 und 6.22 auf einheitlichen Formblättern vorgestellten Gestaltungsrichtlinien dienen neben dem Wert als Beispiel im wesentlichen dazu, ein Vorgehen für die Erfassung eigener Erfahrungen beim Gestalten zu erhalten. Jede Gestaltungsrichtlinie enthält:

- Namen mit Eigenschaft
- Verfahrensangabe
- Grundsatz der Beispiele
- Aufgaben/Fehler-Spalte
- Lösung/Verbesserung-Spalte
- Erklärung/Regel-Spalte

Da alle Beispiele solcher Gestaltungsrichtlinien stets nur eine besondere Eigenschaft beschreiben, gelten die in der Spalte Erklärung/Regel angegebenen Aussagen nur für wenige ähnliche Gestaltungszonen. So ist z.B. eine fertigungsgerechte Gestaltung durch Bearbeitungsflächen auf einer Ebene erfüllt, aber es ist nichts darüber ausgesagt, wie alle anderen Produkteigenschaften nach Bild 6.17 erfüllt werden können. Der Konstrukteur muß also abwägen, welche Eigenschaften bei der Gestaltung unbedingt einzuhalten sind, welche nur bedingt beachtet werden müssen und welche nicht so wichtig sind.

Für das Fertigungsgerechte Gestalten werden in den Bildern 6.20, 6.21 und 6.22 folgende Verfahren und Grundsätze behandelt:

- Drehbearbeitung von Werkstücken; Werkzeugeinsatz und Spanvorgang optimieren
- Bohrbearbeitung von Werkstücken; Werkzeugeinsatz und Spanvorgang optimieren
- Fräsbearbeitung von Werkstücken; Werkzeugeinsatz und Spanvorgang optimieren

Die Aufzählung zeigt, daß nur ein Grundsatz für drei spanende Verfahren mit wenigen Beispielen dargestellt wurde, um typische Gestaltungsfehler von Anfängern zu zeigen. Wichtig ist auch hier, die Methode zu erkennen, die Hilfsmittel selbständig anzuwenden und nicht alle auffindbaren Regeln zum Fertigungsgerechten Gestalten zu sammeln.

FH HANNOVER	**Gestaltungsrichtlinie** **Fertigungsgerechte Gestaltung**	Blatt-Nr. 1 / 1

Verfahren: Drehbearbeitung von Werkstücken

Grundsatz: Werkzeugeinsatz und Spanvorgang optimieren

Aufgabe / Fehler	Lösung / Verbesserung	Erklärung / Regel
Werkzeugauslauf beachten 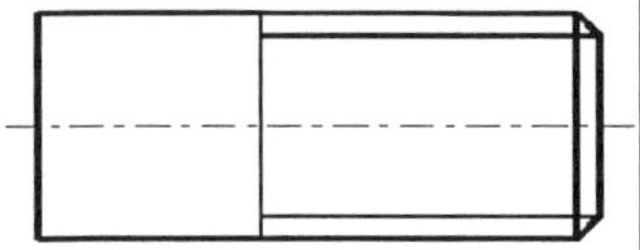	Gewindefreistich vorsehen 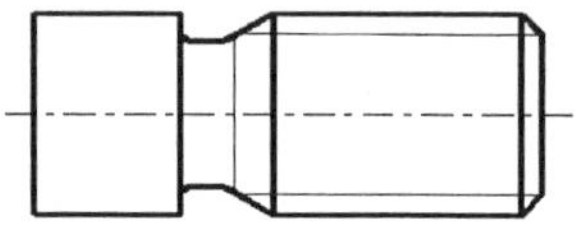	Eindeutige Übergänge zwischen Gewinde und Wellendurchmesser
Übergangsradien stören Werkzeugauslauf 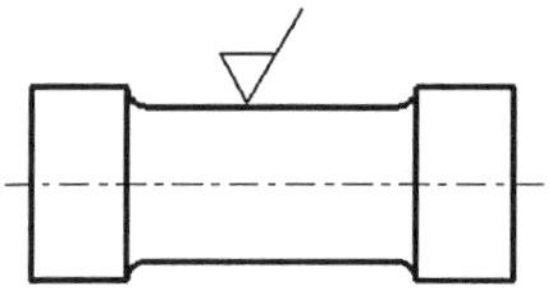	Freistiche an Wellenschulter vorsehen 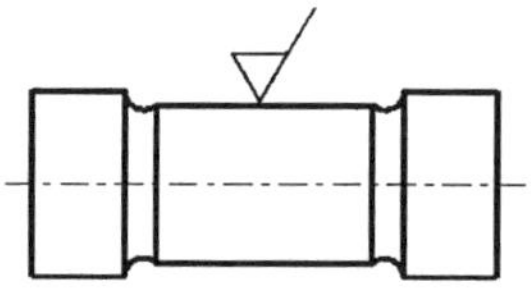	Eindeutige Bearbeitungsflächen für Werkzeuge durch Freistiche schaffen
Innendurchmesser mit Absatz stört Werkzeugauslauf 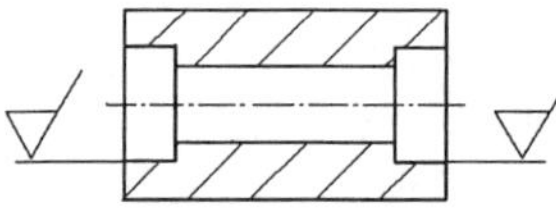	Innendurchmesser ohne Absatz vorsehen 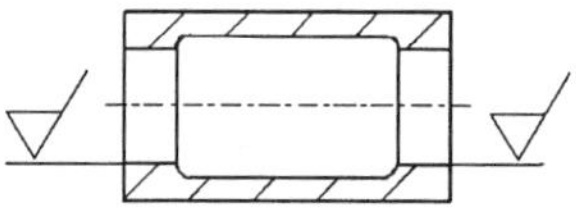	Einfache Bearbeitung gleich großer Innendurchmesser in einer Aufspannung
Außendurchmesser für Lagersitze und Zahnräder mit gleichem Durchmessermaß 	Angepaßte Durchmesser und Längen für Lager und Zahnräder 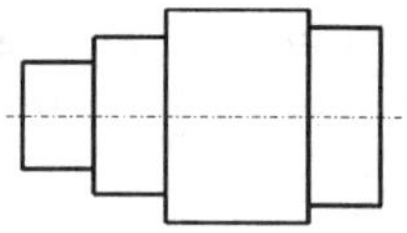	Maße mit Toleranzen für Funktionen der Durchmesser und Längen von Wellenabsätzen festlegen

Bild 6.20: Fertigungsgerechte Gestaltung – Drehbearbeitung

FH HANNOVER	**Gestaltungsrichtlinie** **Fertigungsgerechte Gestaltung**	Blatt-Nr. 1 / 1

Verfahren: Bohrbearbeitung von Werkstücken

Grundsatz: Werkzeugeinsatz und Spanvorgang optimieren

Aufgabe / Fehler	Lösung / Verbesserung	Erklärung / Regel
Bei schrägliegenden Flächen verlaufen die Bohrer oder brechen ab 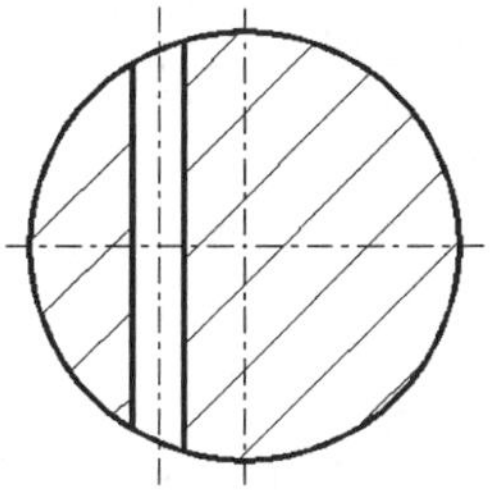	Ansatz- und Auslaufflächen zum Bohren schaffen 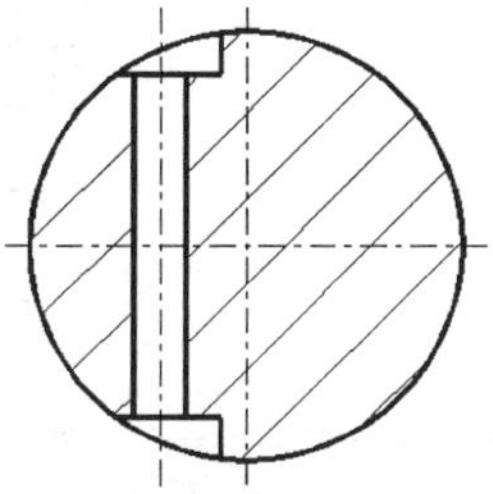	Ansatz- und Auslaufflächen senkrecht zur Bohrungsmitte anordnen
Sacklöcher ohne Bohrkegelspitze 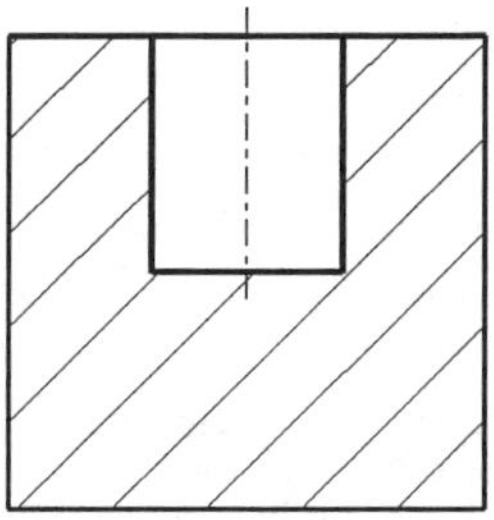	Sacklöcher mit Bohrkegelspitze 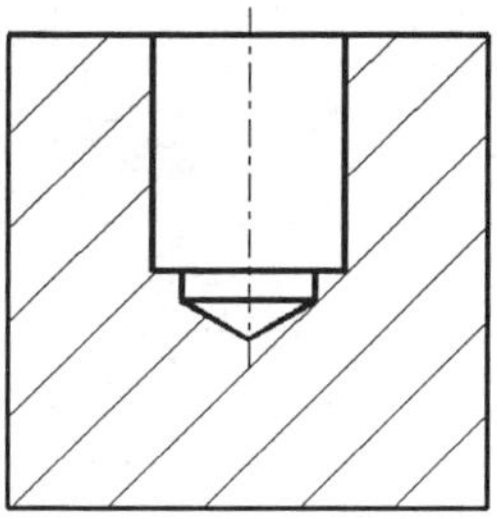	Sacklochgrund nur als Ringfläche nutzen
Keine durchgehenden Bohrungen; ein Sackloch 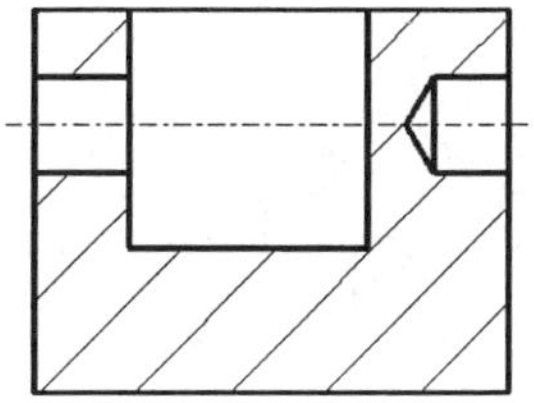	Durchgehende Bohrungen 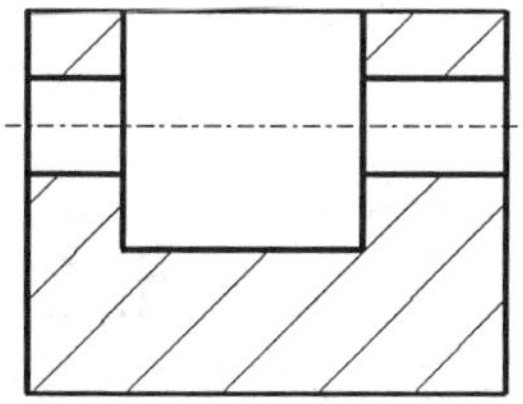	Durchgangsbohrungen statt Sacklöcher vorsehen

Bild 6.21: Fertigungsgerechte Gestaltung – Bohrbearbeitung

FH HANNOVER	**Gestaltungsrichtlinie** **Fertigungsgerechte Gestaltung**	Blatt-Nr. 1 / 1

Verfahren: Fräsbearbeitung von Werkstücken

Grundsatz: Werkzeugeinsatz und Spanvorgang optimieren

Aufgabe / Fehler	Lösung / Verbesserung	Erklärung / Regel
Flächen nicht in gleicher Höhe 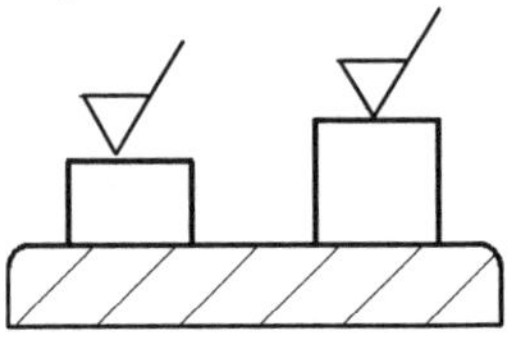	Flächen auf gleicher Höhe anordnen 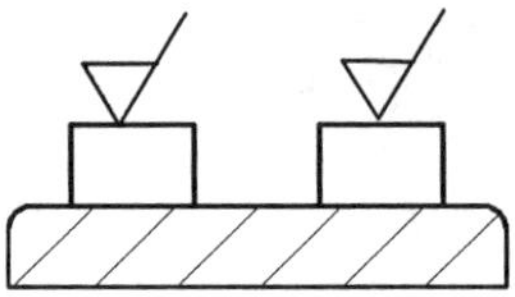	Höhenunterschiede von Flächen in einer Bearbeitungsebene vermeiden
Bearbeitungsflächen nicht rechtwinklig zueinander 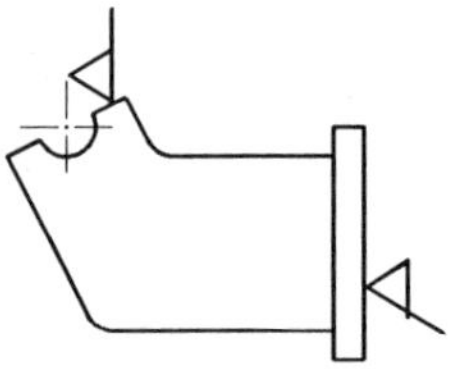	Bearbeitungsflächen rechtwinklig zueinander angeordnet 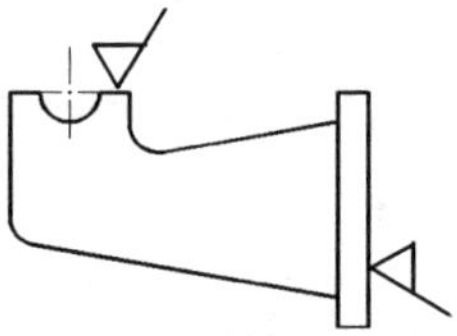	Bearbeitungsflächen rechtwinklig zueinander und parallel zur Aufspannung legen
Spannen des Werkstücks ohne sichere Abstützung 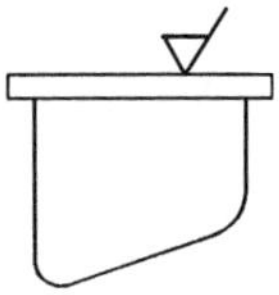	Sicheres Spannen mit angegossener Stütze 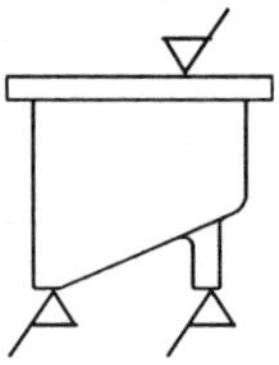	Geeignete Flächen zum Spannen vorsehen, die als Stützen leicht wieder entfernt werden können
Werkzeugauslauf nicht möglich 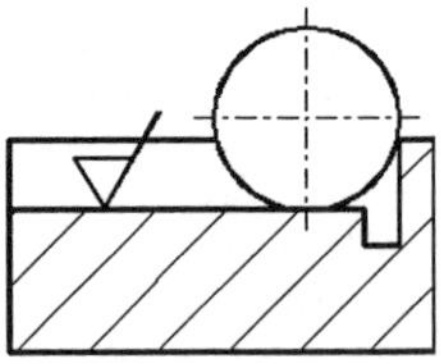	Werkzeugauslauf möglich 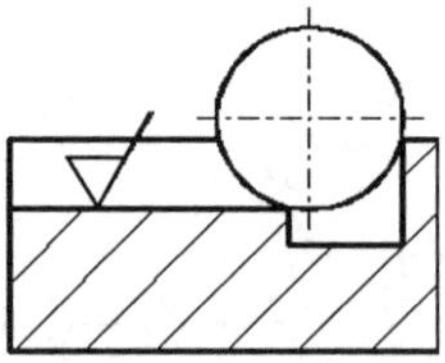	Bearbeitungsflächen so anordnen, daß Werkzeugauslauf möglich ist

Bild 6.22: Fertigungsgerechte Gestaltung – Fräsbearbeitung

Ausblick

Als typische Forderung für die Problematik des fertigungsgerechten Konstruierens soll eine Überlegung vorgestellt werden, die unter folgendem Titel von *Peukert* veröffentlicht wurde:

"***Gießgerechtes Konstruieren*** - ist diese Forderung noch realitätsnah?"

Unter gießgerecht versteht eine Gießerei modellbaugerecht, formgerecht, gießgerecht und putzgerecht, wobei selbstverständlich noch eine optimale Werkstoffwahl für eine besonders wirtschaftliche Lösung beachtet werden soll.

Das in der angegebenen Literatur ausführlich erläuterte Vorgehen kommt zu dem Ergebnis, daß die Forderung der Gießereien an die Konstrukteure nach gießgerechter Konstruktion nicht mehr zeitgemäß ist. Die Vielfalt der Gußwerkstoffe und Verfahren der Gießereitechnik ist vom maschinenkundlich ausgebildeten Konstrukteur nicht zu überschauen.

Die fertigungsgerechte, wirtschaftliche Gußkonstruktion kann nur in enger Zusammenarbeit mit dem Gießer entstehen und sollte bereits in der Entwurfsphase erfolgen. Ideal wären konstruktiv ausgebildete Gießereiingenieure, die aber noch nicht zur Verfügung stehen.

Eine andere Möglichkeit besteht in der Aufbereitung aller erforderlichen Daten auf Diskette oder CD-ROM, die von den entsprechenden Verbänden erarbeitet und laufend aktualisiert werden. Für die Gießereien befindet sich diese Lösung in der Entwicklung.

Für ***Schmiedeteile*** gibt es bereits das Informations- und Planungssystem ***GIPSY***, das von einer Diskette oder CD-ROM als firmenneutrale Wissensquelle auf jedem PC nutzbar ist. Damit stehen dem Konstrukteur aktuelle Informationen über die Themenbereiche Werkstoffauswahl, Toleranzen, Gestaltungsregeln, Schwingfestigkeit, Zerspanung, Konstruktions- und Qualitätssicherungs-Checklisten sowie Liefernachweise direkt am Arbeitsplatz zur Verfügung.

6.5.2 Montagegerechte Gestaltung

Beim ***Montagegerechten Gestalten*** werden Einzelteile und Baugruppen eines Produkts so angeordnet und aufgebaut, daß durch manuelle oder automatisierte Montage mit minimalem und wirtschaftlichem Aufwand alle Produktfunktionen eindeutig festgelegt sind.

Um dies zu erreichen, sind einige Maßnahmen und Erfahrungen zu beachten:

- Bauteile sollen sich möglichst problemlos zu Baugruppen montieren lassen
- Anzahl der zu montierenden Bauteile reduzieren
- Anzahl der Fügeseiten und Fügerichtungen reduzieren
- Kurze und geradlinige Montagewege ermöglichen
- Schlaffe Fügeteile vermeiden bzw. steife Fügeteile anstreben
- Greifen von Fügeteilen erleichtern
- Zuführen von Bauteilen erleichtern
- Positionieren von Bauteilen problemlos ermöglichen

- Fügen von Bauteilen durch einfach herstellbare Verbindungen anstreben
- Positionier- und Justierhilfen (z.B. Fasen) vorsehen
- Fügevorgänge überprüfbar gestalten
- Nutzung vorhandener Montageeinrichtungen beim Gestalten beachten
- Anpaßaufgaben vermeiden

Diese beispielhaft aufgelisteten Maßnahmen sind natürlich erst dann zu realisieren, wenn der Konstrukteur sich mit den Funktionen, Tätigkeiten und Abläufen von Montageabteilungen beschäftigt hat. Insbesondere Berufsanfänger können in der Montageabteilung am besten ein Unternehmen kennenlernen, da dort viele Fehler und Schwächen der Mitarbeiter aller Abteilungen sowie der Aufbau- und Ablauforganisation auftreten, und trotzdem qualitätsgerechte Produkte termingerecht produziert werden müssen.

Einige grundlegende Hinweise zur ***Montage*** sollen einen ersten Einblick geben. Insgesamt muß jedoch beachtet werden, daß die Montage ein sehr umfangreicher und schwieriger Bereich ist, da von der manuellen Montage bis zur automatisierten Montage viele Kriterien zu beachten sind. Einerseits stellen Montageautomaten und Roboter an die Montagegerechte Gestaltung üblicherweise höhere Anforderungen als eine manuelle Montage, andererseits haben Monteur und Montageroboter aber auch sehr ähnliche Schwächen, so daß man die Betrachtungen der Montagearten gemeinsam durchführen kann. Wie Beispiele zeigen, sind Gestaltungsmaßnahmen, die einer Montage mit Automaten entgegenkommen, auch für manuelle Montagevorgänge von Vorteil.

Der Montageprozeß

Um die grundsätzlichen Vorgänge und Abläufe der Montage schon bei der Entwurfsarbeit richtig umzusetzen, sollen hier noch einige Begriffe und Zusammenhänge vorgestellt werden. ***Montieren*** ist die Gesamtheit aller Vorgänge, die dem Zusammenbau von geometrisch bestimmten Körpern dienen. Dabei kann nach VDI 2860 zusätzlich formloser Stoff wie Dichtmittel, Schmiermittel oder Kleber eingesetzt werden. Die Hauptfunktion der Montage ist das Fügen der Bauteile. ***Fügen*** nennt man das dauerhafte Verbinden von zwei oder mehr geometrisch bestimmten Körpern oder von geometrisch bestimmten Körpern mit formlosen Stoff (DIN8593). Als Nebenfunktionen der Montage werden Tätigkeiten durchgeführt, die vor oder nach dem Fügen erforderlich sind, wie Handhaben oder Prüfen.

Beim ***Handhaben*** werden zwei oder mehrere Körper (Bauteile) in eine bestimmte räumliche Anordnung (Position und Orientierung) gebracht.

Unter ***Fügen*** versteht man das Sichern dieser gegenseitigen Beziehung gegen äußere Störungen.

Das ***Prüfen*** dient dazu sicherzustellen, daß der Zusammenbau wie geplant erfolgt ist.

Diese und alle weiteren ***Montageoperationen*** sind im Bild 6.23 mit Hinweisen und Beispielen dargestellt. Der Montageprozeß erfordert Montageoperationen, die sich für die Erfüllung der Montagefunktionen aus einer Reihe von Vorgängen, wie Lagern, Transportieren und Positionieren, zusammensetzen (siehe Bild 6.23).

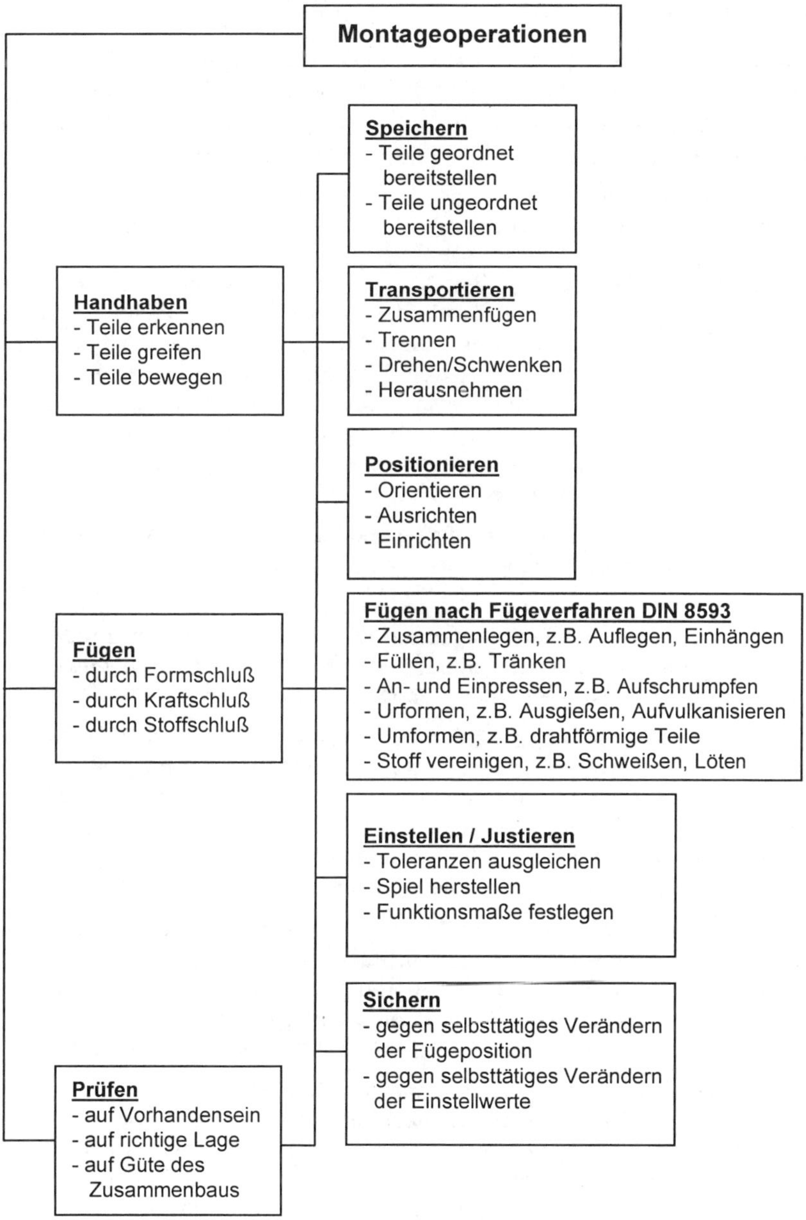

Bild 6.23: Montageoperationen

Der Montageprozeß ist Teil des Produktionsprozesses. Der ***Produktionsprozeß*** kann in drei Bereiche eingeteilt werden:

- Herstellung der Rohteile durch Urformen oder Umformen
  Ergebnis: Unbearbeitete Rohteile (z.B. Gehäuse)
- Herstellung der Fertigteile durch Trennen, Beschichten oder Stoffeigenschaften ändern
  Ergebnis: Bearbeitete Fertigteile (z.B. Spindeln, Zentrierspitzen)
- Montage durch Fügen
  Ergebnis: Produkte (z.B. Reitstock)

Die Hauptaufgabe der ***Montage*** besteht also darin, Fertigungsteile, Normteile, formlose Werkstoffe (Schmiermittel) und Montagebaugruppen (Reitstockpinole) zu einem komplexen Produkt (Reitstock) zusammenzufügen. Die ***Vormontage*** von Einzelteilen zu Baugruppen wird bei Produkten mit vielen Einzelteilen vorteilhaft angewendet und sollte schon in der Entwurfsphase durch einen modularen Aufbau der Baugruppen berücksichtigt werden. Beispielsweise sollten Getriebewellen so gestaltet werden, daß sie mit Lagern, Zahnrädern und Dichtungen als Vormontagegruppe montiert und ohne besondere Vorrichtungen komplett eingebaut werden können.

Der Bereich „Montage“ ist nicht eindeutig und klar definiert. Er wird von Unternehmen zu Unternehmen branchenabhängig unterschiedlich verwendet.

Da die Montage oft sehr teuer und kompliziert ist, sollte man eigentlich bestrebt sein, die Produkte so zu konstruieren, daß man auf das Montieren verzichten oder es soweit wie möglich vereinfachen kann. Das ist nur bei einfachen Aufgaben möglich, bei komplexen Geräten muß man die Notwendigkeit der Montage akzeptieren.

Die Anwendung der ***Montagegerechten Gestaltung*** erfolgt in der Regel erst in der letzten Phase der Entwurfsarbeiten, in der vorrangig die Daten für die Fertigungszeichnungen festgelegt werden. Die Montagegesichtspunkte können dann aus Zeitgründen häufig nicht mehr optimal berücksichtigt werden. Abhilfe schaffen Gespräche mit Mitarbeitern aus Montage, Planung, Fertigung und Betriebsmittelkonstruktion. Diese müssen unbedingt vor der Freigabe von Entwürfen für das Ausarbeiten durchgeführt werden.

Eine andere, bessere, aber noch zu selten genutzte Vorgehensweise ist, die Montage in der Anfangsphase der Konstruktion mehr zu beachten, um den Produktaufbau und die Teilegestaltung so zu beeinflussen, daß ein optimaler Montageprozeß möglich ist. Dies erfordert die Zusammenarbeit von Konstruktion, Montage, Arbeitsvorbereitung und Fertigung schon am Anfang der Entwurfsphase neuer Produkte in einem Projektteam.

Um montagegerecht konstruieren zu können, muß man wissen, unter welchen Voraussetzungen und Randbedingungen ein Monteur den Produktaufbau in der Montage durchführt. Regelmäßige Abstimmungen mit den Monteuren in der Montage und gemeinsame Gespräche während der Entwurfsarbeiten im Konstruktionsbüro führen zu besseren Produkten und reduzieren den Änderungsaufwand bei Neuentwicklungen.

Das Montagegerechte Konstruieren kann man nicht dadurch lernen, daß man darüber liest, sondern es muß praktiziert werden.

Gestaltungsrichtlinien zur Montagegerechten Gestaltung

Richtlinien zum ***Montagegerechten Gestalten*** sind umfangreich in mehreren Fachbüchern zu finden. Die wesentlichen Richtlinien lassen sich von den Grundregeln „Einfach“ (vereinfachen, vereinheitlichen, reduzieren) und „Eindeutig“ (Vermeidung von Über- und Unterbestimmungen) ableiten.

Die Erfahrungen aus vielen Konstruktionen sind in umfangreichen Tabellen mit montagegerechter und nicht montagegerechter Gestaltung als Beispiele vorhanden. Außerdem sollten die Einbauhinweise von Unterlieferanten genutzt werden, die z.B. für Wälzlager, Dichtungen oder Meßsysteme vorhanden sind und als Erfahrungen unbedingt beachtet werden müssen.

Für die Gestaltung montagegerechter Einzelteile gilt:

- Teile so gestalten, daß Ordnen der Teile vor der Montage entfällt.
- Lage und Orientierung der Teile durch äußere Merkmale, wie z.B. symmetrische Gestalt, vereinfachen.
- Positionieren durch Fasen, Einführschrägen, Senkungen, Führungen usw. erleichtern.
- Fügestellen gut zugänglich für Werkzeuge und Beobachtung des Montagevorgangs gestalten.

Für die Gestaltung montagegerechter Baugruppen gilt:

- Erzeugnisgliederung mit übersichtlichen, prüfbaren Baugruppen aufbauen, um Montageoperationen mit einfachen Bewegungsarten durchzuführen.
- Toleranzen funktionsgerecht, aber nicht zu eng wählen (keine „Angsttoleranzen“).
- Demontage und Recycling bei der Gestaltung beachten.
- Durch gute Zugänglichkeit Einstellvorgänge vereinfachen oder vermeiden.
- Zahl der Einzelteile und der Fügestellen reduzieren.
- Wiederholbaugruppen gestalten.

Die in den folgenden Bildern 6.24, 6.25 und 6.26 vorgestellten Beispiele einer Montagegerechten Gestaltung sind, wie bereits beim Fertigungsgerechten Gestalten beschrieben, einheitlich aufgebaut und enthalten Beispiele für Verfahren und Grundsätze:

- *Montageoperationen*
  Montageoperationen reduzieren und vereinfachen
- *Bauteile handhaben*
  Erkennen, Greifen und Bewegen ermöglichen und vereinfachen
- *Bauteile fügen*
  Fügestellen reduzieren, vereinheitlichen, vereinfachen

Auch hier wurden als Beispiele für Aufgabe / Fehler jeweils eine mögliche Lösung mit Verbesserung dargestellt und eine Erklärung bzw. eine Regel angegeben. Diese Beispiele zeigen einige typische Fälle und sollen dazu anregen, sich aus der Vielzahl der veröffentlichten die für den eigenen Bedarf benötigten selbst zusammenzustellen.

FH HANNOVER	Gestaltungsrichtlinie Montagegerechte Gestaltung	Blatt-Nr. 1 / 1

Verfahren: Montageoperationen

Grundsatz: Montageoperationen reduzieren und vereinfachen

Aufgabe / Fehler	Lösung / Verbesserung	Erklärung / Regel
Zwei Fügerichtungen und unterschiedliche Montage 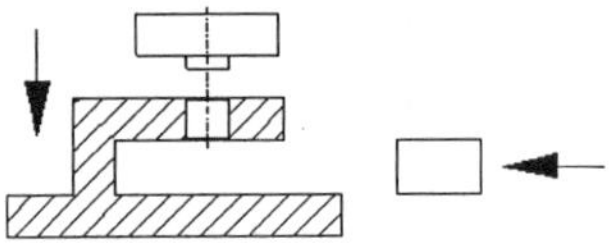	Eine Fügerichtung und einfachere Montage 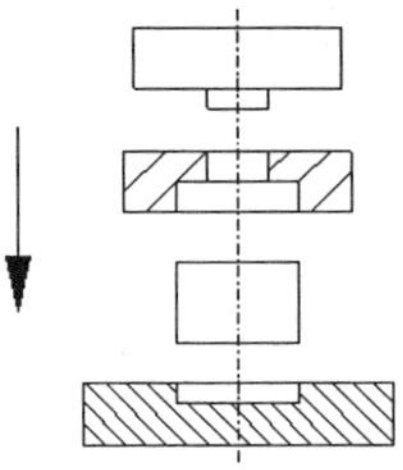	Eine Fügerichtung und einheitliche Montageverfahren anstreben
Montieren von mehreren Einzelteilen erfordert das Halten von mehreren Teilen 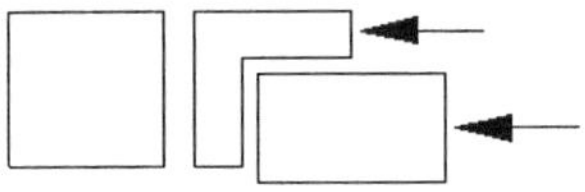	Vormontage von Werkstücken erleichtert das Halten 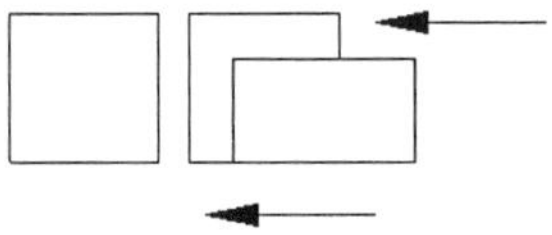	Gleichzeitiges Halten mehrerer Einzelteile vermeiden durch Vormontage oder Vorrichtungen
Zwei Werkstücke mit Verbindungselementen montieren 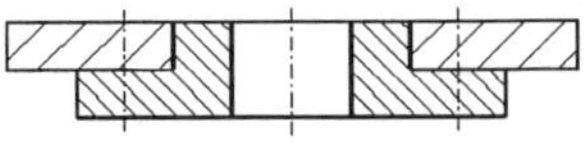	Ein Werkstück ohne Montageoperationen 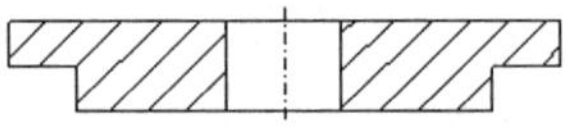	Teile zusammenfassen zu einem Teil durch Integral- oder Verbundbauweise vermeidet Montage

Bild 6.24: Montagegerechte Gestaltung – Montageoperationen

FH HANNOVER	**Gestaltungsrichtlinie** **Montagegerechte Gestaltung**	Blatt-Nr. 1 / 1

Verfahren: Bauteile handhaben

Grundsatz: Erkennen, Greifen und Bewegen ermöglichen und vereinfachen

Aufgabe / Fehler	Lösung / Verbesserung	Erklärung / Regel
Werkstücke haben unterschiedliche Bohrungen 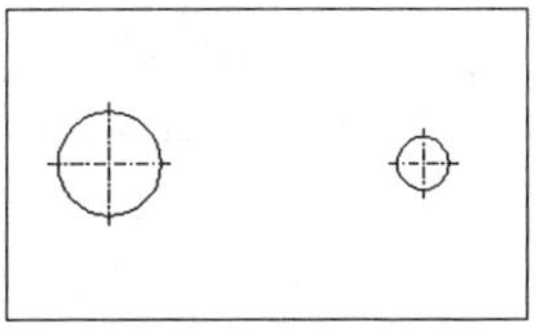	Gleiche Formelemente mit symmetrischer Anordnung 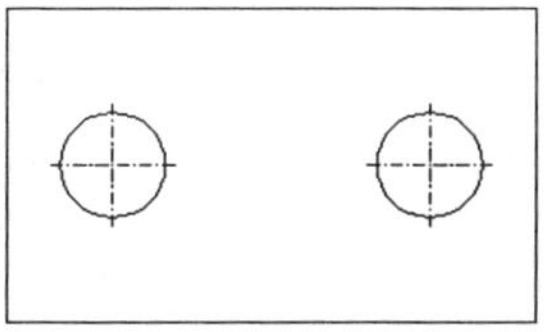	Symmetrische Werkstücke mit gleichen Formelementen ermöglichen eine einfache Lageerkennung
Werkstück läßt sich schlecht greifen 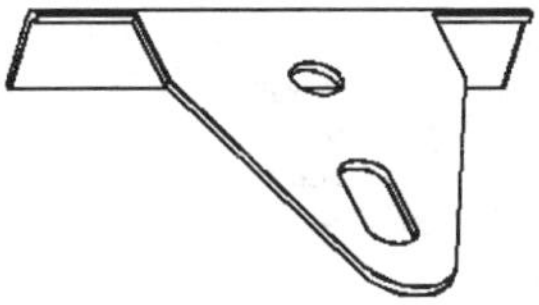	Parallele Flächen zum Greifen 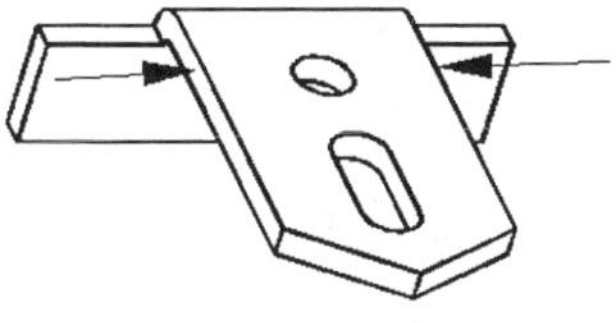	Flächen oder Formelemente parallel anordnen für manuelles und automatisches Greifen
Unsymmetrische Werkstücke lassen sich schlecht erkennen 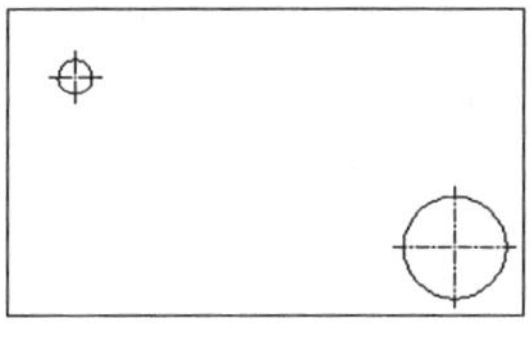	Außenmerkmale zum Erkennen und Ordnen 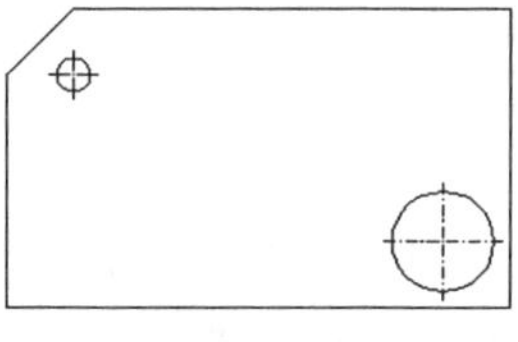	Unsymmetrische Werkstücke sollten äußere Formmerkmale erhalten zum Erkennen und Ordnen
Bewegen der Werkstücke wird beim Auflaufen erschwert 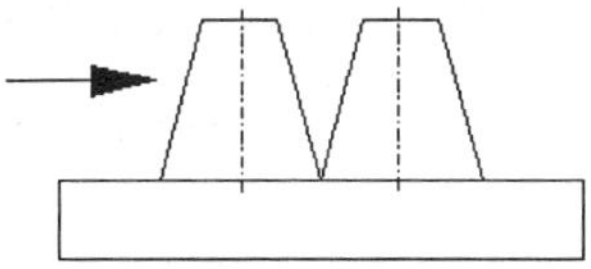	Werkstücke mit Flächenberührung lassen sich verschieben 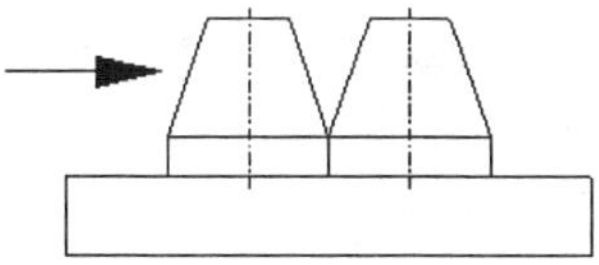	Werkstückbewegungen durch Flächen erleichtern, damit auflaufende Teile nicht aneinander aufsteigen können

Bild 6.25: Montagegerechte Gestaltung – Bauteile handhaben

FH HANNOVER	**Gestaltungsrichtlinie** **Montagegerechte Gestaltung**	Blatt-Nr. 1 / 1

Verfahren: Bauteile fügen

Grundsatz: Fügestellen reduzieren, vereinheitlichen und vereinfachen

Aufgabe / Fehler	Lösung / Verbesserung	Erklärung / Regel
Bohrung mit Deckel durch Schrauben verschließen 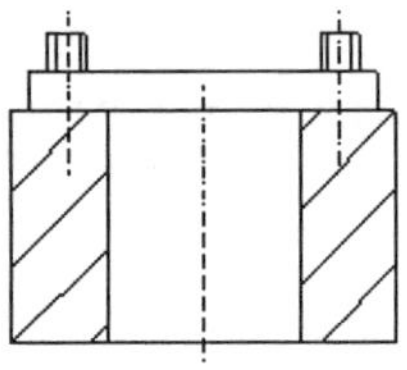	Klemmverschluß als Zulieferteil einsetzen 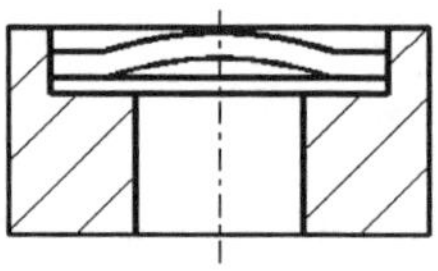	Verbindungselemente reduzieren, z.B. durch Klemm- oder Schnappverbindungen
Flanschfläche mit verschiedenen Gewinden 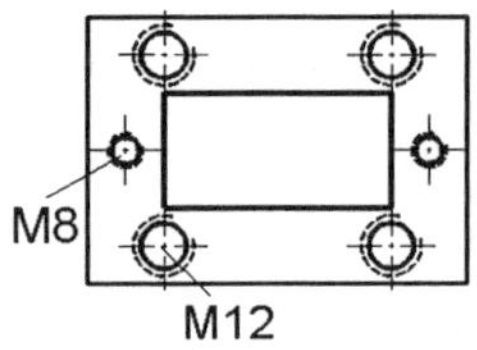	Alle Gewinde mit gleichem Durchmesser 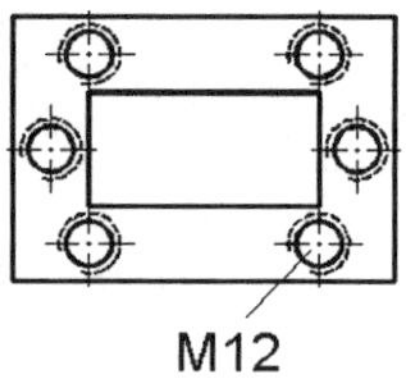	Gleiche Gewinde an einem Werkstück auch für unterschiedliche Funktionen ergeben gleiche Verbindungselemente
Gleichzeitiges Fügen von zwei Verbindungen 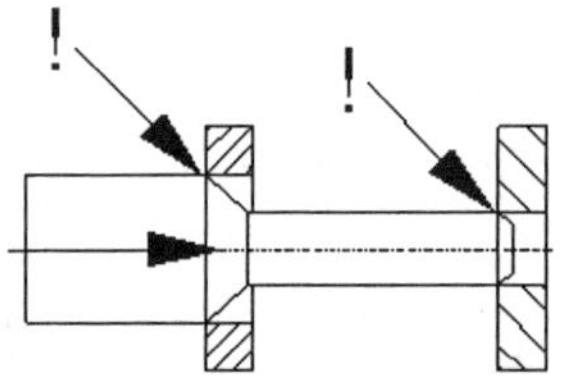	Fügen nacheinander durch längere Absätze 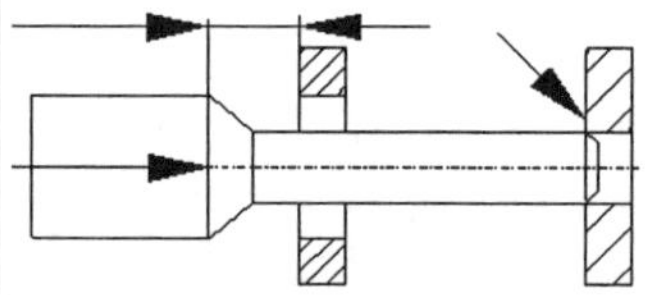	Gleichzeitiges Fügen an mehreren Stellen durch ein Bauteil vermeiden; Positionieren mit Fasen, Konus, Kugelkuppe vereinfachen
Doppelpassung durch falsche Maßtolerierung 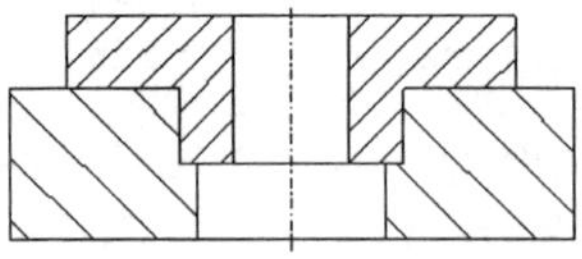	Eindeutige Position 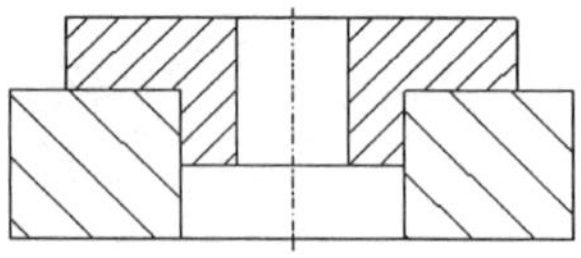	Zur eindeutigen Anordnung und zur Verringerung von Maßtoleranzen Doppelpassungen vermeiden

Bild 6.26: Montagegerechte Gestaltung – Bauteile fügen

6.5.3 Recyclinggerechte Gestaltung

Die ***recyclinggerechte Gestaltung*** von Produkten ist zu einem zentralen Thema geworden. Der Konstrukteur benötigt deshalb Kenntnisse und Richtlinien, um Produkte mit geringerer Belastung der Umwelt zu entwickeln.

Sehr viele Unternehmen werben heute bereits mit recyclinggerechten Produkten. Bei genauerer Überprüfung stellt man jedoch sehr schnell fest, daß der Aussagewert sich nicht immer mit Produkteigenschaften deckt, die heute durch den Stand der Technik erreichbar sind. Deshalb ist die Kenntnis des umfangreichen Fachgebietes Recycling sehr wichtig für Konstrukteure, die verantwortungsbewußt die effektive Reduzierung der Umweltbelastung anstreben.

Die ***Produktverantwortung*** des Konstrukteurs nimmt immer mehr zu. Sie wird neben den heute schon üblichen Bereichen Produktion und Gebrauch der entwickelten Produkte in allernächster Zukunft auch den Bereich Entsorgung einschließen, wie Bild 6.27 zeigt.

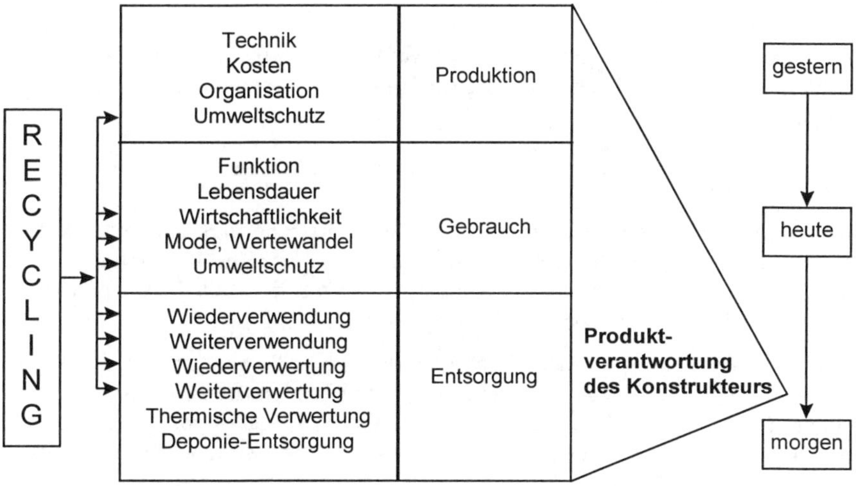

Bild 6.27: Konstruktive Anforderungen und Produktverantwortung (nach *Steinhilper*)

Die Berücksichtigung einer umweltbewußten ***Entsorgung*** durch die Konstrukteure ergibt eine Fülle zusätzlicher und neuer Anforderungen, die teilweise heute noch gar nicht bekannt sind.

Am Beispiel der Automobilentwicklung läßt sich die Problematik sehr gut erkennen, da das Auto als Serienprodukt bei Konstruktion und Entwicklung, Produktion, Gebrauch und Entsorgung im Laufe der Automobilgeschichte Grenzen aufzeigte.

Als weiteres Beispiel können die Geräte der Büro- und Informationstechnik dienen. Durch die komplexe und vielfältige Werkstoff- und Bauteilstruktur ergeben sich für Recycling und Entsorgung umfangreiche Aufgaben, die bereits heute gelöst werden müßten!

In der Zukunft kommen also weitere Herausforderungen auf die Konstrukteure zu: Sie müssen umwelt- und recyclinggerechte Produkte konstruieren. Diese Produkte zeichnen sich dadurch aus, daß alle drei ***Phasen des Lebenszyklus*** – Produktion, Produktgebrauch und Entsorgung – optimal durchlaufen werden. Gesamtheitlich muß in Kreisläufen gedacht werden, wie es ja auch der Gesetzgeber mit dem „Kreislaufwirtschaftsgesetz" forderte, das stufenweise bis zum Oktober 1996 in Kraft getreten ist.

Das Wort ***Recycling*** kommt aus dem Englischen und bedeutet:

Regenerierung, Wiedergewinnung.

Im Duden findet man unter Recycling die Erklärung:

Wiederverwendung bereits benutzter Rohstoffe.

Die Richtlinie VDI 2243 enthält die Definition:

Recycling ist die erneute Verwendung oder Verwertung von Produkten oder Teilen von Produkten in Form von Kreisläufen.

Diese Definition soll als Basis für die weiteren Ausführungen dienen. Da die *VDI 2243* den neuesten Stand der Technik vorstellt, werden wesentliche Teile der folgenden Ausführungen in Anlehnung an diese Richtlinie dargestellt und um Beispiele, Hinweise und Erkenntnisse ergänzt.

Grundlegende Hinweise

Das Konstruieren recyclinggerechter Produkte hat durch die sehr stark zunehmende Umweltbelastung besondere Bedeutung bekommen. Während in den Veröffentlichungen zum Thema Recycling vor ca. 15 Jahren noch besonderer Wert auf die Rohstoffeinsparung gelegt wurde, ist heute die ***Umweltproblematik*** vorherrschend.

Recyclinggerechte Gestaltung soll dazu beitragen, daß die Entsorgungsproblematik nach der Produktnutzung und die Einsparung von Energie und Werkstoffen entsprechend ihrer herausragenden Bedeutung bei der Konstruktion technischer Produkte mit hohem Stellenwert berücksichtigt werden. Entsprechende Forderungen sollten Bestandteil der Anforderungsliste sein.

Kennzeichnend für das Recycling ist die ***Kreislaufwirtschaft***. Die Kreislaufwirtschaft ist eigentlich aus der Natur sehr genau bekannt, da dort im Wechsel der Jahreszeiten alles in Kreisläufen entsteht und verfällt. Nach der Herstellung und Nutzung eines Produkts wurde bisher der nicht mehr verwendbare Teil auf eine Mülldeponie gebracht. In einer Kreislaufwirtschaft ist jedoch eine erneute Nutzung, entweder des aufgearbeiteten Produkts oder der Werkstoffe des Altprodukts, anzustreben.

Beide Formen eines solchen Produktkreislaufs werden Recycling genannt. Je nachdem, ob man das aufgearbeitete Produkt in seiner ursprünglichen oder einer veränderten Funktion einsetzt, spricht man von Wieder- oder Weiterverwendung. Die zweite Form nennt man Wieder- oder Weiterverwertung, je nachdem, ob aus den Altwerkstoffen nach ihrer Aufbereitung die gleichen Werkstoffe oder andere Sekundärwerkstoffe hergestellt werden.

Außer diesem Produktrecycling ist auch ein Recycling der Produktionsrückläufe notwendig. ***Produktionsrückläufe*** sind sowohl Materialreste als auch die für Fertigungsprozesse notwendigen Hilfs- und Betriebsstoffe.

Jedes Recycling hat für die Entsorgung eine herausragende Bedeutung, da eine Deponielagerung vermieden werden muß. Dabei sollte einer erneuten Nutzung mit Hilfe von Aufarbeitungsprozessen Vorrang vor einer Altstoffverwertung mit Hilfe von Aufbereitungsprozessen gegeben werden.

Sind die Produkt- oder Stoffkreisläufe nicht vollständig zu realisieren, so ist die thermische Nutzung von Altstoffen und Abfällen durch Verbrennung einer Deponielagerung vorzuziehen, wenn die dadurch entstehende Umweltbelastung vertretbar ist. Es sollte stets die ***Prioritätenfolge Abfall*** eingehalten werden:

Vermeidung vor Verwertung vor Beseitigung.

Für die Konstruktionspraxis sind grundlegende Zusammenhänge des Recyclings und Empfehlungen zur recyclinggerechten Gestaltung eine wichtige Basis zur Lösung des Abfallproblems. Zum Recycling gehören aber ebenso Kenntnisse über:

- Einsparung von Rohstoffen (Werkstoffe)
- Schonung von Rohstoffen (Energie)
- Energieeinsparung und Energierückgewinnung (Bremsen von Fahrzeugen, Nutzen der Abgasenergie bei Turboladern, Nutzen der Abwärme von Kühlanlagen)
- Leistungsfähige Aufarbeitungs- und Aufbereitungsverfahren

Diese Fachgebiete sollen hier nicht behandelt werden. Erste Hinweise und weiterführende Literaturangaben enthält die VDI 2243.

Anwendung des Recycling

Recycling wird heute bereits in verschiedenen Bereichen eingesetzt, wenn es wirtschaftlich ist. Bei Haushaltsgeräten und Kraftfahrzeugen kann man bereits entsprechende Beispiele finden.

Produktionsrückläufe werden weitgehend wieder- und weiterverwertet, soweit es sich um Werkstoffe handelt. Metallische Werkstoffe oder auch Kunststoffe fallen dabei sortenrein oder leicht trennbar an und sind produktionstechnisch leicht steuerbar (z.B. Blechreste beim Stanzen). Hilfs- und Betriebsstoffe sind problematischer, da die Verwertung und Entsorgung entsprechende verfahrenstechnische Prozesse erfordert.

Die Wieder- und Weiterverwendung von Produkten während ihres Gebrauchs erfolgt unterschiedlich. Beispiele für Wiederverwendung nach Reinigung bzw. Aufarbeitung und Überholung sind:

- Getränkeflaschen
- Autoreifen-Runderneuerung
- Austauschteile für Kfz

Beispiele für Weiterverwendung sind:

- Autoreifen als Stoßfänger oder Schallschutz
- Autofelgen als Grundplatten für Baustellenschilder
- Bodenbeläge aus Kunststoffverpackungen

Eine weitere Zunahme dieser wichtigen Recyclingart auf hohem Wertniveau wird von der Weiterentwicklung leistungsfähiger Aufarbeitungstechnologien, aber auch vom Wandel des Markt- und Käuferverhaltens abhängen. Aufgearbeitete Altteile dürfen nicht mehr als minderwertig betrachtet, sondern mit Neuteilen gleichgesetzt werden. Voraussetzungen hierfür sind bessere Kenntnisse über das Langzeitverhalten metallischer und vor allem nichtmetallischer Werkstoffe sowie ein Übergang zu einer Modellpolitik mit längeren Verweilzeiten am Markt.

Altstoffe fallen in großen Mengen und verschiedenen Arten an:

- Wegwerfprodukte des täglichen Lebens
- Hilfsprodukte wie Verpackungen
- Industrieprodukte nach längerer Gebrauchsdauer

Günstige Recyclingmöglichkeiten, die zunehmend auch genutzt werden, bestehen bei Einstoffprodukten wie Papier und Glasflaschen. Weiterhin sind Trends zu einer verstärkten Verwertung von Hausmüll durch einfache Trennung von Metallarten und Kunststoffen erkennbar. Bedeutung gewinnt auch die Weiterverwertung separierten Hausmülls als Füllstoff in Verpackungsmaterialien oder sonstigen Nichtmetallkonstruktionen.

Wegen des Anfalls großer und hochwertiger Altstoffmengen hat das Altstoffrecycling von Autowracks und von Haushaltsgeräten bereits einen hohen Standard erreicht, weil leistungsfähige Aufbereitungstechnologien entwickelt wurden. Weitere Verbesserungen der Technologien ergeben sich durch die Kombination von Shredder- und Sortieranlagen mit Demontagestationen.

Der verstärkte Recyclingeinsatz ergibt sich aus der *Entsorgungsnotwendigkeit* für technische Produkte. Die *Wirtschaftlichkeit der Recyclingverfahren* muß aber auch erreicht werden, z.B. durch Weiterentwicklung der Aufbereitungs- und Aufarbeitungstechnologien.

Eine *recyclinggerechte Produktgestaltung* kann einen wesentlichen Beitrag leisten, um die Aufbereitung und Aufarbeitung zu unterstützen. Bei der Betrachtung der Wirtschaftlichkeit sollte der gesamte Herstell-, Nutzungs- und Entsorgungszyklus eines Produktes erfaßt werden. Recyclinggerechte Gestaltung braucht zunächst nicht zu einer Erhöhung der Herstellkosten zu führen, wenn der Konstrukteur die Anforderungen eines geplanten Aufarbeitungs- oder Aufbereitungsverfahrens bereits zu Beginn der Produktgestaltung berücksichtigt. Sind kostenerhöhende Zusatzmaßnahmen bei der Werkstoffwahl oder hinsichtlich demontagefreundlicher Fügeverfahren erforderlich, so wird in der Regel damit auch die Instandhaltung erleichtert. Schließlich muß erwartet werden, daß sich bei einem verstärkten Altstoff- und Altteile-Recycling neue Wirtschaftszweige bilden oder die Abfallwirtschaft bessere Aufbereitungs- und Ausschlachtemethoden entwickelt.

Die unmittelbare Wiederverwendung und Wiederverwertung kann auch für die Produkthersteller interessant sein, z.B. um die Fertigungseinrichtungen besser auszulasten oder um wertvolle Werkstoffe besser zu nutzen.

In die Wirtschaftlichkeitsbilanz müssen auch die Entsorgungs- und Folgekosten bei konventioneller Deponielagerung oder Verbrennung eingehen. Die Gesamtbilanz eines Produktlebens unter Berücksichtigung sämtlicher Auswirkungen des Produkts auf das Ökosystem wird „***Ökobilanz***“ genannt.

Öko hat als Wortbildungselement mehrere Bedeutungen:

- „Lebensraum“, z.B. Ökologie, Ökosystem,
- „Haushaltung; Wirtschaftswissenschaft“, z.B. Ökonomie.

Ökologisch bedeutet nach Duden: „auf naturnahe Art und Weise erfolgend, der natürlichen Umwelt gerecht werdend“. Beim Aufstellen einer Ökobilanz muß man alle Einflußgrößen sehr genau erfassen. Neben dem Energieaufwand sind die Belastung von Luft und Wasser ebenso wichtig wie das Gewicht bei der Herstellung eines Produkts.

Eine einheitliche Lösung für ein recyclinggerechtes Produkt wird es nicht geben. Bei der Produktplanung und -entwicklung sollten deshalb Alternativen für einen Produktzyklus untersucht werden. So kann es zweckmäßig sein, Produkte mit hoher Lebensdauer zu entwickeln, z.B. ein Langzeitauto. Bei Produkten mit einem schnelleren Wandel der Anforderungen oder der Technologie kann dagegen eine kurzlebigere Modellpolitik mit kürzeren Produktnutzungszeiten und einer hochentwickelten Recyclingstrategie vorteilhaft sein.

Zusammengefaßt kann man festhalten:

- Es gibt keine Alternative zum Recycling als wesentliche Lösung des Entsorgungs- und Ressourcenproblems.
- Konstrukteure und Unternehmer müssen sich bereits bei der Produktentwicklung dieser Tatsache bewußt sein.
- Regeln zum Durchführen einer recyclinggerechten Produktgestaltung sind sehr hilfreich. Die Beachtung funktionaler, gebrauchsorientierter, sicherheitstechnischer und kostenmäßiger Anforderungen muß bei diesen Regeln gewährleistet sein.

Begriffe zum Recycling

Der sehr weit gespannte Begriff des Recyclings enthält das Rezyklieren von Stoffen aus festen, flüssigen und gasförmigen Aggregatzuständen. Entsprechend groß und auch unübersichtlich ist das Spektrum der zu beachtenden Gesetzmäßigkeiten aus physikalischen, chemischen, biologischen und technischen Wissenschaften.

Die begriffliche Gliederung des Recyclings, wie beispielhaft in Bild 6.28 gezeigt, ist durch viele Arbeiten bereits soweit erfolgt, daß ein zielgerichtetes Vorgehen möglich ist. Nach VDI 2243 erfolgt die Zuordnung und Gliederung der Begriffe zweckmäßigerweise bei den

- *Recycling-Kreislaufarten,*
- *Recyclingformen,*
- *Recyclingbehandlungsprozessen.*

Recycling:
Recycling ist die erneute Verwendung oder Verwertung von Produkten oder Teilen von Produkten in Form von Kreisläufen (nach VDI 2243)

Recycling-Kreislaufarten	**Recycling-Formen**	**Recycling-Behandlungsprozesse**
- Recycling bei der Produktion - Recycling während des Produktgebrauchs - Recycling nach Produktgebrauch	- Verwendung (Wiederverwendung, Weiterverwendung) - Verwertung (Wiederverwertung, Weiterverwertung)	- Demontage - Aufbereitung - Aufarbeitung (Instandhaltung)

Produktrecycling: Gestalt bleibt erhalten

Materialrecycling: Gestalt wird aufgelöst

Bild 6.28: Recyclingbegriffe

Recycling - Kreislaufarten

Man unterscheidet drei Recycling-Kreislaufarten nach VDI 2243:

- Recycling beim Produktgebrauch,
- Produktions-Rücklaufrecycling,
- Altstoff-Recycling.

Recycling während des Produktgebrauchs ist unter Nutzung der Produktgestalt die Rückführung von gebrauchten Produkten nach oder ohne Durchlauf eines Behandlungsprozesses – z.B. Aufarbeitungsprozesses – in ein neues Gebrauchsstadium (*Produktrecycling*).

Produktions-Rücklauflrecycling ist die Rückführung von Produktionsrückläufen sowie Hilfs- und Betriebsstoffen nach oder ohne Durchlauf eines Behandlungsprozesses – d.h. Aufbereitungsprozesses – in einen neuen Produktionsprozeß (*Materialrecycling*).

Altstoff-Recycling ist die Rückführung von verbrauchten Produkten bzw. Altstoffen nach oder ohne Durchlauf eines Behandlungsprozesses – d.h. Aufbereitungsprozesses – in einen neuen Produktionsprozeß (*Materialrecycling*).

Der für ein Produkt- oder Materialrecycling nicht mehr verwendbare oder verwertbare Stofffluß endet entweder direkt in der Deponie bzw. Umwelt oder wird vorher noch durch Verbrennung zur Energiegewinnung genutzt. Deponien und Umwelt können gegebenenfalls wieder als Ressourcen genutzt werden.

Die wirklichen Recycling-Kreisläufe sind entsprechend den Produkten erheblich komplexer und müssen z.B. die stofflichen Verflechtungen darstellen. Kreisläufe können auch mehrmals durchlaufen werden.

Die vereinfachte Darstellung der Recyclingkreislaufarten in Bild 6.29 soll einen Überblick geben, um zu erkennen, daß die Nutzung von Rohstoffen mehrfach erfolgen kann.

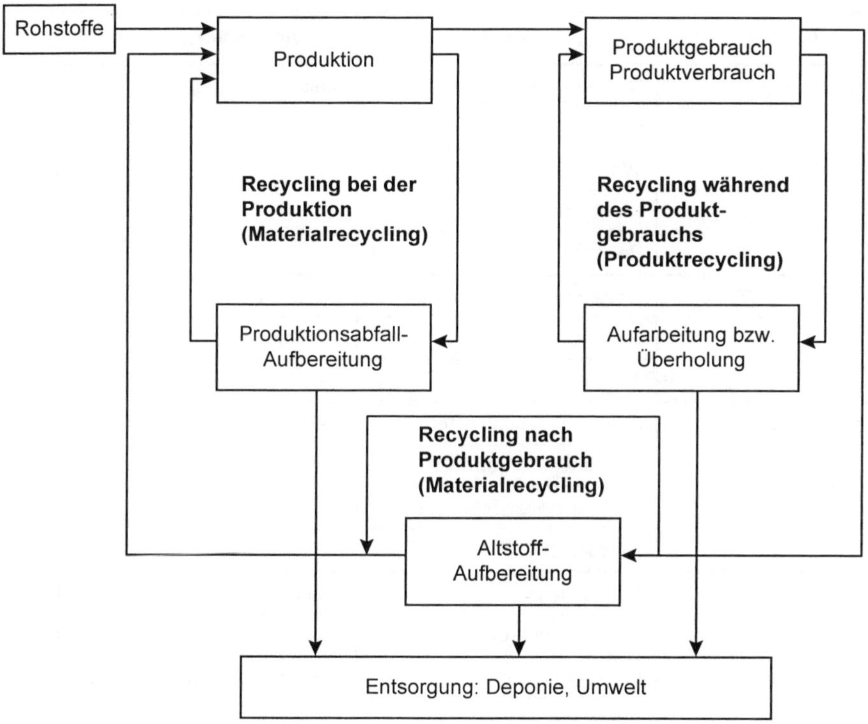

Bild 6.29: Recycling-Kreislaufarten

Recyclingformen

Innerhalb der Recycling-Kreislaufarten sind verschiedene Recyclingformen möglich. Man kann grundsätzlich zwischen einer erneuten Verwendung und einer Verwertung unterscheiden.

Die ***Verwendung*** ist durch die (weitgehende) Beibehaltung der Produktgestalt gekennzeichnet. Diese Recyclingform findet also auf hohem Wertniveau statt und ist deshalb anzustreben. Je nachdem, ob bei der erneuten Verwendung ein Produkt die gleiche oder eine veränderte Funktion erfüllt, kann man zwischen Wiederverwendung und Weiterverwendung unterscheiden.

Die ***Verwertung*** löst die Produktgestalt auf, was zunächst mit einem größeren Wertverlust verbunden ist. Je nachdem, ob bei der Verwertung eine gleichartige oder geänderte Produktion durchlaufen wird, unterscheidet man zwischen Wiederverwertung und Weiterverwertung.

Daraus ergeben sich folgende Definitionen der Recyclingformen, die mit Beispielen in Bild 6.30 vorgestellt werden.

Recyclingform	Beispiel	Weitere Verwendung
Wiederverwendung	Nachfüllverpackung	gleiche Anwendung
	Mehrwegverpackung	
	Wartung	
	Kfz-Austauschteile	
	Reifenrunderneuerung	
Weiterverwendung	Einkaufstüte	Müllbeutel
	Senfglas	Trinkglas
	Altreifen	Kinderschaukel
Wiederverwertung	Angüsse umschmelzen	gleiche Anwendung
	Späne einschmelzen	
	Kunststoffe umschmelzen	
	Glasscherben umschmelzen	
Weiterverwertung	Stanzabfälle	Kleinteile
	Automobilschrott	Baustahl
	Kunststoffe gemischt	Schallschutzwand
	Kunststoffbatteriegehäuse	Innenkotflügel

Bild 6.30: Recyclingformen - Beispiele (nach VDI 2243)

Wiederverwendung ist die erneute Benutzung eines gebrauchten Produkts (Altteils) für den gleichen Verwendungszweck wie zuvor unter Nutzung seiner Gestalt ohne bzw. mit beschränkter Veränderung einiger Teile.

Weiterverwendung ist die erneute Benutzung eines gebrauchten Produkts (Altteils) für einen anderen Verwendungszweck, für den es ursprünglich nicht hergestellt wurde. Sie kann unter Nutzung der Gestalt ohne bzw. mit beschränkter Veränderung des Produkts erfolgen. Dabei kann die erneute Benutzung für einen anderen (bestimmten) Verwendungszweck bereits bei der Herstellung des Produkts berücksichtigt worden sein.

Wiederverwertung ist der wiederholte Einsatz von Altstoffen und Produktionsabfällen bzw. Hilfs- und Betriebsstoffen in einem gleichartigen wie dem bereits durchlaufenen Produktionsprozeß. Hierzu kann man auch das chemische Recycling von Kunststoffen zur Gewinnung der Materialausgangsstoffe zählen. Durch Wiederverwertung entstehen aus den Ausgangsstoffen weitgehend gleichwertige Werkstoffe.

Weiterverwertung ist der Einsatz von Altstoffen und Produktions-Rücklaufmaterial bzw. Hilfs- und Betriebsstoffen in einem von diesen noch nicht durchlaufenen Produktionsprozeß. Durch Weiterverwertung entstehen Werkstoffe oder Produkte mit anderen Eigenschaften (Sekundärwerkstoffe) und/oder anderer Gestalt. Hierzu gehört auch das chemische Recycling von Kunststoffen.

Auch innerhalb eines Recycling-Kreislaufs kann eine Recyclingform mehrmals angewendet werden, ehe man evtl. die andere Recyclingform durchführt oder zum Kreislauf mit niedrigerem Wertniveau übergeht. Beispiele: Ein Pkw-Motor wird nach wiederholter Wiederverwendung als Austauschmotor anschließend noch als stationärer Motor weiterverwendet, oder ein Kunststoff wird mehrmals wiederverwertet und anschließend noch als Füllstoff weiterverwertet oder einem chemischen Recycling zugeführt.

Recyclingbehandlungsprozesse

Vor der erneuten Verwendung oder Verwertung müssen die einem Recyclingkreislauf zugeführten Produkte oder Stoffe in der Regel noch einen Behandlungsprozeß durchlaufen. Recycling beim Produktgebrauch erfolgt durch eine Aufarbeitung oder Überholung. Dadurch werden die Produktgestalt bzw. die Produkteigenschaften bewahrt oder erhalten. Aufarbeitungsprozesse sind in der Regel fertigungstechnische Prozesse.

Beim Produktionsabfall- und Altstoff-Recycling erfolgt eine Aufbereitung. Diese dient zur Vorbereitung (z.B. durch Zerkleinern oder chemische Zersetzung) der eigentlichen metallurgischen oder sonstigen Verwertung. Aufbereitungsprozesse sind in der Regel verfahrenstechnische Prozesse.

Instandhaltung

Die bekannten Maßnahmen der Instandhaltung unterstützten das Recycling von Produkten durch erneute Verwendung, z.B. nach einer Aufarbeitung. Als Definition der Instandhaltung gilt nach DIN 31051:

Instandhaltung nennt man sämtliche Maßnahmen zur Bewahrung des Sollzustandes (Wartung), zur Feststellung und Beurteilung des Istzustandes (Inspektion) und zur Wiederherstellung des Sollzustandes (Instandsetzung).

Der Unterschied zwischen Instandhaltungsmaßnahmen und Recyclingprozessen besteht darin, daß Instandhaltung überwiegend zur Erreichung der vorgesehenen Lebensdauer bzw. Nutzungszeit eines Produktes durchgeführt wird, während durch Recycling weitere zusätzliche Nutzungszyklen erreicht werden sollen. Auch zwischen Abläufen und Merkmalen der Aufarbeitung in Serie, also der Austauscherzeugnisfertigung, und der Einzelinstandsetzung gibt es Unterschiede.

Eine strenge Trennung zwischen der Aufarbeitung in Serie und der Instandsetzung ist nicht immer vorhanden und sollte auch nicht festgelegt werden, da sie nicht zweckmäßig ist. Eine aufarbeitungsgerechte Konstruktion fördert stets auch die Instandsetzbarkeit. Statt eine Abgrenzung zu betreiben, sollte man besser von einer "Verwandtschaft" der beiden Begriffe Instandhaltung und Recycling von Produkten nach Bild 6.31 sprechen.

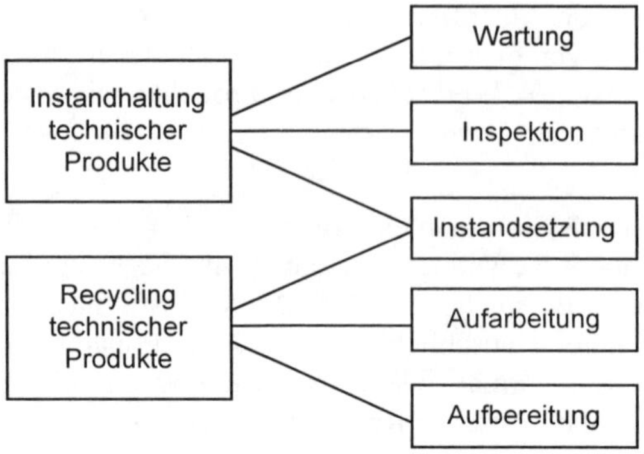

Bild 6.31: Recycling und Instandhaltung (nach VDI 2243)

6.5.4 Konstruktionsablauf mit Recyclingorientierung

Der Entwicklungs- und Konstruktionsprozeß mit den vier Phasen

Planen, Konzipieren, Entwerfen und Ausarbeiten

kann mit Empfehlungen zur Recyclingorientierung ergänzt werden.

Recyclinggerechtes Konstruieren betrifft alle Kreislaufarten mit dem Ziel, das Produktionsrücklauf-Recycling, das Recycling beim Produktgebrauch und das Altstoff-Recycling zu begünstigen. Entsprechend sind für einen recyclingorientierten Konstruktionsablauf vor allem die Arbeitsschritte bedeutungsvoll, bei denen der Konstrukteur Festlegungen trifft, die folgende Punkte beeinflussen:

- Produktionsabfall
- Lebensdauer der Bauteile
- Fügeverfahren sowie
- Werkstoffkombinationen

Der Konstrukteur muß sich bei dem bisher schon sehr umfangreichen Informationsbedarf verstärkt Informationen beschaffen, damit eine Recyclingorientierung möglich wird. Die Produktverfolgung endet nicht mehr mit der Übergabe an den Markt (Kunden), sondern muß fortgesetzt werden während der Nutzung, Instandhaltung und gegebenenfalls Aufarbeitung sowie Aufbereitung und Verwertung (Altstoff-Recycling).

Der ***Produktkreislauf*** muß also insgesamt geplant und bei der Produktgestaltung berücksichtigt werden. Die Planung eines Produktkreislaufs ergibt Zusatzinformationen, die der Konstrukteur in die Anforderungsliste aufnehmen muß. Dazu gehören folgende Angaben:

- Recycling-Kreisläufe
- Aufarbeitungs- oder Aufbereitungstechnologien
- Wirtschaftlichkeit (z.B. Wiederverkaufswert, Verschrottungs-, Instandhaltungskosten, Rohstoffpreise)

Besonders wichtig ist, daß ein Recycling überhaupt in der Anforderungsliste gefordert wird, was bereits bei der Produktplanung beachtet werden muß. Die folgenden Gestaltungsempfehlungen der VDI 2243 sind den Kreislaufarten, Formen und Behandlungsprozessen zugeordnet, da eine recyclinggerechte Gestaltung von deren Randbedingungen abhängig ist.

A) Recycling bei der Produktion

Produktions-Rücklaufmaterial fällt in verschiedenen Arten an und wird meist als Schrott bezeichnet. Man kann unterscheiden:

- Kreislaufschrott oder Eigenschrott (Angüsse und Steiger in Gießereien, Walzenden in Walzwerken; problemlos zur Wiederverwertung aufzubereiten im Rohstoffkreislauf der Werke.)
- Neuschrott (Stanzabfälle, Brennmatten, Schmiedegrade, Späne; getrennte Sammlung erforderlich, Aufbereitung beschränkt sich auf das Zerkleinern und ggf. Paketieren oder Brikettieren.)
- Kunststoffabfall (Reste und Fehlteile)

Außerdem gibt es noch die bereits mehrfach erwähnten Hilfs- und Betriebsstoffe in der Fertigung.

Der Konstrukteur bestimmt über Formgebung und Werkstoff zumindest teilweise die Fertigungstechnologie und beeinflußt damit Art und Menge des Neuschrotts sowie die Wirtschaftlichkeit der Fertigung. **Regeln für den Konstrukteur** können naturgemäß nur das Recycling unterstützen und müssen mit den weiteren Konstruktionszielen und Anforderungen sowie mit der Fertigung abgestimmt werden.

Rücklaufminimierung:

Es sind solche Fertigungsverfahren zu wählen, bei denen möglichst kein Abfall, zumindest aber möglichst wenig Abfall entsteht.

Diese Regel kann weitgehend erfüllt werden, wenn man Fertigungsverfahren anstrebt, bei denen die Fertigform des Teils möglichst ohne Stofftrennung erreicht wird (z.B. Feingießen, Genauschmieden, Kaltfließpressen, Halbzeugeinsatz).

Bei stofftrennenden Verfahren kann der Abfall minimiert werden. Produktionsabfälle vermeiden und verwerten ist möglich durch:

- Optimale Schnittanordnung (Schachtelpläne) beim Scheren/Schneiden
- Weiterverwertung von Blechabfällen zu Kleinteilen
- Vermeiden großer Zerspanvolumina (durch Rohteilgestaltung, Halbzeugprofile, Verbundkonstruktionen)

Die Weiterverwertung von Blechabfällen zu Kleinteilen spart bis zu 10 % und eine optimale Schnittanordnung bis zu 25 % des Materialverbrauchs.

Werkstoffvielfalt:

Grundsätzlich sollen möglichst wenige verschiedene Werkstoffe verwendet werden.

Dadurch werden die Wirtschaftlichkeit der Rohstoffproduktion und das Produktionsabfall-Recycling erhöht. Weitere Vorteile ergeben sich durch geringeren Informationsumsatz der Werkstoffdaten im Unternehmen und durch kleinere Lagerbestände.

Rezyklierbarkeit des Rücklaufmaterials:

Unvermeidbarer Produktionsabfall soll rezyklierbar sein, und zwar mit möglichst geringem Aufwand und Wertverlust.

Beschichtete Bleche und ähnliche Verbundwerkstoffe lassen sich nur selten wirtschaftlich trennen, wie z.B. Weißblechabfälle nach dem Goldschmidt-Verfahren. Kunststoffbeschichtungen oder Farbüberzüge können mittels Wärme oder Kälte getrennt werden, aber das wird schnell unwirtschaftlich.

Es ist deshalb anzustreben, Bleche und Verbundwerkstoffe erst nach der abfallgebenden Verarbeitung zu beschichten oder solche Beschichtungen zu wählen, die bei einer Wiederverwertung des Hauptwerkstoffes nicht stören, z.B. Aluminieren statt Verzinken (Werkstoffverträglichkeit).

Thermoplaste als Kunststoffproduktionsabfälle:

Diese unvernetzten Polymere sind nach Möglichkeit sortenrein oder verwertungsverträglich zu sammeln und anschließend direkt oder durch Aufschmelzen zu rezyklieren. Um die wegen des Polymerabbaus geänderte Werkstoffqualität zu verbessern, kann das Rezyklat mit Neuware vermischt weiterverarbeitet werden.

Duromere und Elastomere als Kunststoffproduktionsabfälle:

Diese vernetzten Polymere sind nur durch Partikelrecycling (weitere Verarbeitung als Füllstoff) oder chemisches Recycling (Solvo-Thermolyseverfahren mit Aufspaltung des Polymers) mit möglichst sortenreinen Ausgangspolymeren für eine erneute Kunststoffherstellung verwertbar.

Betriebsmittel, Hilfsstoffe:

Grundsätzlich sind solche Produktionsverfahren zu bevorzugen, bei denen sich auch die benötigten Betriebsmittel und Hilfsstoffe sowie die ggf. entstehenden Emissionen problemlos rezyklieren lassen.

Häufig bereiten die als "Begleiterscheinung" bei der Produktion anfallenden Betriebsmittel- oder Hilfsstoff-Abfälle (z.B. Kühlschmiermittel, Öle, Galvanikschlämme, Dämpfe, usw.) die größten Recyclingprobleme. Abhilfe kann in vielen Fällen durch einen Wechsel des Werkstoffes (z.B. korrosionsbeständiger Werkstoff statt galvanischer Überzüge) oder auch des gesamten Produktionsverfahrens erreicht werden.

B) Recycling während des Produktgebrauchs

Das Recycling während des Produktgebrauchs (Produktrecycling) hat zum Ziel, ein genutztes Produkt einer erneuten Verwendung zuzuführen. Es ist im Maschinenbau in sogenannten *Austauscherzeugnis-Fertigungen* verwirklicht. Kfz-Austauschmotoren entstehen z.B. in fünf Arbeitsschritten:

- Demontage
- Reinigung
- Prüfen und Sortieren
- Bauteileaufarbeitung bzw. Ersatz durch Neuteile
- Wiedermontage

Eine solche industrielle Aufarbeitung in Serie wird in vielen Branchen angewendet, wie die Übersicht in Bild 6.32 zeigt.

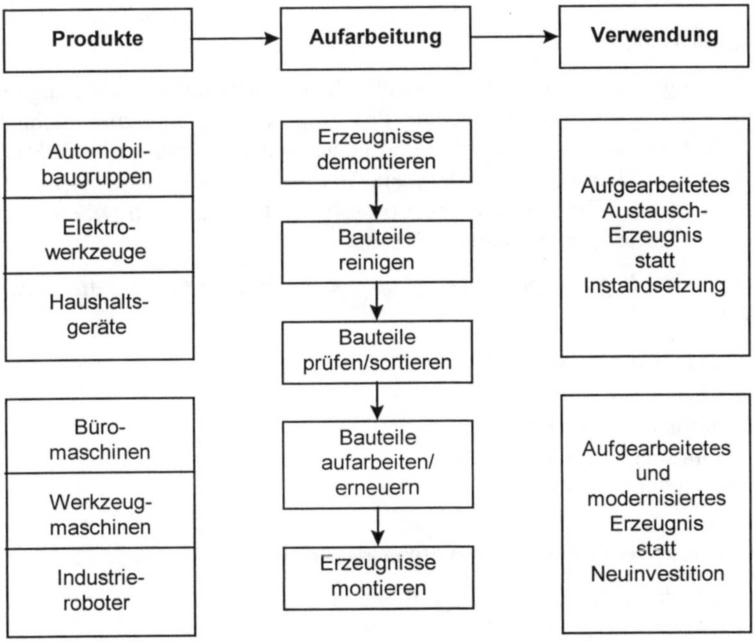

Bild 6.32: Erzeugnisse und Tätigkeiten beim Produktrecycling (nach VDI 2243)

Besonders bei Werkzeugmaschinen wird oft nicht nur eine Aufarbeitung, sondern auch eine Modernisierung (Einbau neuer Steuerungen, Erhöhung der Genauigkeit) durchgeführt. Der Wert des rezyklierten Produkts wird dadurch höher als der des ursprünglichen Neuprodukts. Die Stückzahlen aufgearbeiteter Kfz-Produkte, wie z.B. Motoren, Getriebe, Anlasser, Lichtmaschinen, erreichen vielfach schon 10 % der Neuproduktion.

In geringem Maße werden Gebrauchsgüter oder deren Baugruppen aufgearbeitet:

- Haushaltsgeräte (Elektrorasierer, Warmwasserbereiter, Elektrowerkzeuge)
- Investitionsgüter (Büromaschinen wie Schreibmaschinen, Kopiergeräte)

In zunehmendem Maße werden auch zahlreiche weitere Produkte in großen Stückzahlen aufgearbeitet:

- Kühlaggregate
- Industrieroboter
- Warenautomaten für Zigaretten, Getränke

Grundlegende Hinweise zur Erläuterung der fünf Fertigungsschritte werden in VDI 2243 unterteilt nach Aufgaben, technologischen Schwerpunkten, Fertigungseinrichtungen und Besonderheiten behandelt. Hier sollen nur die sich daraus ergebenden Konstruktionsregeln vorgestellt und erklärt werden.

Konstruktionsregeln

Der Entwicklungs- und Konstruktionsprozeß erhält mit der Berücksichtigung der Anforderungen aus einer aufarbeitungsgerechten Produktgestaltung eine zusätzliche Bedeutung. Die neuen Anforderungen müssen mit den generellen Zielsetzungen wie Funktionstüchtigkeit, Sicherheit, Gebrauchsfreundlichkeit, Wirtschaftlichkeit usw. abgestimmt werden. Die allgemeingültigen Regeln sollen eine bessere Abstimmung von Lebensdauer, Instandsetzbarkeit und Aufarbeitbarkeit ermöglichen.

Maßnahmen zur Begünstigung der fünf Fertigungsschritte in Austauscherzeugnis-Fertigungen:

- Demontagegerechte Gestaltung
- Reinigungsgerechte Gestaltung
- Prüf-/Sortiergerechte Gestaltung
- Aufarbeitungsgerechte Gestaltung
- Montagegerechte Gestaltung

Allgemeingültige, übergreifende Gestaltungsregeln:

- Verschleißlenkung auf niederwertige Bauteile
- Korrosionsschutz, Schutzschichten
- Zugänglichkeit
- Standardisierung

An den Beispielen wird man erkennen, daß sich die Verwirklichung der Maßnahmen und Regeln häufig ohne höheren baulichen und fertigungstechnischen Aufwand ermöglichen läßt, wenn man sie nur rechtzeitig berücksichtigt. In einigen Fällen werden dadurch sogar zusätzliche Vorteile erkennbar, die sich auch in der Neuproduktion auswirken. Die Ausführungen werden in Anlehnung an VDI 2243 dargestellt.

Demontagegerechte Gestaltung

Demontage:

Die bei einem Produkt verwendeten Verbindungen der Bauteile müssen leicht lösbar und gut zugänglich sein. Beschädigungen an wiederverwendbaren Teilen sind zu vermeiden. Anzustreben ist eine Demontage, bei der die zu verbindenden Bauteile und die Verbindungselemente unbeschädigt wiederverwendbar oder zumindest aufarbeitbar sind. Ist dieses Idealziel nicht zu erreichen, sollten wenigstens die Bauteile unbeschädigt bleiben; die Verbindungselemente werden dann durch neue ersetzt.

Die Demontage verursacht bis zu 40 % der Herstellkosten bei der Austauscherzeugnis-Fertigung, da ein hoher Aufwand für das Lösen von schlecht lösbaren und schwer zugänglichen Verbindungen erforderlich ist. Entsprechend sind vorrangig einfach lösbare Form- und Kraftschlußverbindungen einzusetzen, bei denen nur elastische Beanspruchungen bzw. Verformungen auftreten und die leicht zu lösen sind (z.B. Schrauben, Schnapp- und Spannverbindungen, leichte Schrumpf- und Preßsitze). Form- und Kraftschlußverbindungen mit plastischen Verformungen der Verbindungselemente (z.B. Niet- und Bördelverbindungen) sind jedoch nur durch Zerstörung lösbar.

Aufwand und Qualität der Demontage werden nicht nur von den Verbindungsarten, sondern auch von der Baustruktur eines Produktes beeinflußt, wie z.B. Anzahl und Anordnung der Baugruppen und Fügestellen. Werden alle Bauteile in einer Richtung von oben montierbar angeordnet, so erhält man eine hierarchische Baustruktur, die heute sehr einfach als Explosionszeichnung mit einem 3D-CAD-System erzeugt werden kann, wie in Bild 6.33 dargestellt. Damit kann der Konstrukteur bereits in der Entwurfsphase Montage- und Demontageprobleme erkennen und abstellen, bevor die Teile gefertigt werden.

Der Aufwand zur vollständigen Demontage kann daraus ebenfalls erkannt werden. Außerdem wird der Demontageaufwand beeinflußt durch Lage und Gestalt der Fügestellen (Fügeteile) wie z.B. Zugänglichkeit, Verbindungsvielfalt und der Demontagerichtungen.

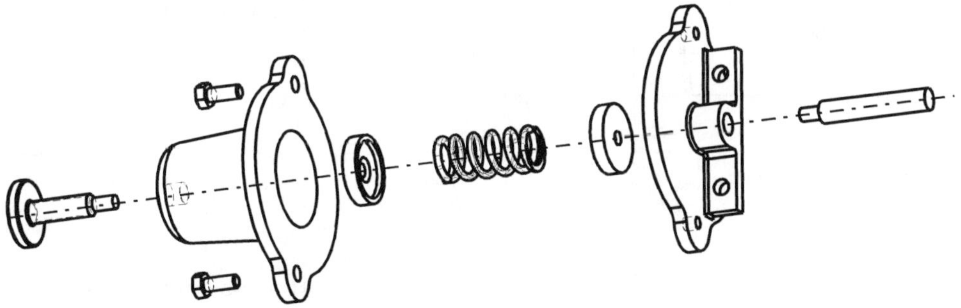

Bild 6.33: Hierarchische Baustruktur

Beispiele für die demontagegerechte Gestaltung enthält Bild 6.34 als Gestaltungsrichtlinie.

FH HANNOVER	**Gestaltungsrichtlinie** **Recyclinggerechte Gestaltung**	Blatt-Nr. 1 / 1

Verfahren: Demontage von Erzeugnissen

Grundsatz: Verbindungselemente einheitlich, gut zugänglich und beschädigungsfrei lösbar mit Standardwerkzeugen

Aufgabe / Fehler	Lösung / Verbesserung	Erklärung / Regel
Flansch mit verschiedenen Verbindungselementen 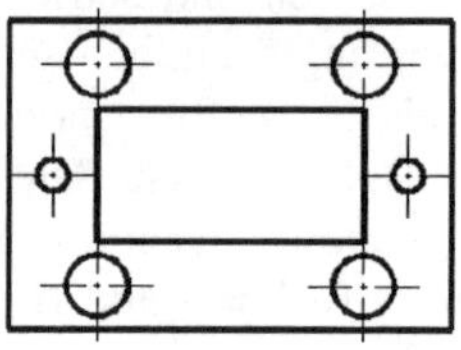	Alle Verbindungselemente sind gleich 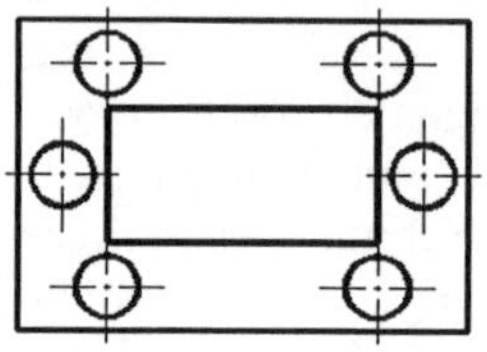	Einheitliche Verbindungselemente lassen sich schnell mit Standardwerkzeugen demontieren
Deckel bei der Demontage innen schlecht zugänglich für Werkzeuge 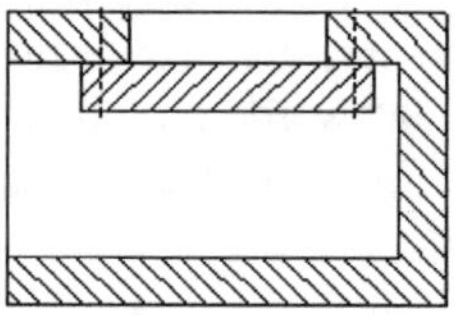	Deckel von außen gut zugänglich 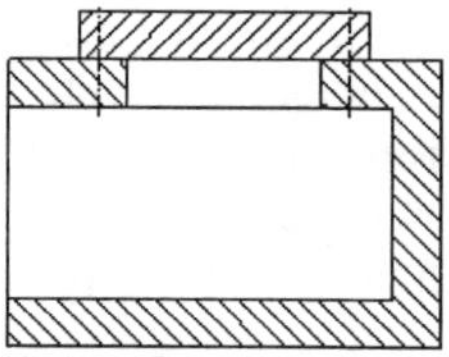	Gute Zugänglichkeit für Demontagewerkzeuge bei außen liegenden Verbindungselementen
Langer Demontageweg für das Entfernen des Lagers 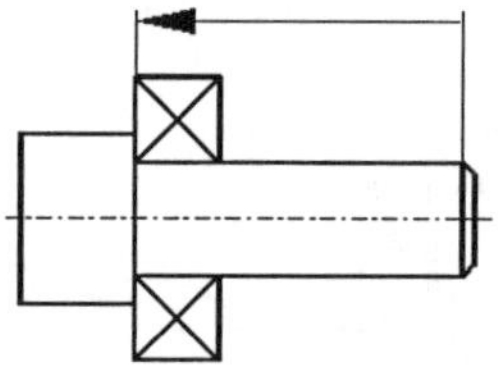	Lager muß nur von kurzem Wellenabsatz abgezogen werden 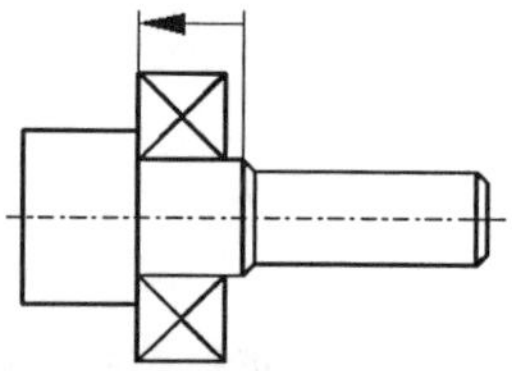	Kurze Demontagewege durch gestufte, funktionsgerechte Wellendurchmesser
Stift wird beim Entfernen beschädigt 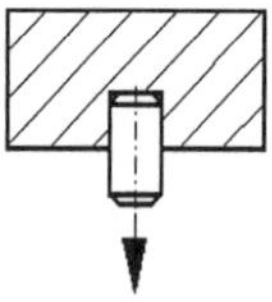	Stift kann mit Dorn ohne Beschädigung entfernt werden 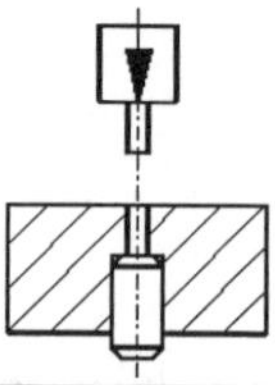	Beschädigungsfreie Demontage durch zusätzliche Formelemente wie Bohrungen, Nuten usw. ermöglichen

Bild 6.34: Recyclinggerechtes Gestalten

Schweiß-, Klebe- und Lötverbindungen erfordern als Stoffschlußverbindungen besondere Nacharbeit, da beim Lösen durch Zerstören auch die Bauteile an den Fügestellen beschädigt werden. Klebe- und Weichlötverbindungen von Metallteilen können durch thermische Behandlung leicht gelöst werden. Fügestellen von Verbindungen müssen für eine wirtschaftliche Aufbereitung leicht demontierbar, gut zugänglich und möglichst an den äußeren Produktzonen angeordnet sein.

Reinigungsgerechte Gestaltung

Reinigung:

Produkte und deren wiederverwendbare Bauteile müssen so gestaltet sein, daß eine Reinigung durchführbar und mit möglichst entsorgungsunproblematischen Reinigungsverfahren und -medien ohne Beschädigung realisierbar ist.

Die Kosten für die Reinigung von Austauschprodukten werden erst durch Nichtwiederverwendbarkeit von Bauteilen in Form von Materialkosten besonders hervortreten, wenn eine Reinigung unmöglich ist, oder wenn die Bauteiloberflächen durch Reinigung angegriffen und beschädigt werden.

Alle Verunreinigungen sollten sich rückstandslos und ohne Beschädigung der Bauteile entfernen lassen. Erreichen kann man dies durch glatte, widerstandsfähige Oberflächen, das Vermeiden von engen Sacklöchern sowie von unzugänglichen oder zerklüfteten Innenräumen. Insbesondere bei Kunststoffteilen erfordert eine reinigungsorientierte Gestaltung auch eine entsprechende reinigungs- und lösemittelresistente Werkstoffwahl.

Prüf- und Sortiergerechte Gestaltung

Prüfen:

Zur Verschleißerkennung bzw. Zustandserkennung von verschleißgefährdeten Teilen sind diese so auszuführen, daß sich ihre Wiederverwendbarkeit bzw. ihr Abnutzungsgrad möglichst leicht und eindeutig erkennen lassen.

Die Kosten für Prüf- und Sortieraufgaben werden erst durch fehlende Prüfmöglichkeiten, etwa zur Verschleißerkennung an Teilen, zu einem wichtigen Faktor, weil sonst häufig Bauteile "auf Verdacht" aussortiert werden und zu hohe Kosten für deren Ersatz durch Neuteile entstehen. Diese Forderung ist nicht immer leicht zu erfüllen; ihre Realisierung vereinfacht und sichert aber die Entscheidung über die Wiederverwendung von Teilen erheblich. Am günstigsten sind eingearbeitete Verschleißmarken (z.B. am Autoreifen), die ohne Messung eine Entscheidung ermöglichen, oder auch einfache Prüfmöglichkeiten wie bei der Dicke von Bremsbelägen.

Sortieren:

Zur Vereinfachung des Sortierens von Bauteilen aus demontierten Produkten sollen Elemente, Bauteile und Baugruppen mit gleicher Funktion in Aufbau, Anschlußmaßen und Werkstoffen standardisiert sein.

Erhöhte Arbeitskosten werden durch unnötige Teilevielfalt verursacht, die einen hohen Sortieraufwand bedeutet. Viele ähnliche, jedoch nicht ganz baugleiche Einzelteile (z.B. Schrauben, Stifte, Scheiben mit geringen Abmessungsunterschieden) sind nicht nur beim Sortieren unerwünscht. Die Kosten entstehen bei Demontage und Montage ebenso wie bei der Lagerhaltung, Bestandsprüfung und bei Bestellungen.

Neben der Standardisierung ist auch die Kennzeichnung von Bauteilen bzw. Werkstoffen als wichtiges Hilfsmittel zur Erleichterung von Sortieraufgaben unverzichtbar. Kunststoffteile sind grundsätzlich zu kennzeichnen, z.B. nach VDA 260, DIN 6120 oder DIN 7728 T1 und T2 oder durch spezielle Werknormen. Verbesserungen, die durch Standardisierung erreicht werden können, werden nicht nur in der Austauscherzeugnis-Fertigung, sondern auch in der Neuproduktion und im Ersatzteilwesen voll wirksam. Als Beispiel sollen Schrauben genannt werden, die nicht nur im Durchmesser, sondern auch in den Längen einheitlich sein sollten, zumindest innerhalb einer Baugruppe.

Aufarbeitungsgerechte Gestaltung

Bauteileaufarbeitung:

An Bauteilen, die bei der Produktaufarbeitung auf- bzw. nachgearbeitet werden müssen, sind von vornherein entsprechende Aufarbeitungsmöglichkeiten und Materialzugaben sowie Spann-, Meß- und Justierhilfen vorzusehen.

Der Anteil der Kosten für eine Bauteileaufarbeitung kann 10...45 % der Herstellkosten des Austauschproduktes betragen. Meist fehlen jedoch Aufarbeitungsmöglichkeiten an den Bauteilen, so daß zwar geringe Aufarbeitungskosten, dafür aber hohe Materialkosten für Neuteile mit bis zu 70 % Anteil an den Herstellkosten in Austauscherzeugnis-Fertigungen entstehen. Als Beispiel soll das Aufarbeiten eines Gußdeckels genannt werden, bei dem ein Steg abgebrochen ist. Ein Aufarbeiten ist nur möglich, wenn konstruktiv genügend Wandstärke vorgesehen wurde, um erforderliche Taschen einzufräsen, in die ein neues Blechteil anstelle des Gußstegs zum Befestigen eingesetzt wird.

Montagegerechte Gestaltung

Wiedermontage:

Die Wiedermontage soll einfach und gegen Fehlmontage gesichert, sowie mit gängigen, der Seriengröße in der Austauscherzeugnis-Fertigung entsprechenden Verfahren möglich sein (d.h. keine Spezialverfahren, insbesondere nicht aus der Massenfertigung).

Der Montagekostenanteil beträgt bis zu 40 % der Herstellkosten von Austauscherzeugnis-Fertigungen. Auch die Neuproduktion ist meist mit hohen Montagekosten belastet.

Die montagegerechte Gestaltung ist deshalb eine Forderung, die sowohl für Neu- als auch für Austauschprodukte gilt und zu Vorteilen führt. Die Austauscherzeugnis-Fertigung erfordert manchmal eine spezielle montageorientierte Gestaltung. Ein Montageproblem und eine konstruktive Abhilfemöglichkeit für ein Verbindungselement zeigt folgendes Beispiel. Zum Befestigen von Abdeckhauben werden oft angeschweißte Bolzen als kostengünstige Lösung in der Neuproduktion eingesetzt. Dieses Verbindungselement, das sich sehr schnell erstmalig montieren läßt, kann in der Aufarbeitung zu einem hohem Wiedermontageaufwand führen. Abhilfe schaffen eingepreßte Gewindebolzen oder eingesetzte Käfigmuttern für Hohlprofile. Da viele Produkte bereits in größeren Stückzahlen aufgearbeitet werden, rechtfertigt dies auch einen höheren Aufwand bei der Neuproduktion.

Eine Übersicht wichtiger Kriterien und Unterschiede zwischen der Montage und der Demontage zeigt Bild 6.35, in dem insbesondere noch einmal auf die Probleme bei der Demontage von Produkten hingewiesen wird. Die große Typenvielfalt und die stark schwankenden Stückzahlen von Altgeräten erschweren eine Wirtschaftlichkeit.

Montage	**Gebrauch**	**Demontage**
– Fügen aller Bauteile erforderlich – Bauteile nicht zerstören – Stückzahlen festgelegt – Typenvielfalt geplant	– Verschmutzung – Korrosion – Zerstörung – Alterung	– Verbindungen müssen zum Teil nicht gelöst werden – Zerstörung bzw. Teilzerstörung von Verbindungen und Bauteilen zulässig – Stückzahlen stark schwankend
Ziel: Sichere Funktionserfüllung	**Ziel:** Lange Gebrauchsdauer ohne Störungen	**Ziel:** Werkstoffspezifische Trennung und Sammlung

Bild 6.35: Kriterien für Montage, Gebrauch und Demontage

Allgemeine, übergreifende Regeln

Diese Gestaltungsregeln sollen Möglichkeiten zeigen, um den Neuteileaufwand bei der Aufarbeitung zu vermindern und damit die Wirtschaftlichkeit der Aufarbeitung zu verbessern.

Entscheidend sind hier Verschleiß und Korrosion bzw. Lebensdauer der Teile sowie ihre Demontierbarkeit, Instandsetzbarkeit oder Aufarbeitbarkeit. Folgende ergänzende Regeln für entsprechende konstruktive Maßnahmen sind anzuwenden:

- Verschleißlenkung auf billige, leicht auszutauschende Bauteile
- Korrosionsschutz
- Demontageerleichterung

Verschleiß:

Verschleiß ist möglichst auszuschalten, zumindest zu minimieren. Unvermeidbarer Verschleiß ist auf speziell dafür vorgesehene, leicht nachstellbare, aufarbeitbare bzw. austauschbare Elemente zu beschränken (Prinzip der Aufgabenteilung).

Auch diese Regel berührt grundsätzlich eine Vielzahl konstruktiver und werkstofftechnischer Möglichkeiten, die hier nicht behandelt werden können.

Die Verschleißlenkung auf spezielle Elemente ist z.B. von Bremsklötzen, Kohlebürsten, Radreifen, Zahnkränzen usw. bekannt und sollte konsequent genutzt werden. Es sollte auch darauf geachtet werden, daß solche Verschleißteile besonders leicht austauschbar angeordnet werden.

Korrosion:

Jedes Produkt bzw. Teil ist so zu gestalten, daß es der Korrosion möglichst keine Angriffsflächen bietet oder gegen Korrosion in einfacher und ausreichender Weise geschützt werden kann. Korrosion setzt im allgemeinen die Wiederverwendbarkeit von Produkten bzw. Teilen herab.

Die Verwirklichung dieser Regel durch konstruktive Möglichkeiten ist umfangreich in der Fachliteratur zum korrosionsgerechten Gestalten enthalten. Hier sollen nur einige Punkte genannt werden:

- Spalte und Sacklöcher in korrosionsgefährdeten Bereichen vermeiden oder abdichten; unvermeidliche Spalte möglichst groß halten,
- scharfe Kanten, rauhe Oberflächen u.ä. vermeiden,
- Guß-, Schmiede-, Walzhaut möglichst unversehrt lassen,
- Wasseransammlungen vermeiden, insbesondere Kondensatbildung unterbinden, restfreien Ablauf ermöglichen.

Gegenbeispiele sind die "toten Ecken" an Kotflügeln und Rahmen von Kraftfahrzeugen, in denen sich Schmutz und Nässe sammeln.

Funktion lösbarer Verbindungen:

Lösbare Verbindungen müssen für die gesamte Gebrauchsdauer (einschließlich Recycling) funktionsfähig bleiben, d.h. sie dürfen weder festkorrodieren noch nach wiederholtem Lösen die Haltefähigkeit verlieren.

Schraubverbindungen sind besonders anfällig gegen Spaltkorrosion. Die Spaltkorrosion tritt erheblich stärker bei mitverspannten Federringen auf, als bei genügender Vorspannung und satter Auflage.

Abhilfe schaffen geeignete Schraubensicherungen als Sperrzähne mit glatter Randauflage oder Schrauben mit mikroverkapseltem Klebstoff, der erneuert werden kann und auch ein Festkorrodieren im Gewinde verhindert.

Unter gekapselten Verbindungen darf sich kein Kondensationswasser o.ä. sammeln, um dort verstärkte Korrosion nicht zu fördern.

Reibkorrosion kann lösbare Verbindungen unlösbar machen oder die Fügeflächen beschädigen (z.B. an Nabensitzen).

Reibkorrosion kann vermieden werden durch Minimierung von Mikrogleitbewegungen mit Hilfe einer günstigen Verbindungsgestaltung sowie durch hohe Oberflächenhärte.

Schutzschichten:

Schutzschichten gegen Korrosion und andere zerstörende Einflüsse sind für die gesamte Produktlebensdauer zu bemessen; ist das nicht möglich, so müssen sie sich zumindest einfach und vollständig erneuern lassen.

Das gilt für alle Arten von Schichten, also auch an Kleinteilen und Verbindungselementen, wo dies oft vernachlässigt wird. Schichten sind aber ein Stoffverbund, dessen Eigenschaften sich negativ beim Altstoffrecycling auswirken kann. Deshalb müssen sorgfältig gebrauchsverlängernde Wirkung und Recyclingeigenschaften verglichen werden.

Zugänglichkeit:

Zur einfachen Instandsetzung und zur Demontage in der Aufarbeitung ist für eine gute Zugänglichkeit aller Elemente zu sorgen.

Verbindungselemente und Montagestellen sollten ohne Spezialwerkzeuge und ohne Vorrichtungen erreichbar sein.

C) Recycling nach Produktgebrauch

Dieses auch als ***Material-Recycling*** bezeichnete Recycling nach Produktgebrauch soll bewirken, daß die Materialien von Produkten, die nicht mehr benutzt werden, auf einer Deponie landen. Sie können als Werkstoffe gleicher Qualität wiederverwertet oder auch als Werkstoffe mit veränderten Eigenschaften weiterverwertet werden. Dazu sind die Altstoffe bzw. der Schrott so aufzubereiten, daß die Anforderungen des Verwertungsprozesses erfüllt werden. Die Aufbereitung von Einstoffprodukten ist normalerweise unproblematisch, da im wesentlichen nur zerkleinert werden muß. Der Aufarbeitungsprozeß von Produkten mit verschiedenen Werkstoffen ist erheblich komplexer.

Verwertbar sind sortenreine Altstoffe oder Altstoffmischungen, die bei der Verwertung verträglich sind. Die Verträglichkeit wird dabei von der Verwertungstechnologie und den Qualitätserwartungen für die "Sekundärwerkstoffe" bestimmt. Anzustreben sind Sekundärwerkstoffe mit gleicher Qualität wie die Primärwerkstoffe. Das bedeutet, daß die für die jeweilige Verwertungstechnologie und Qualitätsstufe verträgliche bzw. zugelassene Altstoffmischung bekannt sein muß. Außerdem muß das Altprodukt dieser Altstoffmischung entsprechen oder in verträgliche Baugruppen bzw. Bauteile zerlegbar sein. Für solche Trennungen gibt es Aufbereitungsverfahren, die oft auch reinigen, sortieren und zerkleinern. Der Konstrukteur kann durch die Produktgestaltung die Produktstrukturen so beeinflussen, daß sie für Aufbereitungsverfahren geeignet sind.

Die Verwertung von Metallschrott wird schon sehr lange durchgeführt. Dafür sind sog. Altstoffgruppen bekannt, in die ein Altstoff passen muß, um problemlos wieder- oder weiterverwertet werden zu können. Altstoffgruppen enthalten nach Werkstoffarten zusammengestellte Legierungen mit Angabe der höchstzulässigen Elementeanteile und Angaben der zulässigen metallischen und nichtmetallischen Beimengungen (z.B. Aluminium-Altstoffgruppen für Aluminiumlegierungen).

Die Verwertung von Altkunststoffen ist dagegen in einigen Bereichen heute noch problematisch und muß noch durch Forschung geklärt werden. Außerdem ist die gegenseitige Beeinflussung der Verwertungstechnologien und der vorgeschalteten Aufbereitungsverfahren stärker als bei metallischen Werkstoffen.

Konstrukteure kennen im wesentlichen die Fertigungs- und Montageverfahren für die Aufarbeitung, während Aufbereitungsverfahren häufig unbekannt sind. Die Aufbereitungsverfahren erfordern grundlegende Kenntnisse über werkstofftechnische Zusammenhänge und Technologien.

Konstruktionsregeln

Die folgenden Regeln nach VDI 2243 sind nur Empfehlungen und Anregungen für den Konstrukteur, mit denen er das Altstoffrecycling als wichtigstes Materialrecycling durch Werkstoffwahl und Produktaufbau erleichtern kann.

Altstoff-Verwertung

Der Konstrukteur muß bei der Produktentwicklung bereits an die Rückgewinnung der Werkstoffe und an sonstige Entsorgungsmaßnahmen nach Gebrauchsende denken. Dazu ist es erforderlich, den Produktlebenszyklus und den geeigneten Recyclingweg von vornherein einzuplanen und in der Anforderungsliste festzulegen.

Trotz hoher Lebensdauer, Instandsetzung und Aufarbeitung ist jedes Produkt einmal in seiner Gebrauchsfähigkeit erschöpft. Dann ist die Verwertung der Werkstoffe nach der Auflösung der Produktgestalt erforderlich. Für den Konstrukteur ist die bewußte Auslegung eines Produktes auch hinsichtlich der Schlußphase etwas völlig Neues. Die bisher bestehenden Entwicklungsziele wie sicherheitsgerecht, gebrauchsgerecht, fertigungsgerecht, kostengerecht usw. müssen aber auch beachtet werden.

Kennzeichnung

Entsprechend der generellen Verwertungsforderung ist eine geeignete Aufbereitungs- und Verwertungstechnologie festzulegen und deren Durchführung durch eine gut sichtbare, nicht entfernbare und maschinenlesbare Kennzeichnung an Teilen, Gruppen und/oder am Gesamtprodukt hinsichtlich der verwendeten Werkstoffe, der geeigneten Altstoffgruppen, der Baustruktur mit ihren Demontagemöglichkeiten und weiteren Angaben zu unterstützen.

Für ein wirtschaftliches und qualitativ hochwertiges Materialrecycling sowie für ein chemisches Recycling von Kunststoffteilen ist eine solche Kennzeichnung erforderlich. Möglichkeiten sind für Kfz-Teile und allgemeine Anwendungen durch die Richtlinie VDA 260 seit 1984 und für Verpackungen durch die Norm DIN 6120 seit 1990 bekannt.

Da beide Unterlagen nicht so aussagefähig sind und nicht die eigentlich erforderliche eindeutige Kennzeichnung umfassend darstellen, sind neue Vorschläge vorhanden, die von Firmen entwickelt wurden.

Werkstoffwahl

Bauteile sollen grundsätzlich aus wieder- und weiterverwertbaren Werkstoffen bestehen.

Ein Recycling ist also den anderen Entsorgungsverfahren Verbrennung und Deponielagerung vorzuziehen. Dies gilt besonders für Kunststoffteile und bedeutet, daß Thermoplaste den Duromeren und Elastomeren vorzuziehen sind. Eine Stoffrückgewinnung kann dann nicht nur durch Materialrecycling, sondern auch durch chemisches Recycling erfolgen.

Einstoffprodukt/-teil

Teile bzw. Produkte aus nur einem Werkstoff sind am besten zu verwerten und deshalb anzustreben.

Kunststoffe und Metalle sollten durch Funktionsintegration, Eigenverstärkungen durch technologische Maßnahmen, Rippenanordnungen und entsprechende Gestaltungsmaßnahmen eine Einstoff-Integralkonstruktion ermöglichen. So sollte z.B. bei Pkw-Stoßstangen das Trägerskelett aus dem gleichen Material bestehen wie der Integralschaum, der durch einen flächenhaften Verbund die Form der Stoßstange ergibt. Fremdverstärkungen durch Fasern, Füllungen und andere Misch- bzw. Hybridbauweisen sollten vermieden werden.

Die Bedienungsfrontplatten für Waschmaschinen, bei denen alle Elemente aus demselben Thermoplast bestehen, einschließlich erforderlicher Federelemente für Schalter, die cbenfalls aus dem gleichen, aber eigenverstärkten Thermoplast gefertigt sind, sind ein weiteres Beispiel.

Werkstoff-Verträglichkeit

Wenn sich ein verwertungsoptimales Einstoffprodukt nicht verwirklichen läßt, sind zumindest nur solche verträgliche Werkstoffkombinationen (auch Lacke und Beschichtungen) als untrennbare Einheit anzustreben, die sich wirtschaftlich und mit hoher Qualität verwerten lassen (Altstoffgruppendenken).

Der Konstrukteur muß zur Erfüllung dieser Regel die Anforderungen der unterschiedlichen Verwertungsverfahren kennen, die auch die Auswahl, des Aufbereitungsverfahrens beeinflussen. Er braucht Informationen, aus denen er für einen bestimmten Werkstoff ersehen kann, mit welchen anderen Werkstoffen dieser gemeinsam problemlos verwertet werden kann.

Geeignet sind Werkstoff-Verträglichkeitsmatrizen, die, mit Bewertungsangaben versehen, eine Zuordnung der unterschiedlichen Werkstoffarten innerhalb einer Werkstoffgruppe (z.B. Aluminiumlegierungen) in Form einer Matrix darstellen. Dafür sollten möglichst wenig Altstoffgruppen definiert werden, deren chemische Zusammensetzung für eine Verwertung günstig ist. Diesen Altstoffgruppen werden die Konstruktionswerkstoffe der Legierungsfamilie zugeordnet. Am weitesten fortgeschritten ist die Definition der Altstoffgruppen bei Aluminiumlegierungen, für Eisenwerkstoffe ist nur ein grober Vorschlag bekannt und für Kunststoffe gibt es erste Ansätze.

Werkstofftrennung

Läßt sich die Werkstoffverträglichkeit für untrennbare Teile und Gruppen eines Produkts nicht erreichen, so sollen diese weiter in werkstoffverträgliche (bzw. Einstoff-) Einheiten aufgelöst werden können. Eine Trennung muß nicht unbedingt zerstörungsfrei erfolgen. Wird eine zerstörungsfreie Trennung angestrebt, um die Möglichkeit einer Aufarbeitung und Wiederverwendung einzelner Teile zu ermöglichen, sind lösbare Verbindungselemente einzusetzen.

Demontagegünstige Baustruktur

Die eine Komplettverwertung störenden Teile und Gruppen eines Produkts, die im Zuge einer partiell getrennten Aufbereitung durch Demontage abgetrennt werden sollen, sollen leicht demontierbar und gut zugänglich an den äußeren Produktzonen angeordnet und gekennzeichnet sein.

Eine Zerlegung in Altstoffgruppen oder eine Abtrennung störender Teile ohne großen Aufwand mit einfachen Werkzeugen und möglichst ungelerntem Personal ist anzustreben. Nur dann ist eine wirtschaftliche Vordemontage auf Schrottplätzen oder in speziellen Aufbereitungsbetrieben vor den kompaktierenden, zerkleinernden und sortierenden Aufbereitungsverfahren durchführbar. Die Demontagefreundlichkeit eines Produktes wird bestimmt durch

- seine Baustruktur
- die Anzahl seiner Baugruppen und Bauteile
- die Gestaltung der Fügestellen und
- die Wahl der Verbindungsverfahren (-elemente)

Ein demontagefreundliches Produkt dient auch einer wirtschaftlichen Aufarbeitung bzw. Wieder- und Weiterverwendung. Gestaltungsrichtlinien für eine demontagegerechte Gestaltung der Fügestellen wurden bereits vorgestellt.

Demontagegünstige Verbindungstechnik

Es sind Verbindungsverfahren bzw. -elemente anzustreben, die auch nach der geplanten Produktnutzungsdauer noch leicht lösbar sind. Anderenfalls sollten von vornherein Verbindungen gewählt werden, die leicht zerstörbar sind, ohne die gefügten Bauteile nennenswert zu beschädigen.

Für Bauteilverbindungen gibt es viele Verfahren und Elemente, die zunächst nach ihrem Tragverhalten und ihren Montageeigenschaften ausgewählt werden.

Recyclinggerechte Verbindungstechnik erfordert zusätzlich die Berücksichtigung von Demontage- und Zerstörungseigenschaften. Da insbesondere die Tragfähigkeit sowie alle weiteren Eigenschaften einer Verbindung stark von der Werkstoffwahl und dem konstruktiven Umfeld abhängen, können qualitative Hinweise nur Tendenzaussagen sein.

Hochwertige Werkstoffe

Besonders wertvolle und knappe Werkstoffe sind gut zu kennzeichnen und zerlegungsgerecht anzuordnen. Bauteile aus hochwertigen Werkstoffen sollten stets aufbereitungsgerecht angeordnet werden, so daß eine getrennte Verwertung möglich ist. Dies gilt auch, wenn diese Teile die Komplettverwertung eines Produktes nicht stören, bzw. mit den übrigen Werkstoffen verträglich sind. Beispiele: Nichtrostende Stähle bei Waschmaschinen und Geschirrspülern.

Gefährdung

Stoffe, die bei der Aufbereitung und/oder Verwertung eine Gefahr für Mensch, Anlage oder Umgebung darstellen (z.B. giftige oder explosive Stoffe), sind in jedem Fall gut zu kennzeichnen und leicht abtrennbar bzw. entleerbar anzuordnen. Beispiele: Frigen in Kühlaggregaten, Benzin und Öle in Kraftfahrzeugen, Kühlöl in Transformatoren.

Recyclinggerecht gestaltete Produkte

Beispiele aus Industrieunternehmen mit zumindest teilweiser Beachtung der Recyclinggesichtspunkte bei der Produktentwicklung kommen zunehmend auf den Markt. Sie zeigen, daß eine recyclinggerechte Produktgestaltung nicht im Widerspruch zu einer funktionsgerechten und wirtschaftlichen Gestaltung stehen muß. Maßnahmen für verwertungsgünstige Baustrukturen sowie Werkstoffe und für eine aufarbeitungsgünstige Produktgestaltung bedeuten in der Regel auch eine Fertigungs-, Montage- und Instandhaltungsvereinfachung, eine Konzentration auf wenige Werkstoffe und eine wirtschaftliche Produktnutzung.

Die folgenden Beispiele aus der VDI 2243 zeigen, wie ein Produktrecycling während des Produktgebrauchs und ein Recycling nach dem Produktgebrauch erleichtert werden kann.

Batteriegehäuse aus PP = Polypropylen:

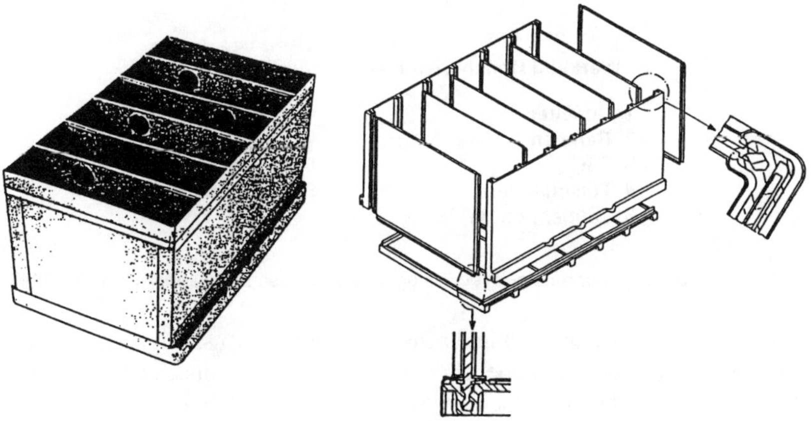

Bild 6.36: Zerlegbar gestaltetes Batteriegehäuse (nach VDI 2243)

Während die bisherige Integralkonstruktion nur im Shredder zerkleinert werden konnte, ermöglicht die zerlegbare Konstruktion nach Bild 6.35 in Differentialbauweise, die Schnappverbindungen und abdichtbare Nut- und Federverbindungen verwendet, nach Gebrauch eine Zerlegung der einzelnen Gehäuseteile. Diese können nach Reinigung entweder direkt wiederverwendet oder nach Zerkleinerung und gegebenenfalls Aufwertung wiederverwertet werden.

Aufbau eines recyclinggerechten Geschirrspülers:

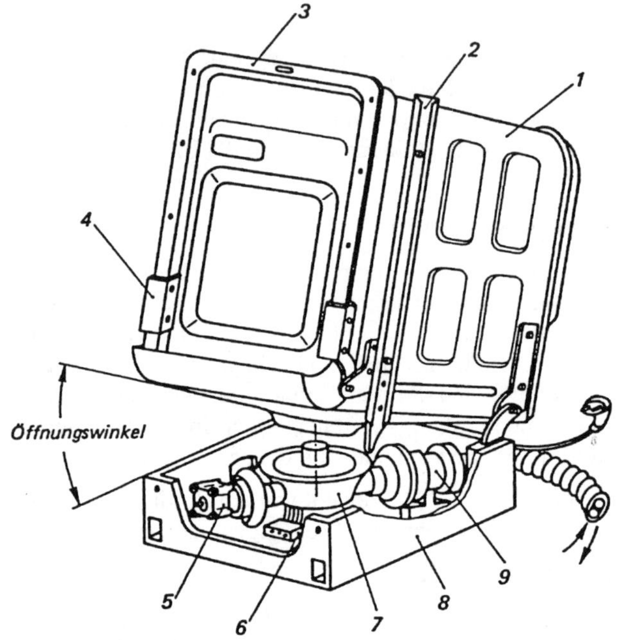

Werkbild Bosch-Siemens Hausgeräte

1 Behälter
2 Rahmen
3 Tür
4 Türscharnier
5 Laugenpumpe
6 Anschlußtechnik
7 Pumpentopf
8 Montageboden
9 Umlaufpumpe

Bild 6.37: Aufbau eines recyclinggerechten Geschirrspülers (nach VDI 2243)

Wie im Bild 6.37 gezeigt, sind in einem Bodenteil alle Zusatzaggregate wie Umwälzpumpe, Pumpentopf, Laugenpumpe und Durchlauferhitzer einschließlich aller Anschlußinstallationen untergebracht. Dabei wurde dieses Bodenteil (Montageboden) so gestaltet, daß keine Befestigungselemente für die Aggregate notwendig sind, sondern diese nur durch den Boden des Geschirrspülergehäuses gehalten werden. Gehäuse und Bodenteil sind durch ein Kippscharnier auf- und zuklappbar, so daß die Aggregate bei der Erstmontage durch den möglichen Öffnungsspalt nach Ankippen des Gehäuses ohne Verbindungselemente leicht montiert und später für eine Aufarbeitung oder ein Altstoffrecycling auch wieder entnommen werden können. Die Verbindung des Pumpentopfes mit der Spülarmlagerung innerhalb des Gehäuses erfolgt durch eine zylindrische Schnappverbindung. Im Innenraum des Gehäuses wurden die Wasserführungsteile ebenfalls konstruktiv zusammengefaßt und nur durch Einhängeösen bzw. zwei Schrauben in ihrer Lage fixiert.

Die Beispiele zeigen, daß es möglich ist, den Aufwand für Recycling und Demontage künftig durch konstruktive Maßnahmen zu verringern und die Mehrkosten in der Produktion somit gerechtfertigt sind. Eine geringe Erhöhung der Herstellkosten in der Produktion führt meistens zu einer Verringerung der Gebrauchskosten und zu einer erheblichen Senkung der Entsorgungskosten. Bisher war der gegenläufige Trend üblich. Erst mit der zunehmenden Verantwortung des Konstrukteurs und dem gestiegenen Umweltbewußtsein erhielten niedrige Entsorgungskosten die notwendige Bedeutung.

Zur Zeit ist es noch häufig so, daß der Hersteller Produktionskostenvorteile für sich verbuchen kann, während Gebrauchs- und Entsorgungskosten dem Anwender bzw. der Allgemeinheit entstehen. Eine Rücknahmeverpflichtung der Hersteller für gelieferte Produkte und damit auch die Übernahme der Entsorgungskosten wird zur Zeit intensiv diskutiert, da der Gesetzgeber entsprechende Verordnungen nach dem Abfallwirtschaftsgesetzes plant bzw. schon umgesetzt hat.

6.5.5 Entsorgungsgerechte Gestaltung

Die Umgestaltung des heutigen Produzierens und Konsumierens wird zur elementaren Voraussetzung unserer weiteren Existenz, da die von der menschlichen Zivilisation verursachten Fehlentwicklungen und Gefahren durch nachsorgende Techniken alleine nicht behoben werden können.

Jeder Ansatz für die Umgestaltung muß von dem unerreichbaren, aber ständig anzustrebenden Ziel der Kreislaufwirtschaft ausgehen, in der keine nicht regenerierbaren Ressourcen (Rohstoffe, Energieträger, Luft und Boden) verbraucht und keine nicht natürlich abbaubaren oder schadstoffbefrachteten Abfälle entstehen.

Die ***Entsorgung*** komplexer Produkte (Kühlschränke, Fernsehgeräte, Computer, Kraftfahrzeuge usw.) zeigt die Problematik besonders deutlich, da diese Produkte in großer Anzahl pro Jahr anfallen. Fernsehgeräte und Kraftfahrzeuge müssen heute bereits in einer Stückzahl von jeweils ca. 2 Millionen pro Jahr als Abfall entsorgt werden. Die Industrie entwickelt heute immer neue Verfahrenstechniken und Werkstoffe mit neuen, in vielen Bereichen verbesserten Eigenschaften, wie z.B.:

- Steigerung der Sicherheit des Verbrauchers
- Kosteneinsparungen
- leichtere Formbarkeit und Verarbeitbarkeit bei der Produktion und
- modisches Design

Nicht unerwähnt bleiben darf in diesem Zusammenhang, daß in den letzten Jahren z.B. durch die Halbierung des Energieverbrauchs von modernen Haushaltsgeräten auch umweltrelevante Fortschritte erzielt wurden. Diesen Vorteilen stehen aber zunehmend größere Nachteile für die Entsorgung gegenüber. Die technische Entwicklung führt dazu, daß:

- die Anzahl der verwendeten Werkstoffe in einem Produkt wächst
- das Spektrum dieser Stoffe, wie z.B. der Kunststoffe, immer breiter wird
- die Verbindungen zwischen den Bauteilen durch Verschweißungen, Verklebungen und Beschichtungen zunehmen und damit dafür sorgen, daß die Produkte immer schwerer demontierbar, also technisch schlechter trennbar werden

Eine angestrebte stoffliche Verwertung (Stoffrecycling) wird durch diese Entwicklungen immer schwieriger.

Die heute verwendeten Recycling-Konzepte haben aber ihre Grenzen, wie viele Fachleute bereits wissen. Aufgrund der heute angewendeten Konstruktions- und Werkstofftechnik können zu wenige Produkte nach Gebrauch einer stofflichen Wiederverwertung zugeführt werden. Außerdem verlagert der Recyclingprozeß die Schadstoffe nur in das nächste Produkt. Dieses Problem läßt sich durch wenige Beispiele veranschaulichen:

- Zusätze zur Haltbarkeit von Kunststoffen (Additive usw.),
- Oberflächenbehandlungen mit Chrom, Zink usw.,
- Beschichtungen mit Brom zur Reduzierung der Entflammbarkeit.

Ingenieure und Unternehmer, die Produktverantwortung ernst nehmen, müssen bemüht sein, die mit industriellen Techniken geschaffenen Produkte und deren Stoffflüsse nicht offen enden zu lassen, sondern nach natürlichen Vorbild in Kreisläufen zu schließen. Für Konstrukteure sind Kenntnisse sehr hilfreich, die auf den bekannten Grundregeln des Gestaltens aufbauen und die Entsorgung mit erfassen, wie in Bild 6.38 gezeigt.

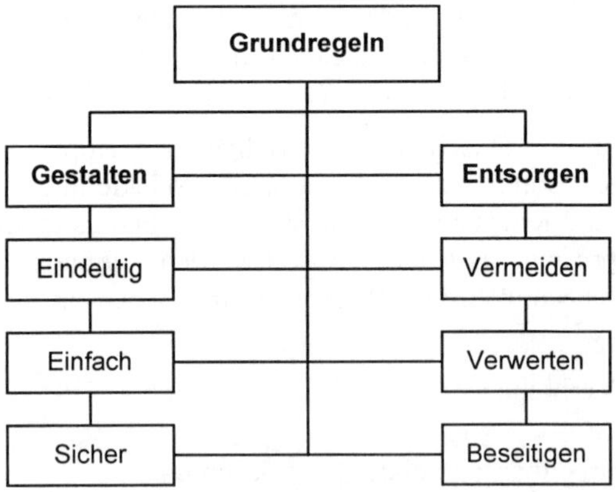

Bild 6.38: Grundregeln entsorgungsgerechter Gestaltung

Ingenieure, die ständig bemüht sind, Produkte und Produktion technisch zu verbessern, werden immer häufiger auf den bekannten Lehrsatz stoßen:

Das gesamte Leistungs- und Kostenprofil eines Produktes wird bereits zu mehr als zwei Drittel in der Konstruktion festgelegt.

Nur unerhebliche Anteile der Produkteigenschaften können danach, in den folgenden Produktentstehungsbereichen etwa durch verbesserte Herstellverfahren oder durch sachgemäßen Gebrauch, günstig beeinflußt werden.

Zu diesen schon bekannten Aufgaben kommen inzwischen weitere hinzu. Auch die Eigenschaften eines Produktes in bezug auf seine Entsorgung bzw. seine Eignung zum Recycling werden bei seiner Produktion maßgeblich mitbestimmt. Der Hersteller muß neben Produktion und Gebrauch in Zukunft auch die Entsorgung der Produkte mit bedenken. Dies wird sich auch in den Produktgesamtkosten zeigen. Die ***Entsorgungskosten*** werden neben den Gebrauchskosten wachsende Anteile an den Produktgesamtkosten haben. Dies wird sich besonders auf die Großserienprodukte auswirken, wenn man deren Kostenverteilung nach Bild 6.39 betrachtet.

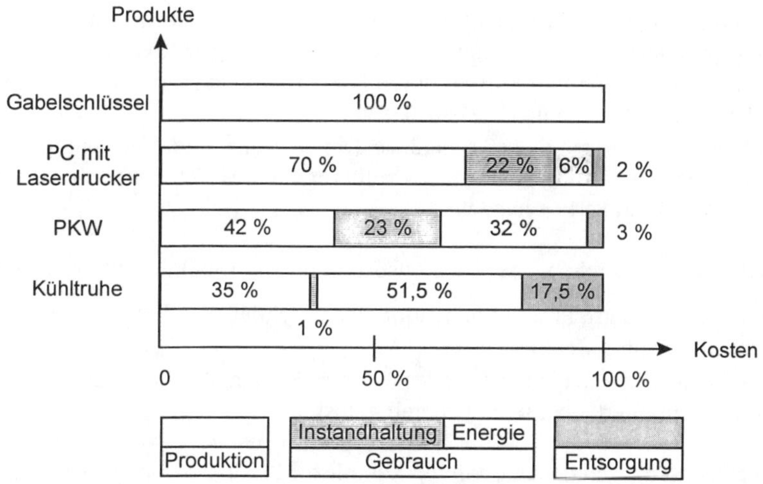

Bild 6.39: Kostenverteilung von Großserienprodukten (nach IPA)

Staatliche Maßnahmen, die in Form von Gesetzen die Abfallentsorgung regeln, gibt es durch ein bundesweites Abfallbeseitigungsgesetz von 1972.

Das Abfallbeseitigungsgesetz wurde 1986 durch das "Gesetz über die Vermeidung und Entsorgung von Abfällen" (Abfallgesetz - AbfG) ersetzt.

Das Abfallgesetz führte die Prioritätenfolge Abfall ein:

Vermeidung vor Verwertung vor Beseitigung

Die Bundesregierung wurde in Paragraph 14,1 AbfG ermächtigt, folgende Maßnahmen zu erlassen: Kennzeichnungspflicht, Pflicht zu getrennter Entsorgung, Rücknahme- und Pfandpflicht, Bestimmte Beschaffenheit.

Das Bundesministerium für Umwelt, Naturschutz und Reaktorsicherheit sorgt durch entsprechende Verordnungsentwürfe dafür, daß die erforderlichen Rechtsverordnungen von der Bundesregierung verabschiedet werden, die dann in die Praxis umzusetzen sind.

Ziele und Ansatzpunkte

Die entsorgungsgerechte Gestaltung sollte bei der Entwicklung von Produkten ausgehend vom Abfallgesetz (vermeiden, verwerten, beseitigen) folgende Ziele in der angegebenen Reihenfolge erfüllen:

- Vermeidung von Schadstoffen (bzw. Verminderung von Rohstoffen).
- Wiederverwendung von aufgearbeiteten Produkten oder Produktteilen, z.B. Austauschmotoren, runderneuerte Reifen.
- Wiederverwertung durch Rückgewinnung und stoffliche Verwendung der Werkstoffe möglichst auf dem technisch gleichwertigen Niveau des Ursprungsproduktes.
- Weiterverwertung der Werkstoffe auf einem technisch niedrigeren Niveau als das Ursprungsprodukt, aber auf einem immer noch hochwertigen Niveau.
- Pyrolyse (Zersetzung von Stoffen durch hohe Temperaturen) von Kunststoffen zu chemischen Grundstoffen wie Öl, Benzol usw.
- Beseitigung durch möglichst schadlose Deponierung und Verbrennung. Der Begriff "thermische Verwertung" wirkt hier irreführend, da es sich lediglich um eine Verbrennung in Müllkraftwerken handelt.

Beachtet man diese Ziele bei der Neukonstruktion von Produkten, gibt es Konflikte:

- Langlebigkeit kontra Produktinnovation und anschließende Entsorgung
- Kunststoffe kontra Metalle
- wertvolle Werkstoffe ("einer für alles") kontra Kostengünstigkeit usw.; also nur für den Einzelfall optimiert, aber nicht generell gelöst

Für die entsorgungsgerechte Gestaltung komplexer Produkte sind bisher keine Regeln und Erkenntnisse in ähnlicher Form wie für die bekannten Gestaltungsrichtlinien vorgestellt worden. Deshalb sollen hier erste Ansatzpunkte aufgezählt werden, die noch durch intensive Untersuchungen zu konstruktionsgerechten Richtlinien aufbereitet werden müssen. Eine gewisse Überschneidung und Ergänzung mit recyclinggerechten Regeln ist dabei nicht zu vermeiden.

Entsorgungsgerecht Gestalten bedeutet, bereits bei der Konstruktion die Prioritätenfolge Abfall nach dem Abfallgesetz einzuhalten:

Vermeidung vor Verwertung vor Beseitigung

Die Produkte sind so zu gestalten, daß bei der Entsorgung nach einer langen Lebensdauer möglichst wenig Abfall entsteht, der problemlos zu beseitigen ist.

Schadstoffarme Werkstoffauswahl

- Vermeidung von Schwermetallen (cadmiumfreie Farben und Schrauben, keine bleihaltigen Lagermetalle)
- Vermeidung von halogenierten Polymeren (z.B. PVC)
- Vermeidung von formaldehydhaltigen Holz- und Kunststoffen
- Vermeidung konventioneller Lacke, statt dessen Verwendung von Hydrolacken oder noch besser von Pulverlacken
- Verzicht auf Produktion und Verwendung von FCKW
- Verwendung von Polyolefinen, allerdings nicht zu Lasten von Mehrfachverwendung

Vermeidung von Beschichtungen

- Verzicht auf brom- und cadmiumhaltige Beschichtungen

Lebensdauererhöhung

- durch hochwertigere Werkstoffe (nicht zu Lasten der Entsorgungsfreundlichkeit)
- durch Reparaturfreundlichkeit (z.B. leichte Austauschbarkeit von Bauteilen durch Modulbauweise und neue Verbindungstechniken)

Demontagefreundlichkeit

- einfache Demontage als Voraussetzung für alle weiteren Ansätze, denn meistens werden in einem Produkt mehrere Ansätze zum Zuge kommen)
- Vermeidung von Verklebungen und Verschweißungen
- Entwicklung von Klett-, Steck- und Schnappverbindungen sowie Spannverschlüssen

Bauteilkennzeichnung

- Recyclingeigenschaften kennzeichnen

Wiederverwendung einzelner Bauteile nach Aufarbeitung

- Verwendung langlebiger Werkstoffe
- Verstärkung von mechanischen belasteten Stellen

Reduktion der Bauteile zur Erhöhung der Reparaturfreundlichkeit

- Zusammenfassung von Funktionen in einem Bauteil (Zielkonflikte beachten, wenn diese komplexen Bauteile schadstoffbelastet sind)
- Standardisierung (Verwendung von DIN- und Werknormteilen)

Werkstoffminimierung

- Wandreduktion von Gehäusen
- Verkleinerung der Produkte
- Stabilitätsanalyse aller Teile

Werkstoffkennzeichnung zur leichteren Verwertung

- einheitliche Numerierung oder Kurzkennzeichnung nach DIN
- produktspezifische Kennzeichnung nach Werknormen

Recyclingfreundliche Werkstoffe

- Verwendung wertvoller Werkstoffe (Zielkonflikte möglich bei hohem Energieverbrauch bei der Herstellung der Werkstoffe)
- Werkstoffverträglichkeit
- Einsatz von Thermoplasten, die sortenrein eingeschmolzen und als Regenerate erneut technisch hochwertige Kunststoffe sind

Minderung der Werkstoffvielfalt

- nur eine Kunststoffart pro Baugruppe
- nur eine NE-Metallart pro Baugruppe

Vermeidung von Verpackung bzw. Verwendung von wiederverwendbaren Verpackungen oder recyclingfähigen bzw. biologisch abbaubaren Verpackungsmaterialien

- Verringerung von Verpackungsmaterial
- Einsatz von wiederverwendbaren (z.B. nachfüllbaren) Behältern
- Einsatz von einem einzigen, recyclingfähigen Verpackungsmaterial
- Einsatz von biologisch abbaubaren Verpackungsmaterialien

Entsorgungsprobleme

Analysen der Entsorgungswirtschaft haben für Computer Hinweise ergeben, die beachtet werden sollten. Steuereinheit und Monitor müssen einen energiesparenden Ruhezustand aufweisen. Die Geräte müssen leicht demontierbar sein. Es dürfen keine Flammschutzmittel verwendet werden und der Schallpegel darf im Arbeitszustand 55dB (A) nicht überschreiten. Bestandteile des Computerschrotts sind in Bild 6.40 angegeben.

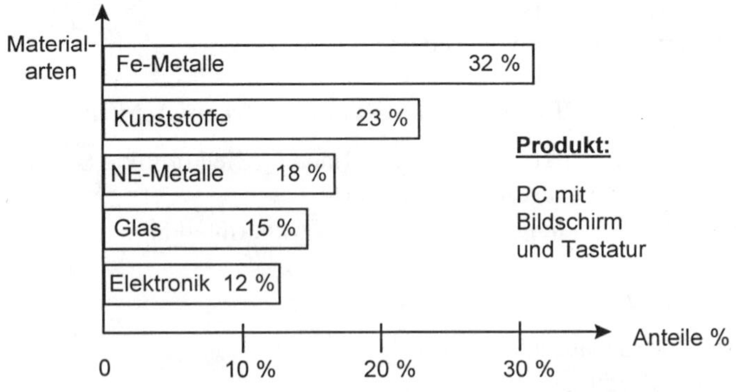

Bild 6.40: Bestandteile des Computerschrotts 1994 (nach Entsorgungswirtschaft)

Die Umweltauswirkungen von Verpackungen sind Gegenstand intensiver Diskussionen, deren Ausmaß und Heftigkeit den Stellenwert von Verpackungsfragen innerhalb der gesamten Umweltproblematik bei weitem übertrifft. Dies ist durch die Präsenz von Verpackungen im Alltag des Konsumenten erklärbar. In der Umweltpolitik werden Verpackungssysteme fast immer aus der Sicht des Abfalls an Einzelhandelspackungen, also lediglich an Hand des für die Allgemeinheit sichtbaren Teils ihrer Endstufe, beurteilt. Es wird kaum berücksichtigt, daß eine ganzheitliche Bewertung der Umweltverträglichkeit sämtliche Auswirkungen bis zur Entsorgung beachten muß.

Im Jahr 1995 wurde von Großunternehmen der chemischen Industrie mitgeteilt, daß der Bau von Anlagen für die Entsorgung von Kunststoff-Recyclingmaterial nicht im vorgesehenen Umfang durchgeführt wird, da nicht genügend Material auf dem Markt anfällt.

Ähnliche Aussagen werden von Auto-Entsorgungsunternehmen gemacht, die erheblich größere Mengen an Kunststoff-Recyclingmaterial aus Altautos liefern müßten, um Abnehmer als Kunden zu gewinnen. Die auf diesem Gebiet entstehende Überkapazität von Zerlegungsbetrieben für Altautos führt heute schon dazu, nur noch leicht wiederverwertbare Teile zu demontieren und den Rest in den Shredder wandern zu lassen. Ausschlaggebend sind die Kosten. Die Demontage von Altautos kostet 250 bis 800 DM pro Wagen. Die Firma Thyssen-Henschel entwickelt zur Zeit ein Verfahren, bei dem Altautos im Shredder zerkleinert werden und die sogenannte Shredder-Leichtfraktion (Gummi, PVC, Fasern, Glas usw.) soweit aufbereitet wird, daß alles im Hochofen zur Eisenerzeugung eingesetzt werden kann. Die Kosten für die Aufbereitung betragen 70 DM/t und sind damit um 180 bis 680 DM günstiger als die Deponierung der Leichtfraktion. Da diese Hochofenlösung noch 100 DM für das Shreddern kostet, ist sie insgesamt günstiger als die vollständige Zerlegung.

Die gesamte Problematik besteht solange, bis die Verordnungen Gesetzeskraft haben, wie z.B. die ab 01.04.98 geltende Altautoverordnung oder die Batterieverordnung vom 27.03.98. Die Verfahren und die Unternehmen gibt es, aber ohne gesetzliche Ordnung ist die Kostenfrage ungeklärt und dadurch passiert viel zu wenig. Ingenieure, die verantwortungsbewußt ihre Aufgaben erledigen, sollten sich darüber bewußt sein, daß sie es sind, die die Technik und die Verfahren zur wirtschaftlichen Umsetzung von Recycling und Entsorgung kennen. Sie sind aufgefordert, sich entsprechend zu verhalten, ohne irgendwelche Aussagen ungeprüft für ihr Denken und Handeln zu übernehmen.

6.5.6 Gestaltungsbewertung

Die Bewertung von Entwürfen erfolgt mit den gleichen Methoden und Hilfsmitteln wie in Abschnitt 5 beschrieben. Hier sollen nur ergänzend Hinweise und Erläuterungen zur Vorgehensweise beim Entwerfen genannt werden. In dieser Konstruktionsphase sind die Eigenschaften des neuen Produkts, durch die jetzt vorliegende Gestaltung aller wesentlichen Bauteile, der Fügestellen und der Verbindungen aller Baugruppen zum Produkt, genauer beurteilbar. Jetzt kann bewertet werden, ob und wie die Anforderungen der Anforderungsliste erfüllt werden und wie gut die Eigenschaften des Produkts zu erwarten sind. Zur Unterstützung ist im Bild 6.41 ein ***Bewertungskatalog*** für die Entwurfsphase enthalten.

FH HANNOVER	Bewertungskatalog für die Entwurfsphase	Blatt-Nr. 1/1

Hauptmerkmal	**Nebenmerkmale**	**Beispiele / Hinweise**
Funktion	Hauptfunktion Nebenfunktion	Erfüllung aller Haupt- und Nebenfunktionen mit geringem Aufwand und bewährten Lösungselementen
Wirkprinzip	Prinzipienwahl Wirkung Störgrößen Kenntnisse	Lösungsprinzip technisch beherrscht; hoher Nutzen; keine Schwachstellen; unempfindlich gegen Störungen; Unsicherheiten durch Versuche geklärt
Gestaltung	Komponenten Raumbedarf Werkstoffe Auslegung	einfache, eindeutige und sichere Teile, Baugruppen, Produkte; genormte Werkstoffe; Normteile; Zulieferkomponenten einsetzen; bewährte Auslegeverfahren vorhanden
Sicherheit	Sicherheitstechnik Schutzmaßnahmen Arbeitssicherheit Umweltsicherheit	unmittelbare Sicherheitstechnik für Mensch, Maschine und Umwelt; Sicherheitsvorschriften eingehalten; Betriebssicherheit gewährleistet
Ergonomie	Schnittstelle Belastungen Design	Bedienung einfach, eindeutig und sicher; Kundengerechte Formgestaltung und Funktion; Arbeitsbelastung unter den Grenzwerten der Normen und Vorschriften
Fertigung	Fertigungsverfahren Teile Vorrichtungen	Verfahren für kostengünstige Teile hoher Qualität; wenige Arbeitsgänge mit sicher beherrschten Verfahren; keine Sonderfertigung
Prüfung	Messen Prüfen	meß- und prüfgerechte Eigenschaften; mit Standardverfahren nachweisbar
Montage	Montageaufwand Montagevorrichtung Montagerichtungen	einfache Montage aller Teile und Baugruppen; wenig Einstellungen und Anpassungen; wenig Spezialwerkzeuge und Vorrichtungen
Transport	Transportarten	Transporthilfen für Montage und Versand
Gebrauch	Einsatz Lebensdauer Bedienung	sicheres Betriebsverhalten; wenig Verbrauchsmaterial; keine Umweltbelastung; lange Lebensdauer; einfach auswechselbare Verschleißteile; Bedienfehler ausschließen
Instandhaltung	Wartung Inspektion Instandsetzung	keine oder einfach durchführbare Wartung; gute Zugänglichkeit; einfache Demontage; große Inspektionsintervalle; Lebensdauerschmierung
Recycling	Verwertung Entsorgung	einfache Demontage; Werkstoffkennzeichnung; Fügestellen leicht trennbar; Austauschteile einsetzbar
Aufwand	Kosten Termin	niedrige Betriebskosten; Terminplanung; Vorabbestellung; termingerechte Anlieferungen
Kosten	Herstellkosten	kostengünstige Lösung; Kostenziel erreicht
Markt	Beurteilung Wettbewerbstrend	alle Kundenwünsche erfüllt; Marktbedarf geklärt; besser als Wettbewerbsprodukte

Bild 6.41: Bewertungskatalog für die Entwurfsphase

Aus diesem Bewertungskatalog können auch Bewertungskriterien abgeleitet werden.

Eine vergleichende Bewertung von mehreren Entwürfen ist nur bei Serienprodukten oder bei speziellen Konstruktionsaufgaben möglich, weil in der Regel für alle anderen Aufgaben nur ein Entwurf erstellt wird. Für kritische oder schwierige Gestaltungsbereiche eines Entwurfs werden entwurfsbegleitend durch Abstimmungsgespräche bereits vergleichende Bewertungen durchgeführt und die endgültige Ausführung festgelegt. Dieses Vorgehen hat sich bewährt, weil sich dadurch Entwicklungszeiten und -kosten reduzieren lassen.

Für die Bewertung von Entwürfen kann die Bewertungsliste nach Bild 5.15 mit entsprechend angepaßten Bewertungskriterien verwendet werden.

6.6 Qualitätssicherung beim Entwerfen

Die qualitätssichernden Maßnahmen in Anlehnung an VDI 2247 E bestehen aus:

- Vorprüfungen der Randbedingungen
- Einsatz gesicherter, standardisierter Auslegeverfahren
- Qualitätssicherungspläne für Software
- Aufstellen von Toleranzplänen
- Werkstoffnormen einhalten
- Werkstoffauswahlsysteme einsetzen
- Technologiekataloge verwenden
- Lösungssammlungen mit Bewertungskriterien nutzen
- Checklisten und FMEA einsetzen
- Gestaltungsrichtlinien beachten
- Makro- und Variantentechnik nutzen
- Fehlerbaumanalyse durchführen
- Fertigungserfahrungen nutzen und umsetzen
- Reklamationserfahrungen nutzen
- Ausfalleffektanalyse durchführen
- Bewertung mit Fachleuten durchführen
- Normen und Vorschriften einhalten

Die Beachtung dicser Maßnahmen führt zur Vermeidung folgender potentieller Fehler:

- Auslegefehler
- Einsatz fehlerhafter Software
- Benutzung ungeeigneter Software
- Einsatz falsch ausgewählter Werkstoffe
- ungeeignete Halbzeugauswahl
- falsche Wahl der Fertigungstechnologie
- Nichtbeachtung von Randbedingungen
- nicht prüfgerecht gestaltete Werkstücke
- nicht fertigungsgerecht gestaltete Werkstücke

- Nichtbeachtung von Störeffekten und Schwachstellen
- Vorurteile der bewertenden Fachleute
- keine fertigungs- oder montagegerechte Gestaltung

Die ***Fehlerbaumanalyse*** ist eine Methode zur Vermeidung von Fehlern, die auf der Basis logischer Verknüpfungen funktioniert. Mit dieser Methode kann man sowohl die Ausfallerscheinungen als auch die Ausfallursachen darstellen. Bei dieser Methode werden ausgehend von einem „unerwünschten Ereignis" (z.B. Druckbehälterbruch) alle zu dem unerwünschten Ereignis führenden Fehlerursachen ermittelt. Die Methode wird mit Beispielen in der DIN 25242 und in der VDI 2247 E vorgestellt.

Die ***Ausfalleffektanalyse*** nach DIN 25448 untersucht die Ausfallarten der Komponenten einer Konstruktion und deren Auswirkungen (Effekte). Sie hat den Zweck, Entwürfe von Konstruktionen hinsichtlich des Ausfalls einzelner Komponenten qualitativ zu bewerten. In der Qualitätssicherung ist die Ausfalleffektanalyse unter dem Begriff „Fehler-Möglichkeits- und Einfluß-Analyse" bekannt.

Wie bereits bei den anderen Konstruktionsphasen erläutert, können diese Maßnahmen und Hinweise auf Methoden zur Qualitätssicherung nur dann erfolgreich angewendet werden, wenn sich der Konstrukteur intensiv damit beschäftigt und eine Qualitätsüberprüfung seiner Arbeitsschritte durchführt. Eine kritische Betrachtung der von der VDI 2247 E vorgeschlagenen Maßnahmen zeigt aber auch, daß eigentlich nur das überprüft wird, was gute Konstrukteure immer schon sehr genau betrachtet haben, bevor sie ihren Entwurf zum Ausarbeiten freigeben. Ebenso ist zu beachten, daß in den Unternehmen die oben genannten Analysen und die in den vorherigen Abschnitten genannten Methoden QFD und ***FMEA*** wegen des großen Aufwands nur bei Serienprodukten oder für besondere Konstruktionsaufgaben, beispielsweise im Sicherheitsbereich, eingesetzt werden, wo der Nutzen gegeben ist.

7 Ausarbeiten

Die letzte Phase der konstruktiven Tätigkeiten ist das ***Ausarbeiten***. In dieser Phase werden aus einem zum Ausarbeiten freigegebenen Entwurf alle Informationen so aufbereitet, daß ein Produkt hergestellt werden kann. Es müssen also alle Zeichnungen, Stücklisten und Anweisungen zum Bau und Betrieb eines Erzeugnisses erarbeitet werden. Dafür müssen als Ergebnis der Entwurfsarbeit auf der ***Entwurfszeichnung*** alle Angaben für das Ausarbeiten, also für das Aufstellen von Stücklisten und das Anfertigen von Einzelteilzeichnungen, Zusammenbauzeichnungen usw., vorliegen. Ein Beispiel einer Entwurfszeichnung enthält Bild 7.1. Es handelt sich um eine Anpassungskonstruktion eines Getriebes, bei dem eine zusätzliche Getriebestufe konstruiert wurde. Die wesentlichen Daten, die dieser mit normgerechten Elementen gezeichnete Entwurf für das Ausarbeiten enthält, sind:

- Positions- bzw. Teilenummern von Neuteilen und Wiederholteilen
- Normteilangaben für DIN-Teile und für Werknorm-Teile
- Kaufteilangaben für die Stücklisten
- Bemaßung und Maßketten für die Geometriekontrolle
- Funktionsbestimmende Toleranzangaben
- Geometrische Darstellungen für die Einzelteilzeichnungen
- Daten aus der Entwurfsberechnung

Nach der Erstellung von Entwürfen mit einem 2D-CAD-System ist im Prinzip eine ähnliche Darstellung als Entwurf im Rechner zum Ausarbeiten vorhanden. Die Arbeitsschritte werden dann auch systemabhängig so erfolgen wie beim Arbeiten mit einem Zeichenbrett. Dagegen liefert die Vorgehensweise beim Entwerfen mit 3D-CAD/CAM-Systemen vollständige Bauteilinformationen, aus denen dann normgerechte Zeichnungen erstellt werden können. Bei solchen Systemen ist es aber erheblich effektiver, die Bauteildaten direkt als Datei weiterzubearbeiten und z.B. mit einem weiteren integrierten Modul am Rechner das NC-Programm zu erstellen, um damit die Teile auf den Werkzeugmaschinen zu fertigen. In diesem Abschnitt wird das Ausarbeiten ohne Rechnerunterstützung beschrieben. Auf den Einsatz von Rechnern wird jedoch stets hingewiesen.

Die ***Arbeitsschritte für das Ausarbeiten*** bestehen aus:

- Einzelteilzeichnungen erstellen
- Berechnungen durchführen
- Baugruppenzeichnungen erstellen
- Montagezeichnungen oder Gesamtzeichnungen anfertigen
- Stücklisten aufstellen
- Fertigungs- und Montageanweisungen festlegen
- Zeichnungs- und Stücklistenprüfung durchführen
- Betriebsanleitungen und Dokumentation erarbeiten

Alle Ergebnisse werden vor einer Freigabe ständig optimiert und verbessert, um z.B. kostengünstigere Fertigungsverfahren oder um Zulieferteile statt Eigenteile einzusetzen.

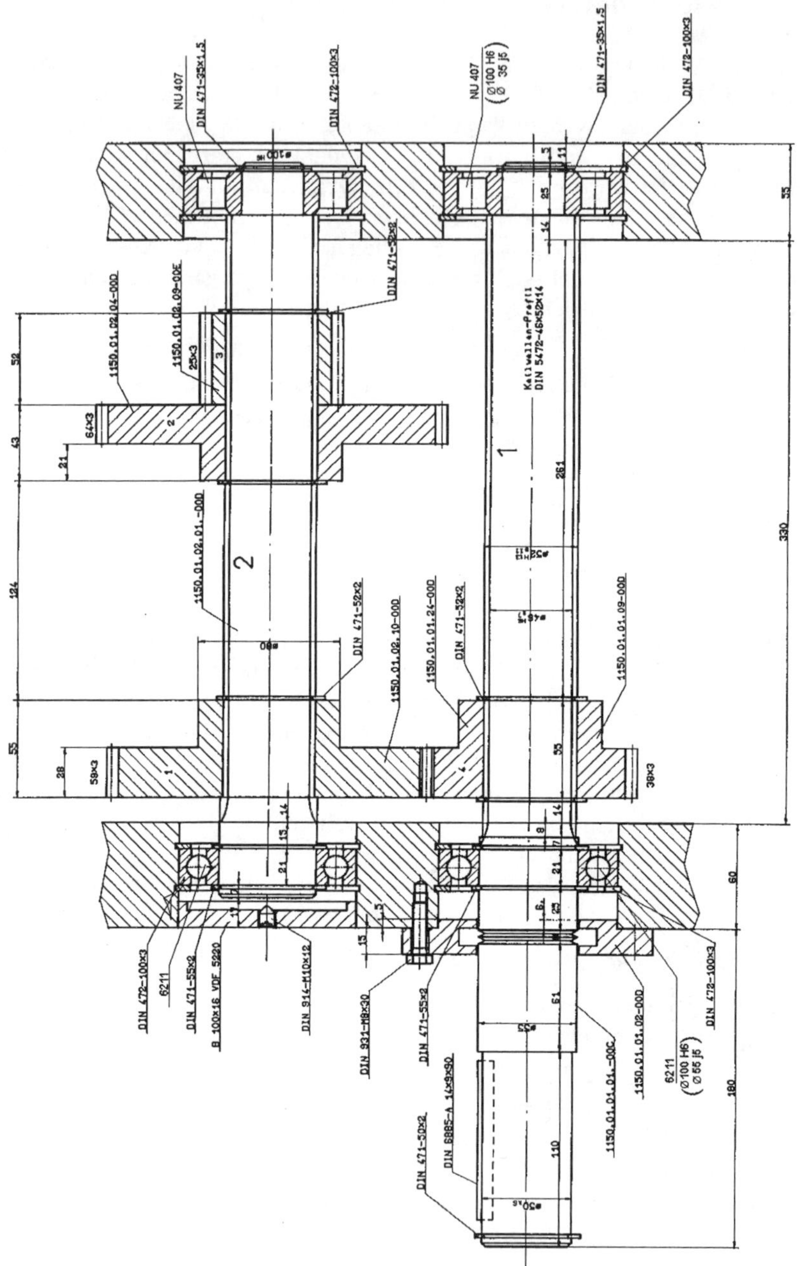

Bild 7.1: Entwurfszeichnung einer Anpassungskonstruktion (nach *Fa. Wohlenberg*)

Ausarbeiten nennt man alle Tätigkeiten zur Festlegung von Teilen, Baugruppen und deren Anordnung in einem Produkt durch Zeichnungen, Stücklisten und Anweisungen zum Bau und Betrieb eines Erzeugnisses.

Nach der Erledigung aller Arbeitsschritte erfolgt die Freigabe zur Produktion. Einkauf, Arbeitsvorbereitung und Materialwirtschaft erhalten die Zeichnungen und Stücklisten, um alle Beschaffungen, Bereitstellungen und Planungen für Fertigung und Montage durchzuführen.

7.1 Erzeugnisgliederung

Erzeugnisse, die in Form von Entwürfen vorliegen, müssen beim Ausarbeiten so gegliedert werden, daß eine Herstellung sinnvoll und wirtschaftlich möglich ist. Der Konstrukteur muß also überlegen, welche Eigenfertigungsteile, welche Normteile und welche Zulieferteile entstehen werden und diese dann so zusammenfassen, daß Baugruppen für eine einfache Montage entstehen. Das ganze Erzeugnis wird also gedanklich so gegliedert, daß Zeichnungen und Stücklisten als Ordnungsschema eine Erzeugnisstruktur ergeben. Die Begriffe Erzeugnisgliederung, Erzeugnisstruktur oder auch Produktstruktur sind in DIN 199 bzw. VDI 2215 definiert und werden mit gleicher Bedeutung verwendet. Nach DIN 199 nennt man einen durch Produktion entstandenen, gebrauchsfähigen bzw. verkaufsfähigen, materiellen oder immateriellen (z.B. Software) Gegenstand ein *Erzeugnis.*

Erzeugnisse sind also funktionsfähige Teile, Maschinen oder Geräte, die aus einer Anzahl von Baugruppen und Teilen bestehen und das Produktionsergebnis darstellen. *Baugruppen* bestehen aus zwei oder mehr Teilen und aus Gruppen niederer Ordnung, die nach Fertigungs- und Montagegesichtspunkten gebildet werden. Für die Herstellung von Erzeugnissen wird beim Ausarbeiten ein ***Zeichnungs- und Stücklistensatz*** erzeugt, der alle Zeichnungen und Stücklisten für die Produktion des Erzeugnisses oder einer Baugruppe umfaßt.

Unter ***Erzeugnisgliederung*** wird eine Aufteilung des Erzeugnisses in kleinere Einheiten verstanden. Die Erzeugnisgliederung wird auch Erzeugnisbaum, Erzeugnisstammbaum oder Aufbauübersicht genannt, wobei noch Rohteile bzw. Halbzeuge angegeben werden. Die Gliederung eines Erzeugnisses kann übersichtlich als Ordnungsschema aufgebaut werden, das eine Zuordnung der Einzelteile, Gruppen niederer Ordnung und Baugruppen enthält.

Die Gliederung erfolgt durch ***Strukturstufen***, die als Gliederungsebenen durch fortschreitende Auflösung eines Erzeugnisses in Baugruppen und Einzelteile entstehen, wie ein Beispiel in Bild 7.2 zeigt.

Das Erzeugnis Kugelschreiber besteht aus einem Gehäuse und der Mechanik. Ober- und Unterteil des Gehäuses bestehen aus Einzelteilen zur Aufnahme der Mechanik. Die Mine wird in einer Halterung geführt und mit Druckstück bzw. Feder im Gehäuse bewegt.

Die im Bild 7.3 dargestellte ***Erzeugnisstruktur*** enthält die Strukturstufen als Stufe 0 bis Stufe 4, die oft auch als Ebene oder Ordnung bezeichnet werden. Das Erzeugnis hat stets die Stufe 0, während die Gruppen und Einzelteile einer höheren Stufe (Ebene, Ordnung) zugeordnet werden.

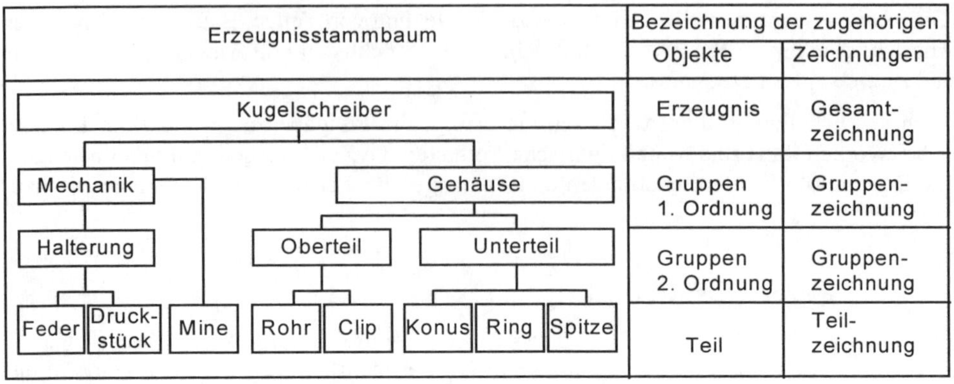

Bild 7.2: Beispiel Erzeugnisstammbaum (nach *Ockert*)

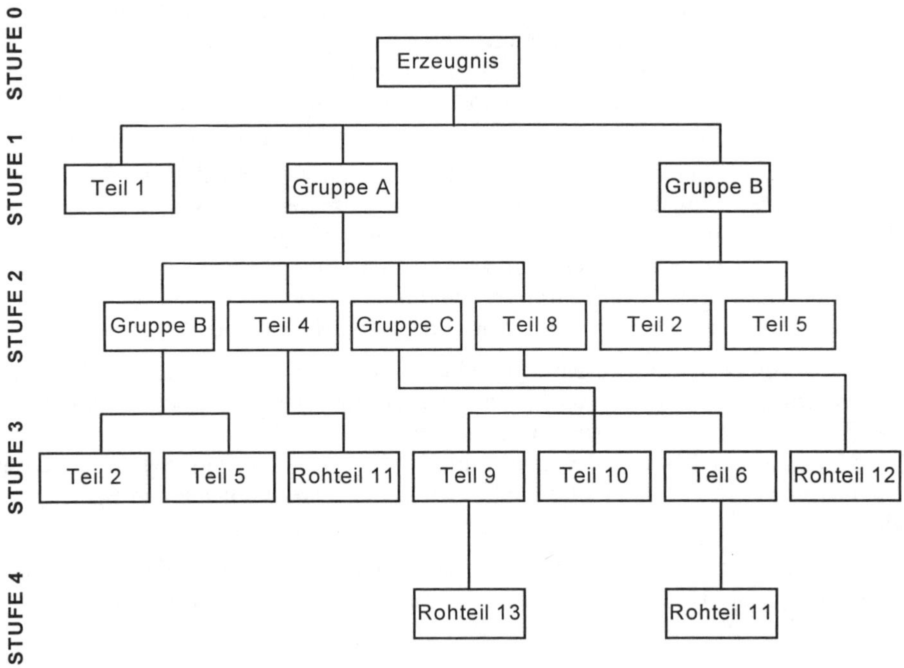

Bild 7.3: Beispiel Fertigungs- und montageorientierte Erzeugnisstruktur

Die Erzeugnisgliederung kann nach der Struktur

- funktionsorientiert oder
- fertigungs- und montageorientiert sein.

Eine ***funktionsorientierte Erzeugnisgliederung*** entsteht in der Konstruktion, wenn beim Entwerfen ausgehend von der Funktion Wirkflächen, Lösungselemente und Maschinenelemente als Funktionsgruppen entwickelt werden. Der Vorteil liegt für Konstrukteure in der Wiederverwendbarkeit der Funktionsgruppen. Beispiel:

- Formschlüssige Welle-Nabe-Verbindung
- Zusammenwirken von Keilwellen und Keilnaben ergibt eine Funktionsgruppe
- Anzahl und Anordnung der Formelemente ergibt Keilwellen
- Formelemente am Umfang von Welle und Nabe als Wirkflächen
- Drehmoment übertragen von Wellen auf Naben

Eine ***fertigungs- und montageorientierte Erzeugnisgliederung*** besteht z.B. aus:

- Erzeugnis
- Baugruppen
- Vormontagegruppen
- Einzelteilen

Sie enthält Planungen und Überlegungen für die Herstellung eines Erzeugnisses, wie Bild 7.3 zeigt. Die Vorteile für fast alle Unternehmensabteilungen haben dazu geführt, daß vorrangig die fertigungs- und montageorientierte Erzeugnisgliederung eingesetzt wird.

Ein ***Zeichnungs- und Stücklistensatz*** soll fertigungsgerecht aufgebaut werden. Insbesondere bei größeren Erzeugnissen ist der Fertigungs- und Zusammenbaufluß der Bauteilgruppen bei der Montage des Erzeugnisses maßgebend. Dabei werden die Gruppen der Stufe 1 (dienen der Endmontage des Erzeugnisses), die Gruppen der Stufe 2 (dienen dem Zusammenbau der Gruppen der Stufe 1) usw. zusammengefaßt, wie in Bild 7.3 und 7.4 gezeigt.

Die Ziele einer Erzeugnisgliederung sind nach VDI 2215:

- Auftragsabwicklung vereinfachen
- Angebotskalkulation erleichtern
- Normung fördern
- Wiederholteil-Baugruppen erkennen
- Materialdisposition beschleunigen
- Fertigung, Montage und Terminsteuerung verbessern
- Zeichnungs- und Stücklistenaufbau einheitlich für alle Produkte

Erzeugnisgliederungen sind auch eine wichtige Voraussetzung für eine rationelle Herstellung von Produktprogrammen mit vielen Varianten, die als Baureihen- und Baukastensysteme verwirklicht sind.

Gesamtstücklisten nennt man die Zusammenstellung aller Stücklisten für ein Erzeugnis oder einen Auftrag. Es werden also alle mechanischen, elektrischen und elektronischen Baugruppen und Teile zusammengefaßt und mit Auftragsdaten versehen, die der Kunde bestellt hat.

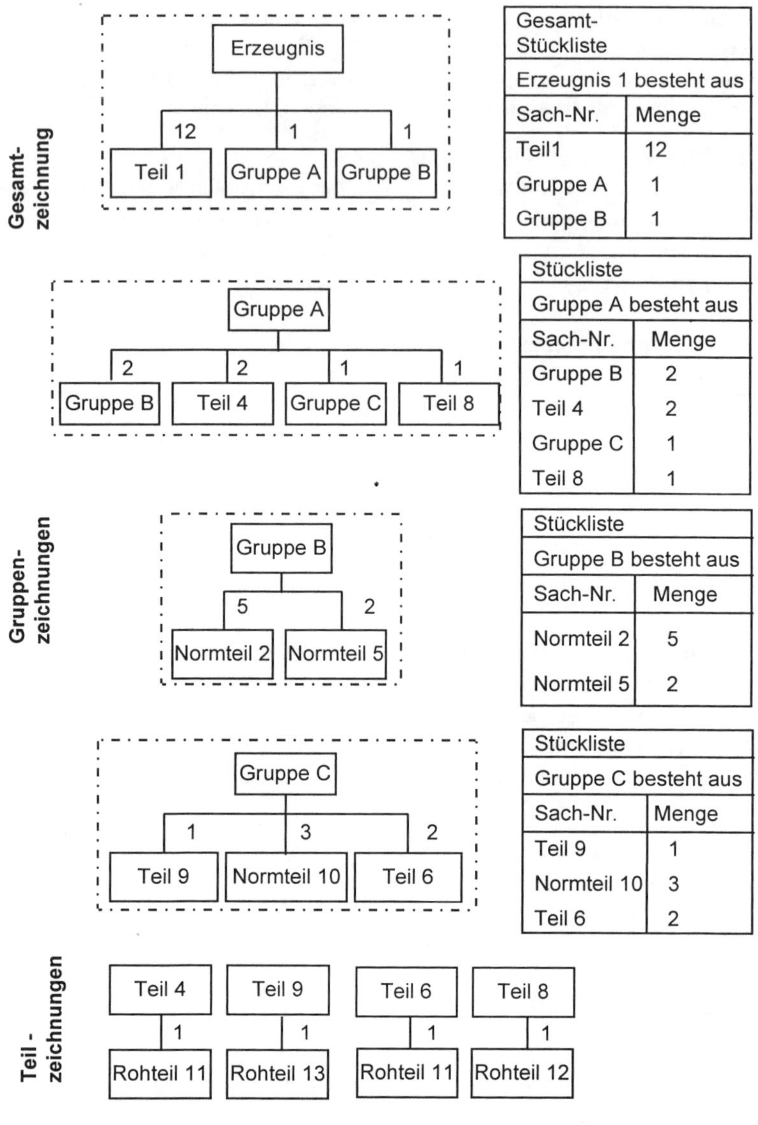

Bild 7.4: Beispiel Zeichnungs- und Stücklistensatz (nach DIN)

Eine Erzeugnisgliederung beeinflußt sehr stark den Aufbau der Fertigungsunterlagen und auch den Fertigungsfluß. Deshalb ist es zweckmäßig, alle betroffenen Betriebsbereiche wie Konstruktion, Normung, Arbeitsvorbereitung, Fertigung, Montage, Einkauf und Vertrieb bei der Aufstellung zu berücksichtigen. In jedem Fall ist sie produkt- und firmenspezifisch und kann nicht allgemeingültig festgelegt werden.

7.2 Zeichnungen

Zeichnungen sind maßstäbliche, aus Linien bestehende, bildliche Darstellungen eines oder mehrerer Teile mit den jeweils notwendigen Ansichten, Schnitten und sonstigen Angaben. Die Anfertigung *Technischer Zeichnungen* erfolgt nach Normen und wird als bekannt vorausgesetzt. Eine Unterscheidung ist möglich nach

- Darstellungsart
- Anfertigungsart
- Zeichnungsinhalt
- Zeichnungsaufbau
- Zeichnungseinsatz
- Zeichnungsorganisation

DIN 199 definiert wesentliche Begriffe für technische Zeichnungen. Alle Regeln für den formalen Aufbau von technischen Zeichnungen nach Inhalt, Darstellungsart, Aufbau usw. sind ebenfalls schon lange durch Normen einheitlich festgelegt und stellen eine wesentliche Grundlage für den Informationsaustausch in der Konstruktion dar.

Hier sollen nur kurz einige Angaben gemacht werden zu

- Einzelteilzeichnungen,
- Gruppenzeichnungen und
- Zusammenbauzeichnungen.

Einzelteilzeichnungen enthalten alle erforderlichen Angaben für Herstellung und Prüfung des dargestellten Teiles. ***Gruppenzeichnungen*** sind maßstäbliche Darstellungen der räumlichen Lage und der Form der zu einer Gruppe zusammengefaßten Teile mit Angaben zu Fertigung und Montage. ***Zusammenbauzeichnungen*** enthalten alle für den Zusammenbau einer Baugruppe erforderlichen Informationen.

Der ***Zeichnungsinhalt*** von Einzelteilzeichnungen bzw. Fertigungszeichnungen besteht aus Geometrie, Bemaßung, Toleranzen, Schraffur, Oberflächen, Werkstoffen und Symbolen. Eine Gliederung dieser Daten erfolgt nach DIN 6789 in

- Geometrische Informationen,
- Technologische Informationen,
- Organisatorische Informationen.

Geometrische Informationen umfassen die Darstellung des Teils mit den Ansichten, Schnitten, Formelementen, Schraffur, Bemaßung, Toleranzen und Wortangaben.

Technologische Informationen beschreiben den Werkstoff, die Oberflächenbeschaffenheit, Behandlungsangaben und Abnahmebedingungen für Fertigung sowie Qualität.

Organisatorische Informationen stehen im Schriftfeld und bestehen aus Benennung, Zeichnungsnummer, Maßstab, Erstellungsdatum, Änderungsangaben, Firmennamen und Schutzrechtvermerken. Die Fertigungszeichnung in Bild 7.5 zeigt dies als Beispiel.

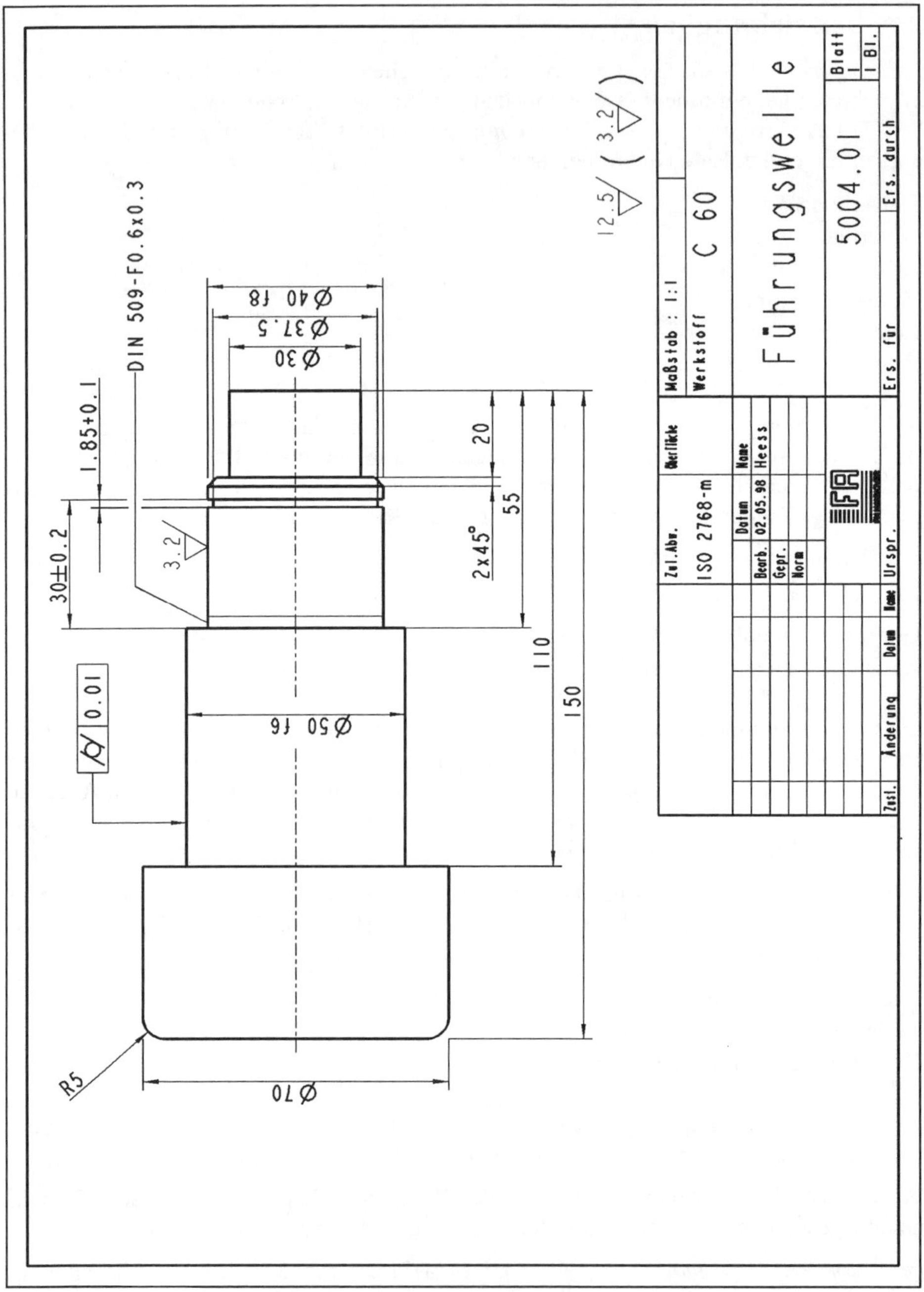

Bild 7.5: Beispiel für eine Fertigungszeichnung

Beim Detaillieren der Teile müssen diese Informationen beschafft und verarbeitet werden. Außerdem müssen für alle Normteile und die Zulieferteile die genauen Daten vorliegen.

Beim Ausarbeiten werden aus dem Entwurf alle Angaben zur Erstellung der Einzelteilzeichnungen entnommen. Um aus diesen Daten die Einzelteile zu detaillieren, muß die Gestalt normgerecht aufgezeichnet, alle erforderlichen Formelemente ergänzt, die notwendigen Berechnungen durchgeführt sowie Abmessungen, Toleranzen, Werkstoffe, Fertigungsangaben und Vorschriften eingetragen werden.

Für Gruppenzeichnungen sind die zu einer Gruppe gehörenden Teile auf einer neuen Zeichnung nach Form und Lage anzuordnen und mit Angaben für Fertigung und Montage zu versehen. Als Beispiele sind Getriebewellen oder Hydraulikgruppen bekannt.

Zusammenbauzeichnungen sollten stets aus Einzelteilen und Baugruppen neu gezeichnet werden, um die notwendige Prüfung aller wichtigen Abmessungen durchzuführen, die sich dabei zwangsläufig ergibt. Mit den firmenspezifischen Angaben für die Montage, den Positions- oder Teilenummern und den organisatorischen Daten wird die Zeichnung abgeschlossen. Dieser Vorgang kann sehr effektiv mit einem 3D-CAD-System simuliert werden, da der Konstrukteur alle modellierten Teile am Bildschirm montieren kann und sofort Kollisionen oder Abweichungen erkennt.

7.3 Stücklisten

Die ***Stückliste*** ist ein für einen bestimmten Zweck vollständiges, formal aufgebautes Verzeichnis für ein Teil oder eine Gruppe, das alle Teile oder Gruppen mit Angabe von Benennung, Sachnummer, Menge und Einheit enthält. Stücklisten beziehen sich immer auf die Menge 1 eines Teiles oder einer Gruppe. Stücklisten sind neben den Zeichnungen erforderlich für die Herstellung eines Erzeugnisses.

Eine Stückliste entsteht indirekt beim Konstruieren durch entsprechende Angaben des Konstrukteurs auf der Entwurfszeichnung. Beim Erstellen der Entwurfszeichnung legt der Konstrukteur fest, welche Geometriekonturen zu einem Einzelteil zusammengefügt werden, und welche Teilearten eingesetzt werden sollen. Die Teile werden zu Gruppen und Baugruppen so zusammengefaßt, daß sich eine sinnvolle Erzeugnisgliederung ergibt. Der Konstrukteur muß also entscheiden,

- welche Teile gefertigt werden (Fertigungsteil, Eigenteil)
- welche Normteile verwendet werden
- welche Teile gekauft werden (Handelsteil, Fremdteil)
- welche Teile zu einer Baugruppe gehören
- welche Erzeugnisgliederung festgelegt wird
- welche Wiederholteile eingesetzt werden

Ein ***Teil*** ist ein Gegenstand, für dessen weitere Aufgliederung aus der Sicht des Anwenders kein Bedürfnis besteht (DIN 199). Ein Einzelteil ist ein Teil, das nicht zerstörungsfrei zerlegt werden kann.

Man unterscheidet folgende ***Teilearten***:

- ***Eigenteil*** oder Fertigungsteil ist ein Teil eigener Entwicklung und eigener Fertigung.
- ***Wiederholteil*** ist ein Teil einer vorhandenen Konstruktion oder ein mehrfach einsetzbares Teil.
- ***Fremdteil*** oder Handelsteil (Katalogteil) ist ein Teil fremder Entwicklung und fremder Fertigung.
- ***Normteil*** ist ein Gegenstand, der in einer Norm festgelegt ist. Normteile können nach folgenden drei Grundtypen gegliedert werden:
  - *Normteile mit DIN-Nummer* als Zeichnungsnummer, sog. "OZ-Teile" (ohne Zeichnung), wie z.B. Bolzen DIN 1443. Für Normteile wird keine Zeichnung angefertigt. Jede Norm enthält die Angaben der Normbezeichnung.
  - *Halbzeuge nach DIN*: Halbzeug ist der Sammelbegriff für Gegenstände mit bestimmter Form, bei denen mindestens noch ein Maß unbestimmt ist. Es sind insbesondere durch Walzen, Ziehen, Pressen und Schmieden hergestellte Bleche, Profile, Rohre usw.
  - *Werkstoffangaben nach DIN*, wie z.B. St50-2 nach DIN 17100.

Nach der Festlegung der Teile, der Baugruppen und der Erzeugnisgliederung wird der Konstrukteur sich einen Stücklistensatz überlegen, der für die Produktherstellung sinnvoll ist und alle Stücklistendaten in entsprechende Formulare eintragen. Bei einigen CAD-Systemen gibt es dafür bereits Unterstützung, so daß die Stücklisten aus den Zusammenbauzeichnungen direkt abgeleitet werden können.

7.3.1 Stücklistenaufbau

Stücklisten bestehen stets aus einem tabellenartigen Stücklistenfeld und einem Schriftfeld. Der formale Aufbau ist nach DIN 6771 Teil 1 und 2 festgelegt. Es hat sich jedoch gezeigt, daß die vielfältigen Anforderungen, die von den Unternehmen an eine Stückliste gestellt werden, so unterschiedlich sind, daß das Normformat selten eingesetzt wird. Fast jedes Unternehmen hat andere Vorstellungen von der Nutzung der Stücklistendaten, so daß, auch durch den Einsatz der Datenverarbeitung, viele Stücklistenarten entwickelt wurden. Hier sollen nur wichtige Unterscheidungsmerkmale genannt werden, damit die Grundlagen einer Stücklistenorganisation im Unternehmen bekannt sind. Stücklisten können direkt auf eine Zeichnung oder auf Stücklistenformulare im DIN A4-Format geschrieben werden.

Die ***Zeichnungsstücklisten*** werden über dem Schriftfeld angeordnet und müssen bei Zeichnungsänderungen ebenfalls stets angepaßt werden.

Die losen ***Stücklistenformulare*** haben dagegen viele Vorteile, da sie unabhängig von Zeichnungen mit beliebiger Blattzahl erzeugt und abgelegt werden können. Weiterhin sind Erstellung, Vervielfältigung, Speicherung, Änderung, Verarbeitung mit einem Stücklistenprogramm so verbreitet, daß in den Unternehmen fast nur noch mit diesen Stücklisten gearbeitet wird. Die EDV-Stücklisten haben außerdem nicht mehr den üblichen DIN-Formularaufbau, sondern sind der Unternehmensorganisation angepaßt.

Im Bild 7.6 ist eine Gruppenzeichnung und die dazugehörige lose Stückliste als ausgefülltes Stücklistenformular B1 DIN 6771 dargestellt. An diesem Beispiel sollen auch Hinweise für die Eintragungen in die Stücklistenfelder erklärt werden.

Das Schriftfeld muß mit Benennung der Gruppe, der Stücklistennummer, der fortlaufenden Blattnummer sowie mit Namen und Datum des Bearbeiters ausgefüllt werden.

Außerdem sind noch Felder für Hinweise auf bisher gültige bzw. nicht mehr gültige Vorläufer-Stücklisten vorhanden. Ebenso ist ein Feld mit Änderungsangaben vorgesehen, das ausgefüllt wird, wenn Positionen in der Stückliste gestrichen oder ersetzt werden.

Das ***Stücklistenfeld*** wird zeilenweise ausgefüllt:

- Die Spalte 1 enthält die Positionsnummern zum Auffinden der Teile in der Zeichnung.
- Die Spalte 2 enthält die Menge jedes Teiles für ein Stück des Erzeugnisses, das im Schriftfeld der Stückliste angegeben ist. Die Spaltenunterteilung kann für Varianten genutzt werden. Ohne Varianten wird stets das Feld unmittelbar vor Spalte 3 ausgefüllt.
- Die Spalte 3 wird mit Einheiten der Menge ausgefüllt, z.B. Stck, kg oder m.
- Die Spalte 4 enthält die Benennung des Teils, die unabhängig von der Menge stets in der Einzahl angegeben wird.
- Die Spalte 5 wird mit der Sachnummer oder der Normkurzbezeichnung ausgefüllt. Es hat sich bewährt, neben der Sachnummer zusätzlich die Normkurzbezeichnung einzutragen.
- Die Spalte 6 wird mit der Normbezeichnung der Werkstoffe oder deren handelsüblicher Bezeichnung ausgefüllt.
- Die Spalte 7 wird mit dem Fertiggewicht in kg/Einheit ausgefüllt.
- Die Spalte 8 kann z.B. Bemerkungen zu Lieferanten oder Lieferbedingungen enthalten.

Die in dem Beispiel vorhandene Sortierung nach Fertigungsteilen und Normteilen ist, ebenso wie das eingesetzte einfache Nummernsystem, nicht typisch für Unternehmen.

Ein fertigungs- und montageorienterter ***Stücklistenaufbau*** wird schon häufiger gewählt, weil dann zusammengehörige Teile untereinander stehen. Beispielhaft soll eine Getriebewelle betrachtet werden, die als Fertigungsteil in der Stückliste steht. Unmittelbar darunter stehen die dazugehörigen Zahnräder, Paßfedern, Sicherungsringe, Wälzlager und Dichtungen. Der Monteur erkennt ohne viel Sucharbeit die Teile, die auf diese Welle montiert werden. Auch für die Konstrukteure hat dieser Stücklistenaufbau Vorteile, da alle Teile zugeordnet sind und für Prüfungen oder Wiederverwendungen schnell erkannt werden.

Ein weiteres Hilfsmittel für den Einsatz von ***Stücklisten*** als Informationsträger in anderen Abteilungen, für die Wiederverwendung bei ähnlichen Aufträgen oder für die Beantwortung von Fragen, sind Textbausteine. Diese ***Textbausteine*** stehen jeweils auf dem Deckblatt, also der ersten Seite der Stückliste. Sie enthalten alle wichtigen technischen Daten und Hinweise für den Einsatz dieser Stückliste. Dies ist insbesondere bei umfangreichen Baugruppen sehr hilfreich, weil man sofort die Einsatzmöglichkeiten dieser Baugruppe erkennt. Dadurch spart man oft die Beschaffung und Durchsicht von Zusammenbauzeichnungen.

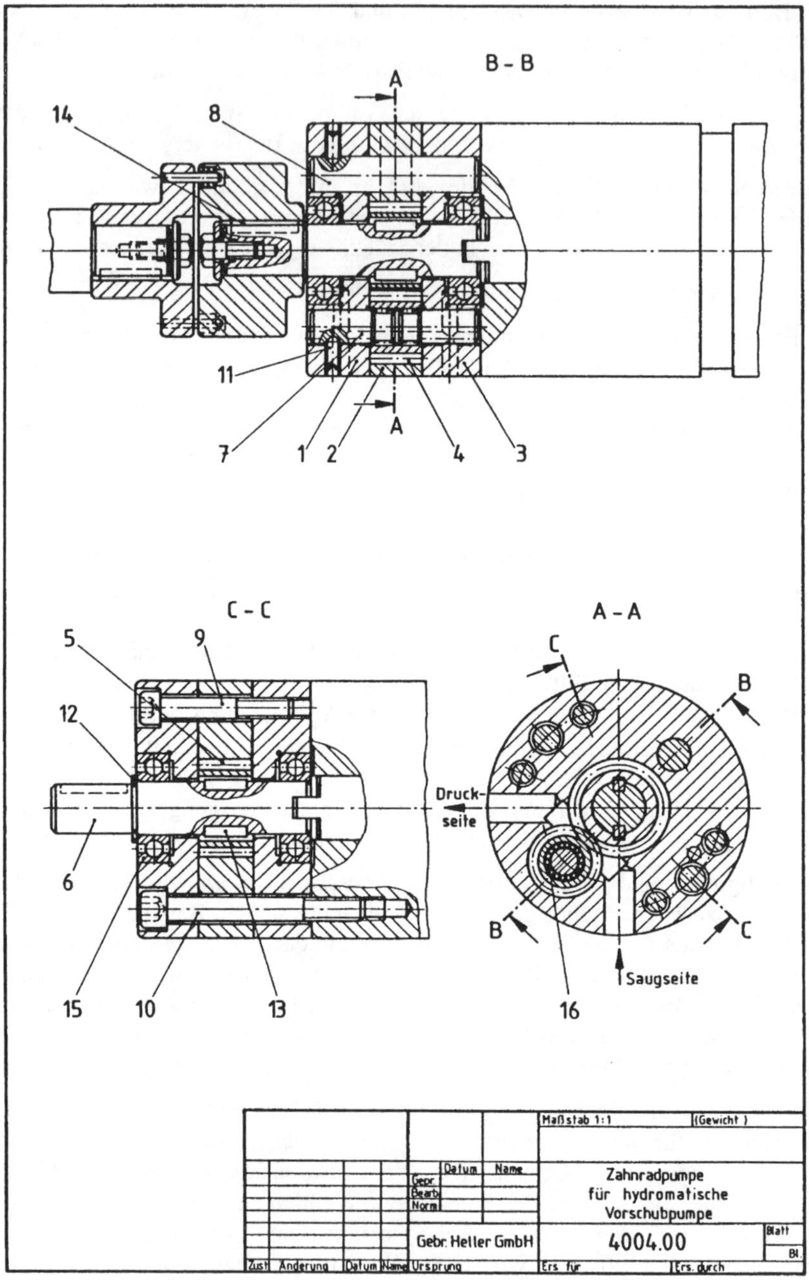

Bild 7.6 - 1: Gruppenzeichnung mit loser Stückliste B1 DIN 6771 (nach *Hoischen*)

1	2	3	4	5	6	7	8
Pos.	Menge	Einh.	Benennung	Sachnummer/Norm-Kurzbezeichnung	Werkstoff	Gewicht kg/Einheit	Bemerkung
1	1	Stck	Pumpendeckel	4004.01	GG 30 ø125×32		
2	1	Stck	Zahnradgehäuse	4004.02	GG 30 ø125×32		
3	1	Stck	Grundplatte	4004.03	GG 30 ø125×32		
4	1	Stck	Pumpenzahnrad	4004.04	16 Mn Cr 5		
5	1	Stck	Pumpenzahnrad	4004.05	16 Mn Cr 5		
6	1	Stck	Antriebswelle	4004.06	51 Cr V 4		
7	1	Stck	Achse	4004.07	16 Mn Cr 5		
8	1	Stck	Bolzen	4004.08	C 45		
9	4	Stck	Zylinderschraube	DIN 912 - M 10×60	8.8		
10	2	Stck	Zylinderschraube	DIN 912 - M 12×90	8.8		
11	2	Stck	Gewindestift	DIN 914 - M 8×15	8.8		
12	1	Stck	Sicherungsring	DIN 471 - 24×1,2			
13	2	Stck	Paßfeder	DIN 6885-8×7×20	E 335 + C		
14	1	Stck	Paßfeder	DIN 6885-8×7×32	E 335 + C		
15	2	Stck	Rillenkugellager	DIN 625 - 25×52×15			
16	38	Stck	Lagernadel	DIN 5402 - 2,5×9,8			

	Datum	Name
Bearb.		
Gepr.		
Norm		

Zahnradpumpe
für hydromatische
Vorschubpumpe

4004.00

Blatt 1

1 Bl.

Zust.	Änderung	Datum	Name	Urspr.	Ers. für	Ersetzt durch

Bild 7.6 - 2: Gruppenzeichnung mit loser Stückliste B1 DIN 6771 (nach *Hoischen*)

7.3.2 Stücklistenarten

Die Stückliste soll außer den Informationen über die Baugruppen und Einzelteile, aus denen ein Erzeugnis zusammengesetzt ist, auch die Erzeugnisgliederung erkennen lassen. Aus der Art, wie diese Gliederung in der Stückliste dargestellt ist, leiten sich die verschiedenen ***Stücklistenarten*** ab.

Die Begriffe wurden in Anlehnung an DIN 199 T.2 gewählt. Als Beispiel werden für die Erzeugnisgliederung eines Getriebes in Bild 7.7 die drei Grundformen der Stücklisten vorgestellt.

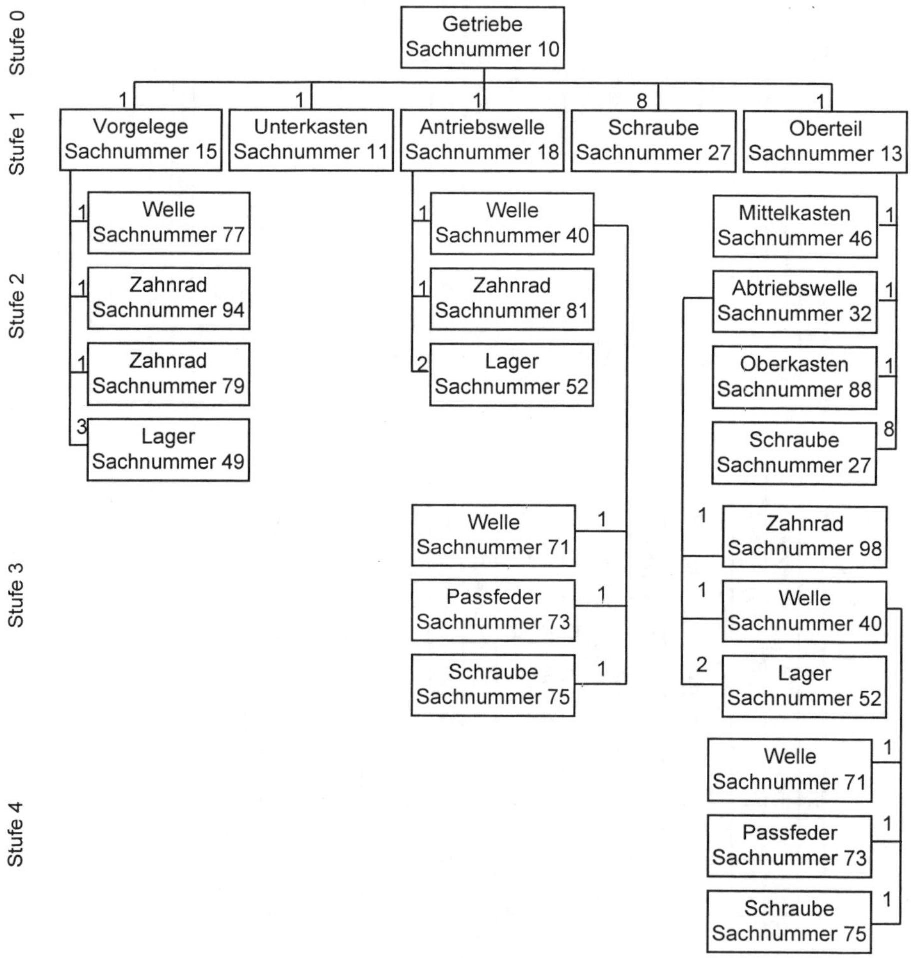

Bild 7.7: Erzeugnisgliederung eines Getriebes (nach *Steinmetz*)

Mengenübersichtsstückliste

Die ***Mengenübersichtsstückliste*** ist die einfachste Form einer Stückliste. Sie enthält je Erzeugnis nur eine Auflistung der Einzelteile mit ihren Sachnummern, Mengenangaben, Benennung, Werkstoff usw. Jedes Teil, bzw. dessen Sachnummer, erscheint auch bei mehrfachem Vorkommen im Erzeugnis nur einmal in der Stückliste. Konstruktive oder fertigungstechnische Gruppierungen sind nur durch Zuordnen von Teilen nach Kriterien, wie z.B. montageorientiert, möglich. Die Stückliste eignet sich daher für einfache Erzeugnisse, Einzelfertigung oder Sonderkonstruktionen sowie für das manuelle Erstellen mit Stücklistenformularen. Bild 7.8 enthält die Mengenübersichtsstückliste für das Getriebe mit der Erzeugnisgliederung nach Bild 7.7.

Sachnummer: 10			**Benennung: Getriebe**
Pos	Stück	Sach-Nr.	Benennung
1	1	11	Unterkasten
2	1	13	Oberteil Gruppe
3	1	15	Vorgelege Gruppe
4	1	18	Antriebswelle Gruppe
5	16	27	Schraube
6	1	32	Abtriebswelle Gruppe
7	2	40	Welle Gruppe
8	1	46	Mittelkasten
9	3	49	Lager
10	4	52	Lager
11	2	71	Welle
12	2	73	Paßfeder
13	2	75	Schraube
14	1	77	Welle
15	1	79	Zahnrad
16	1	81	Zahnrad
17	1	88	Oberkasten
18	1	94	Zahnrad
19	1	98	Zahnrad

Bild 7.8: Mengenübersichtsstückliste eines Getriebes (nach *Steinmetz*)

Strukturstückliste

Die ***Strukturstückliste*** enthält je Erzeugnis oder Baugruppe alle Gruppen und Einzelteile in strukturierter Anordnung. Jede Gruppe ist also bis zur höchsten Stufe aufgegliedert. Die Gliederung entspricht in der Regel dem Fertigungsablauf der Gruppen und Teile. An dem Beispiel zweiteiliger Getriebegehäuse in Bild 7.9 soll das grundsätzliche Vorgehen beim Aufstellen von Strukturstufen erklärt werden.

Arbeitsgang	**Stufe**
Einbau in Gesamtmaschine	1
Montage des Getriebes	2
Fertigbearbeitung des vormontierten Gehäuses	3
Vormontieren von Oberteil und Unterteil mit Schrauben und Stiften	4
Spanende Fertigung je Teil bis auf Lagerbohrungen	5
Abguß der Rohteile	6

Bild 7.9: Strukturstufen zweiteiliger Getriebegehäuse

Die Strukturstufen werden vom Rohteil mit der höchsten Stufe bis zur einbaufähigen Baugruppe zugeordnet. Damit haben in einer Strukturstückliste alle Rohteile die höchste Stufe und können für die Disposition in der EDV einfach ermittelt werden. Die folgenden Arbeitsgänge sind ebenfalls enthalten und können automatisch mit den entsprechenden Arbeitspapieren und den erforderlichen Teilen für die Vormontage per EDV gesteuert werden. Ohne die Bereitstellung von Schrauben und Stiften ist z.B. keine Vormontage möglich. Die Gesamtmaschine erhält als Erzeugnis wie immer die Stufe 0.

Die Strukturstückliste zeigt die fertigungs- und montageorientierte Gliederung des Erzeugnisses bis zur niedrigsten Stufe. Die Stufe kann durch Einrücken des jeweiligen Elementes in der Liste angegeben werden oder durch Zahlen für die Strukturstufen. Diese Listenart wird vom Konstrukteur in Zusammenarbeit mit Disposition und Arbeitsvorbereitung erstellt.

- Vorteil:
  Gesamtstruktur des Erzeugnisses bzw. die Struktur der Gruppe kann erkannt werden,
- Nachteile:
  Bei hoher Positionszahl wird die Strukturstückliste unübersichtlich und der Änderungsdienst aufwendig. Mehrfach im Erzeugnis verwendete Baugruppen erscheinen mehrfach mit allen Einzelteilen in der Stückliste.

Für das Getriebe des Beispiels ergibt sich die Strukturstückliste in Bild 7.10.

Sachnummer: 10							**Benennung: Getriebe**
Stufe							
1	2	3	4	5	Stück	Sach-Nr.	Benennung
x					1	13	Oberteil Gruppe
	x				1	46	Mittelkasten
	x				1	32	Abtriebswelle Gruppe
		x			1	98	Zahnrad Gruppe
		x			1	40	Welle Gruppe
			x		1	71	Welle
			x		1	73	Paßfeder
			x		1	75	Schraube
		x			2	52	Lager
	x				1	88	Oberkasten
	x				8	27	Schraube
x					8	27	Schraube
x					1	18	Antriebswelle Gruppe
	x				1	40	Welle Gruppe
		x			1	71	Welle
		x			1	73	Paßfeder
		x			1	75	Schraube
	x				1	81	Zahnrad
	x				2	52	Lager
x					1	11	Unterkasten
x					1	15	Vorgelege Gruppe
	x				1	77	Welle
	x				1	94	Zahnrad
	x				1	79	Zahnrad
	x				3	49	Lager

Bild 7.10: Strukturstückliste eines Getriebes (nach *Steinmetz*)

Baukastenstückliste

Um Stücklisteninhalte in verschiedenen Erzeugnissen und bei Wiederholgruppen unverändert verwenden zu können, ist es zweckmäßig, Gesamtstücklisten in selbständige Teile bausteinartig aufzugliedern. *Wiederholgruppen* sind Gruppen vorhandener Konstruktionen oder mehrfach einsetzbare Gruppen bei einem Erzeugnis.

Die ***Baukastenstückliste*** ist eine Stücklistenform, die grundsätzlich nur einstufig ist und in der alle Teile und Gruppen der nächst tieferen Stufe aufgeführt sind. Sie enthält zusammengehörende Gruppen und Teile, ohne sich auf ein bestimmtes Erzeugnis zu beziehen. Die Mengenangaben beziehen sich nur auf die im Kopf genannte Baugruppe. Die Baukastenstücklisten werden mit anderen Stücklisten zu einem Stücklistensatz zusammengestellt. Eine Erzeugnisgliederung kann auch nur aus mehreren Baukastenstücklisten bestehen. Die Baukastenstückliste des Gesamterzeugnisses wird auch als Hauptstückliste oder Gesamtstückliste bezeichnet.

Vorteile: Für Wiederholbaugruppen werden Stücklisten nur einmal erstellt.
Aufwand bei Änderung der Stücklisten ist gering.
Rechnerunterstützte Stücklistenverarbeitung kann aus Baukastenstücklisten ohne Probleme Mengenübersichts- und Strukturstücklisten erstellen.
Wiederholbaugruppen können in größerer Stückzahl hergestellt und bevorratet werden.

Nachteile: Baukastenstücklisten zeigen nicht den Gesamtbedarf an Teilen für das Gesamterzeugnis.
Funktionsbedingte und fertigungstechnische Zusammenhänge erkennt man erst aus dem Stücklistensatz.
Erschwerte Übersicht durch viele Einzellisten.

Der Baukasten-Stücklistensatz für das Getriebe, entsprechend der Erzeugnisgliederung in Bild 7.7, ist in Bild 7.11 dargestellt.

Man erkennt aus der Darstellung in Bild 7.11, daß jetzt 6 Baukastenstücklisten vorliegen, die jeweils aus Einzelteilen und Stücklisten der darunterliegenden Stufe bestehen. Zur Verdeutlichung sind hier die Stücklistenpositionen gekennzeichnet. In Unternehmen ist diese Stücklistenkennzeichnung durch Bezeichnungen oder Stücklistennummern üblich.

Ein Kombinationssystem von Bauteilen und Baugruppen zu Erzeugnissen unterschiedlicher Gesamtfunktion nennt man ***Baukasten***. Eine ***Baureihe*** besteht dagegen aus funktionsgleichen Maschinen, die nach Größe systematisch gestuft sind, so daß eine Anpassungskonstruktion vorliegt.

Sehr oft wird für ein Produkt ein Baukasten mit einer Baureihe kombiniert. Die Baugruppen mit gleichen Funktionen werden dann in unterschiedlichen Größen hergestellt. Beispiele dafür sind die Zahnradgetriebe mit Radsätzen als gleiche Baukastenelemente, die nach einer Baureihe gestuft für größere Leistungen wachsen. Der Baukasten ergibt sich durch den Einsatz von zusätzlichen Stirnradsätzen oder durch Kegelradsätze für andere Übersetzungen bzw. Lage der An- und Abtriebswellen. Man nennt diese Kombination dann Baureihen-/Baukastenprinzip.

Sach-Nr.: 10			Benennung: Getriebe	
Pos	Stück	Sach-Nr.	Benennung	Eigene STÜLI
1	1	13	Oberteil Gruppe	x
2	8	27	Schraube	
3	1	18	Antriebswelle Gruppe	x
4	1	11	Unterkasten	
5	1	15	Vorgelege Gruppe	x

Sach-Nr.: 13			Benennung: Oberteil Gruppe	
Pos	Stück	Sach-Nr.	Benennung	Eigene STÜLI
1	1	46	Mittelkasten	
2	1	32	Abtriebswelle Gruppe	x
3	1	88	Oberkasten	
4	8	27	Schraube	

Sach-Nr.: 18			Benennung: Antriebswelle Gruppe	
Pos	Stück	Sach-Nr.	Benennung	Eigene STÜLI
1	1	40	Welle Gruppe	x
2	1	81	Zahnrad	
3	2	52	Lager	

Sach-Nr.: 15			Benennung: Vorgelege Gruppe	
Pos	Stück	Sach-Nr.	Benennung	Eigene STÜLI
1	1	77	Welle	
2	1	94	Zahnrad	
3	1	79	Zahnrad	
4	3	49	Lager	

Sach-Nr.: 32			Benennung: Abtriebswelle Gruppe	
Pos	Stück	Sach-Nr.	Benennung	Eigene STÜLI
1	1	98	Zahnrad	
2	1	40	Welle Gruppe	x
3	2	52	Lager	

Sach-Nr.: 40			Benennung: Welle Gruppe	
Pos	Stück	Sach-Nr.	Benennung	Eigene STÜLI
1	1	71	Welle	
2	1	73	Paßfeder	
3	1	75	Schraube	

Bild 7.11: Baukastenstücklisten eines Getriebes (nach *Steinmetz*)

Variantenstücklisten

Erzeugnisse mit vielen Varianten haben eine ähnliche Form oder Funktion mit einem hohen Anteil an gleichen Teilen oder Baugruppen und unterscheiden sich oft nur in wenigen Einzelheiten voneinander. Als Beispiel sind Getriebevarianten oder Werkzeugmaschinen-Baugruppen bekannt.

Variantenstücklisten sind Stücklistensonderformen zur Erfassung von Varianten.

Nach DIN 199 ist die *Variantenstückliste* eine Zusammenfassung mehrerer Stücklisten auf einem Vordruck, um verschiedene Gegenstände mit einem in der Regel hohen Anteil identischer Bestandteile gemeinsam aufführen zu können. Die Variantenstückliste enthält die für alle Varianten erforderlichen *Gleichteile* und alle für die verschiedenen Varianten zugeordneten *variablen Teile*.

Die Gleichteile können auch in einer separaten *Stückliste* zusammengefaßt werden, die dann den Gleichteilesatz für alle festgelegten Varianten eines Erzeugnisses bildet. Dann können Gleichteile in der Grundstückliste geändert werden, ohne daß die Variantenstückliste geändert werden muß. Alle Erzeugnisvarianten können einer Variantenübersicht entnommen werden, die angibt, welche variablen Teile mit dem Gleichteilesatz zu einer Erzeugnisvariante gehören.

Manuell geführte ***Variantenübersichten*** sind sehr schwerfällig in der Handhabung und erfordern viel Zeitaufwand. Variantenstücklisten können vor allem in Baukastensystemen mit einem hohen Anteil gleicher Bausteine, z.B. Grundbausteinen, rationell sein.

Ein Beispiel aus dem Konsumgüterbereich ist die variable Ausführung eines Kochtopfs:

- Gleichteilesatz GS: Topfkörper und Topfboden
- Variable Teile E 1: Griffhalter 1 und kurzer Griff Form 1
  Variable Teile E 2: Griffhalter 2 und kurzer Griff Form 2
  Variable Teile E 3: Griffhalter 3 und langer Griff Form 3

Die Übersicht in Bild 7.12 zeigt die möglichen Erzeugnisvarianten, für die dann die oben genannten Stücklisten aufgestellt werden können.

Varianten	V 1	V 2	V 3
Gleichteilesatz GS	1	1	1
Variable Teile E 1	2		
Variable Teile E 2		2	
Variable Teile E 3			2

Bild 7.12: Beispiel Variantenübersicht (nach DIN)

7.3.3 Gliederung der Stücklistenarten

Stücklisten lassen sich nach ihrem Aufbau in 3 Grundformen gliedern:

- Mengenübersichtsstücklisten
- Baukastenstücklisten
- Strukturstücklisten

Neben diesen Grundformen gibt es noch Mischformen und die Sonderformen, wie z.B. die Variantenstücklisten und die firmenspezifischen Stücklisten. Die grundlegenden Begriffe sind in DIN 199 genormt. Eine Übersicht der wichtigsten Arten enthält Bild 7.13.

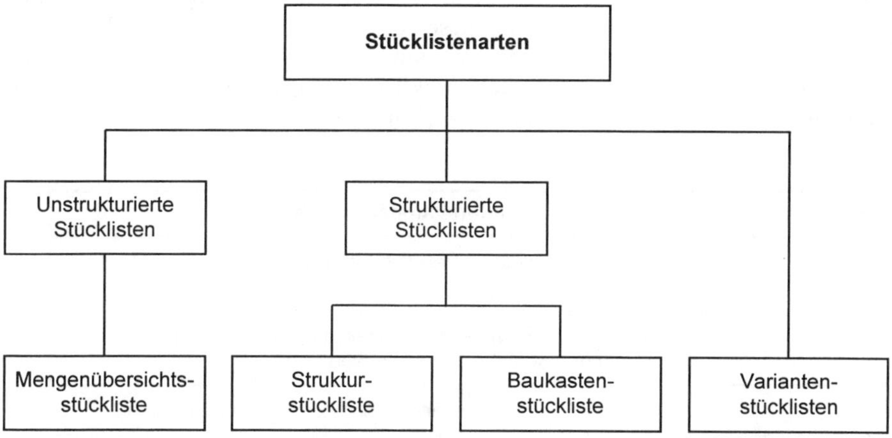

Bild 7.13: Stücklistenarten

Stücklisten bestehen aus Verzeichnissen, die angeben, woraus ein Erzeugnis besteht. Wenn der Konstrukteur wissen will, worin ein Teil enthalten ist, läßt er sich vom System einen ***Teileverwendungsnachweis*** erstellen. Dieser gibt die Verwendung eines Teiles oder einer Baugruppe in verschiedenen Baugruppen oder Erzeugnissen als Liste an. Der Teileverwendungsnachweis ist sehr nützlich bei Änderungen in der Konstruktion oder für die Beschaffungen im Materialwesen.

Mit dem Einsatz von Stücklistenprogrammen haben sich noch viele weitere Stücklistenarten gebildet, deren Bedeutung meist aus dem Namen hervorgeht, wie beispielsweise Bereitstellungsstücklisten, Kalkulationsstücklisten, oder Ersatzteilstücklisten. Sie können bei entsprechender Eingabe aus den Strukturstücklisten per EDV-Programm abgeleitet werden. Beispiel: Ersatzteilkennzeichnung durch den Konstrukteur in einer normalen Stückliste einer Baugruppe ergibt eine Ersatzteilstückliste für die Baugruppe als gesonderten Ausdruck.

Stücklisten werden auch nach Funktion und Verwendungszweck benannt:
Zeichnungs-, Konstruktions-, Dispositions-, Ersatzteilstückliste usw.

7.3.4 Sinn und Zweck von Stücklisten

Der Sinn und der Zweck der Stücklisten kann zusammengefaßt aus der Verwendung in den verschiedenen Abteilungen eines Unternehmens abgeleitet werden:

- Verknüpfung von alphanumerischen Daten mit grafischen Daten (Positions-Nr. oder Sachnummer der Zusammenbauzeichnung wird in die Stückliste übertragen).
- Systematische, normgerechte Auflistung sämtlicher Einzelteile, Baugruppen usw., die zu einem Erzeugnis gehören.
- Informationsträger für alle Betriebsabteilungen in knapper, strukturierter Form.
- Darstellung des hierarchischen Aufbaus der Baugruppen und Teile im Erzeugnis.

Bild 7.14 zeigt eine Übersicht aus der die besondere Bedeutung der ***Informationen aus Stücklisten*** und deren Verwendung in den verschiedenen Abteilungen eines Unternehmens hervorgeht. Die Konstruktion erstellt die Stücklisten. Alle anderen Abteilungen arbeiten intensiver mit Stücklisten als die Konstruktion. Deshalb müssen Stücklisten von Konstrukteuren sehr sorgfältig aufgestellt und gepflegt werden.

Abteilung	Informationen / Verwendung
Vertrieb	Angebotsbearbeitung, Verkaufspreisermittlung, Erzeugnisgliederung
Konstruktion	Dokumentation, Wiederholgruppen, Teileverwendung, Änderungen, Konstruktionsunterlage
Normung	Standardisierung, Teileverwendung, Erzeugnisübersichten
Arbeitsvorbereitung	Arbeitspläne erstellen, Eigenfertigung - Fremdfertigung, Fertigungs- und Montageablaufpläne planen, Betriebsmitteleinsatz planen, Terminplanung
Einkauf	Bedarfsermittlung von Kaufteilen, Rohmaterial, Halbzeug usw.; Zulieferkomponenten, Lieferanten für Beschaffung
Materialwesen	Materialbestand, Bereitstellung und Ausgabe von Rohteilen, Kaufteilen, Lagerteilen, Versand, Lieferumfang
Fertigung / Montage	Übersicht über Erzeugnisumfang, Erzeugnisgliederung, Teilezuordnung zu Aufträgen, Montage - Anleitung
Qualitätswesen	Wareneingang, Lieferantenqualität, Auslieferungsqualität
Rechnungswesen	Vorkalkulation, Nachkalkulation, Auswertungen
Kundendienst	Ersatzteillieferung, Serviceleistungen, Ersatzteilpreisermittlung

Bild 7.14: Stücklisteninformationen für Unternehmensabteilungen

7.4 Nummernsysteme

Die Dokumentation der Unterlagen von Erzeugnissen eines Unternehmens, die in Form von Zeichnungen, Stücklisten und Anweisungen für den Bau und Betrieb erforderlich sind, muß geordnet abgelegt werden. Für die Ablage und deren erneute Verwendung haben sich Nummern bewährt, die kurz und eindeutig alle notwendigen Informationen enthalten. ***Nummernsysteme*** liegen vor, wenn man für einen Bereich nach bestimmten Regeln das Bilden von Nummern vereinbart. Nummerungssystem oder Schlüsselsystem sind andere Begriffe, die auch in Abwandlungen wie „verschlüsseln" benutzt werden, um zu beschreiben, daß die Merkmale nach einem System durch Zahlen oder Buchstaben festgelegt wurden.

7.4.1 Nummerungstechnik – Grundlagen

Die allgemeinen Begriffe der Nummerung sind in DIN 6763 festgelegt. Die Definition einer Nummer nach DIN 6763 lautet:

Nummer ist eine Folge von Ziffern oder Buchstaben bzw. Ziffern und Buchstaben.

Nach DIN 6763 unterscheidet man je nach Kombination von Zahlen oder Buchstaben:

- Numerische Nummern z.B. 4004-03
- Alphanumerische Nummern z.B. 740-GLE
- Alphabetische Nummern z.B. ESC-P

Nummernsysteme sind die organisatorischen Hilfsmittel für das Zusammenführen sämtlicher Teile und Unterlagen in einem Betrieb. Eine treffende Kurzform für die Aufgaben eines Nummernsystems lautet:

"Verpackungsmittel für Informationen".

Der Aufbau eines Nummernsystems ist abhängig von der Organisation einer Firma. Im allgemeinen wachsen in den meisten Firmen Nummernsysteme im Laufe der Jahre in verschiedenen Abteilungen nebeneinander. Mit Einführung der Datenverarbeitung der Stücklisten muß ein einheitliches Nummernsystem für die ganze Firma festgelegt werden, um jede Information nur einmal abzuspeichern. Bei der Aufstellung von ***Nummernsystemen*** sollten nach *Sudkamp/Stausberg* grundsätzlich folgende ***Anforderungen*** erfüllt werden:

- für alle Abteilungen ein formaler und einheitlicher Aufbau
- Anzahl der Stellen möglichst gering halten
- Teile und Unterlagen eindeutig identifizieren
- Ähnlichteil- und Wiederholteilsuche rechnerunterstützt ermöglichen
- Identifizierung und Klassifikation erweiterbar anlegen
- EDV-Eingabe mit Möglichkeit der automatischen Fehlervermeidung durch Prüfziffer

Nummernsysteme für Teile ohne eine weitere Verarbeitung in Stücklistenprogrammen sind in den Unternehmen häufig im Laufe der Jahre gewachsen. Viele Auswertungen und Einsatzmöglichkeiten müssen dann manuell durchgeführt werden.

7.4.2 Arten und Eigenschaften von Nummern

Die beiden wichtigsten Aufgaben von Nummern in Unternehmen sind das Identifizieren und das Klassifizieren.

Identifizieren ist nach DIN 6763 das eindeutige und unverwechselbare Erkennen eines Gegenstandes anhand von Merkmalen (Identifizierungsmerkmalen), mit der für den jeweiligen Zweck festgelegten Genauigkeit. Die sich aus diesem Vorgang ergebende Nummer nennt man ***Identifizierungsnummer***, Identnummer oder Identifikationsnummer.

Klassifizieren ist nach DIN 6763 das Bilden von Klassen und/oder Klassifikationssystemen bzw. Klassifikationsnummernsystemen. Ein Klassifikationssystem ist ein Ordnungsschema für Klassen und das Klassifikationsnummernsystem ein Nummernsystem für Klassifikationssysteme. ***Klassifizierungsnummern*** ergeben sich aus diesem Vorgang und beschreiben Gegenstände einer Klasse mit gleichen Merkmalen, die nicht identisch sind.

Im Rahmen der Nummerung sind zwei Nummernarten, die Identifizierungsnummer (Identnummer) und die Klassifizierungsnummer (Ordnungsnummer) interessant und zu unterscheiden. Bild 7.15 enthält zum Vergleich noch einmal wichtige Eigenschaften und Ziele beider Nummernarten.

Kriterien	**Identifizierungsnummer**	**Klassifizierungsnummer**
Definition (nach DIN 6763)	Nummer, die einen Gegenstand jeder Art eindeutig und unverwechselbar bezeichnet, d.h. identifiziert.	Aussagefähige Nummer zum Einteilen (Einordnen) von Gegenständen nach bestimmten Gesichtspunkten
Eigenschaften	Kann unabhängig von der Klassifizierungsnummer existieren. Die einfachste Form ist die Zählnummer.	Kann unabhängig von der Identifizierungsnummer vergeben und verändert werden. Muß frei von dispositiven Merkmalen sein.
Ziele	Jede zu einer Sache gehörige Unterlage (Zeichnung, Stückliste, Arbeitsplan, Lagerkarte, Verkaufsunterlage usw.) erhält die Identifizierungsnummer der Sache (Ausnahmen: Varianten, Sorten).	Durch Ordnung der Unterlagen nach Klassifizierungsnummer Rückgriff auf bestehende Lösungen und Entwicklung neuer Lösungsmöglichkeiten, d.h.: - Wiederverwendung von Teilen und Gruppen - Entwicklung von Standardwerten (Zeiten, Kosten usw.) - Standardisierung allgemeiner Lösungen (Formelementen, Abmessungen, Funktionsgruppen, Arbeitspläne usw.)

Bild 7.15: Vergleich von Ident- und Klassifizierungsnummern (nach *Bernhardt*)

Eine weitere Aufgabe von Nummern ist das Informieren. Informieren bedeutet, daß eine Nummer Aussagen über die Merkmale eines Gegenstands ermöglicht. Diese ***Informationsnummern*** nennt man sprechende Nummern, wie z.B. Autokennzeichen oder Papierformate für Zeichnungen.

7.4.3 Ziele der Nummerung

Eine Nummer dient der

- Identifizierung (eindeutig, unverwechselbar bezeichnen),
- Klassifizierung (Einordnung von Gegenständen in Gruppen bzw. Klassen, die nach vorgegebenen Gesichtspunkten gebildet worden sind.),
- Information (Merkmale nennen) und
- Kontrolle (Verwechslungen vermeiden).

Diese Aufgaben werden in der Praxis in unterschiedlicher Kombination oder auch einzeln je nach Art des Nummernaufbaus erfüllt.

7.4.4 Identnummern

Zur Identifizierung genügt es, die zu benummernden Objekte mit einer laufenden Zählnummer zu versehen. Diese Nummer wird einmalig vergeben und ist zur Kennzeichnung des Objektes da. Sie enthält keine weitere Information. Der Vorteil einer reinen Identnummer liegt in der Gewißheit, daß solch ein Nummernschlüssel vom Aufbau her nie platzen kann. ***Platzen*** bedeutet, daß die Zahl der zu erfassenden Gegenstände größer wird als die vorhandenen Möglichkeiten des Nummernschlüssels. Nachteilig ist jedoch, daß durch die Nummer keine Information über das Produkt selbst und sein Umfeld gegeben wird. Es lassen sich keine Gruppen, Klassen und zusammengehörige Bereiche nach vorgegebenen Kriterien bilden.

7.4.5 Klassifizierungsnummern

Die Klassifizierungsnummer ist die numerische Wiedergabe einer Begriffsordnung bzw. eines Begriffssystems, in dem sachliche und logische Zuordnungen und Gliederungen festgelegt werden. Prinzipiell werden nach Krauser zwei Gliederungsarten unterschieden:

- die dezimale Gliederung einer Nummer und
- die dekadische Gliederung einer Nummer.

Sowohl die dekadische als auch die dezimale Klassifizierungsnummer ist das Ergebnis eines nach bestimmten Gesichtspunkten aufgebauten Ordnungsschemas. Die Kriterien dazu sind betriebsspezifisch und sehr vielschichtig; entsprechend zahlreich sind die in der Literatur genannten Systeme.

Die ***dezimale Gliederung*** einer ***Nummer*** ist in Bild 7.16 mit Beispielen dargestellt.

Jede Nummernstelle enthält bis zu 10 Begriffe oder Merkmale, die jedoch in Abhängigkeit von der davor stehenden Stelle vergeben werden. Der Vorteil dieses Verfahrens liegt in der Möglichkeit, die einzelnen "Zweige", d.h. bestimmte Folgen der zusammengehörenden Positionen, vollständig unabhängig voneinander zu gliedern und zu verschlüsseln. Das führt zu einer sehr weitgehenden Beschreibung der Einzelteile bei doch relativ geringbleibender Stellenzahl.

Die Dekodierung der Nummer ist manuell jedoch nur noch mit Tabellen möglich, umständlich und häufig fehlerbehaftet, da schon bei einer vierstelligen Nummer bei voller Belegung 10.000 abhängige Begriffe oder Merkmale existieren.

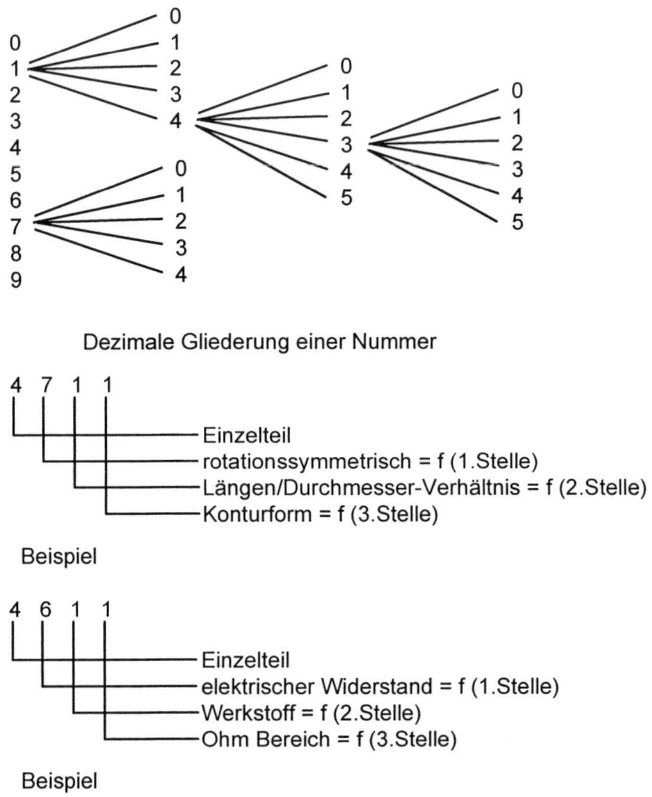

Bild 7.16: Dezimale Gliederung einer Nummer mit Beispielen (nach *Krauser*)

Die ***dekadische Gliederung*** einer Nummer ist in Bild 7.17 mit Beispielen dargestellt.

Jede Nummernstelle enthält bis zu 10 Begriffe oder Merkmale, die unabhängig voneinander vergeben werden, d.h. eine Nummer in einer bestimmten Stelle steht immer für ein und dasselbe Merkmal.

Die dekadische Klassifizierungsnummer zeichnet sich durch gute Merkbarkeit aus, führt jedoch bei wünschenswerter Beschreibungstiefe zu sehr hohen Stellenzahlen und wird dann wieder unübersichtlich. Es können nur die Stellen zusätzlich belegt werden, die in der Organisation als Reserve eingeplant wurden. Werden durch Erweiterung oder Produktumstellung weitere Gruppen benötigt, so platzt der Nummernschlüssel, was eine kostenintensive Neuorganisation nach sich zieht.

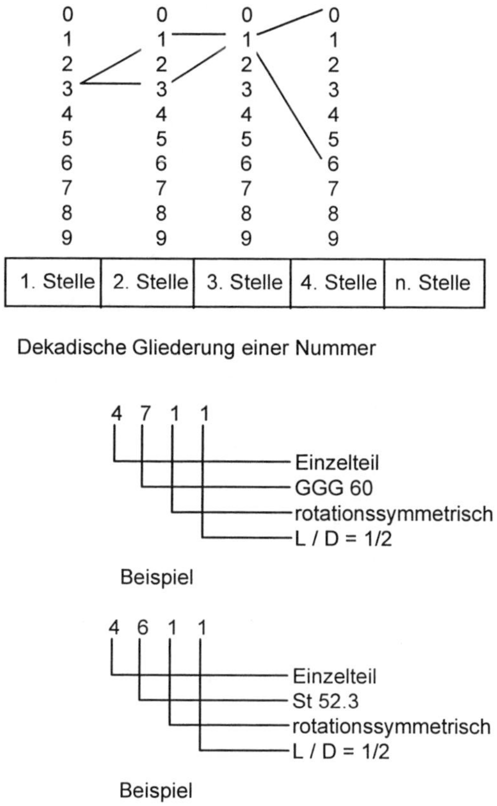

Bild 7.17: Dekadische Gliederung einer Nummer mit Beispielen (nach *Krauser*)

7.4.6 Nummernsysteme

Ein ***Nummernsystem*** ist nach DIN 6763 die Gesamtheit der für einen abgegrenzten Bereich festgelegten Gesetzmäßigkeiten für das Bilden von Nummern. Die gegliederte Zusammenfassung von Nummern zu einem Bereich und die Erläuterungen des Aufbaus der Nummern erfolgen also durch ein Nummernsystem.

Die wesentlichen Aufgaben eines Nummernsystems bestehen darin, zu identifizieren und/oder zu klassifizieren. Bei Nummernsystemen kann die Identifizierung und Klassifizierung unabhängig voneinander aufgebaut werden. Nach den bisher üblichen Vereinbarungen liegt dann ein parallel aufgebautes Nummernsystem vor. Sind der identifizierende und der klassifizierende Teil der Nummer abhängig voneinander, so liegt ein Verbundnummernsystem vor (z.B. Kfz-Nummer: H-AB 1234).

In Bild 7.18 werden die Nummerungssysteme verglichen.

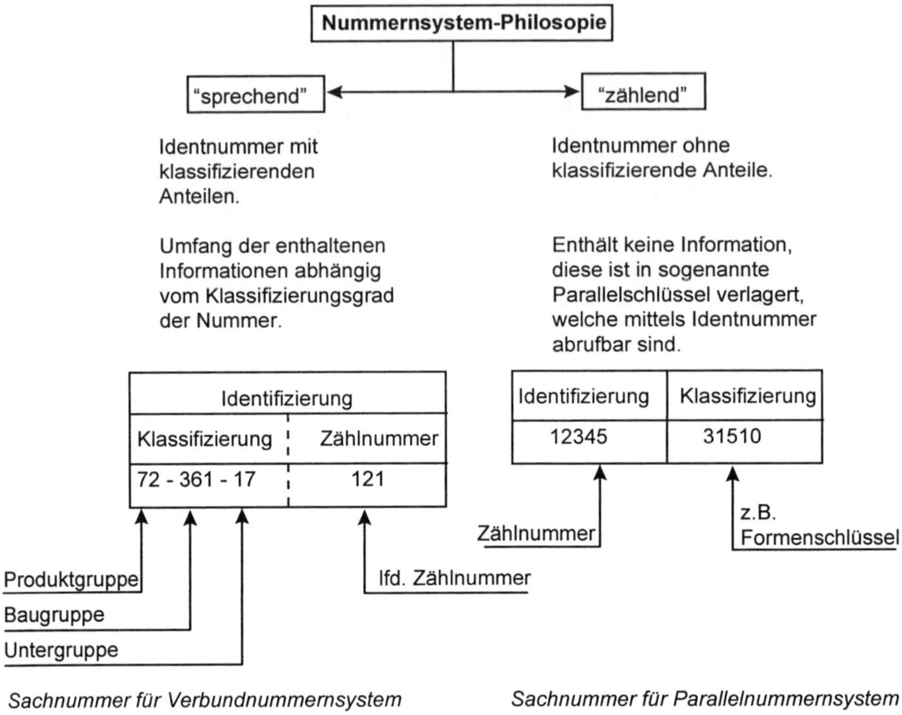

Bild 7.18: Vergleich Nummernsysteme (nach *Bernhardt*)

Parallelnummernsystem

Beim ***Parallelnummernsystem*** wird das Objekt durch einen klassifizierenden Teil beschrieben und durch einen davon unabhängigen identifizierenden Teil eindeutig gekennzeichnet. Wegen der Unabhängigkeit des identifizierenden Teils vom klassifizierenden Teil ist der Schlüssel - im Gegensatz zum Verbundschlüssel - flexibel veränderbar. Allerdings werden mehr Stellen gebraucht.

Der Begriff Parallelnummernsystem hat sich für Nummernsysteme mit den genannten Eigenschaften bewährt und soll hier auch verwendet werden, obwohl in der DIN 6763 dafür eine andere Erklärung steht. Nach DIN 6763 liegen Parallelnummernsysteme dann vor, wenn zu einem vorhandenen Nummernsystem eines Unternehmens ein anderes Nummernsystem, z.B. das eines Lieferanten für die gleichen Teile, parallel besteht.

Beispiele für Parallelschlüssel mit "geringer" Klassifizierung sind die Flugnummern der Deutschen Lufthansa und die Zugnummern der Deutschen Bahn AG, z.B.:

LH 432 D10	=	Flug Nr. 432 (identifizierend) mit McDonnell Douglas DC 10 (klassifizierend),
IC 651	=	Zug Nr. 651 (identifizierend), Zugart: IC-Zug (klassifizierend).

Ein wesentlicher Vorteil dieses Systems ist die Auswertung von Abfragen nach der Klassifikation per EDV. Bei einer Klassifikation nach dem Schema X-XXXX ergeben sich folgende Möglichkeiten, wenn z.B. Schlaucharten mit der EDV gesucht werden sollen:

Bei einer Suche nach Gegenständen mit der Klassifikation 6-4291 bis 6-4293 werden aus dem Speicher der EDV drei Gegenstände angezeigt:

6-4291-013668 Gewickelter Metallschlauch DN38x720
6-4291-013669 Gewickelter Metallschlauch DN38x300
6-4293-001668 Ringwellschlauch DN10x1000

Den ersten fünf Zahlen (klassifizierend) sind Zählnummern (identifizierend) angehängt, die nur das Produkt innerhalb einer Klasse eindeutig kennzeichnen (Schlauchlängen).

Die Eingabe der Klassifizierungsnummer ist also ausreichend, um alle Gegenstände einer Klasse mit vollständigen Angaben am Bildschirm angezeigt zu bekommen.

Verbundnummernsystem

Beim ***Verbundnummernsystem*** wird das Objekt durch einen klassifizierenden Teil in Klassen (z.B. Typengruppen) eingeteilt. Die dann noch fehlende Unterscheidung innerhalb der Klasse erfolgt durch den identifizierenden Teil. Der identifizierende Teil ist also vom klassifizierenden Teil abhängig. Verbundschlüssel kommen mit wenigen Stellen aus und sind gut merkfähig.

Identifizierung und Klassifizierung können nicht voneinander getrennt werden. Dadurch entsteht bei Auswertungen ein erheblicher Aufwand. Außerdem entsteht bei der Änderung der Klassifizierung eine neue Identifizierung. Beispiele sind Bankleitzahlen, Autokennzeichen, Versicherungsnummern oder Mitgliedsnummern von Krankenkassen, bei denen zunächst nach dem Geburtstag klassifiziert, anschließend die einzelne Person durch laufende Nummern identifiziert wird.

Bei den alten europäischen *Postleitzahlen* klassifizierten die vorangestellten Buchstaben nach dem Land, die nachfolgenden hierarchisch aufgebauten Ziffern identifizierten den Ort. Beispiel:

CH 4500 Solothurn in der Schweiz;
D 4500 Osnabrück (alt).

Postleitzahlen sind gut merkfähig, da für den klassifizierenden Teil Buchstaben und für den identifizierenden Teil Ziffern verwendet werden.

Ein weiteres Beispiel ist die 10stellige *Internationale Standard-Buchnummer* (ISBN):

1. Stelle Gruppennummer (Ziffer 3 für Deutschland, Österreich und die deutschsprachige Schweiz);

2. bis 9. Stelle enthalten hintereinander die Verlagsnummer und die Titelnummer (je weniger Stellen die Verlagsnummer beansprucht, um so mehr Titelnummern kann der Verlag vergeben);

10. Stelle ist eine Prüfnummer.

7.4.7 Sachnummern

Die ***Sachnummer*** ist nach DIN 6763 die Identnummer für eine Sache. Als Oberbegriff sind damit alle wichtigen Nummern im technischen Bereich eines Unternehmens gemeint wie z.B. die Erzeugnisnummer, Teilenummer, Materialnummer und Zeichnungsnummer. *Sachnummern* identifizieren und klassifizieren alle Gegenstände und Unterlagen, die für die Ausführung von Aufträgen notwendig sind. Beispielsweise sind Sachnummern erforderlich für Rohteile, Werkstoffe, Hilfs- und Betriebsstoffe, Vorrichtungen, Montageeinrichtungen oder für Teile, Baugruppen, Erzeugnisse. *Sachnummern* sind damit ***auftragsunabhängige Nummern***, die allgemein gelten.

Auftragsabhängige Nummern sind Nummern, die nur für Aufträge im Unternehmen vergeben werden und diese eindeutig kennzeichnen. Für Aufträge gibt es bestimmte Merkmale, die firmenspezifisch festgelegt und mit einer auftragsabhängigen Nummer belegt werden. Beispiele für solche Merkmale sind die Auftragsnummer, die Auftragsart, der Auftragsumfang oder die Erzeugnisart.

Sachnummern werden in der Konstruktion für Zeichnungen, Baugruppen usw. vergeben. Sie werden für die Bereitstellung von Informationen verwendet z.B. in Stücklisten, Arbeitsplänen, und in Abteilungen wie Einkauf, Materialwirtschaft, Qualitätssicherung, Kalkulation und Vertrieb.

7.4.8 Sachnummernsystem

Ein ***Sachnummernsystem*** ist ein nach einheitlichen Gesichtspunkten aufgestelltes, aus verschiedenen Klassifizierungs- und Identnummern bestehendes Nummernsystem. Zur Erklärung der verschiedenen Sachnummernsysteme soll der prinzipielle Aufbau von Nummernsystemen mit einer Übersicht vorgestellt werden, um wesentliche Merkmale zu erkennen. Bild 7.18 enthält die üblichen Nummernsysteme für Sachnummern, die in produzierenden Unternehmen eingesetzt werden.

Die Gliederung unterscheidet systemfreie und systematische Nummernsysteme. Bei den systematischen Nummernsystemen handelt es sich um sprechende Systeme mit einer Klassifizierung in der Nummer. Im Gegensatz dazu hat die systemfreie Nummer einen separaten Klassifizierungsteil, der unabhängig von der Identifizierung ist.

Ein ***vollsprechendes Nummernsystem*** beschreibt jedes Nummerungsobjekt eindeutig und unverwechselbar mit Hilfe einer Klassifizierungsnummer. Jeder, der das Nummernsystem kennt, kann aus der Nummer erkennen, um welches Teil es sich handelt. Ein solches System ist nur dann praktikabel, wenn entweder die Anzahl der Nummerungsobjekte sehr klein und überschaubar ist, oder wenn die Nummer viele Stellen hat.

Ein ***teilsprechendes Nummernsystem*** besteht stets aus Nummern mit einem klassifizierenden und einem identifizierenden Bestandteil, die zu einer Verbundnummer zusammengefaßt sind. Der Einsatz eines teilsprechenden Nummernsystems setzt voraus, daß die Klassen sich möglichst nicht kurzfristig verändern und die Nummerungsobjekte selbst langfristig unverändert bleiben. Eine Veränderung des Klassifizierungssystems würde eine Überarbeitung des gesamten Nummernschlüssels erforderlich machen.

Die wichtigsten Merkmale der drei Sachnummernsysteme enthält Bild 7.19.

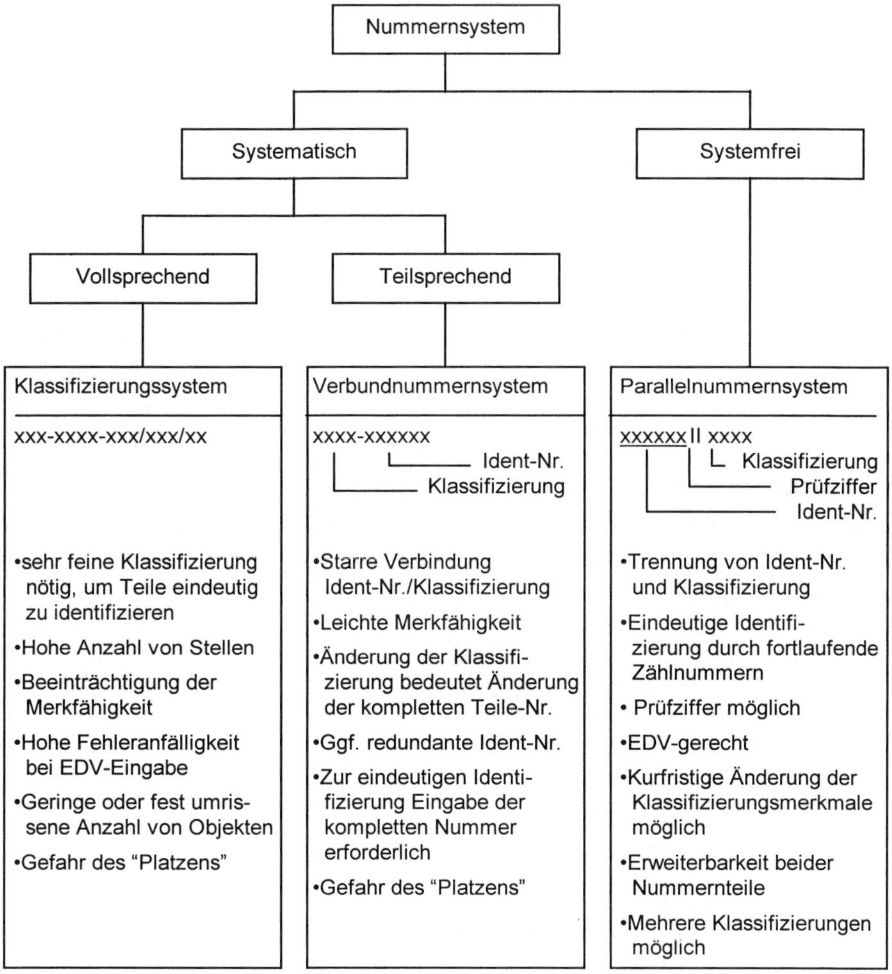

Bild 7.19: Prinzipieller Aufbau von Nummernsystemen (nach *Sudkamp/ Stausberg*)

Das ***Parallelnummernsystem*** hat als systemfreies Nummernsystem, wie oben bereits erwähnt, eine Identifizierungsnummer zum Zählen und eine von dieser unabhängige Klassifizierungsnummer zum Ordnen, die aus einem eigenständigen Nummernsystem zugeordnet wird. Alle verschlüsselten Gegenstände oder Unterlagen werden nur durch die Identnummer eindeutig bestimmt. Die Klassifizierungsnummer liefert zusätzliche Aussagen über den Gegenstand und man erkennt die Zugehörigkeit zu einer Klasse, z.B. ob es sich um ein Gehäuse oder um eine Schraube handelt.

Die Prüfziffer wird an die Zählnummer angehängt, um die Identnummer zu einer selbstprüfenden Nummer zu machen. Sie ist immer dann erforderlich, wenn die eingegebene Nummer wichtig ist. Eine Prüfziffer kann z.B. aus der Summe aller Zeichen einer Nummer bestehen, was bei der EDV-Eingabe zu einer Fehlermeldung führt, wenn statt sechs nur fünf Zahlen als Identnummer eingegeben werden.

In der Praxis werden dementsprechend drei *Sachnummernsysteme* unterschieden:

- Klassifizierungsnummernsysteme:
- Verbundnummernsysteme
- Parallelnummernsysteme

Beim Aufbau eines Sachnummernsystems sind alle Bereiche eines Unternehmens einzubinden, damit alle Anwendungen berücksichtigt werden können. Da in der Regel eine rechnerunterstützte Lösung mit Stücklistenprogrammen aufgebaut wird und der Einsatz von ***PPS*** (Produktionsplanung und -steuerung) sowie CAD/CAM-Systemen unbedingt zu beachten ist, sind enorm viele Gesichtspunkte zu berücksichtigen. Da bei jeder Art von Sachnummernsystem eine Klassifizierung erforderlich ist, müssen sehr umfangreiche Untersuchungen im Unternehmen durchgeführt werden, um ein System zu entwickeln, das alle Anforderungen effektiv erfüllt.

Eine Grobklassifizierung unterscheidet meist nach den Sachgebieten (Hauptgruppen oder ***Hauptklassen***), die in Bild 7.20 als Beispiel der Gliederung eines Sachnummernsystems häufig anzutreffen sind.

Einteilung der Hauptklassen	
Klasse 0	Organisation, Richtlinien, Normen (Unterlagen)
Klasse 1	Rohmaterial
Klasse 2	Zukaufteile, einschließlich Elektroteile (Artikel fremder Konstruktion)
Klasse 3	Einzelteile eigener Konstruktion
Klasse 4	Baugruppen eigener Konstruktion
Klasse 5	Erzeugnisse
Klasse 6	Hilfs- und Betriebsstoffe
Klasse 7	Werkzeuge
Klasse 8	Vorrichtungen
Klasse 9	Reserve

Bild 7.20: Gliederung eines Sachnummernsystems (nach *Bernhardt*)

Ein Klassifizierungssystem soll Gegenstände und Unterlagen nach bestimmten Gesichtspunkten ordnen und dadurch gleiche und ähnliche Sachen zusammenführen. Eine wichtige Voraussetzung für die Klassifizierung ist die Aufstellung einer Begriffsordnung. Die Klassifizierung wird damit solange bearbeitet, bis jeweils nur noch 10 Merkmale in einer Gruppe von Sachen unter einem festgelegten Oberbegriff zusammengefaßt sind. Alle Elemente innerhalb einer Gruppe erhalten dann eine Nummer, aus der die Gruppenzugehörigkeit hervorgeht. Als Grundprinzip muß stets gelten:

Zu einer Sache gehört nur eine Nummer und umgekehrt!

Das Produktspektrum eines Unternehmens beeinflußt die Stellenzahl, die damit verbundene Struktur und die einzelnen Klassifizierungsmerkmale. Die Klassifizierungstiefe ist nur soweit vorzunehmen, daß man gezielt auf Sachmerkmale zugreifen kann. Im Bild 7.21 ist ein Auszug aus dem Sachnummern-Klassifizierungssystem eines Unternehmens als Übersicht mit einem eingetragenen Beispiel dargestellt.

Der obere Teil des Bildes 7.22 enthält eine vereinfachte Darstellung der Produkte des Unternehmens, für die das Sachnummern-Klassifizierungssystem entwickelt wurde. Die 1. Stufe der Bereiche enthält die Einteilung der Hauptklassen und ist in Bild 7.21 noch einmal zum Vergleich mit Bild 7.20 dargestellt. Auch hier zeigt sich, daß firmenspezifische Forderungen maßgebend sind und allgemeine Erkenntnisse angepaßt angewendet werden. Man sieht z.B., daß die produktspezifischen Baugruppen in den Klassen 6 und 7 vorhanden sind. Ohne die genauen Gründe zu kennen, ist zu vermuten, daß diese Baugruppen eine besondere Bedeutung haben müssen und deshalb nicht in einer Klasse sinnvoll unterzubringen waren.

Einteilung der Hauptklassen	
Klasse 0	Betriebsmittel
Klasse 1	Werkzeuge
Klasse 2	Material
Klasse 3	Allgemeine Maschinenelemente
Klasse 4	Elektroelemente
Klasse 5	Produktspezifische Maschinenelemente
Klasse 6	Produktspezifische Baugruppen
Klasse 7	Produktspezifische Baugruppen
Klasse 8	Anlagen - Maschinen
Klasse 9	Organisation

Bild 7.21: Sachnummern-Klassifizierungssystem – 1. Stufe (nach *Lederer*)

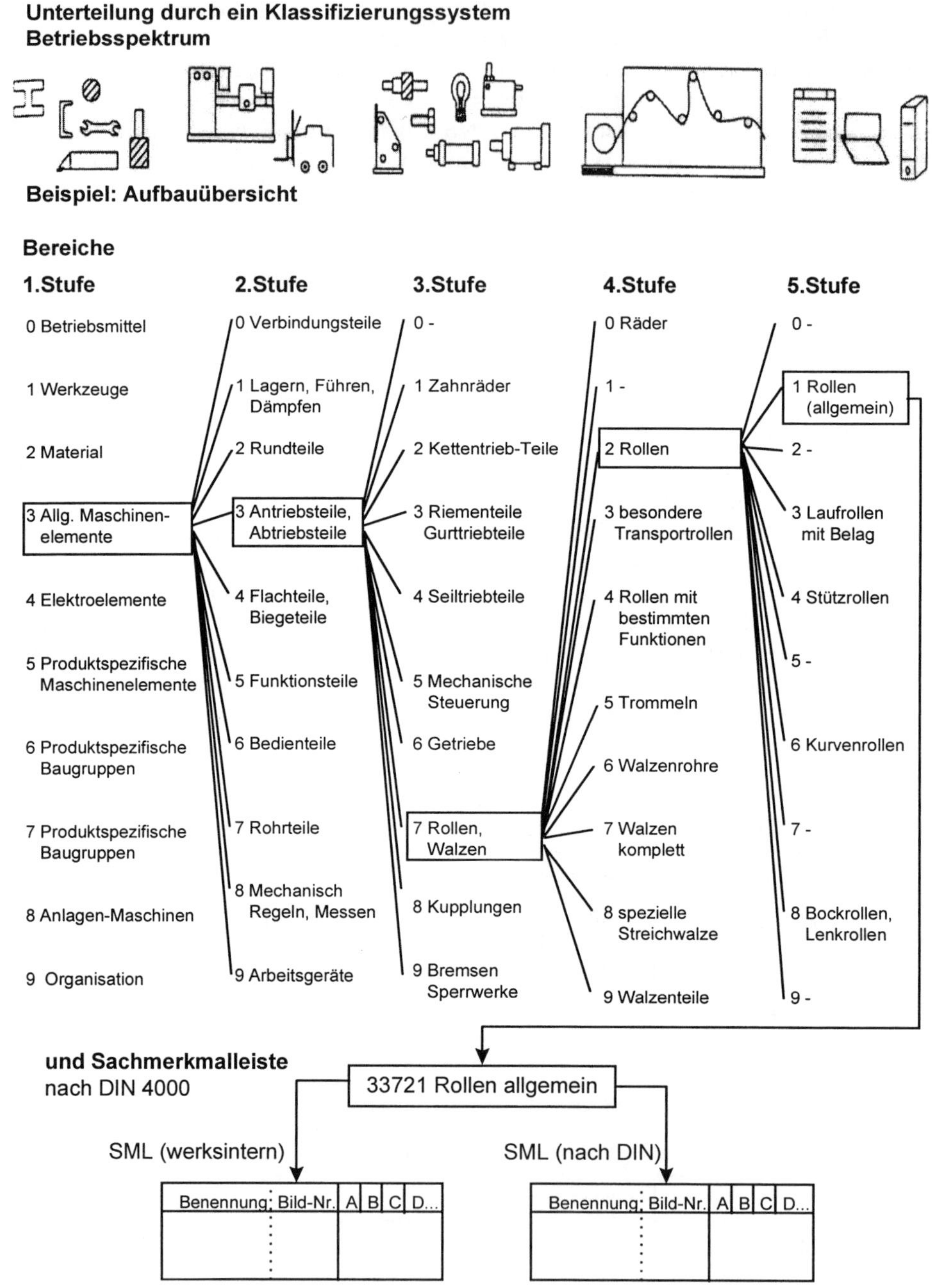

Bild 7.22: Sachnummern-Klassifizierungssystem eines Unternehmens (nach *Lederer*)

7.5 Sachmerkmale

Der Begriff ***Sachmerkmal*** mit allen dazugehörigen Vereinbarungen und Regeln ist in der Sachmerkmalleisten-Normenreihe DIN 4000 festgelegt.

Gründe für die Entwicklung des Fachgebiets Sachmerkmalleisten waren:

- Ähnliche Teile zusammenfassen,
- einheitliche Darstellung der Informationen,
- ausgewählte Merkmale beschreiben und
- einfache Prinzipzeichnungen verwenden.

Sachmerkmale (Eigenmerkmale) beschreiben Eigenschaften eines Objektes unabhängig von dessen Umfeld (z.B. Herkunft, Verwendungsfall). Die Schlüsselweite ist z. B. ein Sachmerkmal, da die Änderung der Schlüsselweite einer Schraube eine andere Schraube ergibt. Sachmerkmale gliedern sich in ***Beschaffenheitsmerkmale*** und in ***Verwendbarkeitsmerkmale***. Diese werden durch die Fragen „Wie ist das Objekt?“ und „Was kann und was braucht das Objekt?“ ermittelt, wie Bild 7.23 zeigt.

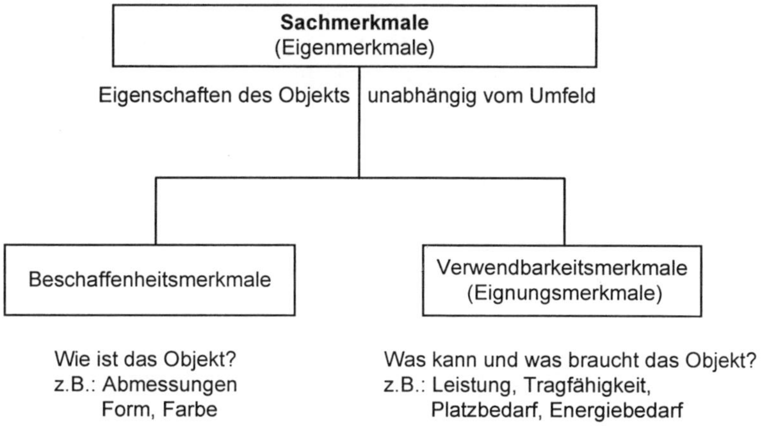

Bild 7.23: Sachmerkmale

Vor der Behandlung der Sachmerkmalleisten sollen einige grundlegende Begriffe des Fachgebiets Sachmerkmale erklärt werden.

Ein ***Merkmal*** ist nach DIN 4000 eine bestimmte Eigenschaft, die zum Beschreiben und Unterscheiden von Gegenständen einer Gegenstandsgruppe dient. Das Merkmal „Farbe“ umfaßt die Merkmalausprägung „blau“, „rot“, „grün“ usw.; das Merkmal „Form“ umfaßt die Merkmalausprägung „kreisförmig“, „rechteckig“ usw.

Eine ***Merkmalausprägung*** ist ein Zahlenwert mit Einheit oder eine attributive Angabe, also z.B. 2,5 mm, 3,5 kW oder stabförmig, aus Stahl, Nennweite, tropenfest.

Die Gliederung der Merkmale nach ihrer Bedeutung enthält neben den Sachmerkmalen die Relationsmerkmale (Beziehungsmerkmale) wie in Bild 7.24 dargestellt.

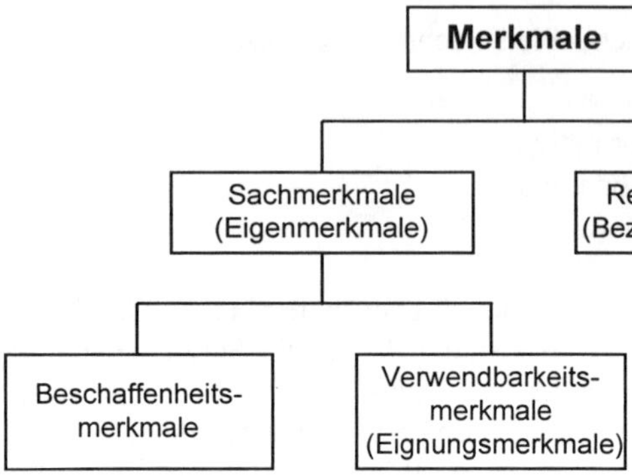

Bild 7.24: Gliederung von Merkmalen nach ihrer Bedeutung (nach *Krauser*)

Ein ***Relationsmerkmal*** ist ein Merkmal, das eine Beziehung von Gegenständen zu ihrem Umfeld kennzeichnet. Eine Änderung der Merkmalsausprägung ergibt keinen anderen Gegenstand. Beispiele sind Herstellkosten, Bestellmenge oder Einbauhöhe und Klemmlänge einer Paßfeder.

Die Gliederung der Merkmale nach ihrem Inhalt führt zu Artmerkmalen, Größenmerkmalen oder Bewertungsmerkmalen, die in Bild 7.25 mit Beispielen vorgestellt werden.

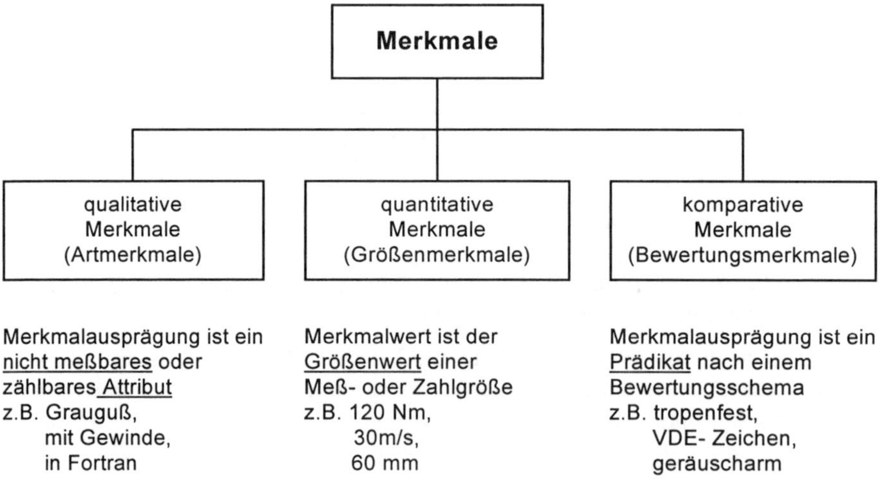

Bild 7.25: Gliederung von Merkmalen nach ihrem Inhalt (nach *Krauser*)

7.5.1 Sachmerkmalleisten

Eine ***Sachmerkmalleiste*** ist nach DIN 4000 die Zusammenstellung und Anordnung von Sachmerkmalen und von Relationsmerkmalen einer Gegenstandsgruppe.

Sachmerkmalleisten dienen dem Zusammenfassen, Abgrenzen und Auswählen von genormten und nichtgenormten Gegenständen, die einander ähnlich sind. Sie beschreiben Gegenstände durch die teileabhängigen Eigenschaften und sind die Grundlage für ein anwenderfreundliches Informationssystem.

Die DIN 4000 besteht inzwischen aus ca. 100 Teilen, die jeweils mehrere Sachmerkmalleisten enthalten. Damit steht dem Konstrukteur schon ein umfangreiches Informationssystem für Norm- und Konstruktionsteile des Maschinenbaus und der Elektrotechnik zur Verfügung. Die Begriffe und Grundsätze im Teil 1 der DIN 4000 erläutern den Aufbau von Sachmerkmalleisten. Im Bild 7.26 ist der Aufbau mit Hinweisen für die Informationen in den einzelnen Feldern dargestellt.

3⇓	1⇓									
1 von n	Sachmerkmalleiste DIN 4000-..-.. für									⇐ 2
Merkmal- kennung	A	B	C	D	E	F	G	H	J	⇐ 4
Merkmal- benennung										⇐ 5
Einheit										⇐ 6

1. Feld für die Bezeichnung der Sachmerkmalleiste
2. Feld für die Benennung der Gegenstandsgruppe
3. Feld für die Nummer des Teils einer Sachmerkmalleiste
4. Feld für die Merkmalkennung mit Kennbuchstaben
5. Feld für die zugeordneten Merkmalbenennungen
6. Feld für die zugehörigen Einheiten

Bild 7.26: Aufbau einer Sachmerkmalleiste (nach DIN 4000)

Teilebeschreibende Nummernsysteme unterscheiden sich von den Sachmerkmalleisten durch die Anzahl und Art der Beschreibungsmöglichkeiten. Für Sachmerkmalleisten sind insgesamt neun teilebestimmende Eigenschaften als Sachmerkmale festgelegt, die nebeneinander in die Felder der Sachmerkmalleiste eingetragen werden. Die Größenwerte oder die Attribute werden als Sachmerkmaldaten jeweils für ein Teil zeilenweise darunter als Sachmerkmalverzeichnis aufgelistet.

Durch die räumlich untereinander stehenden Sachmerkmaldaten erhält der Konstrukteur schnell einen Überblick über alle Teile dieser Sachmerkmalleiste mit wichtigen Größenwerten und Eigenschaften.

Wichtiger Bestandteil der Sachmerkmalleiste ist die ***Bildleiste*** mit Prinzipskizzen der in dieser Sachmerkmalleiste enthaltenden Teile. Damit hat der Konstrukteur sofort eine Vorstellung von den Teilen. Die Prinzipskizzen der Bildleiste haben Buchstaben als Maßzahlen, so daß die Merkmalkennung der Leiste direkt in der Skizze abgebildet ist. Die DIN 4000 hat mit einer Überarbeitung auch einige Begriffe verändert. In den vorhandenen Sachmerkmalleisten nach DIN 4000 werden Sachmerkmale den Kennbuchstaben zugeordnet, während heute dafür der Begriff Merkmalkennung gilt, siehe auch Bild 7.26.

Die Sachmerkmalkennung erfolgt durch die 9 Buchstaben A bis H und J, die bei Bedarf mit Index erweitert werden, also z.B. E1; E2.

Jede ***Sachmerkmalleiste*** beschreibt eine Gruppe sich ähnelnder Gegenstände. Beispiele sind nach DIN 4000 mit Angabe der Teilnummer und der Leistennummer:

- Radiallager Teil 12 Leiste 1,
- keilförmige Scheiben Teil 3 Leiste 2,
- nichtschaltbare Getriebe Teil 27 Leiste 1,
- für Drehmeißel Teil 22 Leiste 2.

Jede Sachmerkmalleiste besteht danach aus:

- Benennung
- Bildleiste (Geometrie)
- Sachmerkmalkennbuchstaben oder Merkmalkennung (A bis H und J)
- Sachmerkmalbenennung oder Merkmalbenennung (neun teilebestimmende Eigenschaften)
- Referenzhinweis (Maßbuchstaben oder Formelzeichen, die aus den entsprechenden Normen in die SM-Leisten übernommen werden.); entfällt bei neuen Leisten
- Einheiten (Maßeinheiten der Sachmerkmale)
- Sachmerkmalverzeichnis (Datenzeilen)

Eine Sachmerkmalleiste nach DIN 4000 besteht nur aus der Bildleiste und der Sachmerkmalleiste, jedoch ohne ein ***Sachmerkmalverzeichnis*** wie Bild 7.27 zeigt. Die Datenzeilen für ein firmenspezifisches Sachmerkmalverzeichnis werden am Rechner angelegt und mit Eingabe der Sachnummer gespeichert. Der Konstrukteur kann diese Verzeichnisse nutzen, um gezielt aus den gespeicherten Teilen das geeignete auszuwählen, da alle Daten dafür übersichtlich geordnet angezeigt werden.

Die Sachmerkmalleisten für Wiederholteilverwendung, insbesondere von Konstruktionsteilen und Baugruppen erfordern Sachmerkmaldefinitionen unter funktionalen Gesichtspunkten. Das Erarbeiten erfolgt analog der Konstruktionsmethodik und ist in der Fachliteratur beschrieben.

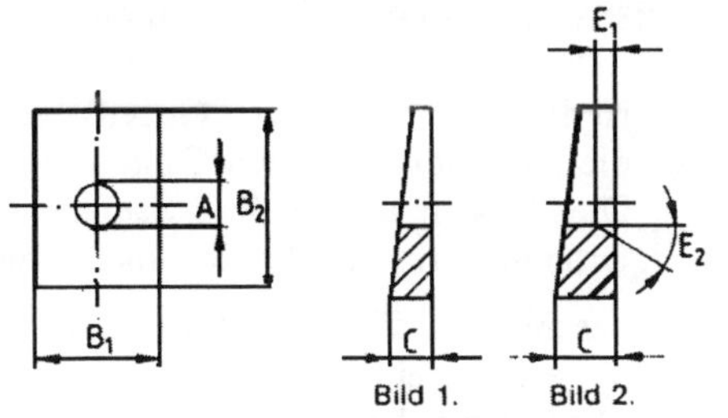

Sachmerkmalleiste DIN 4000-3-2									
Kenn-buchstabe	A	B	C	D	E	F	G	H	J
Sach-merkmal-benennung	Innen-durch-messer	Außen-maß B_1,B_2	Dicke	Neigung	Senktiefe und -winkel E_1,E_2			Werkstoff	Oberfläche und/ oder Schutzart
Referenz-hinweis						-	-		
Einheit	mm	mm	mm	%	mm, °	-	-	-	-

Bild 7.27: Beispiel einer Sachmerkmalleiste für keilförmige Scheiben (nach DIN 4000)

7.5.2 Anzahl und Wertigkeit der Sachmerkmale

Die nach DIN 4000 T1 festgelegte Anzahl der Kennbuchstaben innerhalb einer Sachmerkmalleiste mit 9 ergab sich als Ergebnis einer anwendungsbezogenen Vorgehensweise:

- Mit wie vielen Merkmalen sind einfache Teile beschreibbar?
- Wieviel Schreibstellen stehen für Merkmalausprägungen zur Verfügung (A4-Seite, DV-Printer, Bildschirm)?
- Wieviel zur gegenseitigen Abgrenzung relevante Sachmerkmale sind auf einen Blick erfaßbar?

Die so gefundenen Begrenzungen durch 9 Sachmerkmale mit insgesamt 70 Schreibstellen hatten sicher ihre Berechtigung, werden aber nicht allen Anforderungen gerecht. Dies gilt besonders für komplexe Bauteile.

Diese Erkenntnis wurde bereits bei der Entwicklung der ***CAD-Normteiledatei*** *nach DIN 4001* umgesetzt. In dieser Normenreihe werden die geometrischen Merkmale von Normteilen in erweiterten Merkmalleisten so aufbereitet, daß daraus Dateien für CAD-Systeme entwickelt werden können. Dieses Vorgehen für das wirtschaftliche Arbeiten mit 2D-CAD-Systemen ist in der DIN V 4000 Teil 100 und 101 beschrieben.

7.5.3 Sachnummernsystem durch Klassifizierung über Sachmerkmale

Klassifizierung ist eine Einordnung von Gegenständen in Gruppen (Klassen), die nach vorgegebenen Gesichtspunkten aufgestellt wurden. Die Klassifizierung über Sachmerkmale nützt die zeitlosen Ordnungskriterien der Sachmerkmale für Gegenstände.

Sachmerkmale beschreiben Eigenschaften eines Objektes unabhängig von dessen Umfeld (Herkunft, Verwendungsfall). Sie können gegliedert werden in Beschaffenheitsmerkmale und Verwendbarkeitsmerkmale.

Beschaffenheitsmerkmale erhält man auf die Frage: „Wie ist das Objekt?" z.B. Abmessungen, Form, Farbe usw.

Verwendbarkeitsmerkmale erhält man auf die Frage: „Was kann und was braucht das Objekt?" z.B. Tragfähigkeit, Platzbedarf, Energiebedarf usw.

Diese bereits erläuterten und in Bild 7.23 dargestellten Begriffe können für die Aufstellung von ***Sachnummernsystemen*** sehr gut eingesetzt werden. Die Klassifizierung von technischen Produkten in einem Unternehmen ist sehr aufwendig und komplex. Da als Ergebnis ein beständiges, anwendungsgerechtes und überschaubares Nummernsystem entstehen soll, muß ein am Erfolg interessiertes Mitarbeiterteam eingesetzt werden. Dieses Team sammelt möglichst viele Sachmerkmale, diskutiert deren Anwendbarkeit und bringt sie in eine Reihenfolge mit dem wichtigsten Sachmerkmal am Anfang. Die so gefundene Klassifizierung wird in ein praxisgerechtes Schema eingearbeitet.

Als erstes sollte eine Aufteilung aller Gegenstände in Sachnummernbereiche erfolgen, die nach bewährten Lösungen übernommen werden können. Jedem Sachnummernbereich sind eine Anzahl von Klassifizierungen zuzuordnen, die von Firmengröße und Produktspektrum abhängen. Jede Stelle der Klassifizierungsnummer erhält zehn Merkmale und ist dekadisch aufgebaut, d.h., eine Nummer an einer bestimmten Stelle steht immer für ein und dasselbe Merkmal.

Als einheitlicher ***Aufbau*** für häufig verwendete ***Nummernsysteme*** gilt:

- dreistellige oder vierstellige Klassifizierung
- zehn Merkmale je Stelle
- dekadischer Aufbau

Art, Zusammensetzung und Reihenfolge der stelleninternen begrifflichen Unterscheidungen und Unterteilungen stellen kein starres Schema, sondern eine mögliche Version dar. Der Anwender muß vor der Einführung, dieser Klassifizierung durch Probeverschlüsselung die Brauchbarkeit überprüfen und die Klassifizierungsmerkmale gegebenenfalls ergänzen und anpassen. Die Arbeitsschritte zur Klassifizierung über Sachmerkmale werden hier in Anlehnung an *Henjes* vorgestellt. Sie sind als bewährte Vorgehensweise bekannt, sollten aber firmenspezifisch angepaßt werden.

Klassifizierung über Sachmerkmale

Die Klassifizierung mit Hilfe von Sachmerkmalen wird schon seit einigen Jahren als bewährte Methode eingesetzt und soll hier schrittweise vorgestellt werden.

Mitarbeiterteam bilden

Eine beständige, allgemeingültige, anwendungsgerechte und überschaubare Klassifizierung kann nur von einem am Erfolg interessierten Mitarbeiterteam geschaffen werden. Ein einzelner Mitarbeiter in einem Unternehmen ist mit dieser Aufgabe überfordert und würde auch nur eine Fachabteilungslösung erarbeiten.

Bei der Klassifizierung von Erzeugnissen, wie z.B. Drehmaschinen, sollte das Team aus Mitarbeitern des Vertriebs, der Konstruktion, der Normung, der Arbeitsvorbereitung, der Fertigung und der Montage bestehen. Die Klassifizierung von Einzelteilen kann in der Regel von Mitarbeitern der Konstruktion, der Normung, der Arbeitsvorbereitung und der Fertigung durchgeführt werden. Der Ablauf der Klassifizierung über Sachmerkmale ist als Übersicht in Bild 7.28 enthalten und wird auf den folgenden Seiten erläutert.

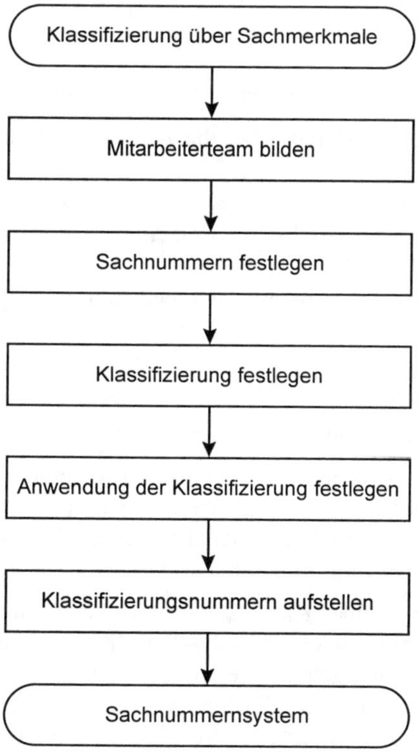

Bild 7.28: Ablauf der Klassifizierung über Sachmerkmale

Sachnummernbereiche festlegen

Vor einer Klassifizierung sollte eine Aufteilung aller Gegenstände über eine Sachnummernhierarchie in sogenannte Sachnummernbereiche erfolgen. Bewährte Sachnummernbereiche umfassen:

- Anlagen
- Erzeugnisse
- Baugruppen
- Montagegruppen
- Verbundgruppen
- Einzelteile
- Fertigzeuge
- Halbzeuge
- Rohteile
- Gebindezeuge

Die Begriffe sind in DIN 6789 und DIN 199 genormt. ***Gebinde*** sind bestimmte genormte Mengen von losen Teilen, wie z.B. Farbdosen, Kanister usw. („Blumengebinde").

Klassifizierung erarbeiten

Die Klassifizierung sollte in vier zeitlich getrennten Arbeitsschritten erstellt werden:

- Das Team sammelt möglichst viele Sachmerkmale über die zu klassifizierende Gegenstandsgruppe.
- Das Team diskutiert gründlich die Bedeutung jedes der gesammelten Sachmerkmale.
- Das Team bringt die bestätigten Sachmerkmale in eine Reihenfolge mit dem wichtigsten Sachmerkmal am Anfang.
- Die so gefundene Klassifizierung wird dann in eine der beiden folgenden Anwendungsmöglichkeiten eingearbeitet.

Anwendung der Klassifizierung festlegen

Zwei Anwendungsmöglichkeiten haben sich grundsätzlich bewährt:

Umsetzung der Klassifizierung über Klassifizierungsnummern und Sachmerkmalleisten. Aus der erarbeiteten Klassifizierung werden Klassifizierungsnummern für Gegenstandsgruppen gebildet und die Sachmerkmale in Sachmerkmalleisten nach DIN 4000 übernommen. Dieser Weg ist besonders geeignet für mittlere und größere Unternehmen.

Umsetzung der erarbeiteten Klassifizierung über Klassifizierungssysteme und Sachnummerung. Aus der erarbeiteten Klassifizierung werden einheitliche Klassifizierungsnummern gebildet, die dann als Ordnungskriterien gelten. Die Klassifizierungsnummern können als klassifizierender Nummernteil für eine neue Sachnummer übernommen werden, und zwar sowohl in einem Verbund- als auch in einem Parallelnummernsystem. Bei der Sachnummerung sollte das Prinzip des Parallelnummernsystems vorrangig angewendet werden. Dieser Weg ist für kleine und mittlere Betriebe besonders geeignet.

Klassifizierungsnummern aufstellen

Für die Klassifizierungsnummern haben sich zwei unterschiedliche, praxisgerechte und handliche Schemen als Teilecode zur Verschlüsselung herausgebildet:

- Das Schema X – X X X bietet je Sachnummernbereich 1000 Klassifizierungsmöglichkeiten.
- Das Schema X – X X X X bietet je Sachnummernbereich 10.000 Klassifizierungsmöglichkeiten.

Für das Schema X – X X X ist die Klassifizierung relativ eng mit gering gefächerter Unterteilung und für wenig Sachmerkmale. Diese Klassifizierungsnummern eignen sich für ganz kleine Unternehmen oder für Betriebe mit einfachem Produktspektrum. Eine bewährte Aufteilung der Sachnummernbereiche umfaßt:

- X – X X X
- 0=Anlagen
- 1=Erzeugnisse
- 2=Baugruppen
- 3=Montagegruppen
- 4=Verbundgruppen
- 5=Einzelteile
- 6=Fertigzeuge (Normteile u.ä.)
- 7=Sonstige Fertigzeuge
- 8=Halbzeuge, Rohteile
- 9=Sonstige

Jeder Sachnummernbereich wird firmenspezifisch weiter unterteilt.

Das Schema X – X X X X ist für die Klassifizierung relativ weit und aufwendiger zu füllen, erfaßt dabei aber mehr Sachmerkmale. Diese Klassifizierungsnummern eignen sich für mittlere Betriebe oder für kleine Unternehmen mit großer Produktpalette. Eine bewährte Aufteilung der Sachnummernbereiche umfaßt:

- X – X X X X
- 0=Anlagen
- 1=Erzeugnisse A
- 2=Erzeugnisse B
- 3=Erzeugnisse C
- 4=Baugruppen
- 5=Montagegruppen
- 6=Verbundgruppen
- 7=Einzelteile
- 8=Kaufteile
- 9=Halbzeuge, Rohteile, Sonstige

Beispiel: Parallelnummernsystem

Sachnummern nach einem Parallelnummernsystem bestehen aus einer Klassifizierungsnummer und einer Identifizierungsnummer, die völlig unabhängig voneinander sind. Die in diesem Beispiel vorgestellte Klassifizierung soll einen ersten Einblick geben. Es handelt sich nicht um ein vollständiges System, das auf eine Firma übertragen werden kann.

Für die Klassifizierungsnummer wird das Schema X – X X X X als Teilecode gewählt mit Sachnummernbereichen eines Unternehmens, das z B. Getriebe herstellt.

Gewählter Sachnummernbereich: Beispiel: Die Erzeugnisse B sollen Zahnradgetriebe sein, deren Nummern alle dem Sachnummernbereich 2 zugeordnet werden: 2 – X X X X	X – X X X X 0=Anlagen 1=Erzeugnisse A 2=Erzeugnisse B 3=Erzeugnisse C 4=Baugruppen 5=Montagegruppen 6=Verbundgruppen 7=Einzelteile 8=Kaufteile 9=Halbzeuge, Rohteile, Sonstige
Erste Stelle der Klassifizierung: Beispiel: Von den Getriebearten erhalten die Stirnradgetriebe die Nummer 4, so daß alle Nummern 2 – 4 X X X für Stirnradgetriebe gelten.	2 – X X X X (Getriebearten) 0=Richtlinien, Organisation 1=Schneckengetriebe 2=Kegelradgetriebe 3=Schraubradgetriebe 4=Stirnradgetriebe 5=..... 6=..... 7=..... 8=..... 9=.....
Zweite Stelle der Klassifizierung: Beispiel: Die Normteile für Stirnradgetriebe erhalten die Nummer 4, so daß alle Nummern 2 – 4 4 X X Normteile beschreiben; alle Nummern 2 – 4 2 X X sind Eigenteile für Stirnradgetriebe.	2 – 4 X X X (Teilearten) 0=Richtlinien, Normen 1=Montagegruppen 2=Eigenteile 3=Fremdteile 4=Normteile 5=Elektroteile 6=Betriebsmittel 7=Schmiermittel 8=Hilfs- und Betriebsstoffe 9=Sonstige

Dritte Stelle der Klassifizierung:

Beispiel: Für die Werkstoffe der Getriebeteile, wie z.B. Zahnräder aus Vergütungsstahl als Eigenteile wird die Nummer 1 festgelegt, so daß sich die Nummern 2 – 4 2 1 X ergeben.

2 – 4 X X X (Werkstoffarten)
0=Richtlinien, Organisation
1=Vergütungsstähle
2=Einsatzstähle
3=Stahlguß
4=Allgemeine Baustähle
5=Gußeisen mit Lamellengraphit
6=Gußeisen mit Kugelgraphit
7=Nichteisenmetalle
8=Nichtmetalle
9=Sonstige

Vierte Stelle der Klassifizierung:

Beispiel: Alle Gußrohteile für Stirnradgetriebe erhalten die Nummer 5, so daß Gehäuse aus laminarem Grauguß als Fremdteile die Nummern 2 – 4 3 5 5 erhalten. Alle Nummern 2 – 4 2 1 7 sind für Eigenteile aus Vergütungsstahl und werden aus Rundmaterial gefertigt.

2 – 4 X X X (Rohteile, Halbzeuge)
0=Richtlinien, Organisation
1=Flachmaterial
2=Bleche
3=Profile
4=Schmiedeteile
5=Gußteile
6=Stangenmaterial
7=Rundmaterial
8=Rohre
9=Sonstige

Die vollständige Sachnummer für ein Parallelnummernsystem erhält zu der bisher beschriebenen Klassifizierungsnummer noch eine Identifizierungsnummer, die hier sechsstellig gewählt wird:

Sachnummer: X – X X X X – X X X X X X

Sachnummer: Klassifizierung – Identifizierung

Die letzten sechs Zahlen sind die Identnummern, die als reine Zählnummern an die Klassifizierung angehängt werden.

7.5.4 Methode zum Erarbeiten von Sachmerkmalen

Die methodische Vorgehensweise bei der Aufbereitung, Verarbeitung und Anwendung von ***Sachmerkmalen für Teilearten*** in Unternehmen, die in vielen Abmessungen und Varianten auftreten, kann in Anlehnung an *Pflicht* in sechs Arbeitsschritten erfolgen, die hier vorgestellt werden. Durch Einsatz dieser Methode können folgende Ziele erreicht werden:

- Entwicklung eines effizienten Systems zum gezielten Finden und Auswählen von Wiederholteilen,
- Reduzierung der Suchzeiten für bewährtes Know-how,
- Minimierung der Einführungs- und Verwaltungskosten für Neuteile,
- Beschleunigung beim CAD/CAM-Prozeß ohne Variantenexplosion.

Die systematische Verarbeitung von Sachmerkmalen kann in sechs Arbeitsschritten erfolgen, die in der im Bild 7.29 angegebenen Reihenfolge durchlaufen werden.

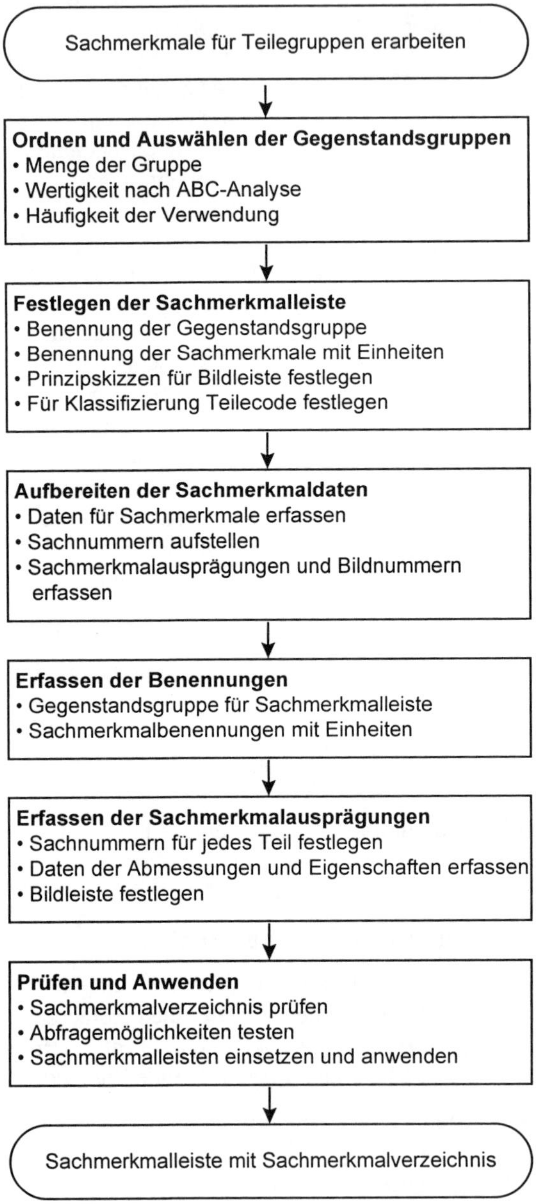

Bild 7.29: Ablauf der Sachmerkmalerarbeitung für Teilegruppen (nach *Pflicht*)

Ordnen und Auswählen der Gegenstandsgruppen

Um die unterschiedlichen Teilearten mit ihren Mengen und Anteilen zu ermitteln, ist zunächst eine Analyse des Istzustands aller eingeführten Teile durchzuführen.

Nach den Mengenanteilen können Prioritäten festgelegt werden, z.B. Halbzeuge vor Einzelteilen, Einzelteile vor Baugruppen usw., um einen hohen Nutzen zu erreichen.

Für die Abgrenzung der Gegenstandsgruppen gilt die technische oder technologische Ähnlichkeit und/oder die alternative Verwendung der Gegenstände zur Funktionserfüllung. Die Hilfsmittel zum Ordnen und Auswählen sind im wesentlichen:

- Benennungsliste, alphabetisch geordnet,
- Zeichnungen,
- Normen,
- Kataloge,
- Dokumentationen.

Die Prioritäten innerhalb einer Teileart sind von der Menge je Gegenstandsgruppe, der Wertigkeit nach ABC-Analyse und der Verwendungshäufigkeit abzuleiten. Die ABC-Analyse ist eine Methode zur Auswahl von Produkten oder von Produktteilen, wobei in der Regel die Kosten untersucht werden.

Festlegen der Sachmerkmalleiste

Für diesen Arbeitsschritt ist es erforderlich, Teilecode, Bilder, Benennung der Gegenstandsgruppe und der Sachmerkmale mit deren Einheiten festzulegen.

Die Ergebnisse der Normungsarbeit für Sachmerkmale werden in der Normenreihe DIN 4000 veröffentlicht und stehen damit der Allgemeinheit zur Verfügung. Der Anwender sollte sich also erst informieren, ob für die ausgewählten Gegenstandsgruppen die Sachmerkmalleisten vorhanden sind. Wenn das der Fall ist, wählt der Anwender die zutreffenden Sachmerkmalleisten aus. Sonst muß er die beschreibenden Sachmerkmale A bis J festlegen. Die Stellenzahl des einzelnen Sachmerkmals ist variabel, alle neun Sachmerkmale sind mit max. 70 Schreibstellen festgelegt. Die unterschiedlichen Feldlängen und Arten werden durch Bildschirmnummern gekennzeichnet und tabellarisch erfaßt.

Als Teilecode wird ein fünfstelliger numerischer Schlüssel gewählt, der schon als Schema X – X X X X für Klassifizierungsnummern genannt wurde. Durch ihn erfolgt die Zuordnung von ähnlichen Gegenständen zu einer Gegenstandsgruppe.

Unterschiedliche Ausführungen und Formen werden neben den Sachmerkmalen durch grafische Darstellungen gekennzeichnet. Jeder einzelnen Darstellung wird eine Bildnummer zugeordnet.

Als Beurteilungskriterien bei der sachlichen Abgrenzung der Gegenstandsgruppen sind die technische Ähnlichkeit und die alternative Einsetzbarkeit der Gegenstände heranzuziehen. Gleichnamige Benennungen führen nicht zum Ziel, da z.B. ein Werkzeughalter sowohl Schaufelstiel als auch Halter für verschiedene Maschinenwerkzeuge sein kann.

Die Benennung der Gegenstandsgruppe wird in einem verbindlichen Katalog festgelegt. Zum erfolgreichen Suchen können Referenzbenennungen erfaßt werden.

Der Aufbau der heute bekannten Sachmerkmalverzeichnisse aus alphanumerischen Daten kann mit den Sachmerkmalbenennungen und deren Einheiten als Versuch angesehen werden, die fehlende Grafik zu ergänzen.

Aufbereiten der Sachmerkmaldaten

Nach dem Festlegen der Sachmerkmalleisten sind jetzt alle zur Gegenstandsgruppe zugehörigen Gegenstände mit ihren Sachnummern, Sachmerkmalausprägungen und Bildnummern zu erfassen. Zum Aufbereiten der Sachmerkmaldaten aus den verschiedenen Dokumentationsunterlagen wird zweckmäßig ein Vordruck verwendet. Vordrucke mit Feldern haben eine geringere Fehlerquote bei der Datenaufbereitung und -erfassung.

Erfassen der Benennungen

Das Erfassen der Benennung der Gegenstandsgruppe, der Sachmerkmale und der Einheiten erfolgt am Bildschirm einer EDV-Anlage mit Hilfe einer Bildschirmmaske. Es werden je Teilecode die Standard- und Referenzbenennungen der Gegenstandsgruppe, die Sachmerkmalbenennungen A bis J und die Einheiten eingegeben, soweit vorhanden.

Erfassen der Sachmerkmalausprägungen

Eine Sachmerkmalausprägung ist nach Art des Sachmerkmals ein Größenwert (12,5 mm, 6,3 kW, 220 V) oder eine attributive Angabe (kreisförmig, aus Stahl, tropenfest).

In dieser Phase erfolgt die Dateneingabe der Sachmerkmalausprägungen und Bild-Nr. je Sachnummer mit Hilfe einer Bildschirmmaske. Die hierbei häufig auftretenden großen Mengen einzugebender Daten können am effektivsten von Datentypistinnen abgearbeitet werden. Ebenso nützlich ist das Duplizieren von Sachmerkmalausprägungen unter neuer Sachnummer mit entsprechenden Änderungen.

Prüfen und Anwenden

Das Ziel aller bisherigen Tätigkeiten ist ein Sachmerkmalverzeichnis, das nach sachlicher Prüfung der Dateneingaben zur Verfügung steht. Die Datenzusammenstellung besteht mindestens aus der Sachnummer, den Sachmerkmalausprägungen und der Bildnummer. Die Ausgabe kann als DV-Liste und/oder Bildschirmanzeige erfolgen. Dem Benutzer werden in der Regel außerdem geboten:

- Stichwortverzeichnis,
- Gruppenverzeichnis (Sortierung nach Teilecode),
- Teilecode mit unvollständigen Suchbegriffen (Matchcode = Kombinationsschlüssel; einfacher Such- und Abfragecode),
- wahlfreie Sortierfolgen (z.B. nach den Sachmerkmalen C/B/A).

Bei umfangreichen Gegenstandsgruppen können Abfragen mit Selektion von ein oder zwei Sachmerkmalausprägungen erfolgen, wobei Wertgrenzen im Sinne von/bis vorgegeben werden können.

Zusatzinformationen wie Teilestatus, Relativkostenzahl, ABC-Analysekennung, Struktur-, Verwendungs-, Arbeitsplan und Lagerbestandskennzeichen dienen als Entscheidungskriterien, wenn mehr als ein Gegenstand zur Wiederverwendung geeignet ist.

Die Grundlagen und Zusammenhänge des Fachgebiets Sachmerkmale sind für Konstrukteure sehr wichtig, weil deren Anwendung erhebliche Vorteile bei der wirtschaftlichen Produktentwicklung bringt, vor allem auch beim rechnerunterstützten Konstruieren.

7.6 Qualitätssicherung beim Ausarbeiten

Auch bei der letzten Konstruktionsphase sind einige Regeln bekannt, die die Qualität von Produkten sichern oder verbessern können. Für die Detaillierung, für die Stücklistenerstellung und für die Fertigungsfreigabe ergeben sich nach VDI 2247 E folgende Maßnahmen:

- Teileinformationssysteme nutzen
- Systematische Entfeinerung der Teile durchführen
- Toleranzanalysen durchführen
- Prüfplanung einsetzen
- Stücklistenerstellung eindeutig festlegen
- Fertigungsfreigabe durch Anwenden von eindeutigen Richtlinien

Als Erfolg dieser Maßnahmen können folgende potentielle Fehler vermieden werden:

- Unnötige Eigenteile detaillieren
- Toleranzen zu fein gewählt
- Toleranzangaben falsch gewählt
- Oberflächenangaben zu fein gewählt
- Zeichnungssymbole falsch eingetragen
- Werknormen nicht beachtet
- Stücklistenfehler
- Fehlerhafte Fertigungseingangsdaten

Ganz allgemein erkennt man wieder die schon bekannten Fehler, die durch fehlende Abstimmung mit der Arbeitsvorbereitung, der Fertigung und der Montage auftreten können. Deshalb sollten die Konstrukteure mit der Produktion eindeutige Freigabevereinbarungen erarbeiten und in Form von vereinfachten Prüfplänen alle wichtigen Einzelheiten der Konstruktion gemeinsam klären.

7.7 Qualitätsplanung

Nachdem für alle vier Phasen der konstruktiven Tätigkeiten jeweils Maßnahmen zur Qualitätssicherung genannt wurden, soll hier noch einmal auf die Bedeutung der Qualitätsplanung hingewiesen werden.

Das ***Qualitätsdenken*** beginnt bei der Produktplanung und muß sich in Entwicklung, Konstruktion, Arbeitsvorbereitung, Produktion, Versand und Gebrauch beim Kunden fortsetzen. Da aus Untersuchungen in der Industrie nach *Hering, Triemel, Blank* bekannt ist, daß ca. 70 % bis 80 % der Kosten und der Fehlerzahl eines Produktes aus der Konstruktions- bzw. Planungsphase stammen, ist die Qualitätssicherung in diesen Phasen besonders wichtig. Außerdem ist bekannt, daß der Schwerpunkt der Fehlerbehebung in der Produktion und beim Kunden liegt. Die Qualitätssicherung muß also möglichst früh in der Produktentwicklung durchgeführt werden, indem die für die einzelnen Konstruktionsphasen genannten Maßnahmen als Aufgaben der Qualitätsplanung umgesetzt werden. Dies ist sehr wichtig, weil Qualität einer der vier Einflußfaktoren auf ein Produkt ist, wie bereits in Bild 1.7 gezeigt.

Die Kosten zur Fehlerbehebung können in Abhängigkeit von den Phasen der Fehlerentdeckung durch eine in der Praxis entwickelte einfache Regel, die ***Zehnerregel***, dargestellt werden. Wie Bild 7.30 zeigt, steigen die Kosten von Phase zu Phase jeweils um den *Faktor 10,* d.h., ein Fehler, der in der Entwicklung nicht erkannt wird, kostet später beim Kunden das 100fache. Diese Regel wurde durch Untersuchungen der Firma Mercedes Benz AG bestätigt.

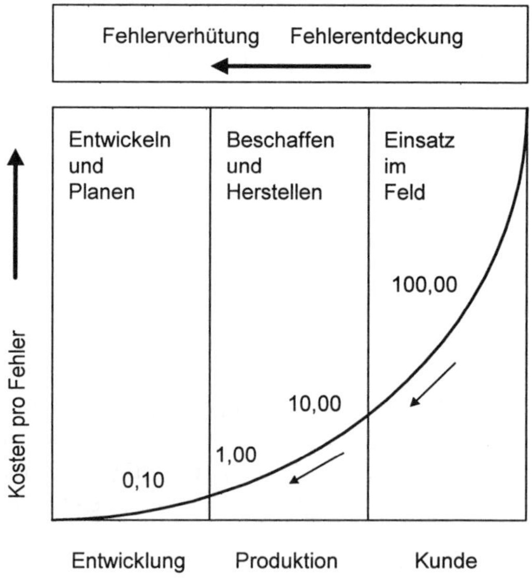

Bild 7.30: Zehnerregel der Fehlerkosten (nach *Hering, Triemel, Blank*)

8 Konstruktion und Kosten

Beim Konstruieren von Maschinen, Anlagen und Geräten muß als wichtigste Forderung die der Wirtschaftlichkeit erfüllt werden. ***Wirtschaftlichkeit*** bedeutet, mit einem Minimum an Aufwand ein Maximum an Erfolg zu erzielen. Die Wirtschaftlichkeit kann dabei in eine funktionsmäßige und herstellungsmäßige Wirtschaftlichkeit unterteilt werden.

Die ***funktionsmäßige Wirtschaftlichkeit*** kann durch den Begriff des Wirkungsgrads, also in allgemeiner Form, dem Verhältnis von Nutzen und Aufwand definiert werden. Das Streben der Konstrukteure nach hohen Wirkungsgraden und geringsten Verlusten beim Entwickeln von Produkten wird als höchstes Ziel angesehen.

Die ***herstellungsmäßige Wirtschaftlichkeit*** ist durch minimale Herstellungskosten und geringsten Werkstoffaufwand gekennzeichnet, wobei die Sicherheit für Mensch, Maschine und Umwelt stets gewährleistet sein muß. Wirtschaftlich müssen also auch der Betrieb und die anschließende Entsorgung sein. Dieses Ziel wird von Konstrukteuren nur mit Einschränkungen angestrebt.

Mit diesen schon seit vielen Jahren bekannten und immer wieder zitierten Erkenntnissen sollen von den bereits im 1. Abschnitt genannten Einflußgrößen hier die Kosten und deren Beeinflussung durch die Konstrukteure vorgestellt werden. ***Kostenwissen*** ist ein besonderer Vorteil für die Konstruktion moderner Produkte, weil heute vom Markt vorgegebene ***Kostenziele*** bereits in der Konstruktion umgesetzt werden müssen. Dazu gehören solide Kenntnisse der Kostenrechnung, der durch die Konstruktion beeinflußbaren Kostenarten und insbesondere der Herstellkostenermittlung. Damit können Maßnahmen zum Erreichen von Kostenzielen und das Senken der Herstellkosten erreicht werden.

Bevor einige Begriffe der Kostenrechnung vorgestellt werden, wird mit Bild 8.1 auf die Kostenverantwortung der Konstruktion hingewiesen. Bild 8.1 enthält die Selbstkosten aufgetragen über den Bereichen eines Unternehmens, so daß man die ***Kostenfestlegung*** mit der ***Kostenentstehung*** für jeden Bereich entnehmen kann. Besonders wichtig ist der hohe Anteil von ca. 70 % der in der Konstruktion festgelegten Kosten für Fertigung und Material. Diesem Wert steht die Verursachung von ca. 6 % in der Konstruktion gegenüber. Für die anderen Bereiche zeigt sich der Trend, daß dort erheblich weniger Möglichkeiten bestehen, den prozentualen Anteil der Kostensenkung zu erhöhen. Ein Beispiel kann diese Aussagen verdeutlichen. Der Konstrukteur legt z.B. für die Verbindung zweier Platten 8 Bohrungen fest. Er kann bereits Kosten senken, wenn er 4 Bohrungen so anordnet, daß die Funktion gewährleistet ist. Die Fertigung kann die Bohrungen nur unwesentlich schneller herstellen und erreicht den Effekt der Einsparung von 50 % der Konstruktion sicher nicht.

Aktivitäten in den Anfangsphasen der Produktentwicklung wirken sich besonders positiv auf die Kosten eines Produkts aus. Es gibt Untersuchungen, die nachweisen, daß der Aufwand für die Entwicklung termingerechter, kostengünstiger Erzeugnisse erhebliche wirtschaftliche Vorteile hat. Fast alle Maßnahmen in den folgenden Abteilungen sind nicht so wirkungsvoll. Außerdem werden dadurch konstruktive Änderungen erforderlich mit entsprechenden Kosten. Eine ***Kostenbeeinflussung*** sollte also bereits in den ersten Phasen der Konstruktion beginnen.

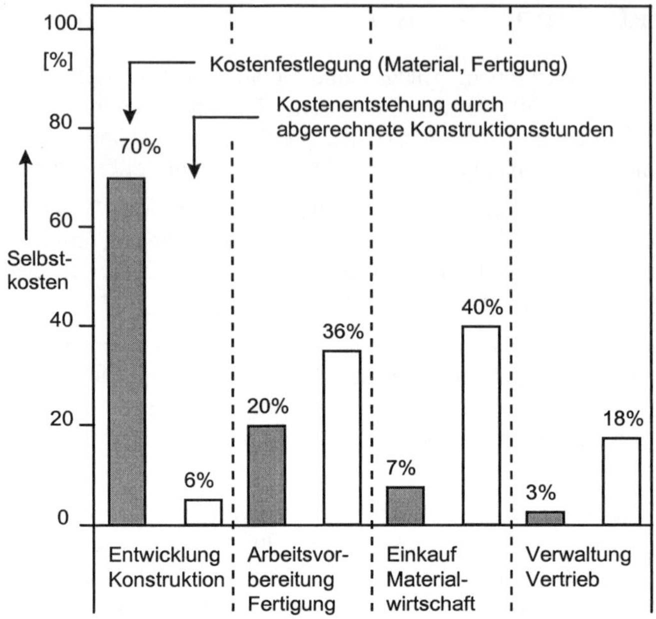

Bild 8.1: Kostenfestlegung und -entstehung in Unternehmensbereichen (nach VDI 2235)

8.1 Kostenarten

Zur Einführung soll ein kurzer Überblick die Kostenbegriffe erläutern, damit ein einfaches Kalkulationsschema des Maschinenbaus verständlich wird. Alle weiteren Kenntnisse sind der Fachliteratur über Kostenrechnung oder den Richtlinien VDI 2234 und VDI 2235 zu entnehmen.

Kosten nennt man den Material-, Energie-, Arbeits- und Geldaufwand, der erforderlich ist, um ein Produkt (z.B. Getriebe) herzustellen oder eine Dienstleistung (z.B. Programmierung) auszuführen. Die Gesamtkosten setzen sich zusammen aus Fixen Kosten und Variablen Kosten.

Fixe Kosten sind Kosten, die anfallen, unabhängig davon, ob produziert wird. Beispiele für Fixe Kosten sind Zinsen für Fremdkapital, Kosten für Verwaltung, Löhne, Gehälter und Steuern, die in gewissem Umfang weiter anfallen.

Variable Kosten sind Kosten, die sich produktionsabhängig ändern, also z.B. durch eine höhere Produktion steigen. Werden beispielsweise statt 100 Getrieben pro Woche 200 hergestellt, so wird für die Produktion mehr Material und Energie verbraucht und die Anzahl der Arbeitsstunden steigt. Die Kosten steigen entsprechend, sie ändern sich mit der Produktionsmenge und sind dadurch variabel. Die Auslastung der Maschinen und Anlagen beeinflußt die fixen Kosten, hohe Auslastung senkt also die fixen Kosten pro Stück.

Die ***Gesamtkosten*** für die Herstellung eines Produkts werden nach der *Art der Verrechnung* in Einzelkosten und Gemeinkosten unterteilt.

Einzelkosten sind Kosten, die einem Kostenträger direkt zugeordnet werden können, z.B. Materialkosten und die Fertigungslohnkosten für ein Einzelteil. Kostenträger sind Erzeugnisse oder Dienstleistungen, die die anfallenden Kosten zu tragen haben.

Gemeinkosten sind Kosten, die sich nicht direkt zuordnen lassen, z.B. Gehälter für Unternehmensleitung, Heizung und Reinigung der Betriebs- und Verwaltungsgebäude.

Nach dem *Verhalten bei Beschäftigungsschwankung* werden Kosten unterteilt in:

- Variable Kosten
- Fixe Kosten

Die üblichen Kostenarten einer Verkaufspreiskalkulation zeigt ein Schema für die im Maschinenbau verbreitete differenzierte ***Zuschlagskalkulation*** in Bild 8.2.

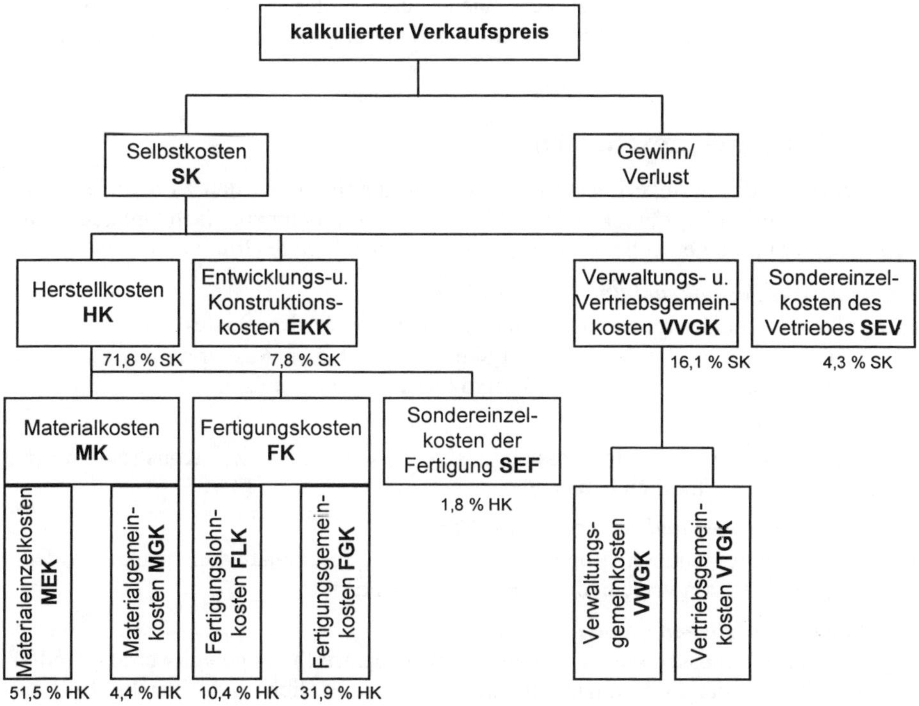

Bild 8.2: Kalkulationsschema Maschinenbau mit VDMA-Prozentangaben (nach *Ehrlenspiel*)

Aus dieser Übersicht erkennt man, wie sich die Herstellkosten zusammensetzen.

Herstellkosten sind die für die Herstellung von Produkten erforderlichen Materialkosten und Fertigungskosten mit den dazugehörigen Sondereinzelkosten der Fertigung, z.B. für Betriebsmittel, die diesem Produkt zugeordnet werden können. Die Herstellkosten enthalten jeweils Anteile von variablen und fixen Kosten.

Im Bild 8.2 sind außerdem nach VDMA-Untersuchungen im Jahr 1990 Prozentzahlen für die einzelnen Kostenanteile angegeben. Diese Prozentzahlen sind nur als Anhaltswerte zu betrachten, die firmenspezifisch abweichen werden.

Konstrukteure sollten insbesondere die variablen Kosten intensiv betrachten, da nur diese Kosten durch Festlegungen beim Konstruieren beeinflußt werden können, wie z. B.:

- Materialarten
- Fertigungszeiten
- Losgrößen
- Art der Fertigung und Montage

Für eine ***Früherkennung der Kosten*** ist jedoch wesentlich, die Kosten abschätzen zu können, statt sie im einzelnen genau zu berechnen. Durch umfangreiche Untersuchungen haben sich verbesserte Möglichkeiten der Kostenerkennung ergeben, die nachfolgend vorgestellt werden sollen.

8.2 Kosteneigenschaften

Die Ursachen für das geringe Interesse der Konstrukteure, die Kosten zu berücksichtigen, sind vielfältig und oft begründet in den Abläufen im Unternehmen. Nach Untersuchungen von *Ehrlenspiel* und eigenen Erfahrungen gibt es dafür folgende Gründe:

- *Trennung von Technik und Betriebswirtschaft*
  (Technik ist Sache der Ingenieure - Kosten sind Sache der Kaufleute)
  Alle technischen Entscheidungen beim Konstruieren haben Auswirkungen auf die Kosten. Die getrennte Behandlung von Technik und Kosten ist falsch.
- *Kosten sind geheim*
  Ohne Kostenwissen kann nicht kostengünstig konstruiert werden. Konstrukteure müssen Kostendaten vertraulich behandeln.
- *Kosten sind betriebs- und entscheidungsabhängig*
  Kosten unterliegen anderen Regeln als technische Gesetzmäßigkeiten und werden in den Unternehmen von verschiedenen Faktoren beeinflußt.
- *Kostendaten unterliegen großen Streuungen*
  In jedem Betrieb müssen die Kostendaten firmenspezifisch festgelegt werden, weil z.B. Zeitfestlegungen der Fertigungsvorbereitung unterschiedlich sind. Gleiche Teile werden in verschiedenen Betrieben mit unterschiedlichen Herstellkosten gefertigt.
- *Kostendaten*
  Aufbereitete Daten über Kosten zur schnellen Übersicht für Konstrukteure fehlen oft, weil die Kostenrechnung andere Ziele hat.

- *Kostenbeurteilung*
  Kostenermittlung nach den ersten unvollständigen Unterlagen beim Planen oder Konzipieren ist schwierig und ungenau. Schätzungen sind aber besser als keine Kostenangaben.
- *Kosten senken*
  Durch Zusammenarbeit und Schulung sind Maßnahmen umzusetzen, die das Senken der Kosten als Gemeinschaftsaufgabe betrachten und unterstützen.

Die in den letzten Jahren durch den Markt erzwungenen Kostensenkungen für Produkte und das marktpreisorientierte Entwickeln nach Kostenzielen, hat in den Unternehmen einige Veränderungen bewirkt, und ein Teil der genannten Punkte wurde umgesetzt.

8.3 Einflußgrößen auf die Herstellkosten

Konstrukteure können nur in Zusammenarbeit mit allen Abteilungen eines Unternehmens kostengünstig konstruieren. Neben Arbeitsvorbereitung, Fertigung, Montage, Einkauf und Vertrieb gehören auch die Zulieferer dazu. Außerdem gibt es noch außerbetriebliche Größen. Hier sollen von den vielen Einflußgrößen auf die Herstellkosten in Anlehnung an *Ehrlenspiel* nur folgende grundlegenden Einflüsse kurz vorgestellt werden:

- Anforderungen
- Lösungsprinzip
- Baugröße
- Stückzahl

8.3.1 Anforderungen

Die Anforderungsliste legt alle Forderungen und Wünsche des Kunden fest und damit natürlich auch weitgehend die Kosten. Nicht nur die Angabe der Herstellkosten, sondern auch die technischen Daten und Eigenschaften der geforderten Ausführung sind nur mit Kosten zu realisieren. Werden z.B. hohe Genauigkeiten und hohe Belastungen einer Werkzeugmaschine gefordert, so sind diese nur durch kostenintensive Fertigung und mit genauen, aber teuren Komponenten erreichbar.

Die Zusammenarbeit von Konstruktion und Vertrieb vor der Auftragsvergabe in Form von fachlicher Beratung beim Kunden unter Nutzung vorhandener Standardlösungen, statt teurer kundenspezifischer Sonderkonstruktionen, ist ein seit Jahren bewährtes Mittel, um Kosten zu beeinflussen. Konstrukteure lernen außerdem, kundenorientiert zu denken und erhalten gute Einblicke in die Vorstellungen der Kunden.

Bei neu zu konstruierenden Baugruppen oder ganzen Erzeugnissen sollte unbedingt ein Kostenziel festgelegt werden, weil nur dadurch gewährleistet ist, daß die Kosten stets mit untersucht werden. Die oft anzutreffende Formulierung „niedrige Herstellkosten“ ist sehr bequem, aber völlig ungeeignet. Die anfallenden Kosten werden dann einfach akzeptiert, obwohl sie zu hoch sind.

8.3.2 Lösungsprinzip

Mit der Festlegung eines Lösungsprinzips werden die Kosten in erheblichem Umfang beeinflußt. Beispiele lassen sich umfangreich finden, wenn man z.B. den Ersatz der vielen mechanischen Baugruppen und Elemente durch elektrische oder elektronische Lösungen in modernen Werkzeugmaschinen betrachtet.

Zwei Schalter wurden von *Ehrlenspiel* unter diesem Gesichtspunkt untersucht und vergleichend gegenübergestellt. Das Bild 8.3 zeigt einen Folienschalter und einen elektromechanischen Schalter mit Hinweisen zum Konzept. Kosten und Baugröße wurden durch Einsatz neuer Werkstoffe und neuer Fertigungsverfahren sehr stark gesenkt, wie den Daten des Bildes 8.3 zu entnehmen ist. Der Folienschalter ist zwar nur für kleinere Ströme geeignet und hat keinen Druckpunkt, aber er hat nur 50 % der Teile und ist nur 0,5 mm dick. Die Funktionsvereinigung von Druckknopf und Feder durch die elastische Deckfolie und die aufgedruckte Leiterbahn ist wichtig für dieses Konzept.

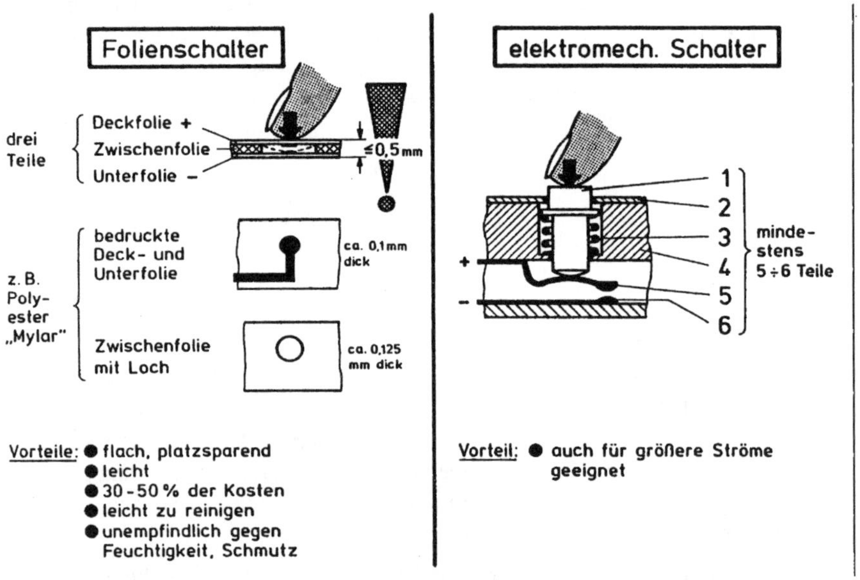

Bild 8.3: Einfluß des Konzepts auf die Herstellkosten von Schaltern (nach *Ehrlenspiel*)

Aus diesen Beispielen erkennt man die große Bedeutung der Kostenbeeinflussung durch intensive Überlegungen in der Konzeptphase. Obwohl sich in dieser Phase die Kosten nach einfachen Skizzen am wenigsten beurteilen lassen, sollte der Konstrukteur durch Kostenschätzungen, mit viel Erfahrung und durch Abstimmungsgespräche mit anderen Abteilungen ein kostengünstiges Lösungsprinzip erarbeiten. Das Bild 8.4 enthält eine allgemeine Darstellung der ***Kostenbeeinflussung und -beurteilung***, die den vier Konstruktionsphasen zugeordnet wurde. Außerdem sind noch der Verlauf der Änderungskosten und der Bearbeitungsaufwand beim Konstruieren eingetragen. Insbesondere der enorme Anstieg der ***Änderungskosten*** in der Ausarbeitungsphase spricht für rechtzeitige Entscheidungen im Bereich der ersten beiden Phasen.

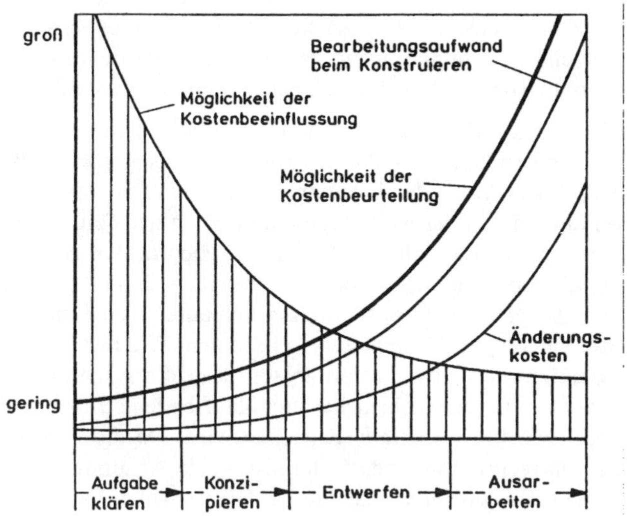

Bild 8.4: Kostenbeeinflussung und -beurteilung im Konstruktionsprozeß (nach *Ehrlenspiel*)

8.3.3 Baugröße

Die Größe von Bauteilen ist ein entscheidender Faktor für die Kosten. Der sog. Kleinbau ist als kostengünstige Lösung seit langem bekannt, da z.B. die Materialkosten mit der Größe steigen. Untersuchungen belegen, daß beispielsweise die masseabhängigen Kostenanteile von Zahnrädern volumenproportional steigen.

8.3.4 Stückzahl

Die Kosten pro Stück sind davon abhängig, ob ein Bauteil in Einzelfertigung oder als Serienteil hergestellt wird. Dabei darf natürlich nicht übersehen werden, daß die Einflüsse der Stückzahl erst durch intensive Gespräche mit Produktionsfachleuten zu aussagekräftigen Ergebnissen führen. Diese bekannte Regel hat viele Gründe, wie z.B.:

- Optimierte Konstruktion für Serienteile
- Einsatz von Werknormteilen und -baugruppen
- Bessere Einkaufsbedingungen für große Mengen
- Verwendung leistungsfähiger Fertigungsverfahren
- Aufteilung einmaliger Kosten, z.B. von Vorrichtungen, Werkzeugen, Modellen
- Senkung der Fertigungszeiten für Serienteile

8.4 Kostengünstig Konstruieren

Die Arbeitsschritte beim methodischen Konstruieren werden nach jeder der vier Phasen durch Festlegungen abgeschlossen. Der Konstrukteur hat dann alle Eigenschaften einschließlich der Kosten durch seine Kenntnisse festgelegt. Ein Nachweis der wirklichen Eigenschaften kann jedoch erst erfolgen, wenn das Erzeugnis als funktionsfähige Einheit existiert. Dann sind auch die Herstellkosten durch Nachrechnung feststellbar.

Eine Beeinflussung der Kosten durch Berechnungen, bereits in den ersten Phasen der Entwicklung, kann der Konstrukteur nur durch Erfahrung oder gefühlsmäßig erreichen, weil ihm keine Hilfsmittel oder Methoden bekannt sind. Er muß also darauf warten, daß in der Fertigungsvorbereitung oder in der Kalkulation die Kosten der Teile oder Baugruppen berechnet werden. Überschreiten dann die Kosten die angenommenen Beträge, müßte der Konstrukteur die inzwischen bearbeiteten Aufträge unterbrechen, die vorhandenen Zeichnungen ändern und den „langen Regelkreis" erneut durchlaufen. Bei Einzelfertigung sind außerdem Materialbestellungen und Lieferzeiten zu beachten. Wie bereits in Bild 8.4 dargestellt, nehmen der Bearbeitungsaufwand und analog dazu die Änderungskosten in der Ausarbeitungsphase stark zu. Dieser mehrfache Durchlauf bedeutet, daß bereits für normale Teile ein Aufwand wie für Serienteile betrieben wird. Da dieser Aufwand nur in ganz besonderen Fällen zu rechtfertigen ist, findet also keine Abstimmung über die Herstellkosten statt, wenn kein Kostenziel vorhanden ist. Dieser Ablauf ist in Bild 8.5 Teil a vereinfacht dargestellt.

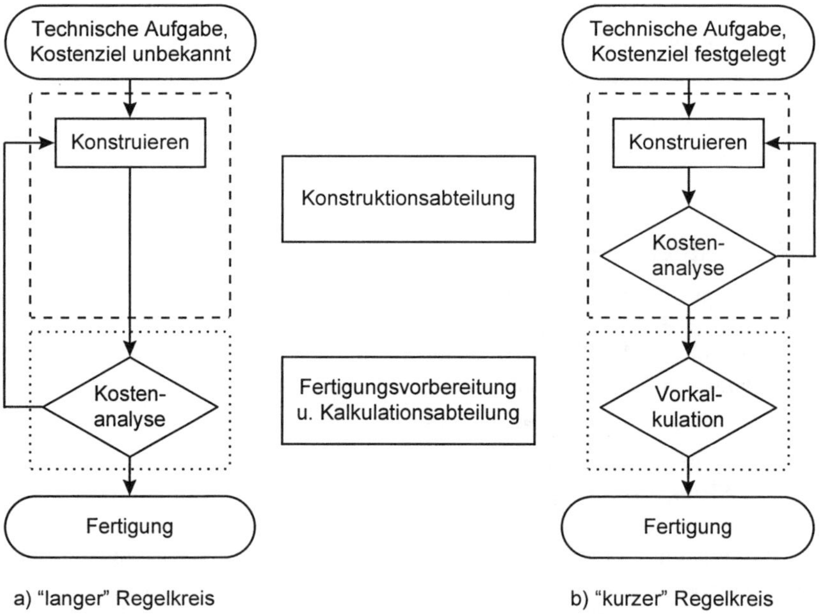

Bild 8.5: Kostenanalyse während der Konstruktion (nach *Ehrlenspiel*)

Abhilfe bietet eine ***Kostenanalyse*** bereits in der Konstruktion. Die Kosten müssen bereits beim Konstruieren ermittelt werden und nicht erst nachträglich, wenn durch Zeichnungen bereits alles festgelegt ist. Dafür benötigen die Konstrukteure Kosteninformationen, die sie sinnvoll in den ersten Phasen der Entwicklung einsetzen können. Mit einem Kostenziel und Hilfsmitteln zum Erkennen von Kosten könnten diese bereits in der Konstruktion ohne Mehraufwand für nachträgliche Zeichnungsänderungen berücksichtigt werden. Dadurch wäre ein „kurzer Regelkreis" gegeben. Dieser Ablauf ist ebenfalls in Bild 8.5 im Teil b dargestellt.

Als Hilfsmittel zur ***Kostenerkennung in der Konstruktion*** sind bisher z.B. bekannt:

- Beratungsgespräche mit Fertigungsvorbereitung, Fertigung und Montage
- Beratungsgespräche mit Lieferanten von Rohteilen
- Beratungsgespräche mit Zulieferern
- Kosteninformation als Werknormen mit Erfahrungswerten
- Analyse von Vor- und Nachkalkulationen gelieferter Erzeugnisse
- Abteilungsübergreifende Zusammenarbeit
- Rechnergestützte Kosteninformationssysteme

Die ***Beratungsgespräche*** sind allgemein bekannt und werden auch umfangreich genutzt. Diese Fertigungs- und Kostenberatung der Konstruktion ist die wirkungsvollste Methode, schnell wirkende Maßnahmen zur Kostensenkung umzusetzen. Bewährt hat sich diese Zusammenarbeit auch mit Einkauf, Materialwirtschaft und Vertrieb. In Unternehmen kleiner und mittlerer Größe werden solche Beratungen regelmäßig bei Bedarf durchgeführt, um die Erfahrungen der Mitarbeiter zu nutzen. Neben dem Informationsaustausch erhält der Konstrukteur viele Hinweise auf „teure Ecken", die gemeinsam beseitigt werden.

Die firmenspezifischen Kostendaten sind vertraulich und werden nicht veröffentlicht. Rechnerunterstützte ***Kosteninformationssysteme*** sind z.B. als Module für CAD-Systeme mit dem Ziel entwickelt worden, bereits beim Konstruieren für bestimmte Elemente Informationen über Herstellkosten nutzen zu können. *Ehrlenspiel* beschreibt z.B. solch ein Kosteninformationssystem, das natürlich wie alle manuellen Kosteninformationen firmenspezifisch aufbereitet und laufend aktualisiert werden muß.

Die eigentlich wünschenswerten Daten und Informationen zum ***Kostengünstigen Konstruieren*** kennt jeder Konstrukteur von dem Festigkeitsgerechten Konstruieren. Festigkeitswerte sind allgemeingültig und firmenunabhängig, Herstellkosten sind firmenspezifisch und oft nur als Erfahrungswerte aus Vor- und Nachkalkulationen bekannt.

Die festigkeitsgerechte Konstruktion wird erarbeitet, indem der Konstrukteur nach Skizzen die Kräfte und Momente berechnet, erste Abmessungen festlegt und diese mit Werkstoffdaten nach den Methoden der Festigkeitslehre selbst nachrechnet. Die Ergebnisse werden bewertet, und das weitere Vorgehen wird festgelegt. Entweder werden andere Abmessungen, eine andere Gestaltung oder ein anderer Werkstoff gewählt. Da die Festigkeitslehre ein bekanntes Fachgebiet ist, das jeder Konstrukteur beherrscht, kann dieser sofort selbständig entscheiden, welche Maßnahmen für ein sicheres Bauteil erforderlich sind. Die ***Vorhersage der Bauteileigenschaften*** wird damit oft unbewußt durchgeführt.

Wichtig ist, daß der Konstrukteur das Berechnen der Festigkeit im „kurzen Regelkreis“ in der Konstruktion selbst erledigt, während die Kostenermittlung wegen fehlender Kenntnisse, Daten und Hilfsmittel nicht in gleicher Form erledigt werden kann. Die Berechnung der Festigkeit und der Kosten von Bauteilen in der gleichen Konstruktionsphase zeigt also erhebliche Unterschiede. Festgelegte Bauteilsicherheiten sind sicher einzuhalten, während festgelegte Kostenziele nur mit erheblich größerem Aufwand angenähert erreicht werden.

Der Einsatz von Kurzkalkulationsverfahren in der Konstruktion ist z.B. möglich, wenn entsprechende Kostendaten von ähnlichen Produkten vorliegen. Eine ***Kurzkalkulation*** ist eine zeitlich und sachlich vereinfachte Kalkulation. Eine Kurzkalkulation kann nur die Einflüsse berücksichtigen, die der Konstrukteur kennt und die er beim Konstruieren festlegt. Beispielsweise können Kostendaten für die Herstellung von bestimmten Formelementen nach verschiedenen Fertigungsverfahren dafür eingesetzt werden. Um die Kosten genauer voraussagen zu können, sollte der Konstrukteur gute Kenntnisse der Fertigungstechnik haben, um nach kostengünstigen Verfahren zu gestalten.

Bei einer ***Vorkalkulation*** als Kalkulation für Planungszwecke müssen noch viele Größen geschätzt werden, da z.B. nicht bekannt ist, welche Werkzeugmaschinen eingesetzt werden und welche Probleme bei der Fertigung auftreten können. Die Vorkalkulation ist ungenau, setzt aber früher ein als die Istkostenerfassung.

Da der Bereich der Herstellkosten von Lösungsalternativen am Anfang groß ist, darf die Ungenauigkeit der Kostenaussage ebenfalls größer sein. Sie muß am Anfang nur den Konstrukteur dabei unterstützen, die richtigen Entscheidungen zu fällen.

In Betrieben mit Serien- und Massenfertigung wird der dargestellte "lange Regelkreis" in Bild 8.5 über Arbeitsvorbereitung und Kalkulation stets mehrfach durchlaufen, so daß hier die Garantie für eine kostengünstige Konstruktion eher gegeben ist.

Als Alternative wird bei Einzel- und Kleinserienfertigung eine Vergleichskalkulation aufgebaut, um für ähnliche, immer wiederkehrende Bauteile oder Baugruppen kostengünstigere Varianten zu bekommen.

8.5 Kostenermittlungsverfahren

Die Berechnung der Herstellkosten mit Hilfe von ***Kostenermittlungsverfahren*** muß einfach und schnell durchgeführt werden können, wenn sie erfolgreich beim Konstruieren zum Einhalten eines bestimmten Kostenziels wirkungsvoll eingesetzt werden soll. Um dieses Ziel zu erreichen, ist eine möglichst frühe Kostenbestimmung durch den Konstrukteur oder gemeinsam mit einem Kalkulator durchzuführen.

Zur Ermittlung der Herstellkosten dürfen nur die durch den Konstrukteur festgelegten Lösungselemente berechnet werden, da beim Konzipieren noch keine fertigungsbestimmenden Daten bekannt sind. Außerdem soll das Kalkulieren einfach und schnell gehen, um das Konstruieren nicht aufzuhalten. Die dadurch bedingte Ungenauigkeit ist nur dann sinnvoll, wenn sich schon sehr früh Entscheidungshilfen für den Konstruktionsprozeß ergeben. Es kommt nach *Ehrlenspiel* nur darauf an, daß Ungenauigkeiten der Kalkulationsergebnisse erheblich kleiner sind, als die Unterschiede der Kosten der konstruktiven Alternativen.

Bekannte Kostenermittlungsverfahren nach *Ehrlenspiel* sind:

- Kostenschätzung aus Erfahrung praktisch ohne schriftliche Unterlagen
- Kostenschätzung aus einem Feld bekannter ähnlicher Varianten
- Gewichtskostenkalkulation
- Kalkulation über den Materialkostenanteil (Materialkostenmethode VDI 2225)
- Kalkulation über leistungsbestimmende Parameter (technische Merkmale, die Haupteinflußgrößen auf die Kosten darstellen)
- Abschätzen der Kosten in Bemessungsgleichungen (VDI 2225)
- Kurzkalkulation mit Unterschiedskosten nach *Rauschenbach*
- Kurzkalkulation mit konstruktiven und fertigungstechnischen Einflußfaktoren
- Kurzkalkulation mit Werkstück-Klassifizierungssystemen
- Kurzkalkulation mit Formeln, die über Regressionsrechnung oder mathematische Optimierungsstrategien gewonnen wurden
- Kalkulation mit Hilfe von Ähnlichkeitsgesetzen

Für die Anwendung dieser Kalkulationsverfahren sind Skizzen der Lösungselemente oder Entwurfszeichnungen erforderlich. Auch vorhandene Kostenkalkulationen von ähnlichen Teilen sind hilfreich. Alle Verfahren sind also erst in der Entwurfsphase oder in der Ausarbeitungsphase wirksam und nicht in der Konzeptphase. In der Konzeptphase aus Anforderungen oder nach Funktionsbeschreibungen die späteren Herstellkosten zu berechnen, ist nur möglich, wenn die technische Verwirklichung dieser Anforderungen oder Funktionen bereits bekannt ist, da dann auch die Kosten bekannt sind.

Die aufgezählten Kostenermittlungsverfahren werden in der Fachliteratur, aufbereitet für Konstrukteure, z.B. von *Ehrlenspiel* behandelt.

8.6 Relativkosten

Relativkosten sind schon seit einigen Jahren als Hilfsmittel zum kostengünstigen Konstruieren bekannt. Bereits 1964 wurde mit der VDI-Richtlinie 2225, Blatt 2, ein erster Katalog von Relativkosten für Werkstoffe veröffentlicht.

Umfangreiche Forschungsarbeiten führten schließlich zu allgemein zugänglichen Veröffentlichungen, z.B. von Ehrlenspiel, sowie von Normen und Richtlinien, aus denen die wesentlichen Aussagen und Beispiele übernommen wurden. Mit DIN 32990, DIN 32991 und 32992 stehen allgemeingültige Grundlagen zur Verfügung.

Relativkosten sind Bewertungszahlen zum Kostenvergleich von Lösungsvarianten. Eine Lösung, meist die kostengünstigste oder am häufigsten verwendete, wird als Bezugsgröße gewählt und die Verhältnisse der Kosten der anderen Lösungen zu den Kosten des Bezugsobjekts als Relativwerte angegeben. Relativkosten eignen sich nicht für Kalkulationen. Sie eignen sich grundsätzlich nur für den Vergleich technisch gleichwertiger Lösungen und haben den Zweck, den Konstrukteur schnell und zuverlässig auf die kostengünstigste Lösung hinzuführen. Manche der veröffentlichten firmenspezifischen Relativkosten vergleichen nicht immer technisch gleichwertige Lösungen.

8.6.1 Vorteile und Nachteile

Gegenüber den Absolutkosten, die die Kosten in DM/Euro, bezogen auf eine Einheit (z.B. DM/Stück, DM/kg, DM/m), angeben, haben die Relativkosten folgende Vorteile:

- Die Relativkosten aus wenigen Ziffern sind leicht merkbar.
- Relativkosten ändern sich im Laufe der Zeit weniger als Absolutkosten, vor allem, wenn das Bezugsobjekt mit der Relativkostenzahl 1 so gewählt ist, daß sich die Kosten der Lösungsvarianten in gleicher Weise ändern.
- Durch die breite Verwendung von Relativkosten werden kostengünstige Lösungen in den Konstruktionen bewußt bevorzugt und verwendet und damit die Herstellkosten gesenkt. Ferner ergeben sich für die einzelnen Aufträge geringere Durchlaufzeiten im ganzen Betrieb.
- Relativkostenzahlen überwinden leichter die innerbetrieblich leider immer noch oft vorhandenen Hürden „Kosten sind geheim" und „Kosten sind Sache der Kaufleute" zwischen den Bereichen Konstruktion und Rechnungswesen. Gleiches gilt für überbetriebliche Vergleichsrechnungen.

Relativkosten können in der Lehre zur Ausbildung von Konstruktionsingenieuren im kostengünstigen Konstruieren verwendet werden. Gerade dieser Punkt wird heute noch relativ wenig genutzt, deswegen wird hier dieses Thema behandelt.

Natürlich haben Relativkosten auch Nachteile:

- Das Anwendungsprofil bzw. die Anwendungsmöglichkeit für Relativkostenkataloge ist begrenzt, bzw. nicht unbeschränkt. Konstrukteure arbeiten nur mit Informationen zu Kosten, wenn diese bei wirtschaftlicher Bereitstellung einfach und übersichtlich sind.
- Relativkostenzahlen sind nicht für die Ermittlung von „exakten" Kostenangaben, d.h. für Kalkulationen, geeignet.
- Das notwendige Erarbeiten und Aktualisieren von Relativkosten erfordert erheblichen Aufwand und Kosten.
- Die Übertragbarkeit von überbetrieblich in Gemeinschaftsarbeit ermittelten Relativkostenzahlen ist für den Anwender ohne eine rechnerische Überprüfung nicht möglich.

8.6.2 Erarbeiten und Aktualisieren

Auswahlkriterien nach DIN/ANP (ANP = Arbeitskreis Normenpraxis) ***für Relativkostenobjekte*** sind z.B.:

- Kostenintensität (Anteil am ganzen Produkt; A-Teile der ABC-Analyse)
- Häufigkeit der Wiederholanwendung
- Variantenzahl (Anzahl ähnlicher Teile; Teilefamilien)
- Häufigkeit des Vorhandenseins in verschiedenen Produkttypen
- Vorhandensein technisch gleichwertiger Lösungsalternativen
- Verwendbarkeit der Relativkosten betriebsspezifisch oder überbetrieblich (Firmenverbund)

Damit die Aussagen der Relativkosten richtig eingeordnet werden können, müssen stets alle Informationen nachvollziehbar dokumentiert werden, um bei einer Aktualisierung alle Einflußgrößen richtig umzusetzen. Außerdem müssen beim Erstellen von ***Relativkostenkatalogen*** stets alle für die Erfüllung einer Funktion anfallenden Kosten erfaßt werden, damit ein Vergleichen sinnvolle Aussagen liefert.

Grundsätzlich ist rechnergestütztes Erstellen und Aktualisieren von Relativkosten zweckmäßig, wobei beachtet werden muß, daß die manuelle Beschaffung der notwendigen Informationen den größten Aufwand bedeutet.

Das Aktualisieren von Relativkostenkatalogen wird notwendig, wenn sich

- Materialkosten
- Einkaufspreise oder
- Lohnkosten

stark ändern. Dann muß schnell reagiert und z.B. mit einfachen Faktoren umgerechnet werden.

Ein weiterer Grund für eine Aktualisierung liegt vor bei Änderungen von:

- technischen Eigenschaften des Produkts
- Abnahmebedingungen
- Fertigungstechnologien
- Kostenrechnungsverfahren

Der Aufwand für die erforderliche Berechnung und Aufbereitung der Relativkostenkataloge richtet sich nach den vorliegenden Daten und nach der Qualität der Dokumentation vorhandener Unterlagen.

8.6.3 Darstellung und Beispiel

Relativkosten werden als Zahlenwerte aufgestellt und können entsprechend DIN 32991 in Form von ***Relativkostenblättern*** und diese wieder als Katalog dargestellt werden. In den Unternehmen ist eine Eingliederung der ***Relativkostenzahlen*** in die technischen Daten der Werknormblätter vorteilhaft.

Noch günstiger ist die Aufnahme in ein EDV-System. Relativkosten sind ein wesentlicher Bestandteil eines Kosteninformationssystems, das die Kostenberücksichtigung beim rechnerunterstützten Konstruieren (CAD) bereitstellt. Die Ausgabe der Daten von Kosteninformationsunterlagen kann alphanumerisch oder grafisch erfolgen.

Grafische Darstellungen prägen sich besser ein als Tabellen. Grafische Darstellungen können in Form von Flächendiagrammen in den bekannten Varianten z.B. als Balkendiagramm erfolgen. Grafische Darstellungen in Koordinatensystemen ergeben Kennliniendiagramme.

Als Beispiel wird aus DIN 32991 Teil 1 ein Kennliniendiagramm in Bild 8.6 vorgestellt. Dieses enthält die Relativkostenzahlen für Schraubverbindungen mit Zylinderschrauben nach DIN 912 und Sechskantschrauben nach DIN 931 Teil 1 in den Größen M 6 bis M 20 mit der eingerahmten Bezugsgröße.

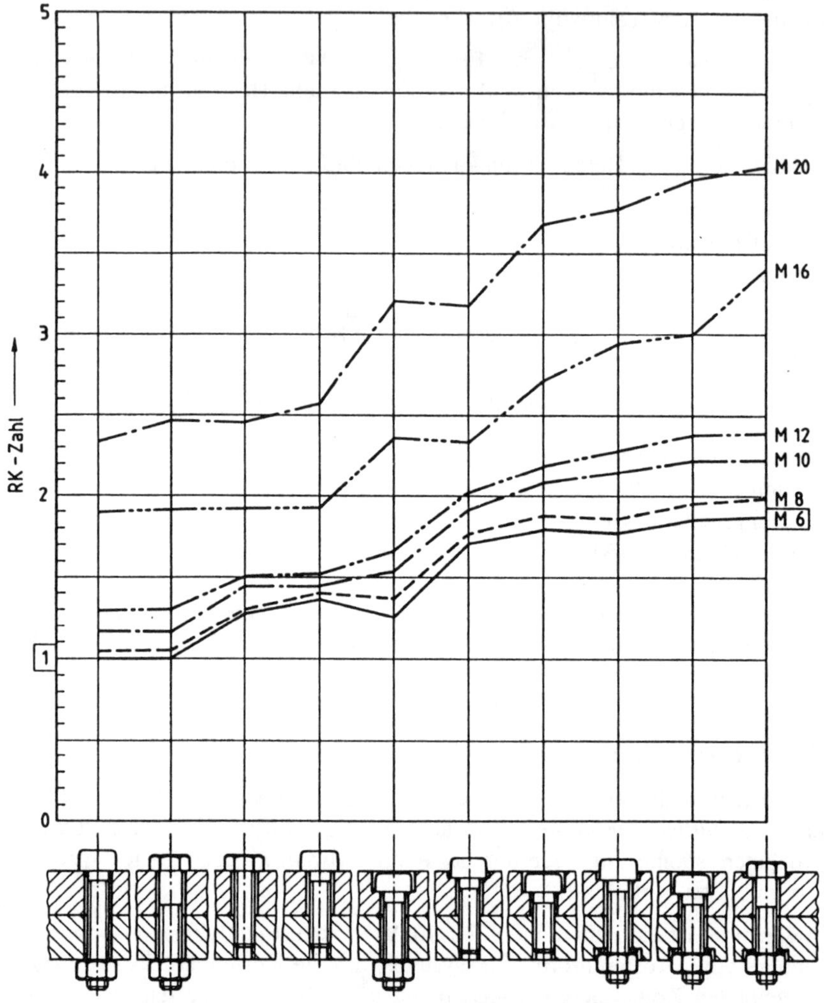

Bild 8.6: Relativkostenzahlen für Schraubverbindungen (nach DIN 32991)

Das Diagramm enthält viele Informationen, die für Konstrukteure nützlich sind. So erkennt man z.B., daß große Schraubverbindungen mehr Kosten verursachen als kleine oder um wieviel teurer eine Durchsteck-Schraubverbindung im Vergleich zu einer versenkten Gewinde-Schraubverbindung ist.

8.6.4 Gültigkeit der Relativkosten

Relativkosten können stets erarbeitet werden, wenn Lösungsvarianten bekannt sind.

Wegen der großen Streuungen der Kosten eigengefertigter Teile ist zu beachten, daß folgende Relativkosten nicht überbetrieblich gültig erarbeitet werden können:

- Gestaltungszonen
- Toleranzen
- Teile gleicher Funktion (z.B. Deckel, Flansche)
- Fertigungsoperationen

Diese sind besonders bei Einzel- und Kleinserienfertigung nur innerbetrieblich nutzbar und müssen vom einzelnen Fertigungsbetrieb entsprechend seinen Fertigungseinrichtungen und seiner Kostenrechnung selbst erstellt werden.

Dagegen sind Relativkosten von käuflichen Teilen, Baugruppen, Fremdfertigungen, Werkstoffen, Schmier- und Hilfsstoffen, die einen großen Markt und viele Anbieter haben, eher überbetrieblich erstellbar. Das Preisniveau muß jedoch in etwa einheitlich sein. Die zu erwartenden Streuungen liegen, insbesondere durch Rabattvereinbarungen, im zweistelligen Prozentbereich. Da Relativkosten nicht über Jahre konstant bleiben, sollten regelmäßige Überprüfungen und Aktualisierungen durchgeführt werden.

8.6.5 Einsatz der Methode

In mehreren Unternehmen wird seit einigen Jahren mit Relativkosten gearbeitet. Einige Erfahrungen werden im folgenden in Anlehnung an die Veröffentlichung „Kosteninformationen zur Kostenfrüherkennung“ vorgestellt.

Als Anforderungen an ein ***Informationssystem für Relativkosten*** gelten:

- genügend genaue Aussagefähigkeit
- einheitlicher und logischer Katalogaufbau
- eindeutige Suchstrategien
- gute Zugriffsmöglichkeit
- übersichtliche Darstellung
- Ergänzungsfähigkeit
- Aktualisierbarkeit
- Integrierbarkeit
- EDV-gerechte, standardisierte Programmbausteine

Ein wesentlicher Faktor für die Anwendung von Relativkosten ist eine allgemeinverständliche und den Anforderungen des Praktikers entsprechende Aufbereitung. Die Relativkostendarstellung verwendet als bewährtes Hilfsmittel den Relativkostenkatalog.

Relativkostenkataloge sind Zusammenstellungen von Relativkosten in Form von Tabellen, Diagrammen und einfachen technischen Zeichnungen für Einzelteile, Gestaltungselemente usw.

Beim rechnerunterstützten Konstruieren und beim Einsatz von Stücklistenprogrammen können Relativkosten stets aktualisiert abgerufen werden. Der Konstrukteur hat dann auch die Möglichkeit, Kosteninformationen direkt zu nutzen. Voraussetzung dafür ist ein gutes Klassifizierungssystem für die Teile und Gruppen sowie eine effektive Datenverarbeitung des CAD- und PPS-Systems. Der Anwender erhält damit Entscheidungshilfen zur Auswahl alternativer Lösungen nach Kostengesichtspunkten. Die Darstellung muß so sein, daß sich der Konstrukteur schnell und übersichtlich informieren kann.

Die Zusammenstellung eines Relativkostenkatalogs nach individuellen Betriebsbelangen kann jedes Unternehmen aufgrund der erarbeiteten und vom DIN herausgegebenen beispielhaften Relativkostenblätter durchführen.

Die Einführung und die Anwendung der Relativkosten in der Konstruktion bedeuten einige Umstellungen im gewohnten Ablauf. Dem Konstrukteur wurden jahrzehntelang die Kosten seiner Konstruktionen vorenthalten. Somit entwickelte sich eine Konstruktionsdenkweise, die ausschließlich auf Funktionen, unabhängig von den Funktionskosten, ausgerichtet war. Erst mit dem Bekanntwerden der Wertanalyse wurde im Konstruktionsbüro an Kosten gedacht.

Durch die Anwendung von Relativkosten werden die Konstrukteure dazu angehalten, nicht nur in Funktionen zu denken, sondern auch die Funktionskosten zu berücksichtigen. Schon kurze Zeit nach der Einführung von Relativkosten bildet sich speziell bei den Konstrukteuren ein Kostenbewußtsein heraus und sie bekommen ein gutes Kostenwissen, so daß mehr und mehr nach folgendem Leitsatz konstruiert wird:

Nicht so gut wie möglich, sondern nur so gut wie nötig.

Es kann auch nicht Aufgabe eines Konstrukteurs sein, den Kostenrechner, den Arbeitsplaner und den Wertanalytiker in sich zu vereinigen. Kosteninformationen müssen überschaubar, aussagefähig, aber nicht zu detailliert sein. Dazu eignen sich nach den vorliegenden Erfahrungen Relativkostendarstellungen.

Vor dem Einführen von Relativkostenunterlagen muß der Konstrukteur durch betriebsinterne Schulungen mit den Unterlagen vertraut gemacht werden. Jeder Konstrukteur erhält nach den Schulungen einen Relativkostenkatalog. Die Anwendung der Kosteninformationsunterlagen kann in der Konstruktion vom Vorgesetzten und von der Zeichnungsprüfstelle überwacht werden. Eine Kontrolle der richtigen und sinnvollen Anwendungen der Relativkosten während der Einarbeitungsphase ist empfehlenswert.

Auch andere Bereiche wie die Arbeitsvorbereitung, die Fertigung und die Wertanalyse wenden mit Erfolg die Relativkostenkataloge an.

Für die Erstellung und Aktualisierung von Relativkosten entstehen erhebliche Kosten. Trotzdem sollte jedes Unternehmen damit arbeiten. Kleinere und mittlere Firmen können sich dabei mit den allgemein anwendbaren Unterlagen vom DIN behelfen, wenn es nicht möglich ist, diese Kostenblätter selbst zu erarbeiten.

Beispielhaft für Maschinenbaufirmen kann der bei der Firma *Voith* eingeführte Systemaufbau empfohlen werden, der in Bild 8.7 dargestellt wird. Der Relativkostenkatalog ist Bestandteil der Voith-Werknormung.

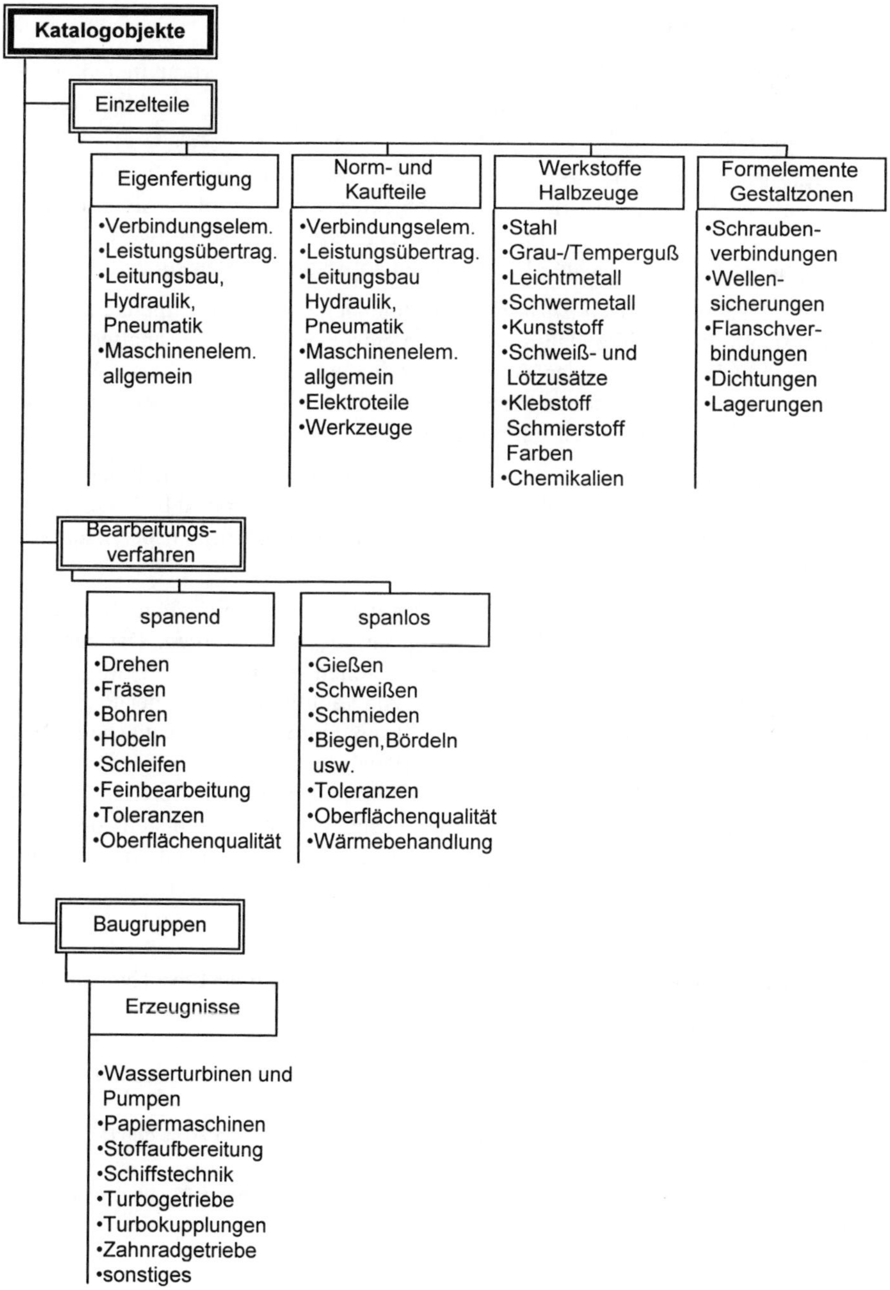

Bild 8.7: Relativkostenkatalog (nach *Fa. Voith*, Heidenheim)

8.7 ABC-Analyse

Die ***ABC-Analyse*** ist eine Methode zur Auswahl von Produkten oder Produktteilen, wobei in der Regel die Kosten untersucht werden. Dementsprechend findet die ABC-Analyse Anwendung beim kostengünstigen Konstruieren und bei der Wertanalyse.

Die ***Wertanalyse*** ist eine Methode zur Gestaltung und Verbesserung von Produktkosten. Für die Auswahl von Wertanalyse-Untersuchungsobjekten, also kostenintensiven Produkten, bietet sich die ABC-Analyse an. Eine ABC-Analyse ergibt ebenso Hinweise auf Produkte oder Produktteile, für die Sachmerkmal-Leisten aufgestellt werden sollen.

Bei der ABC-Analyse werden nach *Ehrlenspiel* Teilmengen einer Gesamtmenge hinsichtlich einer Eigenschaft so geordnet, daß drei Klassen entstehen. Als Eigenschaften werden häufig Kosten, Gewicht, Umsatz oder Zuverlässigkeit untersucht. Die Klasse A hat die größten Anteile an der interessierenden Eigenschaft, Klasse B mittlere, Klasse C nur noch geringe. Die Unterteilung erfolgt nach freiem Ermessen.

Zweck der ABC-Analyse ist eine Dreiteilung einer Gesamtmenge hinsichtlich der interessierenden Eigenschaft, um Schwerpunkte für ein Vorhaben zu finden, d.h. Wesentliches von Unwesentlichem zu trennen. Die Definition der Klassen kann firmenspezifisch auch nach anderen Kriterien erfolgen.

Zur Auswahl von Untersuchungsobjekten können bei diesem Verfahren auch alle Erzeugnisse eines Unternehmens nach fallendem Jahresumsatz geordnet werden. Die addierten Jahresumsätze ergeben durch Auftragen über den Anteilen der Fabrikate häufig den in Bild 8.8 dargestellten Kurvenverlauf. Dieser Kurvenzug kann variieren. In der Regel zeigt er jedoch, daß wenige Erzeugnisse den Hauptanteil am Jahresumsatz ausmachen. Diese Hauptumsatzträger sollten als erstes, z.B. durch Wertanalyse, untersucht werden, weil sich dann der größte Erfolg einstellt. Wird bei dieser Methode das zu analysierende Produkt- bzw. Teilespektrum nach den jeweils verursachten Kosten geordnet, dann stellt sich dabei im allgemeinen heraus, daß von einem verhältnismäßig kleinen Prozentsatz der Produkte bzw. Teile ein überproportionaler Anteil an Kosten verursacht wird (A-Teile).

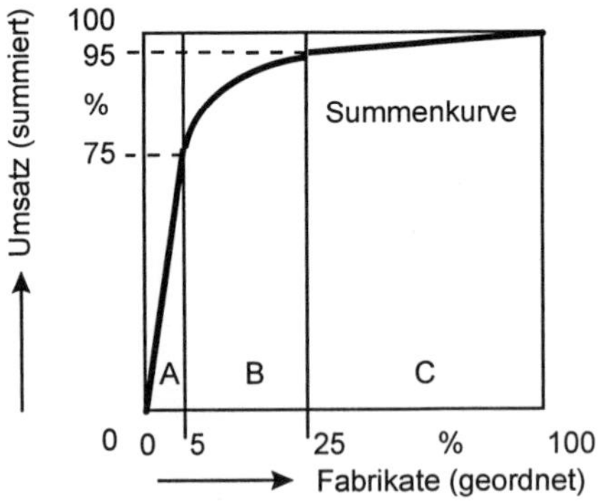

Die ABC-Analyse gliedert die Umsatzverteilung in drei Abschnitte:

Abschnitt A:
5 % der Erzeugnisse machen 75 % des Umsatzes

Abschnitt B:
20 % der Erzeugnisse machen 20 % des Umsatzes

Abschnitt C:
75 % der Erzeugnisse machen 5 % des Umsatzes

Bild 8.8: ABC-Analyse mit einer Summenkurve der Umsätze (nach *Voigt*)

Vorgehen und Beispiele

Zum Kennenlernen der Methode werden am Beispiel eines Turbinengetriebes in Anlehnung an *Ehrlenspiel* die Schritte zur Erstellung einer ABC-Analyse erläutert.

Schritt 1: Festlegen des Untersuchungsumfanges und des Zwecks:
ABC-Analyse der Bauteile eines Turbinengetriebes und den Anteilen an den Herstellkosten (ohne Montage und Probelauf). Zweck: Kostensenkung bzw. Kostenschätzung.

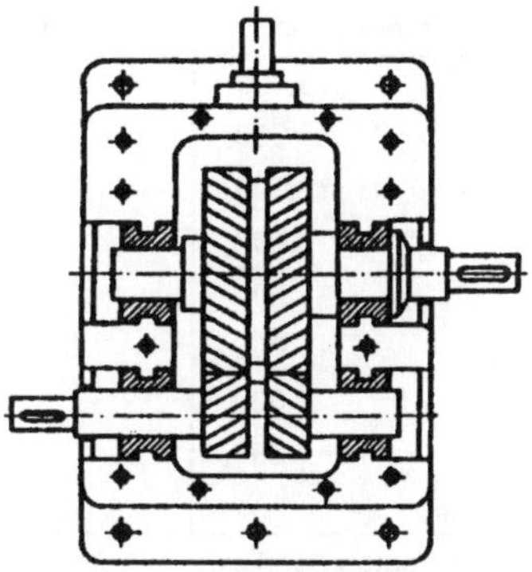

Turbinengetriebe in Einzelfertigung

Leistung	10.000 kW
Drehzahl	9.000 / 3.000 min^{-1}
Achsabstand	450 mm
Gewicht	2.500 kg

Kostenstruktur des Getriebes nach Bauteilen

Teil		HK (Teile)
Gußgehäuse (GG)	13.420,–	28 %
Rad (31CrMoV9)	12.600,–	26 %
Ritzelwelle (15CrNi6)	10.000,–	21 %
Radwelle (C45N)	6.680,–	14 %
2 Radlager	2.400,–	5 %
2 Ritzellager	2.000,–	4 %
2 Dichtungen, 2 Deckel	1.000,–	1,5 %
Rohrleitungen	300,–	0,5 %
Herstellkosten der Teile	**48 400,–**	100 %
Montage	5.280,–	
Probelauf	2.880,–	
Fertigungsrisiko (Ausschuß)	4.800,–	
gesamte Herstellkosten Getriebe	**HK = 61.360,–**	

Kostenstruktur der Bauteile nach Kostenarten

Materialkosten	Rüstkosten	Fertigungskosten aus Einzelzeiten
Kaufpreis 45 % Modellanteil 23 %	8 %	24 %
44 %	10 %	46 %
26 %	25 %	49 %
45 %	10 %	45 %
Kaufteil		
Kaufteil		
Kaufteil		
Kaufteil		

%-Angaben bezogen auf Herstellkosten HK des Teiles

Die Kostenstruktur der Bauteile nach Kostenarten bezieht sich immer auf die als 100 % angesetzten Herstellkosten für jedes Bauteil.

Bild 8.9: Technische Daten und Bauteilkosten eines Turbinengetriebes (nach *Ehrlenspiel*)

Schritt 2: Sammeln der Mengengrößen mit den Daten der interessierenden Eigenschaft:

In dem Bild 8.10 ist die Teileliste des Turbinengetriebes nach den Positionsnummern der Zusammenstellungszeichnung geordnet angegeben. Die Auflistung ist bezüglich der Herstellkosten ungeordnet.

	interessierende Menge		**interessierende Eigenschaft**	
Pos.	Benennung (Teileart)	Stück pro Getriebe	Stückkosten	Kosten pro Getriebe
1	Gehäuse	1	13.420,–	13.420,–
2	Deckel	2	250,–	500,–
3	Rad	1	12.600,–	12.600,–
4	Radwelle	1	6.680,–	6.680,–
5	Radlager	2	1.200,–	2.400,–
6	Ritzelwelle	1	10.000,–	10.000,–
7	Ritzelwellenlager	2	1.000,–	2.000,–
8	Dichtungen	2	250,–	500,–
9-15	Rohrleitungen	40	–	300,–
			Gesamte Herstellkosten der Teile	48.400,–

Bild 8.10: Teileliste eines Turbinengetriebes ohne Kleinteile (nach *Ehrlenspiel*)

Schritt 3: Ordnen der Mengengrößen nach fallendem Anteil an der interessierenden Eigenschaft. Festlegen der Klassen A, B, C:

Im Bild 8.11 sind die Teilearten, geordnet nach ihrem Beitrag zu den Herstellkosten, eingetragen. Der prozentuale Anteil ist als Einzelbetrag und kumuliert mit Prozentzahlen angegeben.

Pos.	Benennung (Teileart)	Kosten der Teile pro Getriebe	Anteil an gesamten Teile-Herstellkosten einzeln	Anteil an gesamten Teile-Herstellkosten kumuliert	Klasse	Teilezahl absolut	kumulierte Teilezahl %
1	Gehäuse	13.420,–	28 %	28 %	A	1	5,5 %
3	Rad	12.600,–	26 %	54 %	A	2	11 %
6	Ritzelwelle	10.000,–	20,5 %	74,5 %	A	3	16,5 %
4	Radwelle	6.680,–	14 %	88,5 %	B	4	22 %
5	Radlager	2.400,–	5 %	93,5 %	B	6	33,3 %
7	Ritzelwellenlager	2.000,–	4 %	97,5 %	B	8	44,4 %
2	Deckel	500,–	1 %	98,5 %	C	10	55,5 %
8	Dichtungen	500,–	1 %	99,5 %	C	12	66,6 %
9-15	Rohrleitungen	300,–	0,5 %	100 %	C	18	100 %

Bild 8.11: Teileliste eines Turbinengetriebes geordnet nach Herstellkosten (nach *Ehrlenspiel*)

Danach sind folgende Aussagen möglich, die als ***Summenkurve*** in Bild 8.12 dargestellt sind:

- Nur ca. 16 % der Teile (A-Teile: Gehäuse, Rad und Ritzelwelle) verursachen schon rund 75 % der Teile-Herstellkosten. Man wird bei Kostensenkungsmaßnahmen diesen Teilen eine besondere Aufmerksamkeit schenken.
- Rund 56 % der Teile sind C-Teile, also von untergeordneter Bedeutung. Sie haben einen Anteil von rund 2,5 % der Herstellkosten der Teile. Wenn man die Herstellkosten eines Turbinengetriebes abschätzen will, kann man für diese Teile einen pauschalen Zuschlag machen, während man die Kosten der A-Teile relativ genau ermitteln muß.

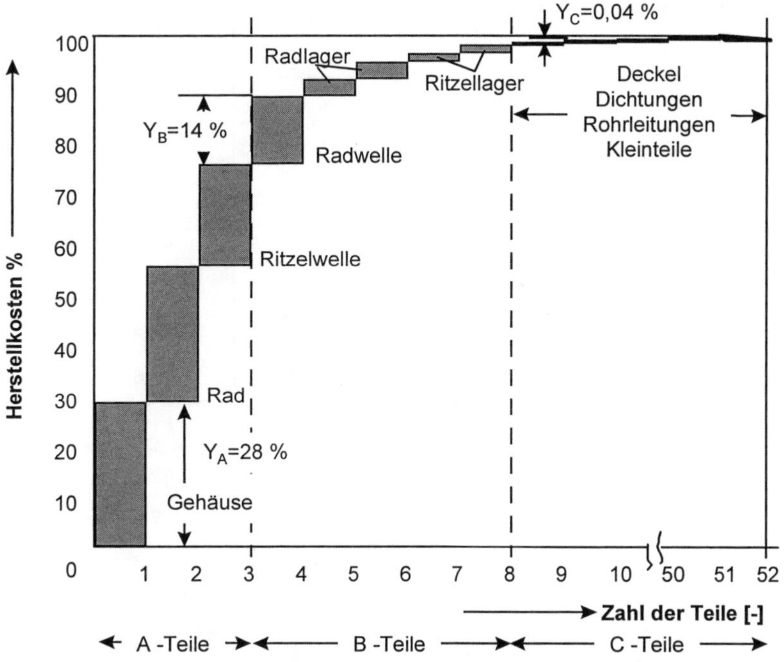

Bild 8.12: Summenkurve der ABC-Analyse eines Turbinengetriebes (nach *Ehrlenspiel*)

Aus dieser Untersuchung ergeben sich folgende Fragen und Aufgaben für den Konstrukteur:

- Das Gehäuse aus GG ist teuer, fertigungsgerechter Konstruieren?
- Das Radmaterial ist wegen der Nitrierfähigkeit teuer, Einsatzhärten oder nur Ringe auf die Welle aufschrumpfen ist zu untersuchen.
- Der hohe Materialkostenanteil von ca. 50 % der Herstellkosten der bearbeiteten Teile bedeutet, Materialkosten sind zu reduzieren.

Beispiel: Baugruppe aus Einzelteilen

Auch für Einzelteile einer Baugruppe nach *Voigt* mit Herstellkosten von ca. 200,- DM lassen sich durch die ABC-Analyse Schwerpunkte feststellen.

Die Herstellkosten werden hierfür pro Teil aufgelistet, mit der Anzahl der Teile multipliziert und in Prozenten ausgedrückt eingetragen. Anschließend erfolgt eine Einteilung in die drei Bereiche A, B und C mit den üblichen Grenzen 75, 20 und 5 %.

Diese Vorgehensweise ist in Bild 8.13 dargestellt.

Lfd. Nr. der Teile	Anzahl der Einzelteile	Anteilige Herstellkosten insgesamt DM	Summe der Herstellkosten DM	Herstellkosten in % der Gesamtherstell-kosten	Bereich Abschnitt
1	1	32,40	32,40	16,5	A
2	1	29,10	61,50	31,3	
3	1	26,20	87,70	44,6	
4	1	18,30	106,00	53,9	
5	1	17,00	123,00	62,5	
6	2	15,50	138,50	70,4	
7	1	12,20	150,70	76,6	
8	1	9,10	159,80	81,2	B
9	4	9,10	168,90	85,9	
10	1	7,40	176,30	89,6	
11	3	7,30	183,60	93,3	
12	1	3,50	187,10	95,1	
13	5	3,40	190,50	96,9	C
14	5	2,90	193,40	98,3	
15	3	1,10	194,50	98,9	
16	2	1,05	195,55	99,4	
17	1	0,90	196,45	99,89	
18	6	0,30	196,76	100,0	

Bild 8.13: ABC-Analyse für eine Baugruppe (nach *Voigt*)

Grafisch läßt sich daraus in Bild 8.14 eine Summenkurve ermitteln, die sich aus dem Auftragen der Herstellkosten über den Teilen ergibt. Man erkennt, daß die sieben A-Teile einen Anteil von 75 % der Herstellkosten haben.

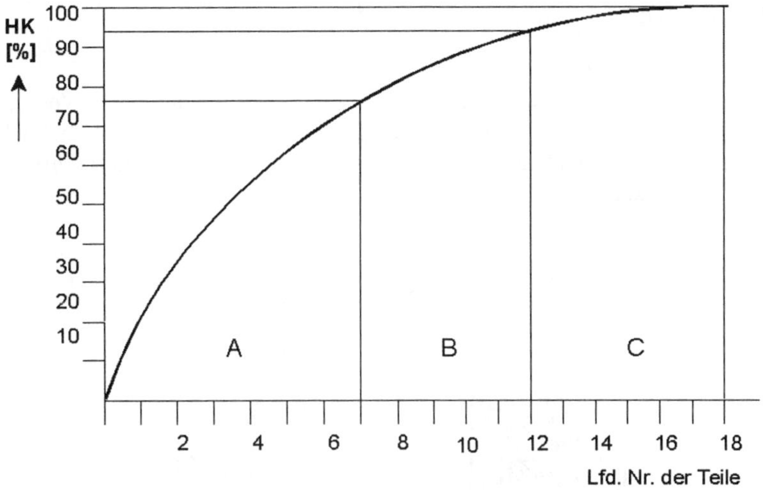

Bild 8.14: ABC-Analyse und Summenkurve für eine Baugruppe (nach *Voigt*)

Die flache Form der Summenkurve ergibt sich aus dem Anteil der Teile, die zusammen 75 % der HK darstellen, im Verhältnis zu allen 18 Teilen. In der Praxis tritt diese Unstimmigkeit gegenüber dem theoretischen Verlauf häufig auf. Sie ist jedoch für die abzuleitende Entscheidung unbedeutend.

Das Addieren der auf die Teile bezogenen Kosten führt noch nicht zu den Gesamtkosten eines Erzeugnisses. Oft ist es zweckmäßig, in die Analyse auch die Montage-, Prüf-, Verpackungskosten usw. einzubeziehen.

Die Summe aller dieser tabellierten und gruppierten Kosten ergibt die vorher kalkulierten Gesamtherstellkosten. Bei Erweiterung der Analyse um die erwähnten Kostenbestandteile zeigt sich, wie kostenintensiv Montage- und Prüfarbeiten sein können.

Wenn die Untersuchung eine spezielle Zielsetzung verfolgt, z.B. Senken der Fertigungskosten, dann kann die Teilegruppierung im Rahmen der ABC-Analyse auch nach anderen Kosten, z.B. Fertigungskosten, vorgenommen werden. Geeignet für eine solche Gliederung sind auch Einkaufs- und Lagerteile.

Bei der Serien- und Massenfertigung wird meist der Umsatzanteil (Stückzahl x Wert) über der Teilekategorie (A-, B- und C-Teile) aufgetragen. Es ist sinnvoll, die A-Teile näher zu untersuchen, da bei ihnen die Wahrscheinlichkeit größer ist als bei B- oder C-Teilen, große Einsparungen zu erzielen.

8.8 Wertanalyse

In den folgenden Ausführungen wird die Methode der ***Wertanalyse*** vorgestellt. Es handelt sich um eine erste Einführung, um die Grundlagen dieser Methode darzustellen. Zum Einstieg wird mit zwei Beispielen nach *Voigt* ein Eindruck von der Leistungsfähigkeit der Methode vermittelt.

Beispiel 1:

Ein Elektromotor als Antrieb für eine Spezialpumpe wurde durch eine Wertanalyse untersucht, wobei hier die Funktion „Lager schützen" auf der Antriebsseite betrachtet werden soll. Der Istzustand besteht aus einer Lagerabdeckung aus Aluminiumdruckguß wie im Bild 8.15 Teil a gezeigt.

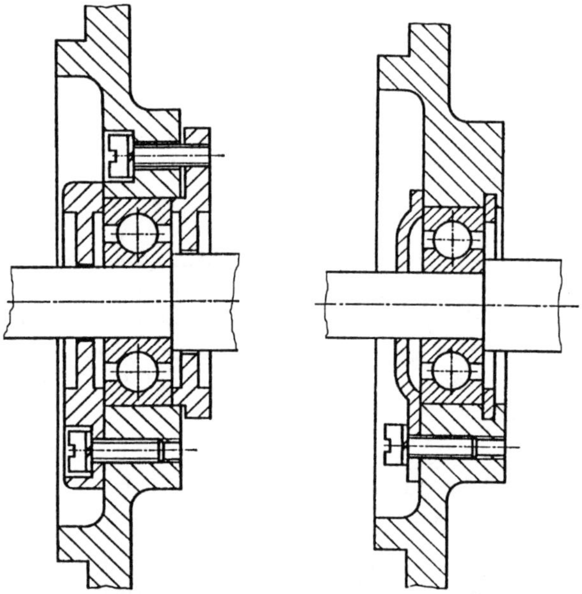

a) Lagerabdeckung durch Aluminiumdruckguß   b) Lagerabdeckung durch Tiefziehblech

Bild 8.15: Wertanalysebeispiel Lagerabdeckung (nach *Voigt*)

Vorschlag: Das Aluminiumdruckgußteil wird durch ein Tiefziehteil aus Blech nach Bild 8.15 Teil b ersetzt. Die Kosten konnten durch diesen Vorschlag um 46 % gesenkt werden.

Die Analyse ergab, daß das Blechteil zur Zeit der Entwicklung aus Designgründen nicht gewählt wurde. Niemand hatte damals beachtet, das die Abdeckung von außen nicht zu sehen ist, wenn Motor und Pumpe verschraubt sind.

Beispiel 2:

Der Einbau von Lagerplatten erfordert sechs Träger zum Abstand halten. Außerdem sind an den Trägern Schaltelemente befestigt, die durch Nocken betätigt werden. Diese Schalterträger bestehen im Istzustand nach Bild 8.16 Teil a aus Rechteckrohr mit Bohrungen und an den Stirnflächen sind Rechteckplatten angeschweißt.

Vorschlag: Nach Untersuchung verschiedener Varianten wurde die Lösung nach Bild 8.16 Teil b als kostengünstigste Variante ermittelt. Die Materialkosten steigen dabei fast um 50 %, während die Lohnkosten um 58 % sinken. Insgesamt ergibt sich eine Einsparung von 50 % gegenüber dem Istzustand.

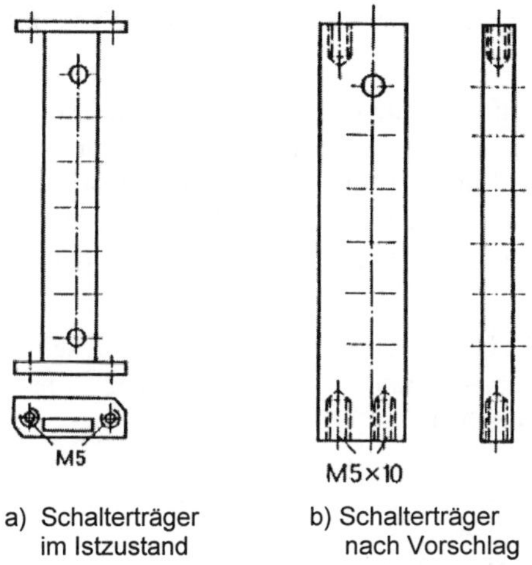

Bild 8.16: Wertanalysebeispiel Schalterträger (nach *Voigt*)

Auch wenn hier nichts über den Aufwand gesagt wurde und wenn man bedenkt, daß diese Beispiele bereits 1974 veröffentlicht wurden, erkennt man die Auswirkungen einer funktionsorientierten Denkweise, einer einfachen konstruktiven Gestaltung und den Vorteil von Kostenwissen.

8.8.1 Entwicklung der Wertanalyse

Die Wertanalyse wurde von L. D. *Miles* im Jahr 1947 entwickelt, um komplexe Beschaffungsprobleme zu lösen. Durch den Mangel an Material und Handelsteilen zur damaligen Zeit mußten Ersatzlösungen gefunden werden. Die Erfahrung zeigte, daß diese oft auch noch kostengünstiger waren und bessere Eigenschaften hatten.

Den sich daraus ergebenden Effekt einer Wertverbesserung hat *Miles* methodisch aufbereitet und mit Elementen wie Teamarbeit, Funktionsbeschreibungen, Analysen sowie Ideenfindungskonzepten zu einem Arbeitsplan verbunden.

Als Definition legte er fest:

„***Wertanalyse*** ist eine organisierte Anstrengung, die Funktionen eines Produktes für die geringsten Kosten zu erstellen, ohne daß die erforderliche Qualität, Zuverlässigkeit und Marktfähigkeit des Produktes negativ beeinflußt werden.“

Der Begriff Produkt wurde schon bald nicht nur als gegenständliches Objekt, sondern ganz allgemein als jede Art von Leistung verstanden, so daß sich die Wertanalyse zu einer sehr vielseitig einsetzbaren Methode entwickelte.

Die Wertanalysemethode verbreitete sich aufgrund ihrer Erfolge sehr schnell in den USA und in Europa. Es entstanden Einrichtungen, die sich um die Wertanalyse-Ausbildung, den Erfahrungsaustausch und die Weiterentwicklung der Methode kümmerten. In der Bundesrepublik Deutschland wurden die Aktivitäten vom Zentrum Wertanalyse des VDI übernommen.

Inzwischen wird die Wertanalyse als ein wirkungsvolles Instrument des Managements zur ***Wertverbesserung*** bestehender Leistungen (Value Analysis) und zur ***Wertgestaltung*** (Innovation) neuer Leistungen (Value Engineering) genutzt. Obwohl die Wortelemente "Wert" und "Analyse" die Vorgehensweise dieser kooperativen Problemlösungstechnik nur unvollkommen wiedergeben, hat sich der Begriff Wertanalyse im deutschsprachigen Raum inzwischen durchgesetzt.

Die Wertanalyse wurde nach der DIN 69910 zu einem System entwickelt, das die drei Systemelemente „Methode“, „Management“ und „Verhaltensweisen“ einsetzt und das Verfahren durch einen Arbeitsplan unterstützt.

8.8.2 Grundbegriffe der Wertanalyse

Die ***Wertanalyse*** läßt sich nach dem Zentrum Wertanalyse beschreiben als eine

- schrittweise, anwendungsneutrale Vorgehensweise
- bei der die Funktionen eines Objektes
- unter Vorgabe von Wertzielen
- durch interdisziplinäre Teamarbeit
- ganzheitliche Problembetrachtung und
- mit Hilfe von Kreativitätstechniken
- hinsichtlich Nutzen und Aufwand

entwickelt bzw. verbessert werden.

Die ***Wertanalyse nach DIN 69910*** ist definiert als ein System zum Lösen komplexer Probleme, die nicht oder nicht vollständig algorithmierbar sind. Sie beinhaltet das Zusammenwirken der Systemelemente

- Methode,
- Verhaltensweisen,
- Management,

bei deren gleichzeitiger gegenseitiger Beeinflussung mit dem Ziel einer Optimierung des Ergebnisses. (algorithmierbar: Durch geschlossene Lösungen oder numerische Verfahren berechenbar.)

Diese beiden Definitionen der Wertanalyse werden hier zusätzlich genannt, da sie aus den Standardveröffentlichungen stammen und häufig zitiert werden. Außerdem müssen noch einige Begriffe und deren Zusammenhang erläutert werden, um die Bedeutung der Definitionen vollständig zu verstehen. Dies soll mit Hilfe der Begriffe nach DIN 69910 erfolgen.

Wie der Name schon vermuten läßt, besteht der ***Zweck der Wertanalyse*** darin, den Wert eines Objektes durch Analyse nach einem bestimmten Verfahren zu erhöhen. Den Wert zu erhöhen, bedeutet z.B., den Nutzen, die Funktion oder die Ergebnisse zu verbessern und die Kosten zu senken. Als Objekt bezeichnet man alles, was durch Wertanalyse untersucht werden soll. Nach *Ehrlenspiel* wird die Wertanalyse in 60 % der Fälle zum Kostensenken von vorhandenen Produkten eingesetzt, die dadurch eine Wertverbesserung erfahren. Der Einsatz der Methode beim Entwickeln neuer Produkte durch Wertgestaltung ist erheblich effektiver, da kein Aufwand für Änderungen erforderlich ist.

Wertanalyse-Objekt (WA-Objekt)

Das ***Wertanalyse-Objekt*** ist ein entstehender oder bestehender Funktionenträger, der mit Wertanalyse behandelt werden soll. WA-Objekte können z.B. sein:

- Erzeugnisse
- Dienstleistungen
- Produktionsmittel und -verfahren
- Organisations- und Verwaltungsabläufe
- Informationsinhalte und -prozesse

Die ***Wertverbesserung*** ist die wertanalytische Behandlung eines bereits bestehenden Wertanalyse-Objektes. Beispiele für eine Wertverbesserung:

- Verbesserung der Haltbarkeit eines Massenartikels
- Rationalisierung eines Herstellprozesses

Die ***Wertgestaltung*** ist die Anwendung der Wertanalyse beim Schaffen eines noch nicht bestehenden Wertanalyse-Objektes. Beispiele für eine Wertgestaltung:

- Kommunikationsabläufe in der Verwaltung eines Betriebes
- Entwicklung eines neuen Produktes

Da bei der Wertgestaltung in der Regel keine vergleichbaren Objekte vorliegen, müssen die Ziele für das angestrebte Ergebnis während des WA-Projektes erst hergeleitet oder festgelegt werden. Denkbar sind eindeutige Angaben mit Kostenziel in der Anforderungsliste.

Funktion

Funktion im Sinne der ***Wertanalyse*** ist jede einzelne Wirkung des WA-Objektes.

In der Wertanalyse wird eine Funktion durch ein Substantiv und ein Verb im Infinitiv beschrieben.

In der Wertanalyse hat sich also nach dem gleichen Grundprinzip wie auch in der Konstruktionslehre eine Beschreibung der Funktionen mit *Substantiv und Verb* durchgesetzt, um durch eine lösungsneutrale Beschreibung viele alternative Lösungsansätze zu finden. Beispiele sind aus den vorherigen Abschnitten ausreichend bekannt. Insbesondere gelten hier auch die Aussagen über sinnvolle Abstraktion nach Abschnitt 5.

Zusätzliche Eigenschaften, die nicht durch Funktionen beschrieben werden können, sind durch Vorgaben festzulegen. Hierbei handelt es sich z.B. um Mengenangaben, Gesetze, Vorschriften, allgemeine Gestaltungsregeln oder Normen und Standards.

Als Funktionenarten unterscheidet die DIN 69910 Gebrauchs- und Geltungsfunktionen:

- ***Gebrauchsfunktion*** ist eine Funktion des WA-Objektes, die zu dessen sachlicher Nutzung (z.B. technischer, organisatorischer Art) erforderlich ist. Sie sind in der Regel quantifizierbar.
- ***Geltungsfunktion*** ist eine ausschließlich subjektiv wahrnehmbare, personenbezogene Wirkung eines WA-Objektes, die nicht zu dessen unmittelbarer sachlicher Nutzung erforderlich ist. Dazu gehören z.B. Aussehen, Komfort oder Prestige, die üblicherweise nur mit Methoden der Meinungsforschung bewertbar sind.

Beispiele beider Funktionenarten enthält Bild 8.17.

Wertanalyse-Objekt	Gebrauchsfunktion	Geltungsfunktion
Bleistift	Linien fixieren Mine halten Mine schützen u.a.	Aufmerksamkeit erzeugen u.a.
Schreibtisch	Arbeitsfläche bieten Ablage ermöglichen u.a.	Repräsentation ermöglichen u.a.
Lack	Korrosion verhindern u.a.	Aussehen verbessern u.a.
Vordruck	Information speichern EDV-Einsatz zulassen u.a.	Verwaltungsimage fördern u.a.

Bild 8.17: Beispiele für Gebrauchs- und Geltungsfunktionen (nach Zentrum Wertanalyse)

Die Anforderungen der Benutzer von Erzeugnissen schwanken zwischen den Gebrauchs- und Geltungsfunktionen, wie die Beispiele Automobil oder Schreibgerät zeigen. Die allgemeine Bedeutung zeigt die Darstellung in Bild 8.18.

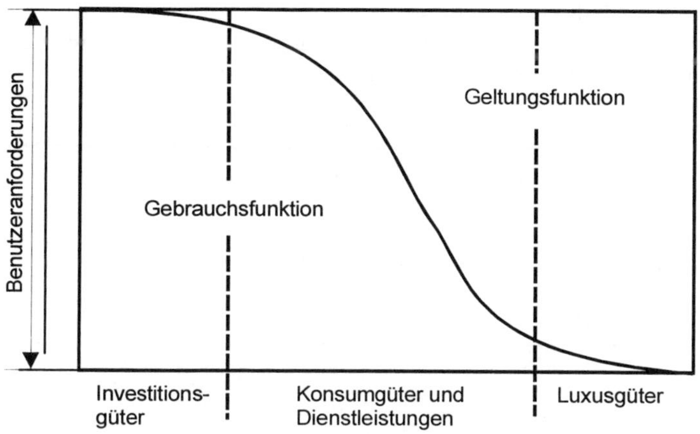

Bild 8.18: Benutzeranforderungen bei WA-Objekten (nach Zentrum Wertanalyse)

Wert

Wie bereits erwähnt, bedeutet eine Erhöhung des Wertes den Nutzen zu verbessern und die Kosten zu senken. Nach *Hoffmann* gibt es eine einfache Definition für den Wert:

Wert stellt die niedrigsten Kosten dar, die nötig sind, die festgelegten Funktionen einer Leistung zuverlässig zu erfüllen.

Da viele Größen Einfluß auf den Wert haben, wie z.B. der Stand der Technik, die vorhandenen Informationen und das Team während der Durchführung des WA-Projektes, sollten Wertbegriffe festgelegt werden, die die Nutzung berücksichtigen. Nach *Hoffmann* bedeutet dies, daß weder der billigste noch der teuerste Bleistift unbedingt den höheren Wert aufweist; sondern der mit der längsten Schreibdauer pro Geldeinheit. Entsprechendes gilt für diejenigen Autoreifen, die zuverlässig die meisten gefahrenen Kilometer pro DM ermöglichen.

Allgemein gilt, daß möglichst früh in der Entwicklung von Erzeugnissen Wertanalyse eingesetzt wird, weil sich dadurch der Nutzen erhöht und die möglichen Änderungskosten noch gering sind. Diese Wertgestaltung ist effektiver als eine Wertverbesserung, weil damit gleichzeitig vermieden wird, daß Konstrukteure zusehen müssen, wie die unter Termindruck erzeugten Produkte auf einmal mit viel Zeitaufwand wieder geändert werden.

Bild 8.19 zeigt den Kostenverlauf pro Leistungseinheit über dem Lebensalter von Erzeugnissen oder Dienstleistungen. Enthalten sind die effektive Wertverbesserung einschließlich des Änderungsaufwands, der Änderungsaufwand und die potentielle Wertverbesserung ohne Änderungsaufwand. Unter dem Bild 8.20 sind außerdem Hinweise auf die Phasen der Entwicklung und Nutzung sowie auf die Wertgestaltung und auf die Wertverbesserung.

Wertverbesserung bedeutet die Überarbeitung vorhandener Produkte oder auch Konstruktionen mit WA-Methoden, um durch entsprechende Änderungen den Wert zu verbessern. Während die ***Wertgestaltung*** die Entwicklung neuer Produkte durch den gleichzeitigen Einsatz von WA-Methoden beeinflußt, um den Wert zu gestalten.

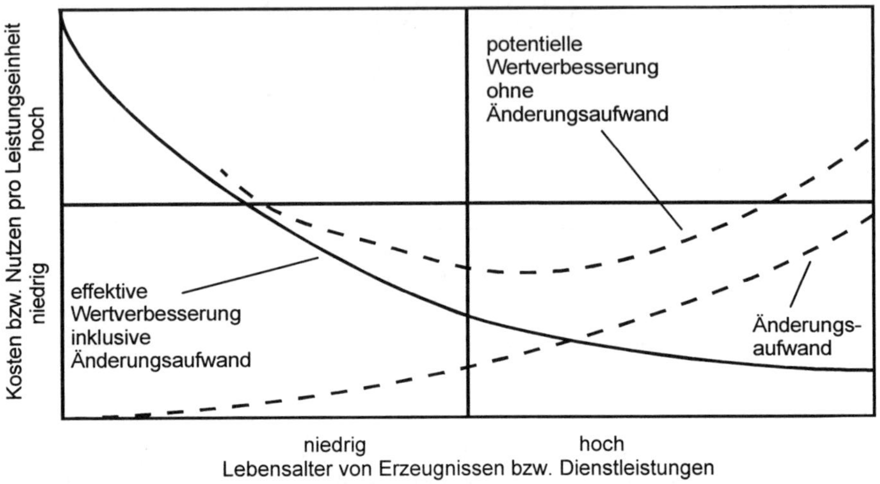

Entwicklungsphase				Nutzungsphase	
Idee	Entw./ Konstr.	Versuch/ Test	Realis./ Planung	Investition	Produktion, Dienstleistungserbringung
Wertgestaltung (nur bei Einzelerstellung)				Wertverbesserung	
(bei Mehrfacherstellung/Mehrfachanwendung)					

Bild 8.19: Wertverbesserungen und Änderungsaufwand in Abhängigkeit von Lebensalter und Lebensphasen (nach Zentrum Wertanalyse)

8.8.3 Auswahlkriterien für Wertanalyseprojekte

Der relativ hohe Aufwand für Wertanalyseprojekte ist trotz der bekannten Leistungsfähigkeit der Wertanalyse als Problemlösungsmethode zu beachten. Vor einem Einsatz dieser Methode sollte nach Veröffentlichungen des Zentrums Wertanalyse stets geprüft werden, in welchem Umfang die ***Auswahlkriterien für WA-Aufgaben*** erfüllt sind. Nur wenn alle vier Auswahlkriterien positiv beantwortet werden, lohnt sich der Einsatz der Wertanalyse. Je nach Problemsituation kann die Vorgehensweise angepaßt werden. Die 4 Kriterien sind:

- *Komplexe Aufgabenstellung*
  Die Aufgabenstellung ist nur mit Informationen aus allen betroffenen Bereichen und mit einem entsprechend zusammengesetzten Team effektiv lösbar.

- *Anspruchsvolle Wertziele*
  Wertziele sind z.B. Unternehmensergebnisse oder das Erreichen einer definierten Leistungsqualität. Wertverbesserungen sollten nicht unter 15 % liegen, sonst liegen häufig nur Rationalisierungsmaßnahmen vor, die oft wirtschaftlicher mit Hilfe des Spezialwissens eines Fachmannes gelöst werden können. Diese Wertverbesserung von 15 % ist auch bei Großserienfertigung erreichbar, wenn nur die beeinflußbaren Teilsysteme untersucht werden.
  Wertgestaltungsaufgaben erfordern dagegen in der Regel umfangreiche Vorarbeiten, bevor der geplante Nutzen in der Praxis nachweisbar ist. Bei der Klärung der Wertziele zeigt sich häufig erst, in welchem Umfang der Auftraggeber bereit ist, das Problem zu akzeptieren und Veränderungen wirklich umzusetzen.
- *Lösungskonzept nicht vorhanden*
  Ein Lösungskonzept im Sinne der Wertanalyse ist ein geprüfter, entscheidungsreifer Handlungsvorschlag, um ein angestrebtes Ziel zu erreichen. Wenn kein Lösungskonzept vorliegt, kann nicht entschieden werden, wie die Aufgabe gelöst werden soll.
- *Speziellere Bearbeitungsmethoden nicht verfügbar*
  Die Problemstellung beeinflußt die Bearbeitungsmethode maßgeblich. Zusätzlich sind Wissensstand, Bildungsniveau und Kreativität der Beteiligten als Kriterien zu beachten.

8.8.4 Wertanalyse-System nach DIN 69910

Entsprechend der Definition der Wertanalyse müssen alle für die Problemlösung wichtigen Einflüsse möglichst vollständig berücksichtigt werden. Diese Forderung ergibt sich aus der Notwendigkeit des Zusammenwirkens der Systemelemente „Methode", „Verhaltensweisen" und „Management". Die Systemelemente sind in der DIN 69910 eindeutig festgelegt und werden z.B. in Veröffentlichungen des Zentrums Wertanalyse vollständig mit umfangreichen Beispielen erklärt.

Schon *L. D. Miles*, der Entwickler dieses Verfahrens, hat dreizehn Regeln zusammengestellt, die als Grundregeln ständig beim Bearbeiten von WA-Projekten beachtet werden sollten. Mit geringfügigen Anpassungen lauten diese Regeln:

1. Verallgemeinerungen vermeiden
2. Kosten feststellen und prüfen
3. Informationen aus besten Quellen beschaffen
4. Zerlegen, verfeinern, erfinden
5. Schöpferische Phantasie entwickeln
6. Hindernisse kennen, erkennen und überwinden
7. Spezialisten oder Berater fragen
8. Kosten für Toleranzen und besondere Anforderungen ermitteln und berücksichtigen
9. Funktionale Produkte oder Objekte von Zulieferanten verwenden
10. Lieferantenerfahrungen nutzen
11. Spezielle Verfahren und Effekte auf Anwendbarkeit prüfen
12. Anwendbare Normen beachten
13. Geld des Unternehmens wie das eigene ausgeben

Die ***Methode*** ist ***nach DIN 69910*** eine Anleitung für das Vorgehen und umfaßt:

- Orientierung an konkreten Zielen
- Denken und Arbeiten in Funktionen
- Trennen der schöpferischen von der bewertenden Phase
- Arbeiten in bereichsübergreifend zusammengesetzten Zielen

Hier sollen von dieser Methode die Grundschritte aus dem ***Arbeitsplan der DIN 69910*** vorgestellt werden, da der Arbeitsplan wichtiger Bestandteil der Wertanalysearbeit ist.

Der Arbeitsplan besteht aus Grundschritten, Teilschritten sowie Anmerkungen und Beispielen, die in der Norm erläutert werden.

Grundschritt 1:	Projekt vorbereiten
Grundschritt 2:	Objektsituation analysieren
Grundschritt 3:	Sollzustand beschreiben
Grundschritt 4:	Lösungsideen entwickeln
Grundschritt 5:	Lösungen festlegen
Grundschritt 6:	Lösungen verwirklichen

Ein Vergleich mit dem Vorgehen beim methodischen Konstruieren zeigt viele ähnliche Arbeitsschritte. Eine Wertanalyse-Schulung unterstützt auch das methodische Arbeiten.

Die ***Verhaltensweisen*** der Vorgesetzten und der Mitarbeiter bestimmen den Erfolg. Ein erfolgreicher Einsatz der Wertanalyse ist nur zu erwarten, wenn alle direkt oder indirekt damit befaßten Personen bereit sind, durch ihr Verhalten Wertanalyse zu fördern.

Das ***Management*** aktiviert und fördert bereichsübergreifende Wertanalyse-Projektarbeit. Wenn die Wertanalyse erfolgreich eingeführt und auf Dauer angewendet werden soll, ist eine der wichtigsten Voraussetzungen, daß die Geschäftsführung bzw. die zuständigen Führungskräfte das System Wertanalyse kennen, einsetzen wollen und die erforderlichen Aktivitäten ermöglichen und unterstützen.

Die drei Systemelemente *Methode, Verhaltensweisen* und *Management* beeinflussen sich gegenseitig und müssen zusammenwirken, wenn die angestrebten Ziele erreicht werden sollen.

Die Durchführung von Wertanalyseprojekten in Unternehmen ist von Kriterien abhängig:

- Aktive Unterstützung durch die Geschäftsleitung
- Akzeptanz im ganzen Unternehmen
- Einordnung in die Organisation
- Geeignete Mitarbeiter für Wertanalyse-Teams
- Freistellung für Wertanalyse-Schulungen
- Umsetzung der Ergebnisse der Wertanalyse

Die Erfolge der Wertanalyse sind nachweisbar durch Kostensenkungen und bessere, marktgerechte Produkte sowie durch eine höhere Motivation der Mitarbeiter.

8.9 Analyse zum Kosten senken

Allgemeine Erfahrungen zum Senken der Kosten in der Konstruktion werden nach *Heil* als ***Methode zur Kostenanalyse*** vorgestellt. Sie wurde von der Wertanalyse abgeleitet und vereinfacht. Im wesentlichen dient diese Methode der Senkung der Herstellkosten. Gearbeitet wird mit Hilfe von Checklisten für Funktion, Material und Fertigung. Damit besteht die Möglichkeit, Ideen und Kontrollen vor und nach der Konstruktionsarbeit durch abteilungsübergreifende Zusammenarbeit umzusetzen, die helfen, Kosten zu erkennen und Maßnahmen zur Kostensenkung festzulegen. Die Teilnehmer aus den Bereichen Konstruktion, Arbeitsvorbereitung und Einkauf werden bei Bedarf durch Fachleute aus der Produktion, dem Vertrieb oder dem Service beraten. Nach dem Vorstellen der Konstruktion mit den geforderten Eigenschaften werden alle Teilnehmer aufgefordert, neue kostengünstige Lösungsideen zu entwickeln.

Erarbeitet werden in der Regel Verbesserungen von Erzeugnissen, Baugruppen oder Einzelteilen, von denen Zeichnungen, Kalkulationen und Arbeitspläne vorliegen sollten. Als Kostenziel ist nach *Heil* eine Reduzierung der Herstellkosten von ca. 20 % möglich. Die Reihenfolge der Checklisten entspricht dem Konstruktionsablauf. Die Darstellungen in den folgenden Bildern enthalten jeweils in Tabellenform die Fragen zur Klärung und die zugeordneten Maßnahmen/Abhilfen in vereinfachter, allgemeiner Form:

- Klärung der Funktion nach Bild 8.20
- Klärung des Materials nach Bild 8.21
- Klärung der Fertigung nach Bild 8.22

Wie bereits erwähnt, handelt es sich hier ebenfalls um eine Methode, die erfahrene Konstrukteure während der Konstruktionsarbeit laufend einsetzen, wenn sie kostengünstig konstruieren. Dieses Vorgehen ist für unerfahrene Konstrukteure vorteilhaft anzuwenden, weil sie damit erkennen, wo Kosten gesenkt werden können.

Jede der drei Checklisten wird in Form einer Tabelle vorgestellt, die neben Fragen erste Maßnahmen und Abhilfen enthält.

Klärung der Funktion	**Maßnahme/Abhilfe**
Sind die Funktionen der Baugruppe bzw. des Bauteils geklärt?	Informationen beschaffen
Ist die Funktionserfüllung eindeutig, einfach und sicher?	Bauteil umgestalten
Sind die Funktionen in ein anderes Bauteil integrierbar? (Integralbauweise)	Bauteile zusammenlegen
Müssen Funktionen auf mehrere Bauteile übertragen werden? (Differentialbauweise)	Bauteile umgestalten
Ist der Materialaufwand und/ oder der fertigungstechnische Aufwand für die Funktionserfüllung gerechtfertigt?	Nächstes Bauteil betrachten

Bild 8.20: Klärung der Funktion (nach *Heil*)

Klärung des Materials	Maßnahme/Abhilfe
Kann eingesetztes Rohmaterial oder Kaufteil kostengünstiger beschafft werden?	Bauteil neu anfragen
Ist alternativ kostengünstigeres Material einsetzbar? (Materialeigenschaften)	Neues Material anfragen; Werkstoff prüfen
Können Norm- bzw. Standardteile (Baukasten) verwendet werden?	Zeichnung ändern
Ist das Rohteil aus einem anderen Halbzeug herstellbar?	Zeichnung ändern; Arbeitsplan ändern
Kann der Verschnitt durch Gestaltung reduziert werden? (Gestaltungsrichtlinien)	Zeichnung ändern; Arbeitsplan ändern
Ist das Rohteil durch Gießen, Schmieden oder Sintern, bzw. als Biegeteil herstellbar?	Zeichnung ändern; Arbeitsplan ändern
Kann das Halbzeug bzw. das Rohteil vorbehandelt bezogen werden?	Halbzeug, Rohteil anfragen; Zeichnung ändern; Arbeitsplan ändern

Bild 8.21: Klärung des Materials (nach *Heil*)

Klärung der Fertigung	Maßnahme/Abhilfe
Wird optimale Fertigungstechnologie kostengünstig im Haus beherrscht?	Bauteil auswärts anfragen; Bezugsart ändern
Paßt das Bauteil in das firmenspezifische Teilespektrum? (Maschinenpark!)	Bauteil auswärts anfragen; Bezugsart ändern
Muß das Bauteil im Haus gefertigt werden? (Fertigungstiefe, Wertschöpfung)	Bauteil auswärts anfragen; Bezugsart ändern
Sind vorgegebene Fertigungszeiten gerechtfertigt?	Vorgabezeiten ändern
Ist die Reihenfolge der benötigten Arbeitsgänge fertigungstechnisch optimal?	Arbeitsfolge ändern
Ist das Bauteil auf kostengünstigeren Maschinen fertigbar?	Andere Maschine einsetzen
Andere Verfahren bzgl.: - Werkstofftrennung, - Fügen und Montage, - Oberflächenbehandlung möglich?	Andere Maschine einsetzen
Dienen alle bearbeiteten Flächen der Funktionserfüllung?	Zeichnung ändern; Arbeitsplan ändern
Müssen alle Wirkflächen bearbeitet werden?	Zeichnung ändern; Arbeitsplan ändern
Sind geringere Oberflächenqualität und Toleranzen möglich?	Zeichnung ändern; Arbeitsplan ändern
Sind unterschiedliche Abmessungen vereinheitlichbar oder veringerbar?	Zeichnung ändern; Arbeitsplan ändern

Bild 8.22: Klärung der Fertigung (nach *Heil*)

9 CAD, EDM und Kennzahlen

Die Hinweise in fast allen Abschnitten auf den Einsatz des Rechners und die bereits mehrfach genannten Abkürzungen CAD, CAD/CAM oder PPS sind heute für Konstrukteure so wichtig, daß diese Begriffe erläutert werden sollen. Aus Platzgründen kann hier natürlich nur eine kurze Vorstellung und Einführung erfolgen, ohne eine Beschreibung für das Arbeiten mit solchen Systemen.

Ein weiterer immer wichtiger werdender Bereich sind Einsatz und Auswirkungen von EDM-Systemen in den Unternehmen. Unter Engineering Data Management Systemen, kurz ***EDM-Systemen***, versteht man Software, mit denen sich zum einen sämtliche im Laufe einer Produktentwicklung entstehenden, produktbeschreibenden Daten verwalten und zum anderen die zur Erzeugung und Verwaltung dieser Daten notwendigen Prozesse organisieren lassen.

Kennzahlen sind ein wirksames Mittel, um Unternehmen zu analysieren und um sich zu informieren, wie man im Vergleich zu anderen Unternehmen dasteht. Eine sehr gute Quelle für Kennzahlen und Informationen ist der VDMA, der als Verband Deutscher Maschinen- und Anlagenbau e.V. regelmäßig aktuelle Umfrageergebnisse sehr kompetent veröffentlicht.

Diese drei Gebiete haben zwar auf den ersten Blick sehr wenig mit Grundlagen der Konstruktionslehre zu tun. Der Konstrukteur muß sich aber stets mit den modernen Techniken auseinandersetzen, um deren Auswirkungen auf die eigenen Tätigkeiten zu erkennen. Außerdem kann er an der Umstellung zur Prozeßorientierung in den Unternehmen, wie bereits in Abschnitt 3 behandelt, besser teilnehmen.

9.1 CAD/CAM – Begriffe und Systeme

Die Beschäftigung mit dem Thema CAD bedeutet im ersten Schritt den Umgang lernen mit einer neuen Begriffswelt. Diese Begriffswelt entstammt im wesentlichen den Software-Entwicklungszentren; d.h. Fachenglisch gespickt mit Computerchinesisch. Viele Begriffe lassen keine eindeutige Übersetzung zu und sind bereits fester Bestandteil der CAD-Expertensprache. Eine weitere Abkürzungs- und Namensvielfalt ergibt sich aus den Bezeichnungen der Hardware, Software und den Systemabkürzungen. Wesentlicher Punkt ist also eine klare Zuordnung der Begriffe mit den erforderlichen Erläuterungen, um die Zusammenhänge zu verstehen:

Im Bereich der EDV ein bestimmtes Gebiet zu beherrschen, ist nur zu 15 % eine Frage des Technologiewissens, aber zu 85 % eine Frage der Terminologie.

Der Umgang mit einem Computer zu Unterstützung fast aller Tätigkeiten im Unternehmen wird heute als selbstverständlich angesehen, so daß häufig von ***CA-Techniken*** gesprochen wird. Die CA-Akronyme, d.h. die englischsprachigen Buchstabenabkürzungen aus den Anfangsbuchstaben der Teilbegriffe im Bereich der Rechnerunterstützung, gehören also schon zum täglichen Sprachgebrauch.

Die EDV-Unterstützung aller technisch organisatorischen Bereiche eines Unternehmens führt in der Zukunft zu einem durchgängigen Informationsfluß vom Auftragseingang über den Entwurf eines Produktes bis zur Montage und dem Versand an den Kunden.

Die Information wird zum Produktionsfaktor!

Bevor in einem Unternehmen mit CA-Techniken sinnvoll gearbeitet werden kann, muß man sich folgende Punkte bewußt machen:

- Bei allen CA-Techniken ist das A = Aided = Unterstützung die wichtigste Größe
- die Funktionen müssen den Abteilungen eindeutig als Aufgaben und Tätigkeiten zugeordnet werden
- der Informationsfluß muß für das ganze Unternehmen bekannt sein
- der Materialfluß (Teilefluß) ist zu klären
- neue Organisationsstrukturen mit integriertem EDV-Einsatz für durchgängigen Informationsfluß müssen gefunden werden

Auf diesen Kenntnissen aufbauend werden die neuen Begriffe, deren Definitionen und Funktionszuordnungen im folgenden in Anlehnung an die inzwischen sehr verbreiteten Definitionen einer Arbeitsgemeinschaft, die vom AWF (Ausschuß für Wirtschaftliche Fertigung e.V.) veröffentlicht wurden, vorgestellt.

9.1.1 CAD – Computer Aided Design

Das rechnerunterstützte Konstruieren wird allgemein als ***CAD*** bezeichnet. CAD ist ein Sammelbegriff für alle Aktivitäten, bei denen die EDV direkt oder indirekt im Rahmen von Entwicklungs- und Konstruktionstätigkeiten eingesetzt wird. Dies bezieht sich im engeren Sinn auf die graphisch-interaktive Erzeugung und Manipulation einer digitalen Objektdarstellung, z.B. die zweidimensionale Zeichnungserstellung oder durch die dreidimensionale Modellbildung.

Objekte können beispielsweise sein:

- Einzelteile
- Baugruppen
- Erzeugnisse
- Anlagen
- Leiterplatten
- Bauwerke etc.

Die digitale Objektdarstellung wird in einer Datenbank abgelegt, die auch anderen betrieblichen Abteilungen für weitere Aufgaben zur Verfügung steht. Im weiteren Sinne bezeichnet CAD allgemeine technische Berechnungen mit oder ohne graphische Ein- und Ausgabe.

Funktionszuordnungen:

- Entwicklungstätigkeiten
- Technische Berechnungen
- Konstruktionstätigkeiten
- Zeichnungserstellung

Die Funktionszuordnung gibt also wesentliche Aufgaben und Tätigkeiten an, die mit den jeweils definierten CA-Techniken in den entsprechenden Unternehmensabteilungen durchgeführt werden.

CAD ist im Unternehmen in der Regel keine eigene Abteilung, sondern wird dem Bereich Entwicklung und Konstruktion zugeordnet, wie im Bild 9.1 gezeigt.

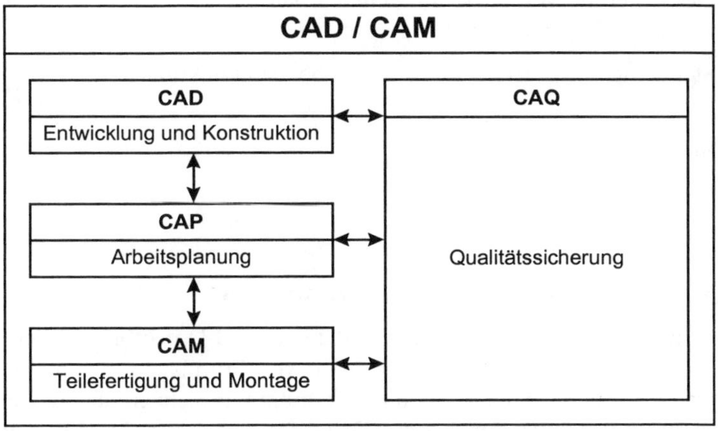

Bild 9.1: Zuordnung und Informationsaustausch der CA-Techniken (nach AWF)

9.1.2 CAP – Computer Aided Planning

CAP bezeichnet die EDV-Unterstützung bei der Arbeitsplanung. Hierbei handelt es sich um Planungsaufgaben, die auf den konventionell oder mit CAD erstellten Arbeitsergebnissen der Konstruktion aufbauen, um Daten für Teilefertigungs- und Montageanweisungen zu erzeugen. Darunter wird verstanden:

- rechnerunterstützte Planung der Arbeitsvorgänge und der Arbeitsvorgangsfolgen
- Auswahl von Verfahren und Betriebsmitteln zur Erzeugung der Objekte
- rechnerunterstützte Erstellung von Daten für die Steuerung der Betriebsmittel des CAM

Ergebnisse des CAP sind Arbeitspläne und Steuerinformationen für die Betriebsmittel des CAM.

Funktionszuordnungen:

- Arbeitsplanerstellung
- Betriebsmittelauswahl
- Erstellung von Teilefertigungsanweisungen
- Erstellung von Montageanweisungen
- NC-Programmierung

Auch dieser Bereich ist im Bild 9.1 angegeben.

9.1.3 CAM – Computer Aided Manufacturing

CAM bezeichnet die EDV-Unterstützung zur technischen Steuerung und Überwachung der Betriebsmittel bei der Herstellung der Objekte im Fertigungsprozeß. Dies bezieht sich auf die direkte Steuerung von Arbeitsmaschinen, verfahrenstechnischen Anlagen, Handhabungsgeräten sowie Transport- und Lagersystemen.

Technische Steuerung und Überwachung erfolgt bei den Funktionen:

- Fertigen
- Handhaben
- Transportieren
- Lagern

9.1.4 CAQ – Computer Aided Quality Assurance

CAQ bezeichnet die durch EDV unterstützte Planung und Durchführung der Qualitätssicherung. Hierunter wird einerseits die Erstellung von Prüfplänen, Prüfprogrammen und Kontrollwerten verstanden, andererseits die Durchführung rechnerunterstützter Meß- und Prüfverfahren. CAQ kann sich dabei der EDV-Hilfsmittel des CAD, CAP und CAM bedienen.

Funktionszuordnungen:

- Festlegen von Prüfmerkmalen
- Erstellung von Prüfvorschriften und -plänen
- Erstellung von Prüfprogrammen für rechnerunterstützte Prüfeinrichtungen
- Überwachung der Prüfmerkmale am Objekt

9.1.5 PPS – Produktionsplanung und -steuerung

PPS bezeichnet den Einsatz rechnerunterstützter Systeme zur organisatorischen Planung, Steuerung und Überwachung der Produktionsabläufe von der Angebotsbearbeitung bis zum Versand unter Mengen-, Termin- und Kapazitätsaspekten.

Die Hauptfunktionen der PPS sind:

- Produktionsprogrammplanung
- Mengenplanung
- Termin- und Kapazitätsplanung
- Auftragsveranlassung und -überwachung

9.1.6 CAD/CAM

CAD/CAM beschreibt die Integration der technischen Aufgaben zur Produkterstellung und umfaßt die EDV-Verkettung von CAD, CAP, CAM und CAQ. Auf der Basis der im CAD erzeugten digitalen Objektdarstellung werden im CAP Steuerinformationen erzeugt, die im CAM zum automatisierten Betrieb der Fertigungseinrichtungen eingesetzt werden. Die entsprechenden Aufgaben werden im Rahmen des CAQ für Meß- und Prüfeinrichtungen durchgeführt.

CAD/CAM ist mehr als die Verbindung von CAD und NC-Programmierung. Eine Zuordnung der Begriffsdefinition und das Zusammenwirken im Unternehmen können dem Bild 9.1 entnommen werden. Dabei ist zu beachten, daß in der Regel die CA-Techniken bestimmten Bereichen im Unternehmen zugeordnet werden.

Die seit einigen Jahren eingesetzten ***3D-CAD/CAM-Systeme*** mit Volumenmodellen, wie z.B. Pro/ENGINEER von Parametric Technology Cooperation (PTC), wurden entwickelt, um die Schwächen der 2D-CAD-Systeme zu überwinden und um die in Bild 9.1 vorgestellten Bereiche der Unternehmen mit einem System abzudecken. Die Systeme sind unter Ausnutzung der Leistungsfähigkeit der modernen Hardware modulartig aufgebaut und können alle Daten von der Produktidee über Entwicklung, Konstruktion, Berechnung, Arbeitsvorbereitung mit NC-Programmierung, Baugruppenmontage, Vorrichtungskonstruktion, Qualitätssicherung usw. als integrierte Lösung mit einer gemeinsamen Datenbasis verarbeiten. Damit ist es also möglich, mit einem System alle erforderlichen Arbeitsschritte unter der gleichen Bedieneroberfläche zu bearbeiten und alle Daten für ein Produkt dort zu speichern.

Die enorme Leistungsfähigkeit kann nicht durch diese kurzen Hinweise erkannt werden, das schafft nur die Benutzung eines 3D-CAD/CAM-Systems. Die Benutzung ist jedoch nur nach entsprechender Schulung und Einarbeitung möglich, wobei zu beachten ist, daß der gesamte Umfang der Produktentwicklung natürlich nicht allein vom Konstrukteur durchgeführt werden kann. Dafür ist wie bisher die abteilungsübergreifende Zusammenarbeit notwendig.

Auch wenn bisher nur einige Unternehmen die 3D-CAD/CAM-Systeme in vollem Umfang einsetzen, so zeigt sich doch, daß ein Konstrukteur jetzt schon ein gewisses Interesse für diese neuen Systeme haben sollte, weil z.B. mit voller Leistungsfähigkeit die Entwicklungszeiten und die Durchlaufzeiten im Unternehmen erheblich reduziert werden können. Außerdem wird durch die Vernetzung der Unternehmen und die Kopplung mit den Produktionsplanungs- und steuerungssystemen (PPS) eine noch bessere Nutzung der Teile- und Stücklistendaten in der Konstruktion erreicht.

9.2 EDM – Engineering Data Management

Engineering Data Management Systeme sollen die technische Dokumentenverwaltung mit der Produktionsdatenverwaltung so verbinden, daß alle Informationen in einem Unternehmen bereichsübergreifend unterstützt werden. Es handelt sich im Kern also um Datenbanken, die firmenspezifisch angepaßt werden, so daß der gesamte Informationsfluß und Arbeitsfluß am Bildschirm rechnerunterstützt durchgeführt werden kann.

EDM-Systeme sollen sämtliche CA-Techniken im Unternehmen zusammenführen, um die Produktivität zu verbessern. Für einzelne Abteilungen eines Unternehmens werden zwar oft optimale CA-Komponenten eingesetzt, die aber nicht im Sinne des Gesamtunternehmens optimal sind, da oft ein Daten- und Informationsaustausch nicht möglich oder nicht effektiv ist. Die Integration der CA-Komponenten wie CAD, CAP, CAM, CAQ usw. ist durch EDM-Systeme möglich.

Für EDM-Systeme gibt es auch andere gebräuchliche Begriffe:

- Engineering Document Management (EDM)
- Product Data Management (PDM)
- Engineering Database (EDB)

Unabhängig von der Bezeichnung ist die Grundfunktion aller Systeme das Speichern und Verwalten von Produktinformationen, wie Zeichnungen, 3D-Modelle, NC-Programme, technische Dokumente usw. in Datenbanken; also die Verwaltung von produktdefinierenden Daten (Produktmanagement) in Verbindung mit der Abbildung von Geschäftsprozessen (Prozeßmanagement).

EDM-Systeme integrieren alle Komponenten der Wertschöpfungskette eines Unternehmens und verwalten Dokumente nicht nur statisch, sondern kontrollieren auch deren Entstehung, Freigabe und Änderungen. Zu den wichtigsten Funktionsbereichen von EDM gehören:

- Zeichnungsverwaltung
- Teileverwaltung
- Klassifizierung
- Dokumentenmanagement
- Steuerung der Freigabeprozesse
- Änderungswesen
- Sachmerkmalleisten-Management
- Speicherung aller produktrelevanten Daten
- Kopplung zur kommerziellen EDV, hier insbesondere die PPS-Kopplung
- Steuerung der Bereiche Scannen, Plotten, Vervielfältigen und Archivieren

EDM-Systeme können auf der Arbeitsgruppenebene, auf der Abteilungsebene oder auf der Unternehmensebene eingesetzt werden. EDM-Systeme und PPS-Systeme ergänzen sich und zeigen teilweise auch eine Funktionsüberdeckung, sie sollten daher möglichst gekoppelt sein. Die CAD/CAM-Systeme sollten ebenfalls mit dem EDM-System gekoppelt werden, wie im Bild 9.2 vereinfacht dargestellt. EDM schafft also die gemeinsame Basis für PPS und CAD/CAM mit allen dazugehörigen Informationen.

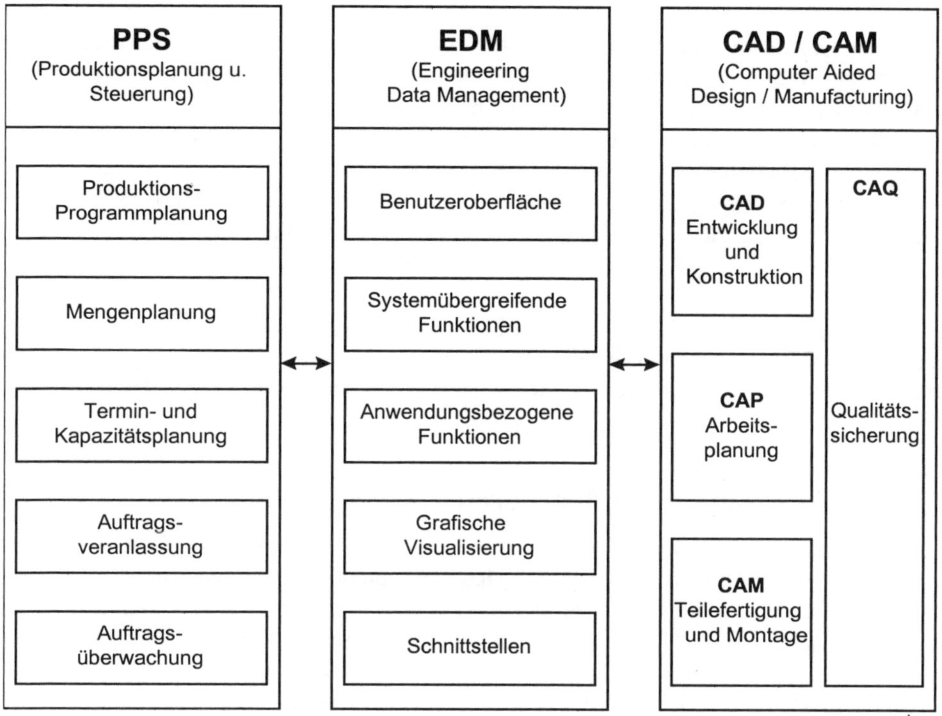

Bild 9.2: EDM als Integrationskonzept

Die im Bild 9.2 für EDM-Systeme angegebenen Bereiche umfassen beispielsweise folgende Funktionen:

- Benutzeroberfläche (Benutzerführung, Mehrsprachigkeit, Standards)
- Systemübergreifende Funktionen (Änderungswesen, Datensicherung, Kommunikation)
- Anwendungsbezogene Funktionen (Zeichnungen, Teile, Stücklisten, Klassifizierung, NC-Daten, Werkzeuge, Betriebsmittel, Methoden beim Management unterstützen)
- Grafische Visualisierung (Scannen manuell erstellter Unterlagen)
- Schnittstellen (Datenbank, Anwenderfunktionen, Produktdatenaustausch)

Der Funktionsumfang ist wegen der geforderten Integration und Datentransparenz sehr groß und kann hier nur angedeutet werden. Weitere Angaben sind der Fachliteratur von *Eigner*, *Hiller*, *Schindewolf*, *Schmich* oder von *Spur*, *Krause* zu entnehmen. Beide Veröffentlichungen waren Grundlage obiger Hinweise.

Bei den heute zur Verfügung stehenden EDM-Systemen kann man folgende Eigenschaften feststellen:

- Der Einsatzschwerpunkt liegt in der mechanischen Konstruktion und den folgenden Abteilungen.
- Die funktionalen Stärken sind zur Zeit die Zeichnungsverwaltung, die Klassifizierung, das Sachmerkmalleisten-Management und die Handhabung des Änderungswesens.
- Als Hardware sind fast alle Rechnertypen hoher Leistung einsetzbar.
- Die Softwarebasis eines EDM-Systems ist in jedem Fall eine Standarddatenbank, in der Regel eine Relationale Datenbank.
- Typische Benutzer eines EDM-Systems sind Sachbearbeiter und Manager aller Betriebsbereiche (Konstrukteure, Zeichner, Fertigungsplaner, Betriebsleiter).
- Man kann von sehr großen bis zu sehr kleinen Installationen alle Varianten antreffen.

Neben den technischen Faktoren nimmt EDM dem Anwender viel Routinearbeit ab, verschafft Übersicht über betriebliche Abläufe und die Gesamtzusammenhänge im Unternehmen. Man weiß stets, welche Auswirkungen die eigene Arbeit hat und welche Notwendigkeiten insgesamt bestehen. Das sorgt bei den Mitarbeitern für Motivation.

9.3 Kennzahlen für den Bereich Konstruktion

Die ***Kennzahlen*** für den Bereich Konstruktion bestehen aus Daten und Informationen, die der VDMA nach Umfragen aus deutschen Unternehmen des Maschinen- und Anlagenbaus zusammengestellt hat. Die folgenden Diagramme und Aussagen wurden in Anlehnung an diese Untersuchung des VDMA ausgewählt. Die Auswahl erfolgte mit dem Ziel, einen ersten Eindruck davon zu vermitteln, was in den Unternehmen zur Zeit aktuell ist, um damit jungen Konstrukteuren eine Vergleichsmöglichkeit zu bieten. Sie können aus den Diagrammen die notwendigen Entscheidungen für ihre beruflichen Perspektiven erkennen.

Für einen umfangreichen Überblick ist die vollständige Veröffentlichung von *Bünting, Leyendecker* zu empfehlen.

9.3.1 Aufgaben und Tätigkeiten

Die ***Aufgabenschwerpunkte*** im Bereich Entwicklung und Konstruktion werden im Bild 9.3 vergleichend für die Jahre 1976, 1991 und 1997 vorgestellt. Die Einteilung in Entwicklung/Konstruktion, Versuch, Anlagenprojektierung und -kalkulation sowie Sonstiges sollte mit den Aussagen im Abschnitt 1.5 verglichen werden. Im Bild 9.3 kann man eine stetige Zunahme der Tätigkeiten für Projektierung und Kalkulation erkennen, die durch Steigerung von Anzahl und Komplexität der Anfragen und der Kostenbeachtung ausgelöst wird. Ebenso ist der Anteil von ca. 30 % für Routinetätigkeiten im Bereich Konstruktion und Entwicklung zu beachten, der für alle Unternehmensarten und -größen gilt.

In Bild 9.4 werden die prozentualen Anteile der Aufgabenschwerpunkte unterteilt nach den Fertigungsarten Serienfertigung, Kleinserienfertigung, Gemischtfertigung und Einzelfertigung dargestellt.

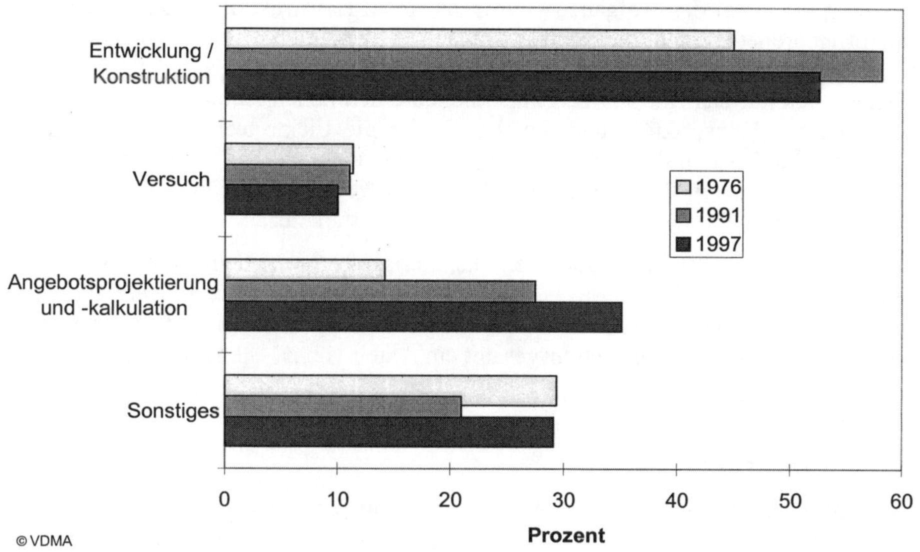

Bild 9.3: Entwicklung der Aufgabenschwerpunkte (nach *Bünting*, *Leyendecker*)

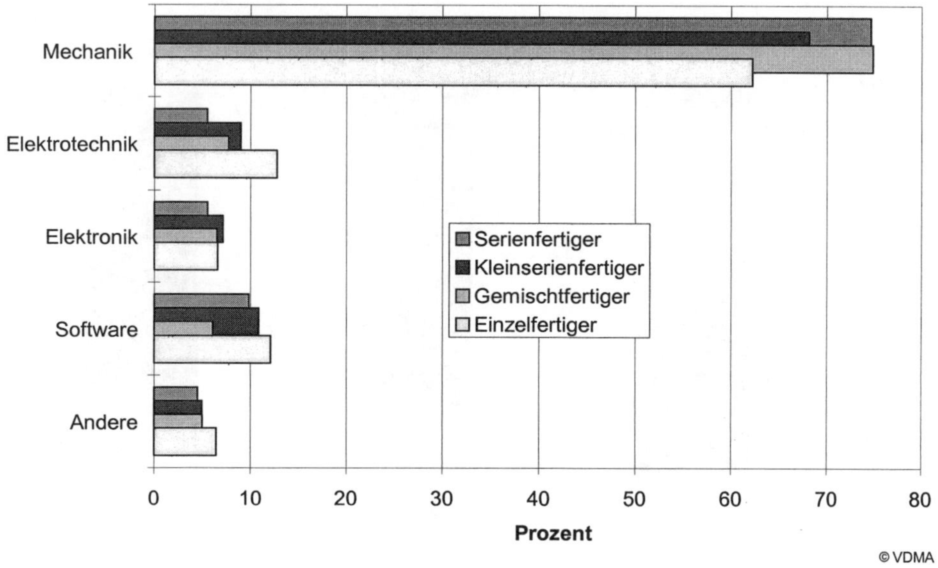

Bild 9.4: Aufgabenschwerpunkte nach Fertigungsarten (nach *Bünting*, *Leyendecker*)

Die Schwerpunkte bei den Aufgaben können nach den Konstruktionsaufgaben den Fachgebieten zugeordnet werden, die die Konstrukteure in Unternehmen mit den angegebenen Fertigungsarten bearbeiten. Die Fertigungsarten wurden bereits in Abschnitt 1.2 erläutert. Ein erster Blick auf das Bild 9.4 zeigt insbesondere den hohen Anteil an Tätigkeiten für die mechanische Konstruktion und die Anteile für die Elektrotechnik, Elektronik und Software im Bereich Konstruktion und Entwicklung. Während die Gemischtfertiger den höchsten Tätigkeitsanteil für die mechanische Konstruktion aufwenden, nimmt der Anteil für die anderen drei Tätigkeitsfelder bei Einzelfertigern stark zu.

Die Untersuchung des VDMA ergab ebenfalls, daß ca. 42 % der täglichen Arbeitszeit eines Konstrukteurs nicht für Konstruktionstätigkeiten genutzt werden, sondern für andere Dienstleistungen. Von den restlichen 58 % kann ein Konstrukteur nur ca. 50 % zum reinen Konstruieren einsetzen, so daß sich insgesamt ein Anteil von ca. 30 % für reine Konstruktionstätigkeiten ergibt.

9.3.2 Konstruktionsarten

Die drei ***Konstruktionsarten*** Neu-, Anpassungs- und Variantenkonstruktion nach Abschnitt 1.5 werden im Bild 9.5 mit etwas geänderten Bezeichnungen verglichen. Die Anteile haben sich im Laufe der Jahre verändert, wobei besonders die Zunahme der Entwicklung von Kundenvarianten ständig zugenommen hat. Der Schwerpunkt liegt bei den hier nicht dargestellten Einzelfertigern mit fast 50 % Kundenvarianten.

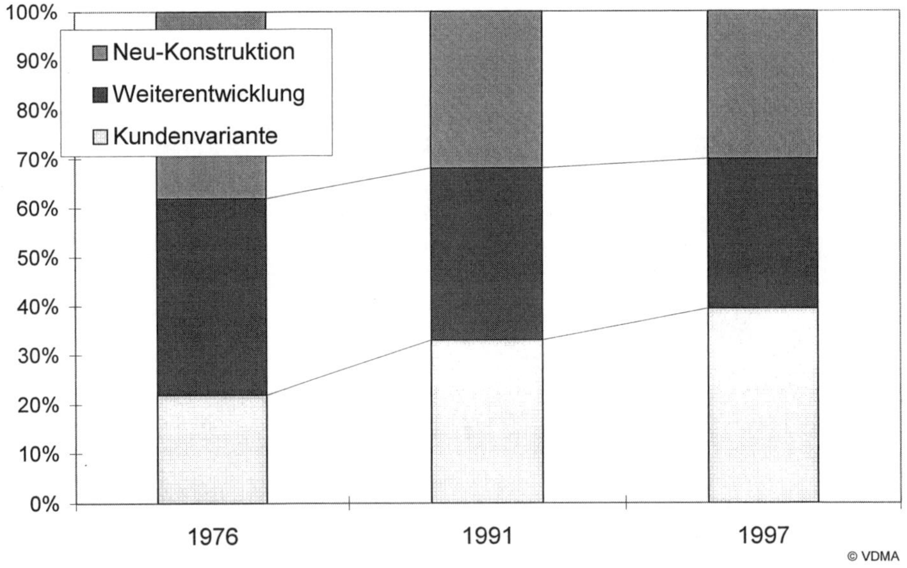

Bild 9.5: Entwicklung der Konstruktionsarten (nach *Bünting*, *Leyendecker*)

9.3.3 Durchlaufzeiten

Die Bearbeitungszeit im Bereich Entwicklung und Konstruktion für einen Auftrag wird als ***Durchlaufzeit*** bezeichnet. Die Durchlaufzeit wird durch die Konstruktionsart und durch die Fertigungsart des Unternehmens weitestgehend festgelegt. Das Bild 9.6 zeigt eine Darstellung der Untersuchungsergebnisse des VDMA mit Angabe der Durchlaufzeit in Wochen für die drei Konstruktionsarten und unterschieden nach den Fertigungsarten.

Die Neukonstruktionen benötigen natürlich bei allen Fertigungsarten die größten Durchlaufzeiten. Werden dann Kundenvarianten entwickelt, so zeigt sich der Vorteil der Serienfertiger gegen über dem Einzelfertiger. Bei der Analyse von Bild 9.6 muß beachtet werden, daß der Aufwand für die Entwicklung von Einzelteilen stets geringer sein wird als der Aufwand für die Entwicklung von Baugruppen, Maschinen oder Anlagen.

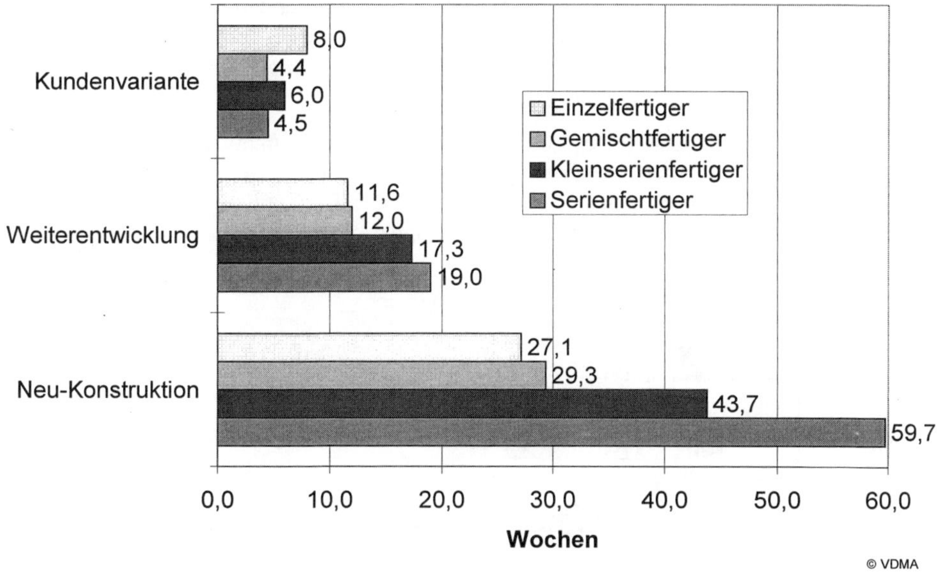

Bild 9.6: Durchlaufzeiten in Entwicklung und Konstruktion (nach *Bünting*, *Leyendecker*)

Da die Durchlaufzeit wesentlichen Einfluß auf die Lieferzeit von neuen Produkten hat, werden Maßnahmen zur Senkung der Durchlaufzeit in der Konstruktion immer wichtiger. Nach Untersuchungen des VDMA ergeben sich durch die überlappende Arbeitsweise bei Kleinserienfertigern für die Neukonstruktion Durchlaufzeit-Reduzierungen im Bereich Entwicklung und Konstruktion von ca. 30 % und bei Einzelfertigern um fast 60 %.

Das bisher übliche abteilungsorientierte Abarbeiten der vorhandenen Aufträge endete in der Regel mit der Übergabe aller Zeichnungen, Stücklisten und Beschreibungen nach der vollständigen Fertigstellung an die nächsten Abteilungen. Diese Abteilungen konnten erst ab der Übergabe den Auftrag weiterbearbeiten. Aus den Engpässen, die sich durch solche

Arbeitsweise ergeben, wurden in der Praxis Maßnahmen geschaffen, die durch überlappende Arbeitsweise die Gesamtdurchlaufzeit für den ganzen Betrieb verkürzen. Beispiele dafür sind das Konstruieren von Baugruppen oder Erzeugnissen mit mehreren Mitarbeitern, das rechtzeitige Einbinden von Zulieferern, das Vorabbestellen von Komponenten mit langen Lieferzeiten oder das parallele Arbeiten von mechanischer und elektrotechnischer Konstruktion. Mit den neuen 3D-CAD/CAM-Systemen ergibt sich eine noch effektivere Komponente, weil mit diesen Systemen nicht nur an den gleichen Bauteilen mit zwei Konstrukteuren gearbeitet werden kann, sondern auch in verschiedenen Abteilungen stets die aktuellen Daten einer Konstruktion unmittelbar nach deren Erzeugung vorliegen und für die Vorbereitung der eigenen Lösungen genutzt werden können. Das überlappende Arbeiten erfordert einen erheblichen Aufwand für die Koordinierung aller Arbeiten und klare Regeln für alle Beteiligten, die unbedingt eingehalten werden müssen.

Die ***Gesamtdurchlaufzeit*** in den Unternehmen mit überlappender bzw. paralleler Erledigung der Auftragsarbeiten im Vergleich mit sequentiell arbeitenden Unternehmen, die also alle Tätigkeiten nacheinander abarbeiten, ist im Bild 9.7 dargestellt. Das Bild 9.7 enthält die wichtigsten Abteilungen mit Angabe der einzelnen Durchlaufzeiten und die sich daraus ergebende Gesamtdurchlaufzeit.

Die Gesamtdurchlaufzeit ist bei beiden Arbeitsweisen nach Angaben des VDMA gleich, jedoch können Unternehmen, die überlappend arbeiten, mehr Arbeitszeit in die Bearbeitung von Aufträgen stecken und damit die Qualität der Erzeugnisse verbessern, weil Informationen und Zeiten besser genutzt werden können. Diese Produkte sind erfolgreicher am Markt.

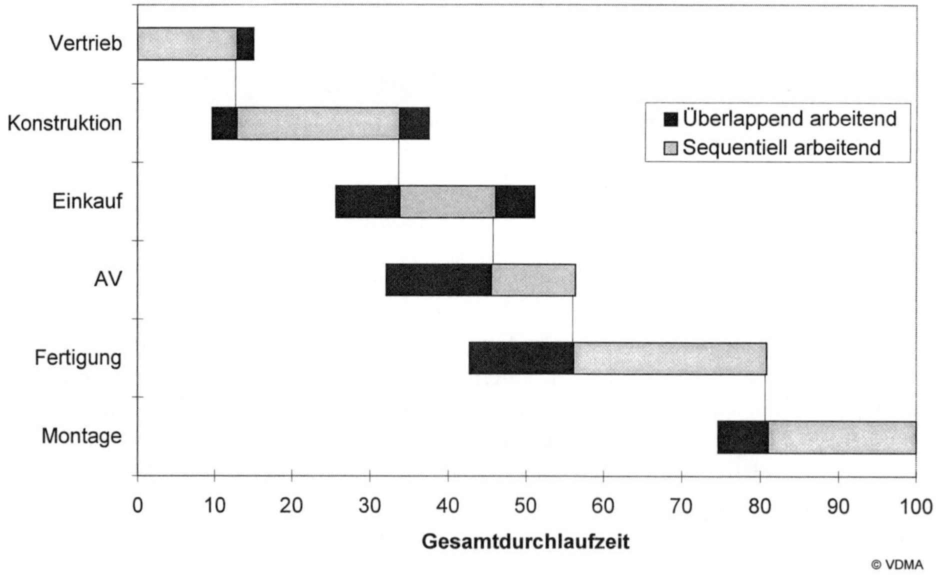

Bild 9.7: Gesamtdurchlaufzeitenverteilung in Unternehmen (nach *Bünting*, *Leyendecker*)

9.3.4 Konstruktion mit Rechnerunterstützung

Die Konstruktionsabteilungen arbeiten heute selbstverständlich mit ***Rechnerunterstützung*** für fast alle gängigen Aufgaben. Zeichnungen, Berechnungen, Stücklisten oder Dokumentation sind ohne EDV-Einsatz nur selten noch wirtschaftlich zu erstellen. Außerdem werden die Aufgaben immer komplexer und die erforderlichen Informationen immer umfangreicher. ***CAD-Systeme*** werden immer häufiger eingesetzt und die Anzahl der Arbeitsplätze an diesen Systemen stieg von 1991 bis 1997 um ca. 40 %, wobei die Nutzung vernetzter Rechner besonders stark zunahm. Im Bild 9.8 sind die verschiedenen Rechner über deren Nutzung in Prozent aufgetragen. Nach VDMA Angaben hat die Anzahl der Mitarbeiter je CAD-Arbeitsplatz um 10 % zugenommen und die durchschnittliche CAD-Nutzungszeit erhöhte sich um 20 %. Ebenfalls eingetragen ist der Anteil der befragten Unternehmen, die keine CAD-Anwendungen haben.

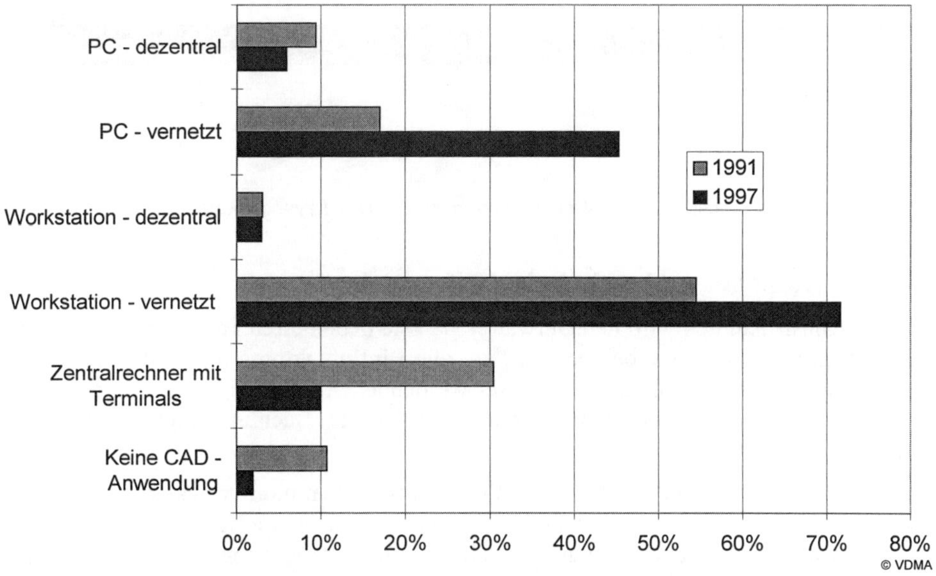

Bild 9.8: Rechnereinsatz in der Konstruktion (nach *Bünting*, *Leyendecker*)

9.3.5 Kopplung von CA-Techniken

Die Weiterverwendung von Daten, die bereits im CAD-System erzeugt wurden, ist sinnvoll und wirtschaftlich, wenn geeignete Schnittstellen zur Datenübertragung vorliegen. Die ***Kopplung*** von CAD-Systemen mit PPS-Systemen soll sich z.B. in den letzten Jahren verdoppelt haben, wie Bild 9.9 zeigt. Diese Zahl muß aber nach VDMA kritisch überprüft werden, weil noch sehr selten von gut funktionierenden CAD-PPS-Kopplungen berichtet wird. Auffallend ist auch die starke Zunahme der ***CAD-CAM-Kopplung***, also CAD mit NC-Daten. ***CAD-CAP***- und ***CAD-CAQ***-Kopplungen wurden für das Jahr 1997 mit jeweils ca. 5 % genannt, womit ein Trend zu weiterer Datennutzung zu erkennen ist.

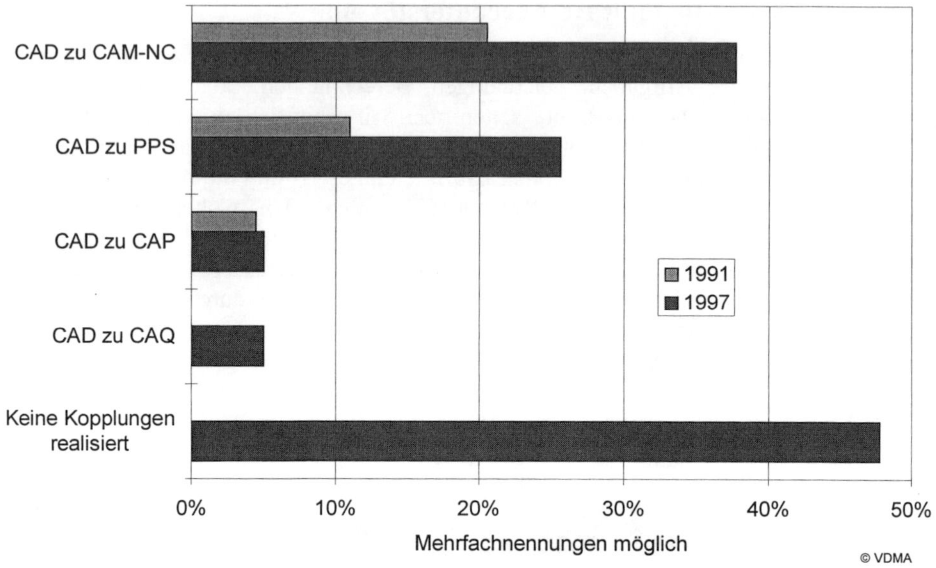

Bild 9.9: Prozentuale Anteile der CAD-Kopplungen (nach *Bünting*, *Leyendecker*)

9.3.6 Aufgaben und technische Hilfsmittel

Von den Konstrukteuren wird heute erwartet, daß sie neben ihren Fachgebieten auch viele organisatorische Kenntnisse beherrschen, um alle Einflußfaktoren und Anforderungen zu erfüllen, die sich aus den immer komplexer werdenden Aufgabenstellungen ergeben. Die im Bild 9.10 vorgestellte Auswertung einer VDMA-Untersuchung zeigt dies besonders deutlich.

Neben dem Umsetzen von Pflichtenheften und Lastenheften muß Projektarbeit, Planungsarbeit und ***Wertanalyse*** in zunehmendem Umfang eingesetzt werden. Die ***Qualitätssicherungsmethoden*** FMEA und QFD gehören auch zu ihren Aufgabengebieten, wie bereits in den vorherigen Abschnitten festgestellt. Außerdem sind sieben ***Gestaltungsrichtlinien*** mit überwiegend großer Häufigkeit angegeben, die schon für sich sehr umfangreiche Fachgebiete darstellen. Der Konstrukteur muß also nicht nur kreativ sein, sondern auch in zunehmendem Umfang Kompromisse für optimierte Gesamtlösungen eingehen und stets den neuesten Stand der Technik für sein Arbeitsgebiet einsetzen.

Der Bereich Entwicklung und Konstruktion stellt also besonders hohe Anforderungen an seine Mitarbeiter. Die Arbeitsmethoden und die Hilfsmittel der Konstruktionslehre können ebenso hilfreich für die Konstrukteure sein, wie die Projektarbeit, eine effektive Organisation und geeignete Rechnerunterstützung.

Die eingesetzten technischen ***Hilfsmittel*** für den Bereich Entwicklung und ***Konstruktion*** werden in Bild 9.11 dargestellt.

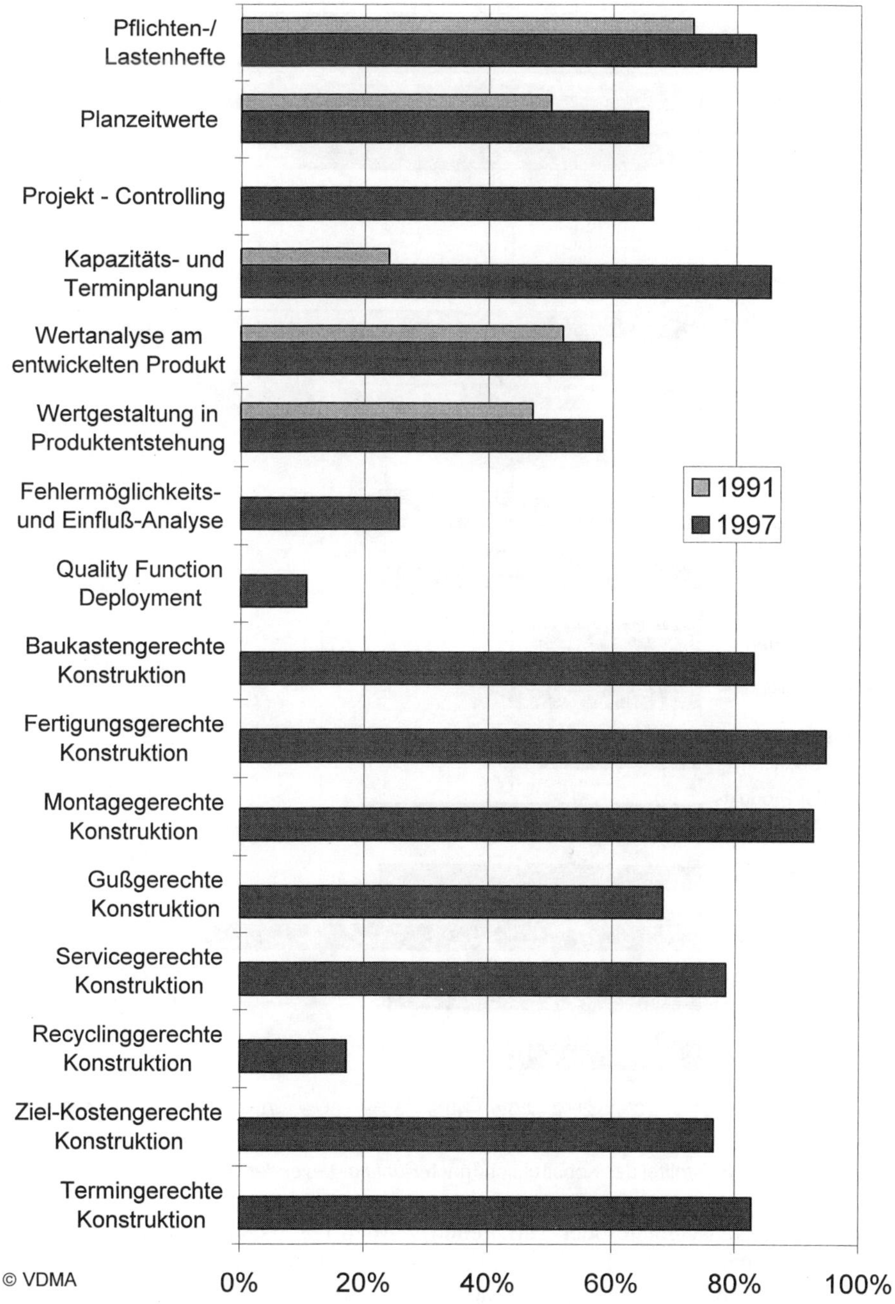

Bild 9.10: Aufgabenhäufigkeit im Bereich der Konstruktion (nach *Bünting*, *Leyendecker*)

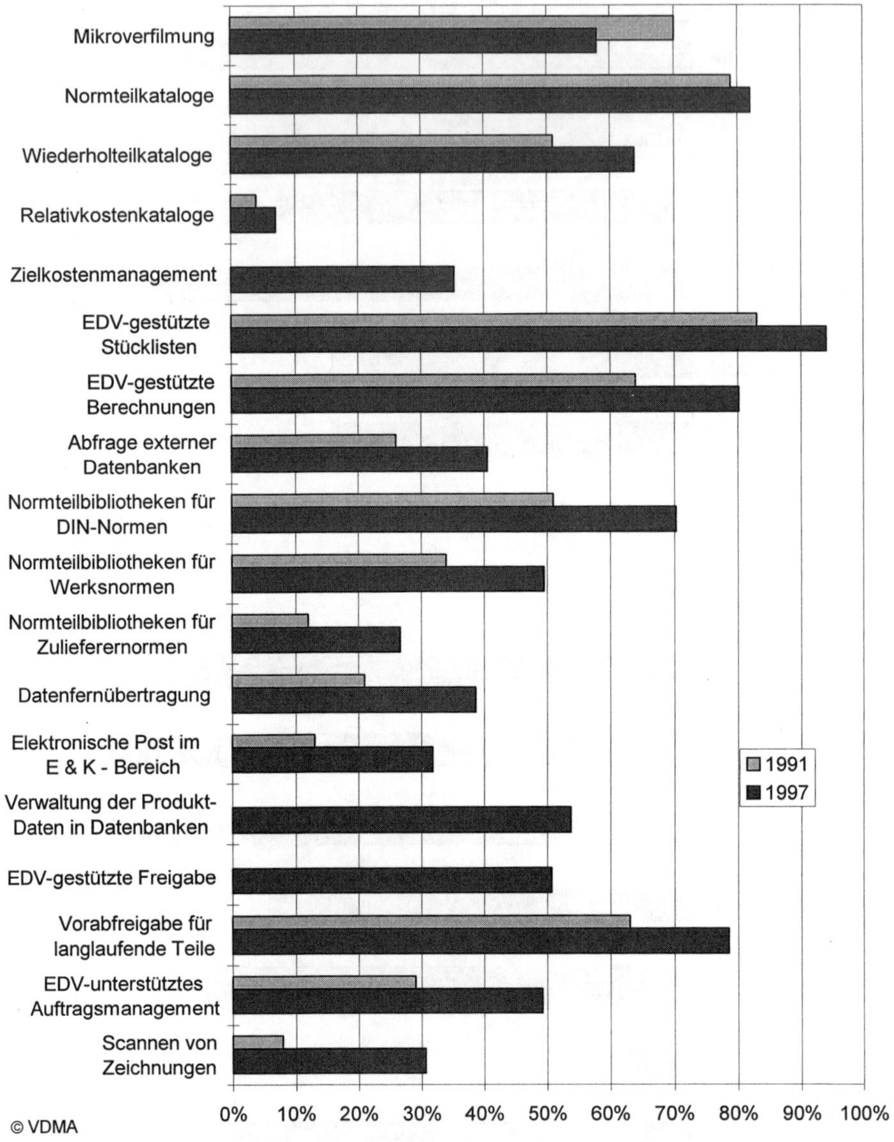

Bild 9.11: Technische Hilfsmittel der Konstruktion (nach *Bünting*, *Leyendecker*)

Fast alle eingesetzten Gebiete oder Tätigkeiten wurden bereits vorgestellt und zum Teil umfangreich erläutert. Man sieht hier also noch einmal sehr deutlich, daß die in den neun Abschnitten behandelten Themen die Grundlagen der Konstruktionslehre sind, die für jeden Konstrukteur eine sehr große Bedeutung haben.

10 Übungsaufgaben

10.1 Aufgabenstellungen

10.1.1 Aufgabenstellungen zu Abschnitt 1

Kenntnisfragen

1. Erklären Sie das Konstruieren.
2. Welche Erkenntnisse und Erfahrungen führten zur Entwicklung der Konstruktionslehre?
3. Bei welchen Aufgabenstellungen hat sich das methodische Konstruieren besonders bewährt?
4. Nennen Sie Unternehmensbereiche, die Informationen mit der Konstruktion austauschen.
5. Welche Einflußfaktoren sind für ein Produkt maßgebend?
6. Welche Unternehmenseinteilungen sind nach der Fertigungsart möglich?
7. Skizzieren Sie das schrittweise Entwickeln von Kleinserienprodukten mit Angabe der wichtigsten Arbeitsschritte.
8. Nennen Sie fünf Gebiete, die für das Konstruieren als kreative Tätigkeit benutzt werden, um Aufgaben zu lösen.
9. Was versteht man unter Konstruktionsmethodik?
10. Erklären Sie die drei Konstruktionsarten mit einfachen Skizzen.
11. Skizzieren Sie die Zuordnung von Konstruktionsphasen zu den Konstruktionsarten.
12. Welche Zeitanteile in Prozent werden für die Konstruktionsphasen aufgewendet?
13. Was kann man vom methodischen Konstruieren erwarten? Geben Sie 5 Regeln an, die aus Erfahrung bekannt sind.
14. Nennen Sie 4 Ziele der Konstruktionsmethodik und beschreiben Sie die organisatorischen Ziele.
15. Nennen Sie die wesentlichen Gründe für die unzureichende Nutzung der Konstruktionsmethodik in der Praxis.

10.1.2 Aufgabenstellungen zu Abschnitt 2

Kenntnisfragen

1. Skizzieren Sie den vereinfachten Energie-, Stoff- und Informationsumsatz von Drehmaschinen.
2. Erklären Sie den Funktionsbegriff in der Konstruktion und nennen Sie 3 Beispiele technischer Funktionen.
3. Erklären Sie den Begriff Funktionsstruktur mit einem einfachen Beispiel.
4. Auf welche 3 Grundgrößen läßt sich alles physikalische Geschehen in Maschinen zurückführen und welche Methode nutzt diese Erkenntnis (Skizze)?
5. Nennen und skizzieren Sie Teilfunktion, physikalischen Effekt und Wirkprinzip für das Beispiel Welle-Nabe-Verbindung.
6. Erklären Sie die Entwicklungsschritte technischer Systeme mit einem Beispiel.

7. Was versteht man unter intuitiver und diskursiver Arbeitsweise?
8. Erklären Sie die Methode der Negation und Neukonzeption.
9. Nennen Sie 5 Teilaufgaben der Informationsumsetzung in der Konstruktion.
10. Erklären Sie 3 wichtige Informationsquellen für die Konstruktion.

Aufgabenstellung: Schraubpresse

Es soll ein Konzept für die Entwicklung einer Schraubpresse erarbeitet werden. Die Schraubpresse soll Bücher bis zu einem bestimmten Format, sowie einer vorgegebenen Stapelhöhe, mit festgelegter Preßkraft und Preßdauer zusammenpressen.

Durch Voruntersuchungen wurden bereits alle Lösungen ausgeschieden, die die Anforderungen nicht erfüllen, wie z.B. Handantrieb und aufwendige elektrisch-hydraulisch-mechanische Energieumwandlungen. Als einfachste und sicherste Bauart ergab sich eine elektromotorisch angetriebene, zentral auf die Preßplatte wirkende Gewindespindel mit Selbsthemmung.

Für diese Bauart soll durch systematische Variation der Anordnungsmöglichkeiten der Bauteile das gesamte Lösungsfeld des Maschinensystems dargestellt werden. Entsprechend dem skizzierten Schema sind alle möglichen Varianten der Schraubpresse als Strichskizzen zu zeichnen und systematisch zu ordnen.

In dem Schema nach Bild 10.1 ist der Antrieb an der Spindel vorgesehen. Am anderen Ende der Spindel befindet sich ein Drehgelenk unter der Preßplatte, die verdrehsicher im Gestell geführt wird (Schubgelenk). Als Varianten sind für alle technisch sinnvollen Lagen des Buchstapels offene und geschlossene Gestelle (wie skizziert), angetriebene Spindeln (wie skizziert) oder Muttern und die Zuordnung von Dreh- bzw. Schubbewegungen für Spindel bzw. Mutter zu untersuchen. (Aufgabenstellung nach *Tränkner*)

Umfang der Aufgabe:

1. Aufstellung der Eigenschaften der Varianten nach Ordnungsgesichtspunkten in Tabellenform. Zu beschreiben sind Gestellvarianten, Stapellagen und Spindel- sowie Mutter-Ausführungen. (Auflistung in lösungsneutraler Kurzform mit zwei Worten)
2. Erweiterung der Tabelle mit Angabe möglicher Kombinationen.
3. Übersicht der gefundenen Funktionsprinzipien als Strichskizzen analog folgendem Schema.

1 Spindel (Schraube)
2 Mutter
3 Preßplatte
4 Gestell
5 Antrieb

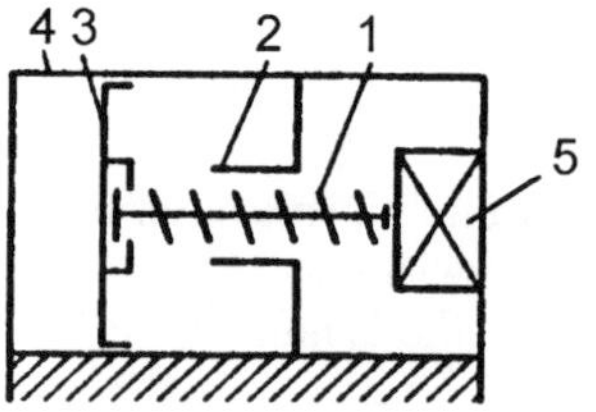

Bild 10.1: Schematische Darstellung einer Schraubpresse (nach *Tränkner*)

10.1.3 Aufgabenstellungen zu Abschnitt 3

Kenntnisfragen

1. Erklären Sie den allgemeinen Ablauf von Lösungsprozessen.
2. Skizzieren Sie das schrittweise Vorgehen beim Bearbeiten von Ingenieuraufgaben mit Angabe der wichtigsten Arbeitsschritte.
3. Bei der Lösungssuche kann man zwei Abläufe unterscheiden. Nennen Sie diese und erläutern Sie ein Vorgehen.
4. Welche Arbeitsergebnisse erhält man beim methodischen Konstruieren?
5. Nennen Sie die 4 Konstruktionsphasen und geben Sie an, was je Phase festgelegt wird.
6. Erklären Sie die wichtigsten Aussagen eines Ablaufplans für das Bearbeiten konstruktiver Aufgaben.

Aufgabenstellung: Bürolocher

Für die Entwicklung eines neuen Zweiloch-Bürolochers mit einer Einstellung für verschiedene genormte Papierbreiten soll eine Funktionsbeschreibung aufgestellt werden. Die Benutzung soll nur manuell mit Handkraft erfolgen. Die Funktionen sind in der üblichen Kurzform anzugeben. Zur Funktionsanalyse sind einfache Strichskizzen mit stichwortartigen Erläuterungen zu erstellen. Umfang der Aufgabe:

1. Black-Box-Darstellung mit Gesamtfunktion
2. Funktionsbeschreibung in der üblichen Kurzform
3. Einfache Strichskizzen zur Funktionsanalyse

10.1.4 Aufgabenstellungen zu Abschnitt 4

Kenntnisfragen

1. Erklären Sie den Begriff und zwei Verfahren der Produktplanung.
2. Welche Impulse können eine Produktplanung auslösen?
3. Erläutern Sie das Klären der Aufgabenstellung.
4. Nennen Sie Einflußfaktoren und Merkmale für Anforderungen von Produkten.
5. Beschreiben Sie den Zweck einer Anforderungsliste.
6. Erläutern Sie Aufgaben und Bedeutung von Anforderungskatalogen.
7. Skizzieren Sie das Vorgehen beim Aufstellen von Anforderungskatalogen.
8. Beschreiben Sie vier Regeln für das Aufstellen von Anforderungslisten.
9. Was verstehen Sie unter Qualität und welche qualitätssichernden Maßnahmen sind bei der Konstruktionsphase Planen umzusetzen?

Aufgabenstellung: Kronenkorken

Für eine Flaschenabfüllmaschine ist eine Sortiereinrichtung für die aus einem Sack in einen Speicher eingefüllten Kronenkorken zu entwerfen. Die vorgeprägten Deckel sollen entweder alle mit dem Napf nach unten oder nach oben in einer Reihe der Flaschen-Schließeinrichtung zugeführt werden, wie Bild 10.2 zeigt.

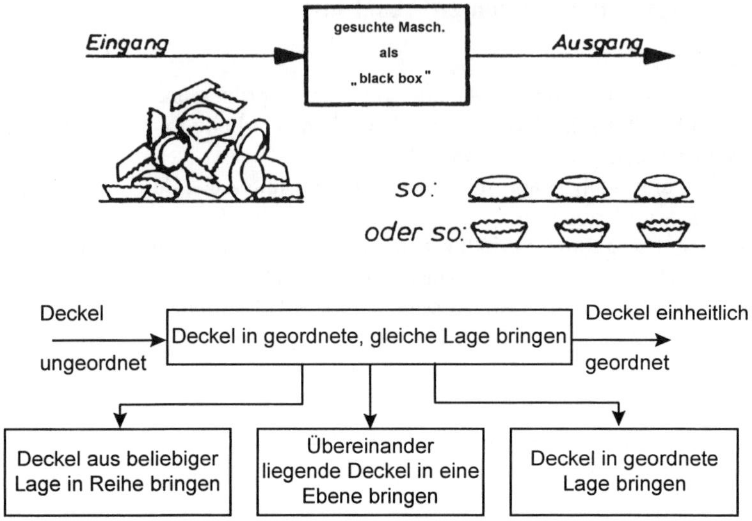

Bild 10.2: Sortieren von Kronenkorken (nach *Ehrlenspiel*)

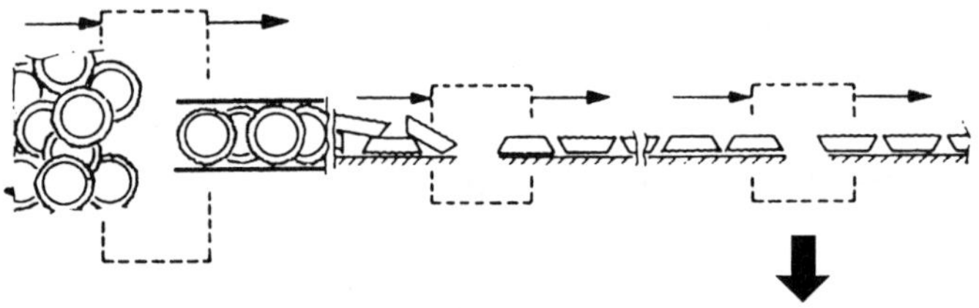

Bild 10.3: Ordnen von Kronenkorken (nach *Ehrlenspiel*)

Da hier nur eine Teilaufgabe bearbeitet werden soll, wird angenommen, daß die Deckel bereits in einer Reihe gefördert werden, aber der Lage nach uneinheitlich sind. Die ausgewählte Aufgabenstellung lautet also:

Deckel in geordnete, gleiche Lage bringen

Wie in Bild 10.3 dargestellt, sollen alle Deckel in die gleiche Lage gebracht werden. Dabei sollen mindestens 100 Deckel pro Minute verarbeitet werden.

Da die Vorschriften zur Verarbeitung von Lebensmitteln einzuhalten sind, darf keine Verschmutzung der Kronenkorken mit Öl, Fett usw. eintreten, nur Wasserkontakt ist zulässig. Für den Betrieb der Anlage stehen Wechselstrom mit 220 V , Preßluft mit 6 bar und Wasser mit 2 bar zur Verfügung. Die Ausführung der Kronenkorken ist in DIN 6099 Teil 1 festgelegt. Für die Herstellkosten der Vorrichtung soll ein Betrag von 150 DM, bei einer Stückzahl von 20 pro Jahr, nicht überschritten werden.

Als Wünsche wurden genannt: möglichst geräuscharmer Betrieb mit hoher Betriebssicherheit, weniger als eine Störung pro Jahr, Lebensdauer von wenigstens 8 Jahren, Wartung höchstens einmal Mal pro Woche 5 Minuten.

(Die Aufgabe wurde in Anlehnung an Veröffentlichungen von *Rodenacker* und *Ehrlenspiel* ausgearbeitet.)

Umfang der Aufgabe:

1. Angabe der Teilfunktionen in der üblichen Kurzform durch Zerlegen der Gesamtfunktion.
2. Aufstellen verschiedener Funktionsstrukturen.
3. Lösungssuche für die Teilfunktionen mit Handskizzen:
   3.1 Physikalische Effekte,
   3.2 Konstruktive Elemente.
4. Zuordnung von Lösungselementen und Teilfunktionen in einem Morphologischen Kasten.
5. Skizzen von drei Konzeptvarianten erstellen.

10.1.5 Aufgabenstellungen zu Abschnitt 5

Kenntnisfragen

1. Erklären Sie das Konzipieren und nennen Sie bewährte Arbeitsschritte für diese Phase.
2. Beschreiben Sie Vorgehen und Zweck des Abstrahierens.
3. Erläutern Sie die Methode Funktionsermittlung durch Analyse.
4. Erklären Sie das Vorgehen bei der Methode der Analyse natürlicher Systeme.
5. Wie erfolgen Vorgehen und Ablauf der Methode Brainstorming?
6. Beschreiben Sie Prinzip und Aufbau der Methode des Morphologischen Kastens.
7. Nennen Sie die Merkmale und je zwei Beispiele für die Variation der Wirkgeometrie von formschlüssigen Welle-Nabe-Verbindungen in einem Ordnungsschema.
8. Welche Forderungen müssen von Konstruktionskatalogen erfüllt werden?
9. Skizzieren Sie den Aufbau von Konstruktionskatalogen als Schema.
10. Beschreiben Sie die drei Arten von Konstruktionskatalogen.
11. Warum werden konstruktive Lösungen bewertet und welche Punkte müssen Bewertungsmethoden erfüllen?
12. Die Auswahl von 3 CAD-Systemen für einen Leistungstest aus 15 bekannten CAD-Systemen soll durch ein geeignetes Bewertungsverfahren erfolgen, das schnell eine Rangfolge ergibt. Nennen Sie das Verfahren und skizzieren Sie die Vorgehensweise.
13. Beschreiben Sie das Ermitteln der technischen Wertigkeit.
14. Welche Aufgaben hat ein Bewertungskatalog?
15. Welche Punkte sollten bei Bewertungsverfahren beachtet werden?
16. Was versteht man unter Zulieferungen und wie kann man diese gliedern?
17. Welche Bereiche eines Unternehmens liefern Aussagen zur vergleichenden Beurteilung der Eigenfertigung und der Zulieferkomponente?
18. Welche Kriterien sprechen für den Einsatz von Zulieferkomponenten?

19. Vergleichen Sie die wichtigsten Kostenanteile eines eigengefertigten mit einem zugekauften Linearantrieb.
20. Welche Eigenschaften sollten elektronische Zulieferkataloge aufweisen?
21. Welche Fehler können durch den Einsatz qualitätssichernder Maßnahmen beim Konzipieren vermieden werden?

Aufgabenstellung 1: Methode 635

Zur Ideensammlung für ein Problem soll die Methode 635 mit einem Formblatt durchgeführt werden. Gesucht sind Ideen für die Lösung der Aufgabe:

„Anwendungsmöglichkeiten für Pflanzen oder Pflanzenteile zur Dekoration“

Wenn keine Gruppenarbeit möglich ist, sollten mit dem in Abschnitt 5 vorgestellten Formblatt erste Ideen allein gesammelt und eingetragen werden. (nach *Schlicksupp*)

Aufgabenstellung 2: Wagenheber

Ein Pkw soll zum Auswechseln eines Rades durch eine Person gehoben werden, deren Handkraft sehr viel geringer als die zu überwindende Widerstandskraft beim Heben ist. Um ein Abstürzen des Pkws in gehobener Stellung zu vermeiden, darf eine Senkbewegung nur gewollt und kontrolliert erfolgen. Die Hebeeinrichtung soll von der Seite her, in der Nähe des auszuwechselnden Rades, an einem bestimmten Punkt des Pkw angesetzt werden. Die Einrichtung soll bei einfacher Bedienung von Hand mit Handhebel eine maximale Hubkraft von 5 kN erzeugen, wenn eine Handkraft von 100 N eingeleitet wird. Bei einer Ansatzhöhe über dem Boden von weniger als 200 mm soll eine Hubhöhe von mehr als 200 mm erreicht werden.

Das Eigengewicht soll bei einer größten Baulänge von 550 mm maximal 5 kg betragen.

Es ist eine standsichere Ausführung für unebenen, begrenzt nachgiebigen Untergrund zu realisieren, wobei an eine mechanische Funktionsweise ohne Zugmittel gedacht ist.

Für eine Stückzahl von 400.000 pro Jahr sollen die Herstellkosten geringer als 20 DM je Stück sein. (nach *Bachmann, Lohkamp, Strobl*)

Umfang der Aufgabe:

1. Aufstellen einer Anforderungsliste (Ergänzung um technisch sinnvolle Wünsche).
2. Beschreibung der Gesamtfunktion mit einer Black-Box-Darstellung.
3. Angabe der Teilfunktionen in der üblichen Kurzform.
4. Aufstellen einer einfachen Funktionsstruktur mit den beiden wichtigsten Teilfunktionen.
5. Darstellung von geeigneten Lösungsprinzipien für die wichtigsten Teilfunktionen mit einfachen Strichskizzen.

10.1.6 Aufgabenstellungen zu Abschnitt 6

Kenntnisfragen

1. Was legt der Konstrukteur beim Entwerfen fest?
2. Nennen Sie die wichtigsten Grundsätze für das Entwerfen.
3. Erklären Sie die Grundregeln zur Gestaltung.
4. Erläutern Sie die Grundregel „Eindeutig“ und nennen Sie 3 Beispiele.
5. Erläutern Sie die Grundregel „Einfach“ und nennen Sie 3 Beispiele.
6. Erläutern Sie die Grundregel „Sicher“ mit der Drei-Stufen-Methode nach DIN 31000.
7. Erklären Sie den Begriff Gestaltungsprinzip.
8. Skizzieren Sie zwei Beispiele selbstverstärkender Dichtungen.
9. Erläutern Sie das Prinzip der Kraftleitung.
10. Skizzieren Sie den Kraftfluß in die Schraubverbindung zweier Platten und geben Sie an wo welche Arten von Spannungen auftreten.
11. Welche Regeln gelten für das kraftflußgerechte Gestalten?
12. Erklären Sie den Begriff Gestaltungsrichtlinie und nennen Sie 5 Richtlinien.
13. Was versteht man unter fertigungsgerechter Gestaltung und welche Kriterien sind dafür zu beachten?
14. Vergleichen Sie zwei fertigungsgerechte Baustrukturen an einem Beispiel.
15. Skizzieren Sie 3 Beispiele fertigungsgerechter Gestaltung für die spanende Fertigung.
16. Was versteht man unter montagegerechtem Gestalten?
17. Erklären Sie die 3 Grundfunktionen für die Montage.
18. Was ist für die Gestaltung montagegerechter Baugruppen zu beachten?
19. Skizzieren Sie 3 Beispiele montagegerechter Gestaltung.
20. Welche Anforderungen muß der Konstrukteur durch das Recycling beachten?
21. Erklären Sie das Recycling.
22. Wo wird Recycling bereits angewendet?
23. Erklären Sie wichtige Begriffe zum Recycling.
24. Was sind Recyclingkreislaufarten und welche gibt es?
25. Nennen Sie die 4 Recyclingformen mit Beispielen.
26. Vergleichen Sie Recycling und Instandhaltung.
27. Durch welche Regeln kann der Konstrukteur das Recycling bei der Produktion beeinflussen?
28. Nennen Sie 5 Konstruktionsregeln für das Recycling während des Produktgebrauchs.
29. Vergleichen Sie Kriterien für Montage, Gebrauch und Demontage.
30. Nennen Sie die Konstruktionsregeln für das Recycling nach Produktgebrauch.
31. Erklären Sie die Grundregeln beim entsorgungsgerechten Gestalten.
32. Erläutern Sie die Prioritätenfolge nach dem Abfallgesetz.
33. Was versteht man unter entsorgungsgerechter Gestaltung?
34. Welche Kriterien sind beim entsorgungsgerechtem Gestalten zu beachten?
35. Wie erfolgt eine Bewertung in der Entwurfsphase?
36. Welche Fehler können durch qualitätssichernde Maßnahmen beim Entwerfen vermieden werden?

Aufgabenstellung: Gelenkige Aufhängung

Es soll eine gelenkige Aufhängung konstruiert werden, die eine geführte Pendelbewegung ermöglicht. Die Aufhängung soll mit einer lösbaren Verbindung an einem Stahlgerüst montiert und für einen Schwenkwinkel kleiner als 60 Grad bei einer maximalen Winkelgeschwindigkeit von 1 s^{-1} ausgelegt werden. Als Zugkraft wirken 750 N + 50 N und als Axialkraft weniger als 100 N. Die Anschlußbohrung soll einen Durchmesser von 10 mm haben. Es sollen einmalig 50 Stück hergestellt werden mit Herstellkosten, die 35 DM je Stück nicht überschreiten. Für die Anwendung im Freien ist bei hoher Betriebssicherheit eine Lebensdauer von mehr als 10 000 Stunden zu gewährleisten.

Das Lösungskonzept ist als Skizze in Bild 10.4 dargestellt und soll eine geeignete stoffliche Gestalt erhalten. Dafür sind nach dem Aufstellen der Anforderungsliste alle Teilschritte der Entwurfsarbeit mit Skizzen vorzustellen. (Die Aufgabe wurde nach einer Veröffentlichung von *Bachmann, Lohkamp, Strobl* zusammengestellt.)

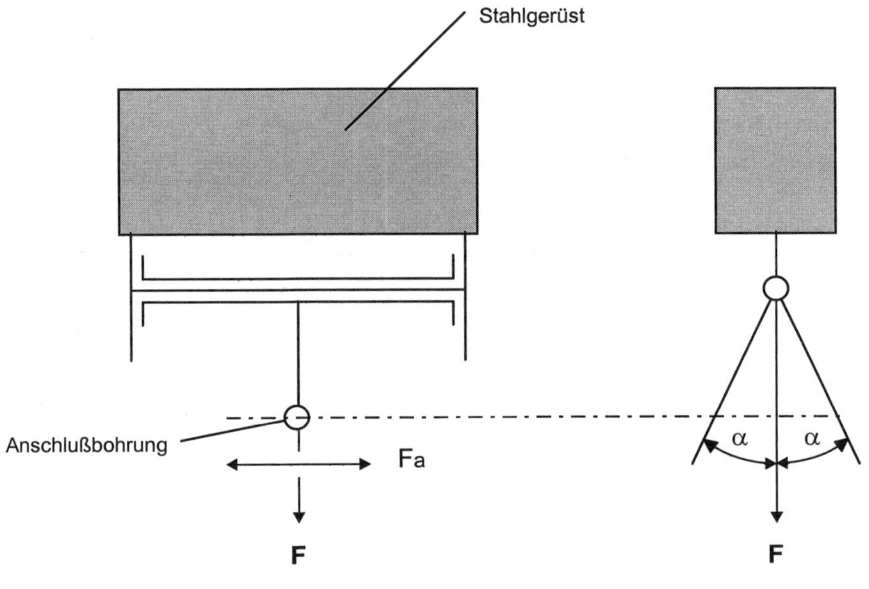

Bild 10.4: Skizze einer gelenkigen Aufhängung (nach *Bachmann, Lohkamp, Strobl*)

Umfang der Aufgabe:

1. Aufstellen einer vereinfachten Anforderungsliste.
2. Schrittweises Entwickeln der Lösung mit Angabe aller Arbeitsschritte, kurzen Erläuterungen und Skizzen.

10.1.7 Aufgabenstellungen zu Abschnitt 7

Kenntnisfragen

1. Welche Arbeitsschritte gehören zum Ausarbeiten?
2. Skizzieren Sie Begriff und Aufbau einer Erzeugnisgliederung mit einem Beispiel.
3. Vergleichen Sie die funktionsorientierte mit der fertigungs- und montageorientierten Erzeugnisgliederung.
4. Erklären Sie einen Zeichnungs- und Stücklistensatz.
5. Gliedern Sie alle Daten der technischen Zeichnungen in drei Gruppen von Informationen.
6. Was ist eine Stückliste?
7. Welche Teilearten gibt es?
8. Welche drei Grundformen der Stückliste gibt es?
9. Erläutern Sie Strukturstücklisten.
10. Skizzieren Sie eine Übersicht der wichtigsten Stücklistenarten.
11. Was ist ein Teileverwendungsnachweis?
12. Nennen Sie Sinn und Zweck von Stücklisten.
13. Was sind Nummernsysteme?
14. Erklären Sie die beiden wichtigsten Aufgaben von Nummernsystemen.
15. Nennen Sie vier Aufgaben einer Nummer.
16. Erklären Sie die Unterschiede zwischen einer dezimalen und einer dekadischen Gliederung einer Nummer.
17. Beschreiben Sie ein Parallelnummernsystem mit einfachen Beispielen.
18. Was sind Sachnummern?
19. Skizzieren Sie den prinzipiellen Aufbau von Nummernsystemen.
20. Wie werden die Hauptklassen eines Sachnummernsystems eingeteilt?
21. Was ist ein Sachmerkmal?
22. Skizzieren Sie die Gliederung von Merkmalen nach ihrem Inhalt.
23. Welche Aufgaben haben Sachmerkmalleisten?
24. Skizzieren und erklären Sie eine Sachmerkmalleiste.
25. Wie erfolgt der Ablauf einer Klassifizierung über Sachmerkmale?
26. Welche Arbeitsschritte werden für die Sachmerkmalerarbeitung durchgeführt?
27. Welche Maßnahmen dienen der Qualitätssicherung beim Ausarbeiten?
28. Erklären Sie die Zehnerregel der Fehlerkosten mit einem Diagramm.

Aufgabenstellung: Getriebe

Für ein Stirnradgetriebe sollen mit Hilfe der gegebenen Mengenübersichtsstückliste nach Bild 10.5-1 und der Zusammenbauzeichnung nach Bild 10.5-2 eine Erzeugnisgliederung und ein Baukastenstücklistensatz erstellt werden. Umfang der Aufgabe:

1. Erzeugnisgliederung mit Angabe der Baugruppen und der zu jeder Baugruppe gehörenden Positionsnummern.
2. Baukastenstücklistensatz durch montagegerechte Aufteilung des gesamten Getriebes in vier oder fünf Baugruppen mit Angabe aller Stücklistendaten für jede Baugruppe erstellen und eine Gesamtstückliste aufstellen.

1	2	3	4	5	6
Pos.	Menge	Einh.	Benennung	Sachnummer/Norm-Kurzbezeichn.	Werkstoff
1	1	Stck	Gehäuseunterteil	9250.01	GG-20
2	1	Stck	Gehäuseoberteil	9250.02	GG-20
3	1	Stck	Lagerabschlußdeckel	9250.03	GG-20
4	1	Stck	Lagerabschlußdeckel	9250.04	GG-20
5	1	Stck	Lagerabschlußdeckel	9250.05	GG-20
6	1	Stck	Lagerabschlußdeckel	9250.06	GG-20
7	1	Stck	Schaulochdeckel	9250.07	GG-20
8	1	Stck	Abstandbuchse	9250.08	GG-20
9	1	Stck	Abstandbuchse	9250.09	GG-20
10	1	Stck	Welle	9250.10	E 295
11	1	Stck	Schrägstirnradwelle	9250.11	C 45
12	1	Stck	Schrägstirnrad	9250.12	C 45
13	2	Stck	Ölabstreifer	9250.13	S 235 JR
14	2	Stck	Ölstaublech	9250.14	S 235 JR
15	2	Stck	Ölstaublech	9250.15	S 235 JR
16	2	Stck	Kegelrollenlager	DIN 720-30306	
17	2	Stck	Kegelrollenlager	DIN 720-30209	
18	1	Stck	Paßfeder	DIN 6885-8×7×50	E 335+C
19	1	Stck	Paßfeder	DIN 6885-14×9×30	E 335+C
20	1	Stck	Paßfeder	DIN 6885-12×8×100	E 335+C
21	8	Stck	Sechskantschraube	ISO 4014-M6×25	8.8
22	6	Stck	Sechskantschraube	ISO 4014-M10×20	8.8
23	16	Stck	Sechskantschraube	ISO 4017-M10×25	8.8
24	6	Stck	Sechskantschraube	ISO 4014-M 6×70	8.8
25	1	Stck	Verschlußschraube	DIN 910-R 3/8"	4.5
26	8	Stck	Sechskantmutter	ISO 4032-M6	6
27	4	Stck	Kegelstift	ISO 2339-A-6×24	St
28	1	Stck	Dichtscheibe	9250.28	
29	1	Stck	Dichtring	DIN 7603-C17×32×2	
30	1	Stck	Atmungsfilter	9250.30	
31	1	Stck	Ölplatte Gr. 3	9250.31	
32	8	Stck	Schutzstopfen	9250.32	
33	1	Stck	Firmenschild	9250.33	

Datum Name
Bearb.
Gepr.
Norm

Stirnradgetriebe
SENW 100

9250.00

Blatt
Bl.

Zust. Änderung Datum Name Urspr. Ers. für Ers. durch

Beispiel einer losen Stückliste DIN 6771-A2

Bild 10.5 - 1: Stückliste Stirnradgetriebe (nach *Hoischen*)

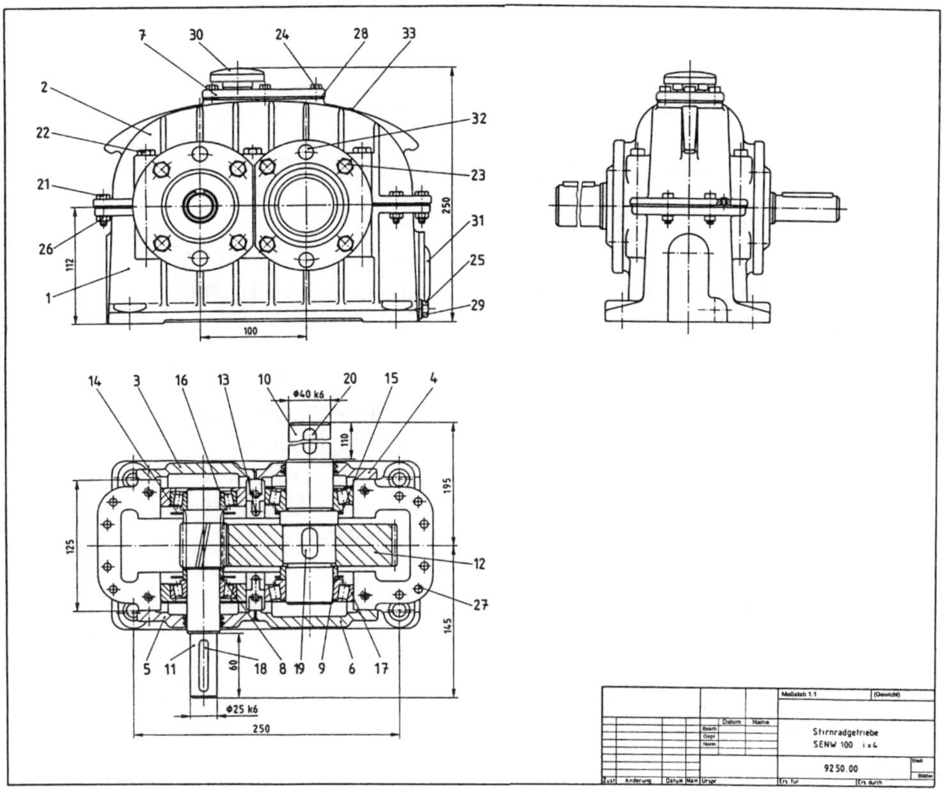

Bild 10.5 - 2: Zusammenbauzeichnung Stirnradgetriebe (nach *Hoischen*)

10.1.8 Aufgabenstellungen zu Abschnitt 8

Kenntnisfragen

1. Erklären Sie funktionsmäßige und herstellungsmäßige Wirtschaftlichkeit.
2. Skizzieren Sie die Kostenfestlegung und -entstehung in den Unternehmensbereichen.
3. Was sind Kosten?
4. Erklären die Unterschiede von fixen und variablen Kosten.
5. Erklären Sie die Unterschiede von Einzel- und Gemeinkosten.
6. Aus welchen Anteilen setzen sich Herstellkosten zusammen?
7. Welche Kosten kann der Konstrukteur beim Konstruieren beeinflussen?
8. Welche Gründe gibt es für das geringe Interesse der Konstrukteure an Kosten?
9. Nennen Sie Einflußgrößen auf die Herstellkosten.
10. Skizzieren Sie Kostenbeeinflussung und -beurteilung im Konstruktionsprozeß.
11. Vergleichen Sie den langen mit dem kurzen Regelkreis bei der Kostenanalyse.
12. Nennen Sie Hilfsmittel zur Kostenerkennung in der Konstruktion.
13. Vergleichen Sie das festigkeitsgerechte mit dem kostengünstigen Konstruieren.

14. Welche Unterschiede bestehen zwischen Kurz- und Vorkalkulation?
15. Was sind Relativkosten?
16. Welche Vorteile haben Relativkosten?
17. Beschreiben Sie Aufbau und Anwendung von Relativkostenzahlen in Kennliniendiagrammen am Beispiel Schraubverbindungen.
18. Welche Anforderungen gelten für ein Informationssystem für Relativkosten?
19. Erklären Sie Relativkostenkataloge.
20. Beschreiben Sie die ABC-Analyse.
21. Erläutern Sie die Arbeitsschritte bei der ABC-Analyse.
22. Erklären Sie die Summenkurve einer ABC-Analyse an einem Beispiel.
23. Wie hat der Entwickler der Wertanalyse diese definiert?
24. Welches ist der Zweck der Wertanalyse?
25. Vergleichen Sie Wertverbesserung mit Wertgestaltung.
26. Beschreiben Sie an einem Beispiel Gebrauchs- und Geltungsfunktionen.
27. Erklären sie die vier Auswahlkriterien für Wertanalyseprojekte.
28. Nennen Sie 5 der 13 Grundregeln des Entwicklers der WA für WA-Projekte.
29. Erläutern wesentliche Merkmale der Wertanalyse nach DIN 69910.
30. Erklären Sie eine analytische Methode zum Senken der Kosten.

10.1.9 Aufgabenstellungen zu Abschnitt 9

Kenntnisfragen

1. Welche Punkte müssen beachtet werden, wenn man sinnvoll mit CA-Techniken arbeiten will?
2. Erklären Sie CAD.
3. Was versteht man unter CAP?
4. Welche Aufgaben erfüllt CAM?
5. Welche Funktionszuordnungen gelten für CAQ?
6. Erklären Sie PPS.
7. Skizzieren Sie die CA-Techniken beim Zusammenwirken unter CAD/CAM.
8. Erklären Sie die Bedeutung der CAD/CAM-Systeme.
9. Welche Aufgaben sollen EDM-Systeme erfüllen?
10. Nennen Sie die wichtigsten Funktionsbereiche von EDM.
11. Skizzieren Sie EDM als Integrationskonzept.
12. Welchen Nutzen haben Kennzahlen für die Konstruktion?
13. Nennen Sie vier Aufgabenschwerpunkte für den Bereich Konstruktion.
14. Erläutern Sie die Entwicklung der Konstruktionsarten.
15. Vergleichen Sie die Gesamtdurchlaufzeit von paralleler zu sequentieller Erledigung von Auftragsarbeiten.
16. Nennen Sie die prozentualen Anteile der CAD-Kopplungen mit anderen CA-Techniken.
17. Nennen Sie 6 im Bereich der Konstruktion häufig auftretende Aufgaben.
18. Nennen Sie 10 häufig eingesetzte technische Hilfsmittel der Konstruktion.

10.2 Lösungen

10.2.1 Lösungen zu Abschnitt 1

Lösungshinweise für die Kenntnisfragen

Frage	Seite	Frage	Seite	Frage	Seite	Frage	Seite	Frage	Seite
1	11	4	17	7	19	10	23	13	28
2	12	5	18	8	20	11	25	14	30
3	15	6	19	9	21	12	26	15	30

10.2.2 Lösungen zu Abschnitt 2

Lösungshinweise für die Kenntnisfragen

Frage	Seite	Frage	Seite	Frage	Seite	Frage	Seite	Frage	Seite
1	36	3	37	5	41	7	46	9	49
2	36	4	38	6	44	8	49	10	51

Lösung: Schraubpresse

Für die Lösung der Aufgabe sind drei Ordnende Gesichtspunkte zu untersuchen:

zu 1.) Die Ausführungen von Schraube und Mutter, die jeweils drehbar oder drehfest-schiebbar oder schiebfest sein können, ergeben 16 mögliche Kombinationen. Davon sind nur 4 brauchbar, da zur beweglichen Schraube eine feste Mutter gehört und umgekehrt. Damit ergeben sich die durch die ersten 4 senkrechten Spalten der Tabelle gekennzeichneten Funktionsprinzipien (Bild 10.6).

Maschinengestell	geschlossen												offen											
Stapel liegt	horizontal								vertikal				horizontal								vertikal			
	unten				oben								unten				oben							
Schraube, drehbar	x		x		x		x		x		x		x		x		x		x		x		x	
Mutter, drehbar		x		x		x		x		x		x		x		x		x		x		x		x
Schraube, drehfest		x		x		x		x		x		x		x		x		x		x		x		x
Mutter, drehfest	x		x		x		x		x		x		x		x		x		x		x		x	
Schraube, schiebbar	x			x	x			x	x			x	x			x	x		x		x		x	
Mutter, schiebbar		x	x			x	x			x	x			x	x			x	x			x	x	
Schraube, schiebfest		x	x			x	x			x	x			x	x			x	x			x	x	
Mutter, schiebfest	x			x	x			x	x			x	x			x	x			x	x			x
Funktionsprinzip	a	b	c	d	a	b	c	d	a	b	c	d	a	b	c	d	a	b	c	d	a	b	c	d
	1				2				3				4				5				6			

Bild 10.6: Ordnende Gesichtspunkte für die Schraubpresse (nach *Tränkner*)

zu 2.) Der ordnende Gesichtspunkt Lage des zu pressenden Stapels (horizontal unten, horizontal oben oder vertikal) führt zu 3 Möglichkeiten.

Zu 3.) Die beiden Bauarten geschlossenes oder offenes Maschinengestell ergeben 2 Varianten. Insgesamt erhält man 4 x 3 x 2 = 24 Varianten des Funktionsprinzips. Alle skizzierten Lösungsmöglichkeiten sind technisch ausführbar. (nach *Tränkner*)

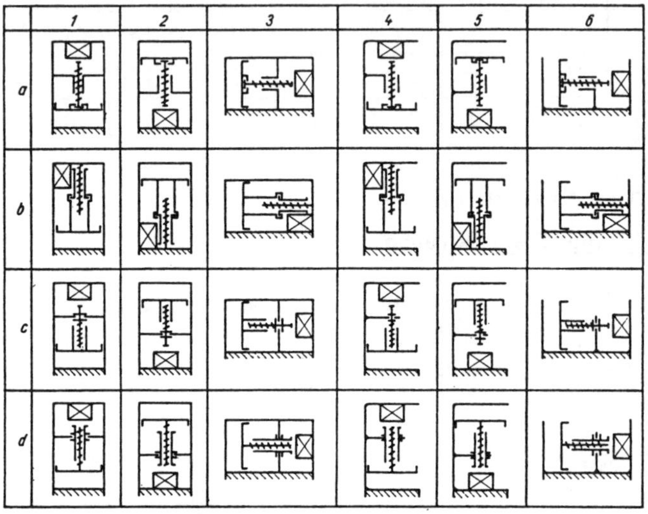

Bild 10.7: Lösungsmöglichkeiten Schraubpresse (nach *Tränkner*)

10.2.3 Lösungen zu Abschnitt 3

Lösungshinweise für die Kenntnisfragen

Frage	Seite	Frage	Seite	Frage	Seite	Frage	Seite	Frage	Seite	Frage	Seite
1	54	2	56	3	58	4	61	5	62	6	65

Lösung: Bürolocher

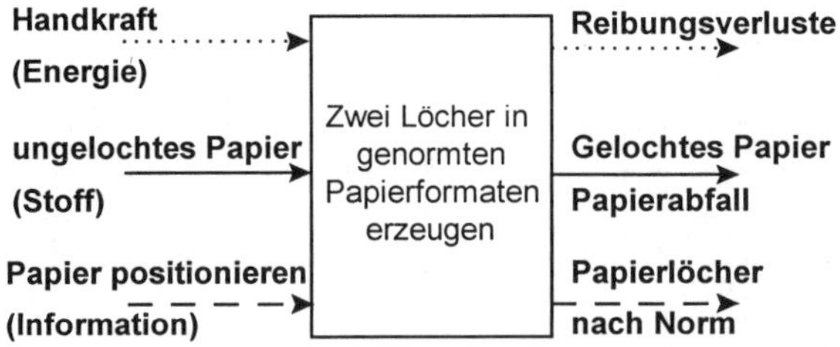

Bild 10.8: Black-Box-Darstellung mit Gesamtfunktion für Bürolocher

zu 2.) Funktionsbeschreibung

- Papierbreite einstellen
- Papierstärke begrenzen
- Papier einschieben
- Papier positionieren
- Handkraft einleiten
- Handkraft verstärken
- Lochstempel belasten
- Lochstempel führen
- Lochweg begrenzen
- Lochstempel heben
- Papierabfall aufnehmen
- Papierabfall entfernen

zu 3.) Skizzen zur Funktionsanalyse

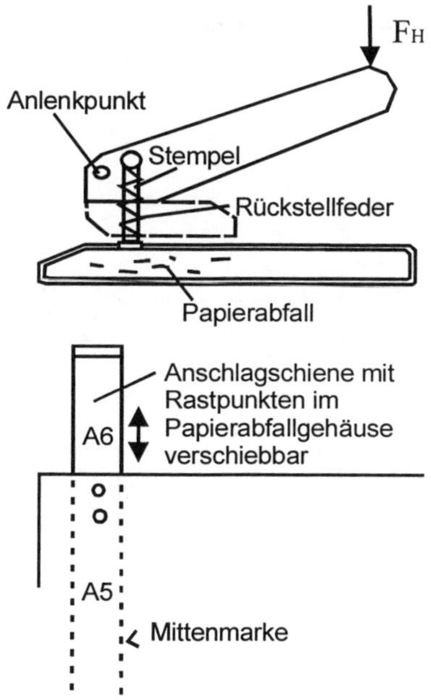

Bild 10.9: Skizze eines Bürolochers

10.2.4 Lösungen zu Abschnitt 4

Lösungshinweise für die Kenntnisfragen

Frage	Seite	Frage	Seite	Frage	Seite	Frage	Seite	Frage	Seite
1	67	3	70	5	73	7	76	9	88
2	69	4	72	6	75	8	84		

Lösung: Kronenkorken

zu 1.) Funktionsermittlung

Teilfunktion	Bezeichnung
F1	„Deckel abtransportieren" (zuführen, abführen, evtl. zurückführen)
F2	„Deckellage prüfen"
F3	„nach Deckellage trennen"
F4	„Deckel wenden"
F5	„getrennte Deckel vereinigen"

zu 2.) Funktionsstrukturen

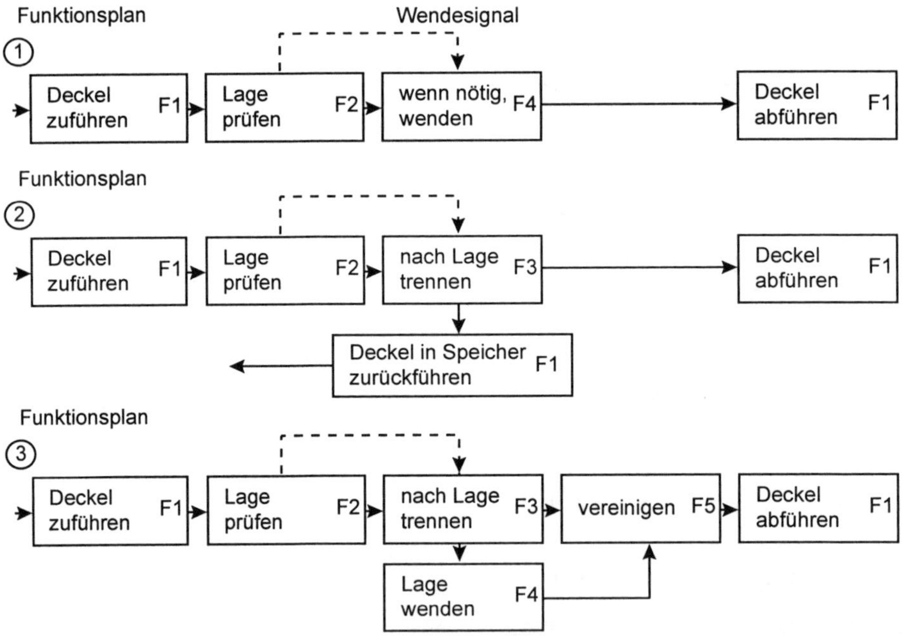

Bild 10.10: Funktionspläne für Kronenkorken-Sortiereinrichtung (nach *Ehrlenspiel*)

zu 3.1) Lösungssuche (physikalische Effekte)

- für Teilfunktion F1 – „Deckel transportieren"

F1
- Deckel zuführen
- Deckel abführen
- Deckel in Speicher zurückführen

Bereich	Effekt	Ben.
mech.	Verschiebung durch Fremdkraft	L_1
	Verschiebung durch (eigene) Massenkraft	L_2
pneum.	Verschiebung durch Saugkraft	L_3
	Verschiebung durch Strömungswiderstand	L_4
magn.	Verschiebung durch magn. Anziehungskraft	L_5
elektr.	....	
opt.	....	

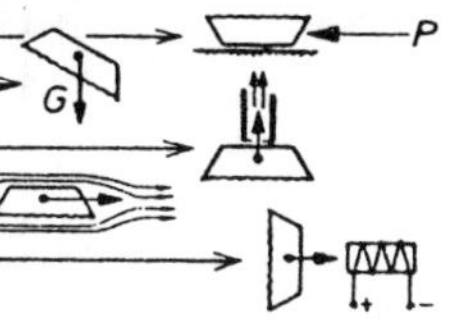

Bild 10.11: Lösungssammlung für F1 – „Deckel transportieren" (nach *Ehrlenspiel*)

- für Teilfunktion F2 – „Deckellage prüfen"

Bereich	Effekt	Ben.
mech.	Information aus geometrischen Abmessungen: Durchmesser D, d; Höhe h; Zackung	K_1
	Information aus Lage des Schwerpunktes	K_2
pneum.	Information aus Staudruck	K_3
	Information aus Saugkraft	K_4
	Information aus Strömungswiderstand	K_5
magn.	Information aus magn. Anziehungskraft	K_6
elektr.	Information aus elektro-magn. Feld	K_7
	Information aus elektr. Leitfähigkeit	K_8
	Information aus kapazitivem Widerstand	K_9
opt.	Information aus Reflexion	K_{10}
	Information aus Lichtdurchlässigkeit (Fotozelle)	K_{11}

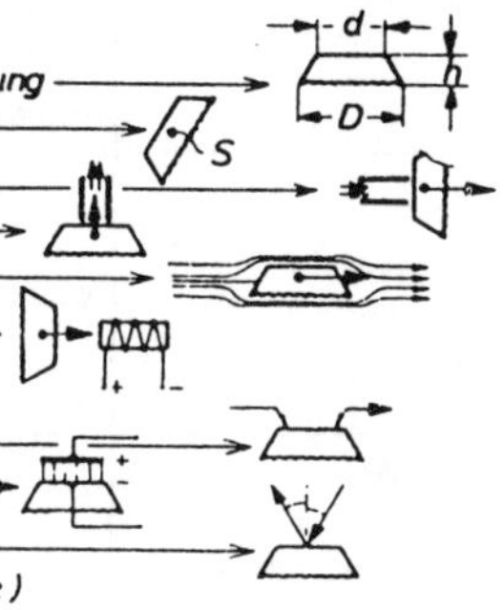

Bild 10.12: Lösungssammlung für F2 – „Deckellage prüfen" (nach *Ehrlenspiel*)

- für Teilfunktion F4 – „Deckel wenden"

Bereich	Effekt	Ben.
mech.	Wenden durch Fremdkraft	L'_1
	Wenden durch (eigene) Massenkraft (Schwerpunkt / Auflagefläche)	L'_2
pneum.	Wenden durch Staudruck	L'_3
	Wenden durch Saugkraft	L'_4
magn.	Wenden durch magn. Anziehungskraft	L'_5
elektr.	....	
opt.	....	

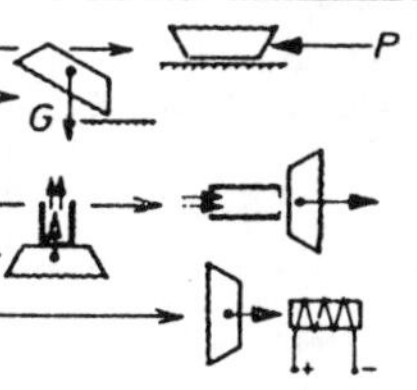

Bild 10.13: Lösungssammlung für F4 – „Deckel wenden" (nach *Ehrlenspiel*)

zu 3.2) Lösungssuche (konstruktive Elemente) für Teilfunktion „Deckel transportieren“

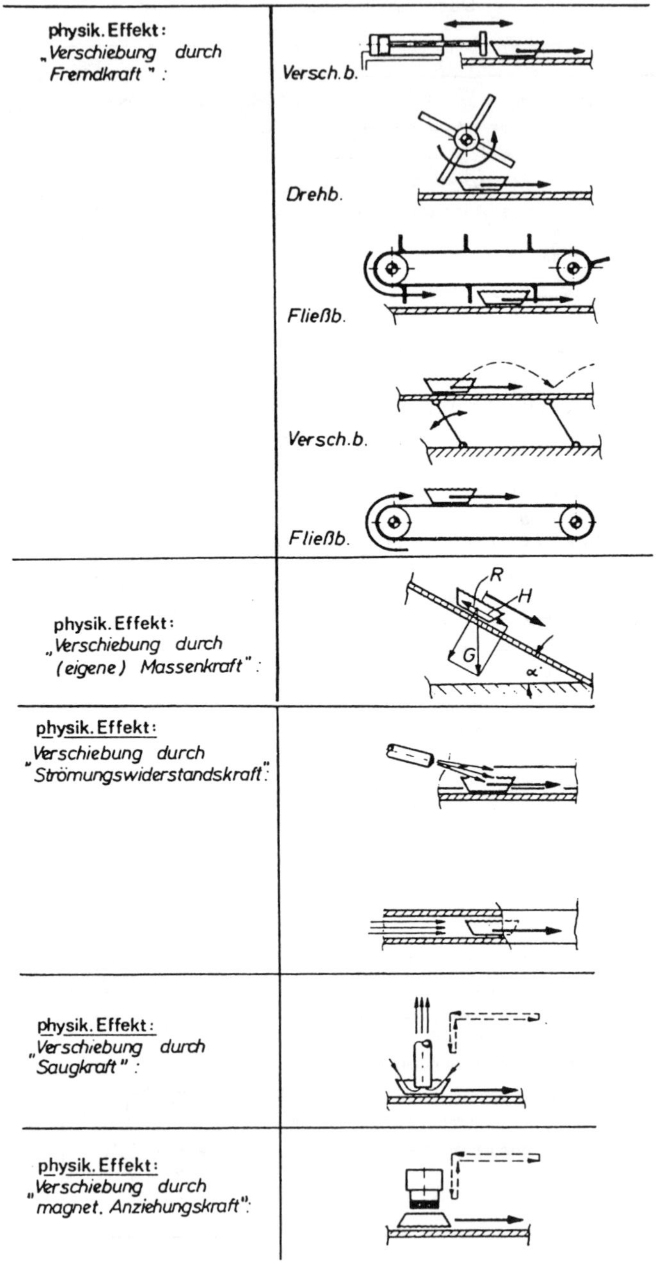

Bild 10.14: Lösungselemente für F1 – „Deckel transportieren“ (nach *Ehrlenspiel*)

zu 4.) Morphologischer Kasten

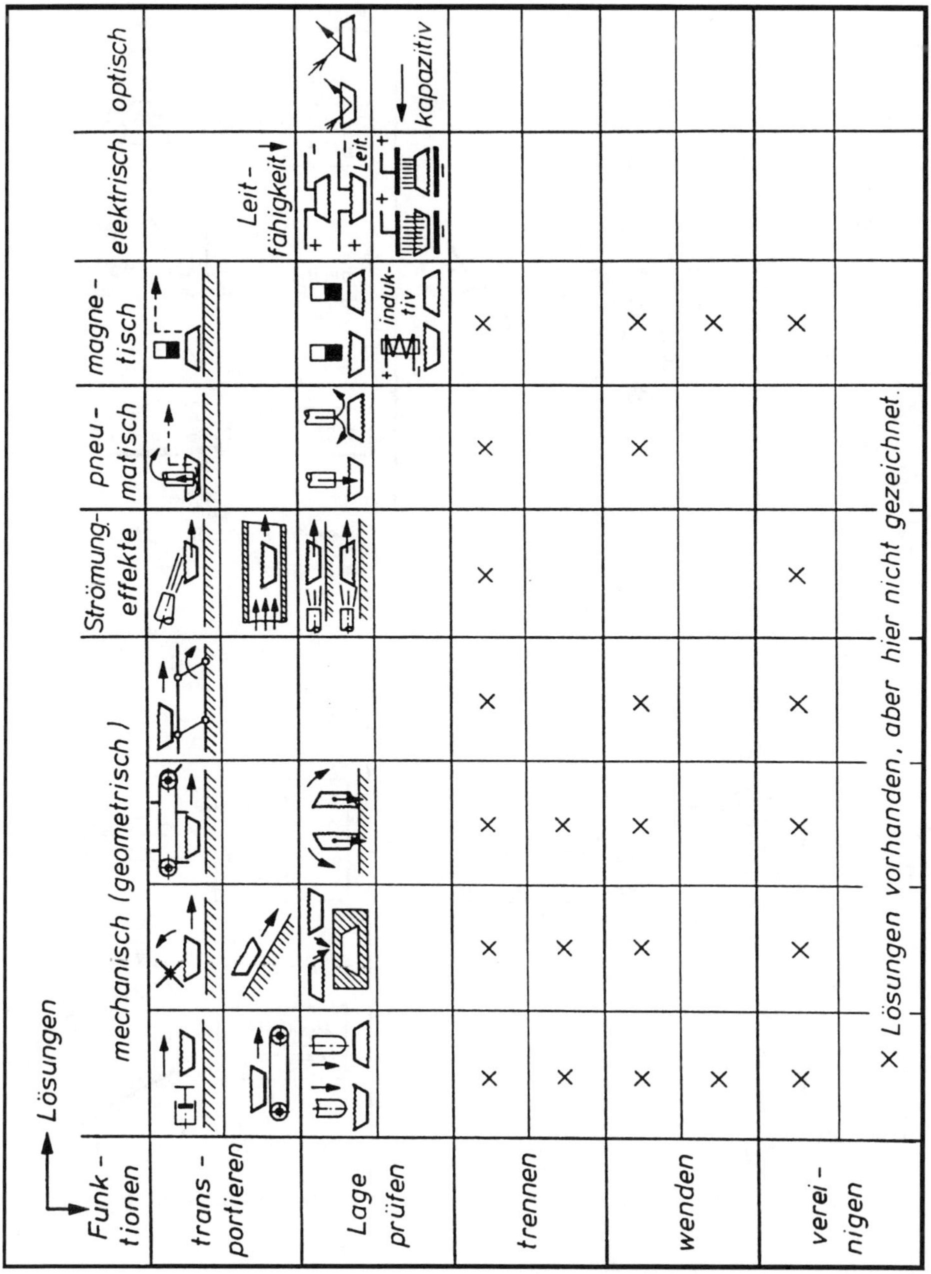

Bild 10.15: Morphologischer Kasten „Kronenkorken-Sortiereinrichtung" (nach *Ehrlenspiel*)

zu 5.) 3 Konzeptvarianten

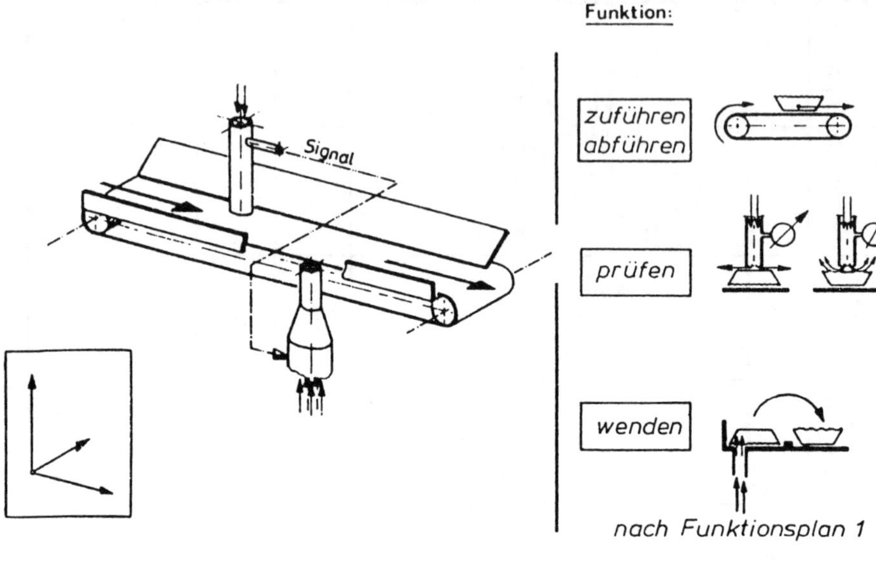

Bild 10.16: Konzeptvariante 1 (nach *Ehrlenspiel*)

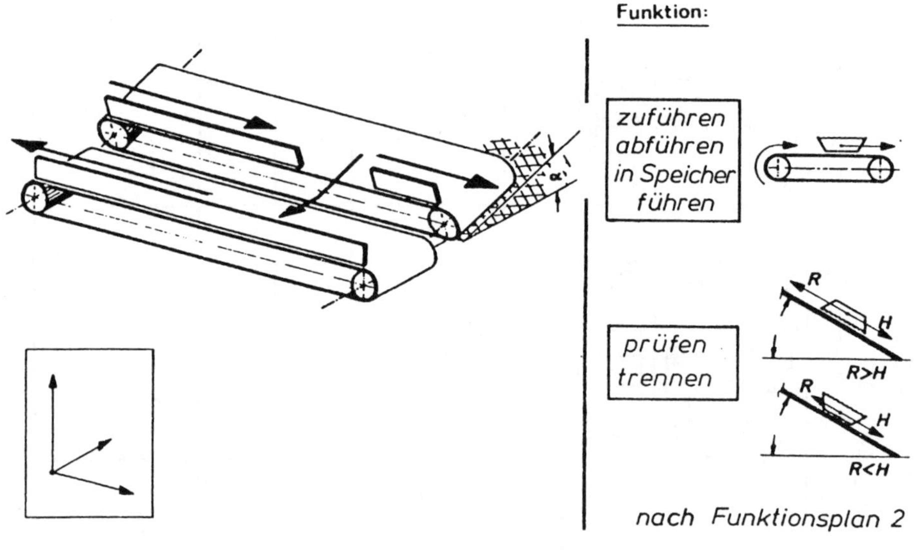

Bild 10.17: Konzeptvariante 2 (nach *Ehrlenspiel*)

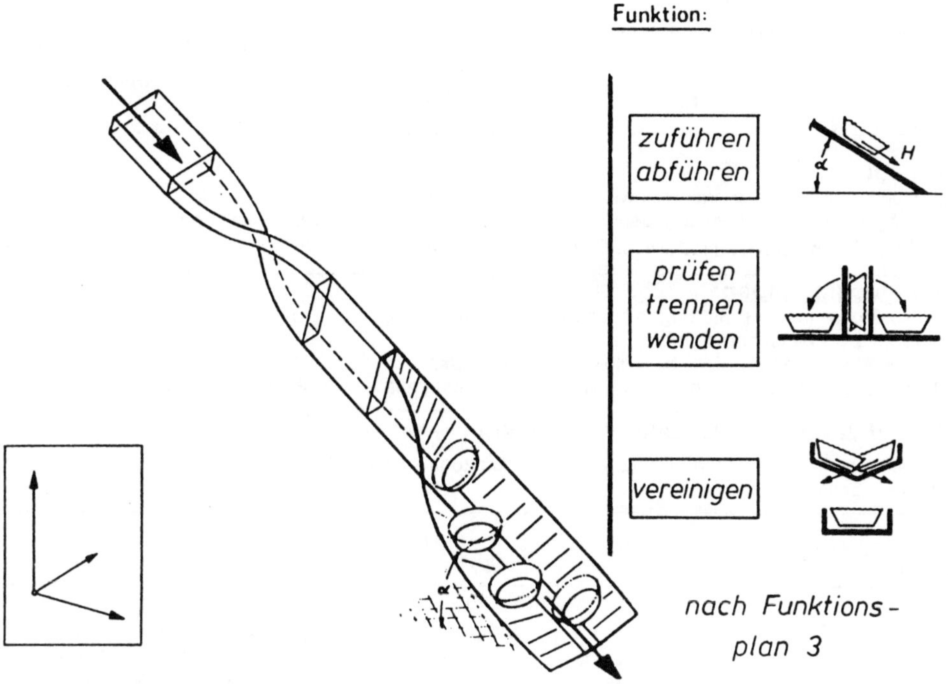

Bild 10.18: Konzeptvariante 3 (nach *Ehrlenspiel*)

Die drei Konzeptvarianten sind Beispiele, die aus den vielen möglichen Lösungen des Morphologischen Kastens erarbeitet wurden. Sie enthalten Auswahlgesichtspunkte, verträgliche Lösungselemente und Entscheidungen des Konstrukteurs unter Beachtung der Anforderungen. Die Variante 3 stellt das Lösungskonzept dar.

10.2.5 Lösungen zu Abschnitt 5

Lösungshinweise für die Kenntnisfragen

Frage	Seite	Frage	Seite	Frage	Seite	Frage	Seite	Frage	Seite	Frage	Seite
1	89	5	98	9	109	13	118	17	125	21	130
2	90	6	102	10	109	14	118	18	126		
3	93	7	107	11	114	15	121	19	128		
4	95	8	108	12	115	16	124	20	130		

Lösung: Methode 635

FH HANNOVER	**Methode 635**	Datum: 1.2.98 Blatt-Nr.1

Ablauf:
6 Gruppenmitglieder schreiben jeweils 3 Vorschläge auf, die 5 mal weiterentwickelt werden. Die 3 Lösungsideen werden weitergegeben, vom nächsten Mitglied weiterentwickelt und aufgeschrieben.
Für 3 Lösungsideen sind jeweils ca. 5 Minuten vorgesehen.

Randbedingungen:
1. Sitzungsraum ohne Störungen in angenehmer Umgebung
2. Anzahl der gleichberechtigten Teilnehmer: 6
3. Kein Moderator erforderlich, Protokoll entsteht automatisch
4. Zeitlichen Verlauf planen, z.B. arbeitsfreien Vormittag mit 1 bis 2 Stunden vorsehen

Gezielte, präzise Problemformulierung:

Anwendungsmöglichkeiten für Pflanzen oder Pflanzenteile zur Dekoration
(Quelle: *Schlicksupp*)

Idee 1:	Idee 2:	Idee 3:
11 Aquarium	12 Strohdächer	13 Kletterpflanzen zur Verschönerung von großflächigen Betonwänden
21 Seerosenteich	22 Holzvertäfelung	23 Hängende Gärten
31 Dschungel-Wintergarten/ Lianen	32 Holzarkaden für Gärten	33 Blumenwände
41 Holzfasern verweben – als Tapete verwenden	42 dünnes Furnier als Tapete	43 Statt Betten Basthängematten
51 Kürbiskerne auf Tapeten aufkleben	52 Blattadern als Wasserzeichen in Papier einarbeiten	53 Kirschkernsichtbeton (Waschbeton)
61 Fremdartige Blumen als Bilderdokumentation	62 Bastschuhe und Bastkörbe	63 Springbrunnen in Tulpenform und Tulpenfarbe (für Gartenanlagen)

Bild 10.19: Anwendungsbeispiel für Methode 635 (nach *Schlicksupp*)

<u>Lösung: Wagenheber</u>

zu 1.) Aufstellen der Anforderungsliste

FH HANNOVER	**Anforderungsliste**	F = Forderung W = Wunsch
Auftrags-Nr.: KNL 3	Projekt Wagenheber	Bearbeiter: Conrad

Anforderungen

F W	Nr.	Bezeichnung	Werte, Daten, Erläuterung, Änderungen	Verantwortlich, Klärung durch:
F	**0.**	Funktion: Pkw heben durch die Handkraft einer Person mit mechanischer Kraftverstärkung und Ruhelage in jeder Höhe durch Rücklaufsperre.		
	1.	Geometrie:		
F	**1.1**	Ansatzhöhe über Boden	**$h \leq 200$ mm**	**Conrad**
F	**1.2**	Hubhöhe	**$H \geq 200$ mm**	
F	**1.3**	Verstellbare Hubhöhe		
W	**1.4**	Geringer Raumbedarf		
F	**1.5**	Maximale Länge	**$L = 550$ mm**	
	2.	Kinematik:		
F	**2.1**	Bedienung mit Handhebel		
F	**2.2**	Kontrollierte Senkbewegung		
W	**2.3**	Ruckfreies Heben und Senken		
	3.	Kräfte:		
F	**3.1**	Maximale Hubkraft	**$F = 5$ kN**	
F	**3.2**	Handkraft	**$F_H = 100$ N**	
F	**3.3**	Mechanische Kraftverstärkung	**$F / F_H = 50$**	
F	**3.4**	Eigengewicht	**≤ 5 kg**	
W	**3.5**	Kraftübertragung Pkw / Untergrund durch rutschsichere Standfläche		
W	**3.6**	Stabile Ausführung		
	4.	Energie:		
F	**4.1**	Handkraft und Handbewegung		
W	**4.2**	Geringe Reibung		

Einverstanden: Heess	Datum: 18.12.97	Blatt: 1/2

Bild 10.20 - 1: Anforderungsliste Wagenheber

FH HANNOVER	**Anforderungsliste**	F = Forderung W = Wunsch
Auftrags-Nr.: KNL 3	Projekt Wagenheber	Bearbeiter: Conrad

Anforderungen

F W	Nr.	Bezeichnung	Werte, Daten, Erläuterung, Änderungen	Verantwortlich, Klärung durch:
	5.	Information:		
W	**5.1**	Hubhöhe jederzeit erkennbar		**Conrad**
	6.	Sicherheit:		
F	**6.1**	Standsichere Ausführung		
F	**6.2**	Geeignet für begrenzt nachgiebigen Untergrund		
F	**6.3**	Sichere Kraftübertragung auf den Fahrzeugrahmen		
W	**6.4**	Keine scharfkantigen Teile		
W	**6.5**	Verletzungsgefahr ausschalten		
	7.	Ergonomie:		
F	**7.1**	Einfache, eindeutige Bedienung		
W	**7.2**	Griffgünstige Bedienelemente		
	8.	Fertigung:		
F	**8.1**	Einfache Bauteile		
F	**8.2**	Serienfertigung für Stückzahl/ Jahr	**400.000**	
	9.	Gebrauch:		
F	**9.1**	Bedienung ohne Werkzeug		
F	**9.2**	Einsatz seitlich neben Pkw-Rad		
W	**9.3**	Bedienung ohne Verschmutzung		
W	**9.4**	Unterbringung im Kofferraum		
W	**9.5**	Schnelle Einsatzmöglichkeit		
	10.	Instandhaltung:		
F	**10.1**	Keine Wartung		
	11.	Kosten		
F	**11.1**	Herstellkosten pro Stück	**≤ 20 DM**	

Einverstanden: Heess	Datum: 18.12.97	Blatt: 2/2

Bild 10.20 - 2: Anforderungsliste Wagenheber

zu 2.) Black-Box-Darstellung der Gesamtfunktion „Pkw heben"

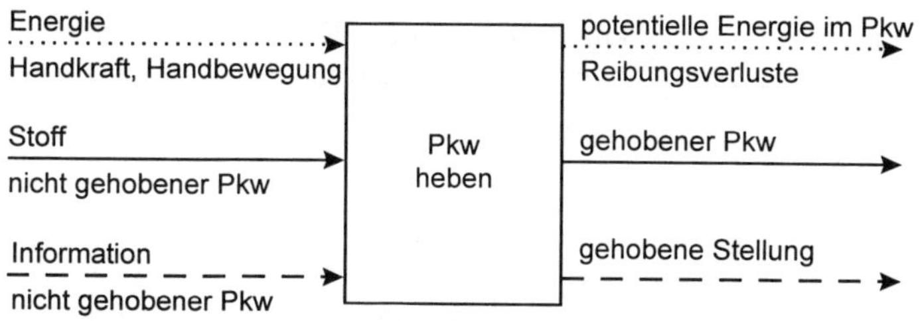

Bild 10.21: Black-Box-Darstellung „Pkw heben" (nach *Bachmann*, *Lohkamp*, *Strobl*)

Energiefluß:	Energie des Benutzers wird in Lageenergie des Pkw umgewandelt
Stofffluß :	Pkw wird aus ruhender Stellung in gehobene Stellung gebracht
Informationsfluß:	Vergleichen der momentanen mit der gewünschten Hubhöhe

zu 3.) Teilfunktionen

1. Wagenheber positionieren (am Fahrzeug)
2. Handkraft einleiten
3. Handkraft F_H verstärken (bzw. Handkraft F_H in Hubkraft F wandeln)
4. Hubkraft übertragen (auf Fahrzeugrahmen)
5. Abstützkraft aufnehmen (Untergrund)
6. Bewegung übertragen (auf Fahrzeug)
7. Rücklaufbewegung sperren (und lösen)
8. Raumbedarf verringern (zum Transport)

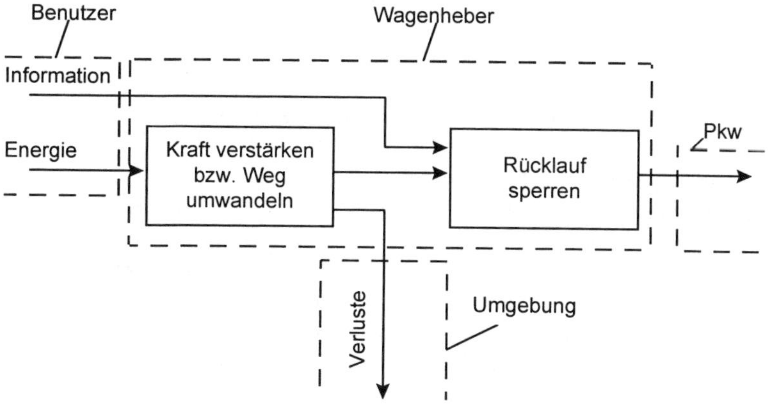

Bild 10.22: Funktionsstruktur für zwei Teilfunktionen (nach *Bachmann*, *Lohkamp*, *Strobl*)

zu 4.) Aufstellen einer einfachen Funktionsstruktur mit den beiden wichtigsten Teilfunktionen
(nach *Bachmann*, *Lohkamp*, *Strobl*)

Die Teilfunktion „Kraft verstärken“ wird mit dem Konstruktionskatalog im Abschnitt 5.3.3 gelöst, indem die Effekte nach den Auswahlmerkmalen gewählt werden.

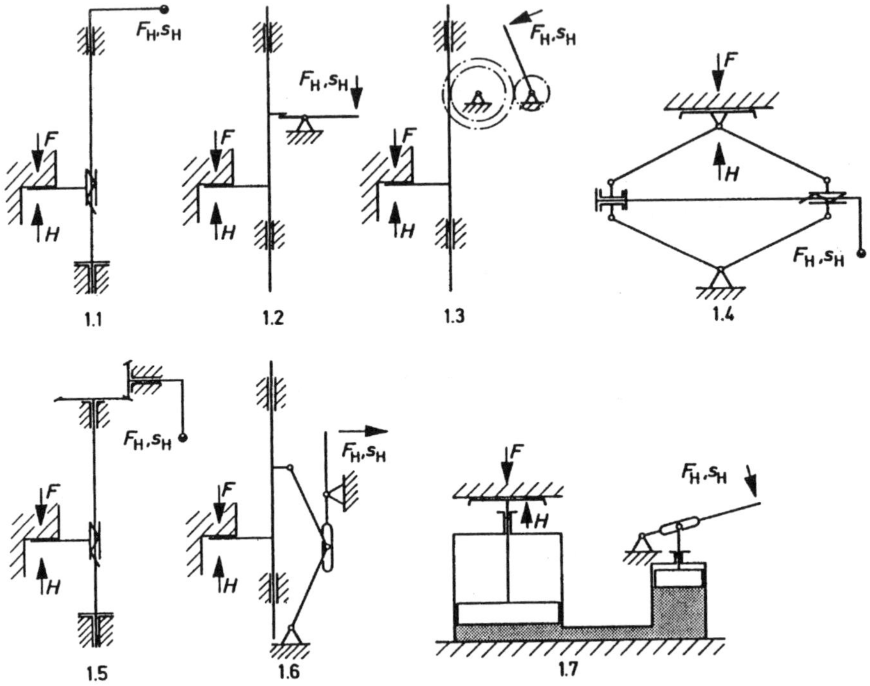

F_H = Handkraft s_H = Handhub F = Pkw-Kraft = Hubkraft H = Hub

1.1 Mutter mit Schraube (und Handhebel) - Keileffekt
1.2 Stange mit Hebel (Handhebel) - Hebeleffekt
1.3 Stange (z.B. Zahnstange) mit Rädern (und Handhebel) - Hebeleffekt
1.4 Kniehebel mit Mutter und Schraube (und Handhebel) - Kniehebeleffekt und Keileffekt
1.5 Mutter mit Schraube und Rädern (und Handhebel) - Keileffekt und Hebeleffekt
1.6 Stange mit Kniehebel und Hebel (und Handhebel) - Kniehebeleffekt und Hebeleffekt
1.7 Hydraulische Presse mit Hebel (und Handhebel) - Druckausbreitungseffekt und Hebeleffekt

Bild 10.23: Lösungsprinzip für die Teilfunktionen 3 – „Kraft verstärken“

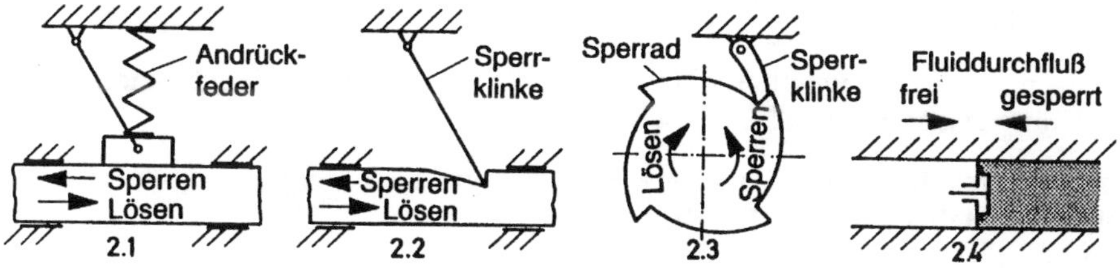

⟵ Richtung der gesperrten Bewegung. In dieser Richtung kann eine Kraft (Hubkraft) aufgenommen werden.

⟶ Richtung der Lösebewegung

2.1 Reibgesperre (Selbsthemmung); Feder o.ä. zur Erzeugung der Initialkraft erforderlich

2.2 Formschlüssiges Gesperre mit Sperrklinke für geradlinige Bewegung

2.3 Formschlüssiges Gesperre für drehende Bewegung

2.4 Rückschlagventil (= Formschlußgesperre), öffnet oder schließt selbsttätig bei Strömungs- oder Druckrichtungsumkehr

Bild 10.24: Lösungsprinzipien für die Teilfunktion 2 – „Rücklaufbewegung sperren"

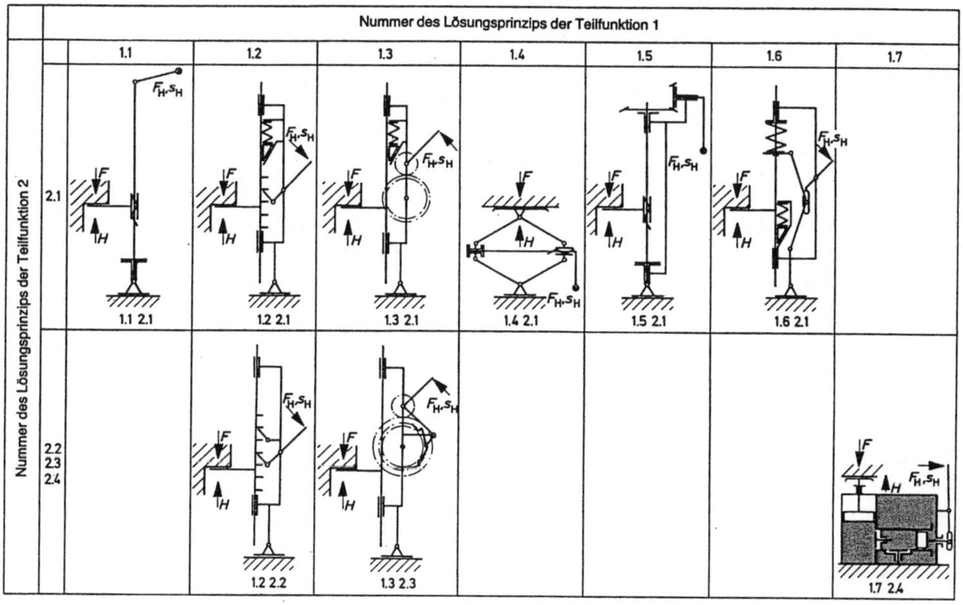

F_H = Handkraft s_H = Handhub F = Pkw-Kraft = Hubkraft H = Hub

Die Konzepte sind durch gelenkige Bodenabstützungen ergänzt, um die Anforderung „standsichere Ausführung für unebenen, begrenzt nachgiebigen Untergrund" zu erfüllen. Die Nummern der Konzepte geben an, welche Lösungsprinzipien kombiniert wurden. Leere Felder bedeuten nicht, daß kein Konzept existiert, sondern daß diese Konzepte große erkennbare Nachteile gegenüber den aufgeführten Komponenten haben.

Bild 10.25: Auswahl von Lösungskonzepten für die Gesamtfunktion „Pkw heben"

Hinweise zur Lösung:

1. Lösungen für die Teilfunktion 3 können aus dem Auszug eines Konstruktionskataloges „Kraft verstärken“ entnommen werden.

2. Das Kraftverstärkungsverhältnis $V = F/F_H = 50$ ergibt die Lösungen: **Kniehebel, Hebel und Druckausbreitung**.

3. Durch Variation der vorliegenden physikalischen Effekte ergeben sich weitere Lösungen aus dem Keilprinzip, das sich sonst nicht unmittelbar anwenden läßt: **Schraube und Schnecke**. Aus dem Hebelprinzip kann man ebenfalls noch eine Lösung ableiten: **Räderübersetzung.**

4. Der geforderte Hub ist bei dem kleinen Bauraum von den meisten Lösungen nicht direkt zu verwirklichen. Man muß einige Lösungen miteinander kombinieren; bei anderen Lösungen kann man den Gesamthub aus mehreren Teilhüben erzeugen ("Vervielfachen").

5. Als Lösungsprinzip für die 2. Teilfunktion ergeben sich die Selbsthemmung von Reibungssystemen und der Formschluß, beide in ihrer Anwendung als Gesperre. Der Selbsthemmungseffekt ist an Schrauben und Schnecken sehr leicht zu erreichen. Die Form von Ventilen bei Druckflüssigkeiten entspricht formschlüssigen Gesperren.

6. Aussichtsreiche Lösungsprinzipe zeigen die Skizzen. Beim Kombinieren müssen Unverträglichkeiten der Teillösungen beachtet werden. Die leeren Stellen könnten auch mit Konzepten ausgefüllt werden, die aber gegenüber den anderen große erkennbare Nachteile, wie z.B. größeren Bauaufwand, haben.

7. Bewertung und Auswahl der Lösungskonzepte kann wegen des geringen Informationsgehaltes der Strichskizzen nur grob erfolgen. Einfacher Aufbau und leichte Bedienung führen zur Lösung mit der selbsthemmenden Schraube Nr.1.1 2.1 als günstigstes Konzept.

10.2.6 Lösungen zu Abschnitt 6

Lösungshinweise für die Kenntnisfragen

Frage	Seite	Frage	Seite	Frage	Seite	Frage	Seite	Frage	Seite	Frage	Seite
1	131	7	140	13	148	19	162	25	172	31	192
2	134	8	141	14	152	20	165	26	174	32	193
3	135	9	142	15	154	21	166	27	175	33	194
4	136	10	144	16	157	22	167	28	178	34	195
5	137	11	144	17	158	23	170	29	183	35	197
6	138	12	147	18	161	24	171	30	186	36	199

Lösung: Gelenkige Aufhängung

zu 1.) Aufstellen einer vereinfachten Anforderungsliste

FH HANNOVER	**Anforderungsliste**			F = Forderung W = Wunsch
Auftrags-Nr.: KNL 5	Projekt Gelenkige Aufhängung			Bearbeiter: Conrad
Anforderungen				
F W	Nr.	Bezeichnung	Werte, Daten, Erläuterung, Änderungen	Verant-wortlich, Klärung durch:
F	**0.**	Funktion: Ermöglichen einer geführten Pendelbewegung unter Belastung		**Conrad**
F	**1.**	Schwenkwinkel	**≤ 60 °**	
F	**2.**	Zugkraft F	**750 N + 50 N**	
F	**3.**	Axialkraft F_a	**≤100 N**	
F	**4.**	max. Winkelgeschwindigkeit	**1 s^{-1}**	
F	**5.**	Lebensdauer L	**≥ 10 000 h**	
F	**6.**	Anschschlußbohrung	**10 mm**	
F	**7.**	Montage an Stahlgerüst		
F	**8.**	Stückzahl einmalig	**50 Stück**	
F	**9.**	Herstellkosten DM/ Stück	**≤ 35 DM**	
F	**10**	Anwendung im Freien		
F	**11.**	hohe Betriebssicherheit		
Einverstanden: Heess		Datum: 18.12.97		Blatt: 1/1

Bild 10.26: Anforderungsliste gelenkige Aufhängung (nach *Bachmann*, *Lohkamp*, *Strobl*)

zu 2.) Schrittweises Entwickeln der Lösung mit Angabe aller Arbeitsschritte, kurzen Erläuterungen und Skizzen. (nach *Bachmann*, *Lohkamp*, *Strobl*)

1. Grobgestalten

Ziel ist die schrittweise Gestaltung eines grobmaßstäblichen, funktionsfähigen Entwurfes, der die Anforderungen der Anforderungsliste erfüllt.

Dafür können selbstverständlich mehrere Entwürfe gestaltet werden, aber aus Platzgründen wird hier nur einer ausgearbeitet. Die im folgenden beschriebenen Teilschritte können von Fall zu Fall verschieden sein, außerdem kann das schrittweise Arbeiten mit Wiederholung von Teilschritten erforderlich sein.

1.1 Grobgestalt ermitteln

- Zuordnen von Wirkflächen nach Form, Lage und Größe.
- Herstellen einfacher Verbindungen der Wirkflächen durch weitere einfache Flächen bzw. stofferfüllte Körper, damit über die Wirkflächen die Aufgaben erfüllt werden können, z.B. Kräfte übertragen, Bewegungen ausführen usw.
- Dabei ist besonders darauf zu achten, daß die erforderlichen Bewegungsmöglichkeiten gewährleistet sind, keine Zusammenstöße beweglicher Bauteile und keine statischen Überbestimmungen entstehen.
- Aus der Vielfalt der möglichen Flächen- und Körperformen, -lagen und -größen nur die einfachsten auswählen.

Die in Bild 10.27 dargestellte Grobgestalt besteht aus den Wirkflächen Zylinderfläche 1 zum Ermöglichen der Pendelbewegung und zum Übertragen der Kraft F (A 1,2), den Ebenen 2 zum Übertragen der Axialkräfte (A 3), und der Zylinderfläche 3, die die Anschlußfläche darstellt (A 6).

(A = Anforderung mit Nr. der Anforderungsliste)

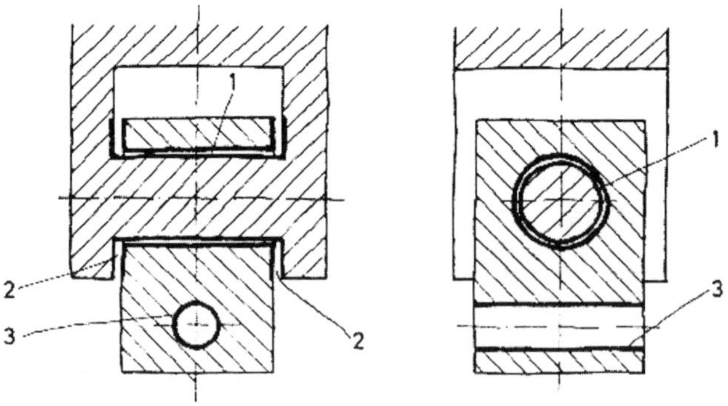

Bild 10.27: Grobgestalt der gelenkigen Aufhängung (nach *Bachmann*, *Lohkamp*, *Strobl*)

1.2 Anschlüsse und Zusammenbau berücksichtigen

- Anschlüsse an andere Bauteile oder Produkte sind unter Beachtung der Anschlußzeichnungen bzw. -bedingungen (Aufstellungsort) zu berücksichtigen.
- Handhabung und Bedienmöglichkeiten sind zu beachten.
- Unterteilen der Grobgestalt durch Teilfugen, um Fertigung und Montage zu ermöglichen bzw. zu vereinfachen. Hier treten meist neue Teilfunktionen auf, z.B. Bauteile verbinden.
- Relativlagen der Bauteile durch Anschlagflächen, Absätze, Zentrierungen, Verspannungen usw. festlegen. Besonders ist darauf zu achten, ob Zusammenbau und Demontage überhaupt möglich sind.

Die entsprechenden Änderungen unter Beachtung der Anforderung Nr. 7 sind im Bild 10.28 eingezeichnet.

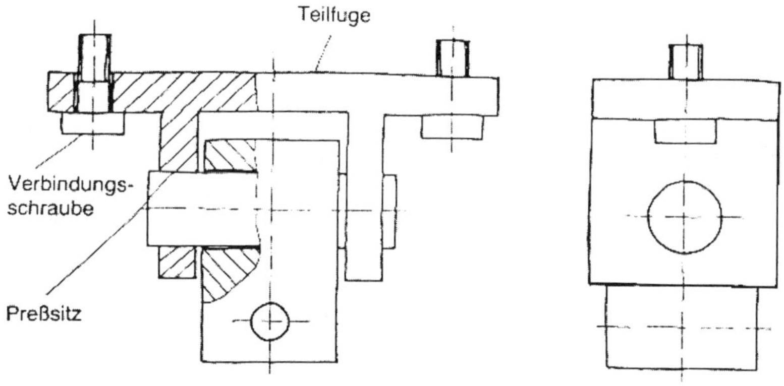

Bild 10.28: Zusammenbau berücksichtigen (nach *Bachmann, Lohkamp, Strobl*)

1.3 Kraftfluß und Beanspruchungen berücksichtigen

- Anstreben kurzer direkter Wege von einer Krafteinleitungsstelle zur anderen, Umwege ergeben unnötige Biegung! Durch diese Maßnahme ergeben sich steife und kleine Konstruktionen. Steife Konstruktionen mit direkten Kraftleitungswegen sind besonders dann erforderlich, wenn unvermeidbare Schwingungen klein zu halten sind.
- Vermeiden scharfer Kraftumlenkungen und schroffer Querschnittsänderungen wegen Kerbwirkung.
- Versuchen, alle Querschnitte gleich hoch zu beanspruchen, d.h. Bauteile gleicher Festigkeit anstreben. Dadurch ergibt sich bei kleiner Baugröße eine gute Werkstoffausnutzung.

Diese Gesichtspunkte sind in folgender Skizze (Bild 10.29) berücksichtigt.

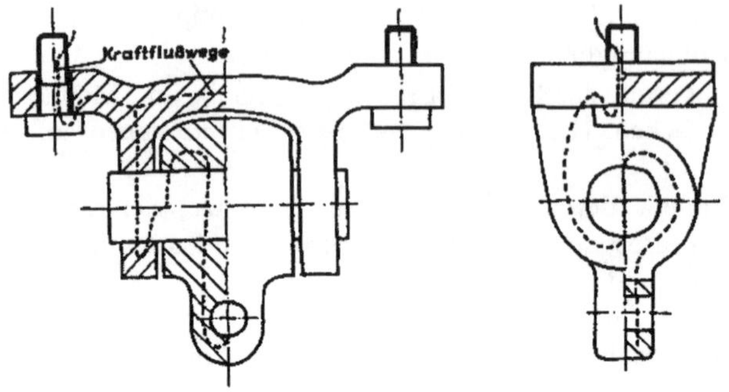

Bild 10.29: Kraftfluß und Beanspruchung beachten (nach *Bachmann*, *Lohkamp*, *Strobl*)

1.4 Reibungs- und verschleißmindernde Gesichtspunkte

- Feststellen von Gleit- und Verschleißstellen
- Treffen von Maßnahmen, um Reibung, Erwärmung, Verschleiß und Reibbeanspruchung zu vermindern; z.B. geschmierte Lager vorsehen. Wo sich Verschleiß nicht vermeiden läßt, für Austauschmöglichkeit der Verschleißteile sorgen.
- Wählen der Schmierung nach Ort und Art: Schmierstoffe, Schmiereinrichtungen. Dabei die Zugänglichkeit der Schmierstellen, evtl. nötige Abdichtungen, Kontrollmöglichkeit, Wartung und Entlüftung beachten.
- Korrosionsschutzmaßnahmen wie Anstriche, Verzinken, Beschichten usw. gehören auch zu den verschleißmindernden Gesichtspunkten.

Zur Verminderung des Verschleißes wurde eine Gleitbuchse (Gleitlager) vorgesehen und im Bild 10.30 eingezeichnet.

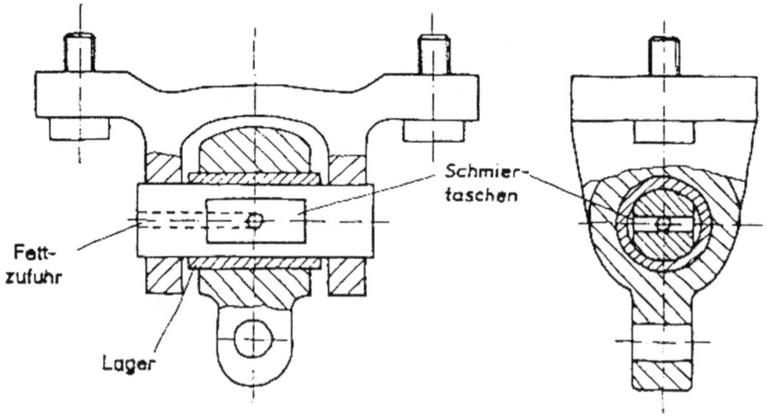

Bild 10.30: Lagerung und Schmierung beachten (nach *Bachmann*, *Lohkamp*, *Strobl*)

1.5 Analyse des Grobentwurfs

- Suchen nach Schwachstellen, indem man feststellt, ob alle Anforderungen der Anforderungsliste erfüllt sind.
- Beachten, daß Stand und Regeln der Technik eingehalten werden.

Die Darstellung unter Punkt 1.4 läßt folgende Schwachstellen erkennen:

- Zwei Anschlußschrauben stützen beim Pendeln nicht genügend ab.
- Aus Sicherheitsgründen sollten die Befestigungsschrauben gesichert sein.
- Aus Sicherheitsgründen und wegen des Auswechselns sollte der Lagerbolzen nicht nur mit einem Preßsitz, sondern formschlüssig gesichert sein (siehe Anforderung Nr.11).

Die Beachtung der Schwachstellen und der genannten Gesichtspunkte ergibt einen geänderten, jedoch noch nicht bemaßten Entwurf im Bild 10.31.

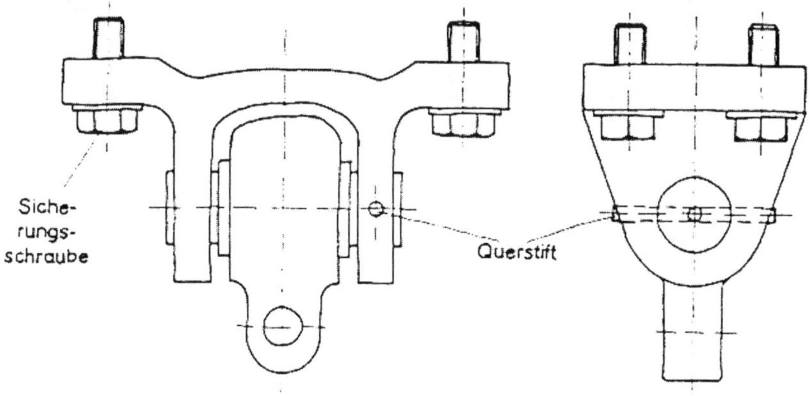

Bild 10.31: Entwurfsvariante mit Verbesserungen (nach *Bachmann, Lohkamp, Strobl*)

2. Feingestalten

Der Grobentwurf erfüllt nun die Anforderungen der Anforderungsliste, aber auf die Abmessungen wurde bisher noch nicht systematisch geachtet. Ziel des Feingestaltens ist es nun, einen maßstäblichen Entwurf unter Beachtung der Anforderungen der Aufgabenstellung zu erstellen.

2.1 Dimensionieren

- Treffen von Lastannahmen. Darunter versteht man das Ermitteln der erforderlichen Daten (z.B. Maße, Leistungen, Belastungen, Drehzahlen usw.) unter Beachtung zeitlicher Änderungen (z.B. Beschleunigungskräfte).
- Wählen der Werkstoffe unter Beachtung der im Werk vorhandenen Werkstoffe und Halbzeuge.

- Berechnungen durchführen. Je nach den Anforderungen auf Tragfähigkeit (Spannungen, Verformungen), Erwärmung, Lebensdauer usw.. Abschätzen, ob der Berechnungsaufwand und die erzielte Genauigkeit im richtigen Verhältnis zu den Ergebnissen stehen.
- Wählen der Hauptabmessungen, Querschnitte und Formen der Bauteile. Hierbei schon an die Herstellung, vorhandene Fertigungsmöglichkeiten und an die Normung denken.

Diese Teilschritte sind oft zur Entwurfsverbesserung ganz oder teilweise zu wiederholen, also auch ein Iterationsvorgang Entwerfen und Verwerfen

Das Aufzeichnen des Entwurfs sollte jetzt zur besseren Vorstellung der Abmessungen im Maßstab 1:1 erfolgen. Im Entwurf in Bild 10.32 sind nur wenige Maße eingetragen.

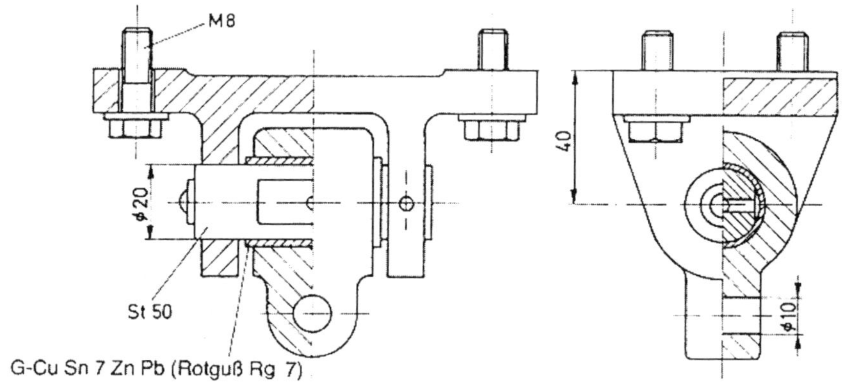

Bild 10.32: Maßstäblich gezeichneter Entwurf (nach *Bachmann, Lohkamp, Strobl*)

2.2 Fertigungs- und montagegerechtes Gestalten

Für die maßstäblich zu erstellenden Zeichnungen muß man viele Gesichtspunkte beachten, insbesondere:

- Feststellen, welche Bauteile oder Baugruppen gefertigt werden müssen, welche im Betrieb vorhanden sind (Werknormen beachten) und welche kostengünstig zugekauft werden können (z.B. Normteile, Maschinenelemente). Bei Verwendung von Kaufteilen müssen die Herstellerangaben nach Katalogen sowie Termine und Kosten sorgfältig beachtet werden.
- Wählen der Fertigungsverfahren für die Bauteilherstellung unter Beachtung der Stückzahlen, der Werkstoffart, der erforderlichen Maß- und Formgenauigkeit sowie der vorhandenen Fertigungseinrichtungen in Zusammenarbeit mit der Arbeitsvorbereitung.
- Oberflächenbehandlung (z.B. Härten) und Oberflächenbearbeitung, Toleranzen und Passungen nur dort vorsehen, wo sie aufgrund der Funktion wirklich erforderlich sind.
- Montagegerechtes Gestalten bedeutet auch, an Transport, Verpackung und Aufstellen am Bestimmungsort zu denken.

Der unter Berücksichtigung von Fertigung und Montage geänderte Entwurf wurde wegen der geringen Stückzahl als Schweißkonstruktion gewählt (Anforderung Nr. 8).

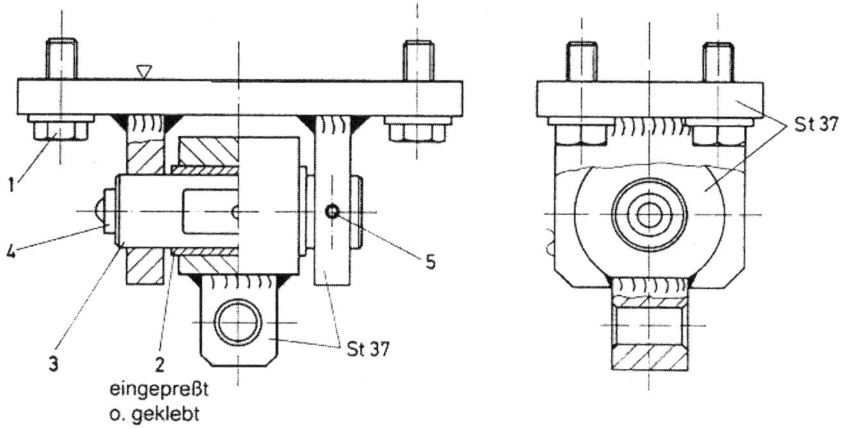

Zukaufteile: 1 Sicherungsschrauben, 2 Lagerbuchse eingeklebt, 3 Lagerbolzen, 4 Schmiernippel DIN 3402, 5 Spannstift DIN 1481. Wegen der besseren Übersicht ohne Maßeintragung.

Bild 10.33: Berücksichtigung von Fertigung und Montage (nach *Bachmann*, *Lohkamp*, *Strobl*)

2.3 Bewertung der Entwürfe

Im Entwurfsstadium ist eine Bewertung erforderlich, um zu erkennen, ob eine weitere Bearbeitung ein erfolgreiches Produkt ergibt, welche Entwürfe nicht weiter verfolgt werden sollen und welche Verbesserungen notwendig sind. Die Bewertung kann nach der VDI-Richtlinie 2225 durchgeführt werden.

Vereinfacht kann nur mit einer Begründung der Vor- und Nachteile mehrerer Entwürfe eine Entwurfsauswahl stattfinden. Da für das vorgestellte Beispiel nur ein Entwurf gezeichnet wurde, kann keine Bewertung durchgeführt werden.

2.4 Beseitigen der Schwachstellen

Die bei der Bewertung festgestellten Schwachstellen werden beseitigt durch:

- Ändern des Entwurfs unter Berücksichtigung aller vorgenannten Punkte, d.h. Ändern der Gestalt und/oder des Lösungsprinzips mit dem Ziel, eine bessere Konstruktion zu erreichen.
- Festlegung und Änderung besonders sorgfältig zu gestaltender Bereiche, wie z.B. Verbindungs-, Kraftübertragungs-, Lager- und Kerbstellen.

Der neu aufgezeichnete, sogenannte bereinigte Entwurf der gelenkigen Aufhängung enthält in Bild 10.34 eine Bundbuchse und Anlaufscheiben statt der glatten Buchse. Die Maße wurden wegen der besseren Übersichtlichkeit weggelassen.

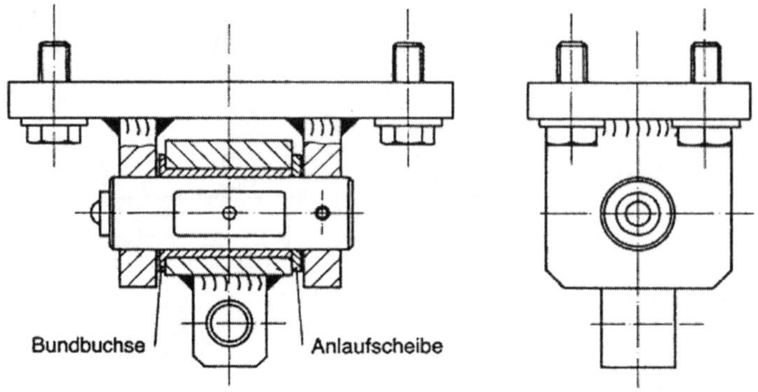

Bild 10.34: Bereinigter Entwurf (nach *Bachmann*, *Lohkamp*, *Strobl*)

10.2.7 Lösungen zu Abschnitt 7

Lösungshinweise für die Kenntnisfragen

Frage	Seite	Frage	Seite	Frage	Seite	Frage	Seite	Frage	Seite	Frage	Seite
1	201	6	209	11	221	16	226	21	235	26	246
2	203	7	210	12	222	17	228	22	236	27	249
3	205	8	214	13	223	18	230	23	237	28	250
4	205	9	216	14	224	19	231	24	239		
5	207	10	221	15	225	20	232	25	241		

Lösung: Getriebe

zu 1.) Eine Erzeugnisgliederung mit Angabe der Baugruppen und der zu jeder Baugruppe gehörenden Positionsnummern enthält Bild 10.35.

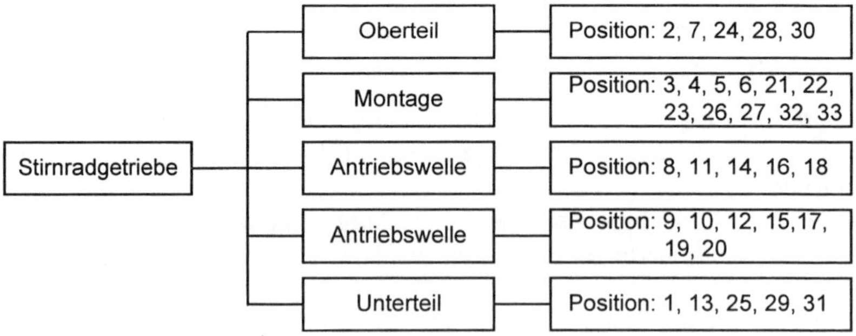

Bild 10.35: Erzeugnisgliederung Stirnradgetriebe

zu 2.) Baukastenstücklistensatz erstellen durch montagegerechte Aufteilung des gesamten Getriebes in vier oder fünf Baugruppen mit Angabe aller Stücklistendaten für jede Baugruppe und eine Gesamtstückliste aufstellen. Aus Platzgründen werden die Stücklisten nicht in Formularform nach DIN 6771 angegeben, sondern in vereinfachter Form in Bild 10.36 dargestellt.

Sach-Nr.: 2-4000-0500	Benennung: **Stirnradgetriebe Gesamtstückliste**			
Stück	Einheit	Sach-Nr.	Benennung	Bemerkung
1	Stck	2-4000-0501	Oberteil	Stückliste
1	Stck	2-4000-0502	Montage	Stückliste
1	Stck	2-4000-0503	Antriebswelle	Stückliste
1	Stck	2-4000-0504	Abtriebswelle	Stückliste
1	Stck	2-4000-0505	Unterteil	Stückliste

Sach-Nr.: 2-4000-0501			Benennung: **Oberteil**		
Pos	Stück	Einheit	Sach-Nr.	Benennung	Werkstoff
2	1	Stck	9250.02	Gehäuseoberteil	GG20
7	1	Stck	9250.07	Schaulochdeckel	GG20
24	6	Stck	DIN 931-M6x70	Sechskantschraube	8.8
28	1	Stck	9250.28	Dichtscheibe	Cu
30	1	Stck	9250.30	Atmungsfilter	Blech

Sach-Nr.: 2-4000-0502			Benennung: **Montage**		
Pos	Stück	Einheit	Sach-Nr.	Benennung	Werkstoff
3	1	Stck	9250.03	Lagerabschlußdeckel	GG20
4	1	Stck	9250.04	Lagerabschlußdeckel	GG20
5	1	Stck	9250.05	Lagerabschlußdeckel	GG20
6	1	Stck	9250.06	Lagerabschlußdeckel	GG20
21	8	Stck	DIN 931-M6x25	Sechskantschraube	8.8
22	6	Stck	DIN 931-M10x20	Sechskantschraube	8.8
23	16	Stck	DIN 931-M10x25	Sechskantschraube	8.8
26	8	Stck	DIN 934-M6	Sechskantmutter	6
27	4	Stck	DIN 1-6x24	Kegelstift	
32	8	Stck	9250.32	Schutzstopfen	
33	1	Stck	9250.33	Firmenschild	Al

Sach-Nr.: 2-4000-0503			Benennung: **Antriebswelle**		
Pos	Stück	Einheit	Sach-Nr.	Benennung	Werkstoff
8	1	Stck	9250.08	Abstandsbuchse	GG20
11	1	Stck	9250.11	Schrägstirnradwelle	C45
14	2	Stck	9250.14	Ölstaublech	St37-2
16	2	Stck	DIN 720-30306	Kegelrollenlager	
18	1	Stck	DIN 6885-A8x7x50	Paßfeder	St60-2K

Bild 10.36 - 1: Gesamtstückliste und Baukastenstücklistensatz Stirnradgetriebe

Sach-Nr.: 2-4000-0504			Benennung: **Abtriebswelle**		
Pos	Stück	Einheit	Sach-Nr.	Benennung	Werkstoff
9	1	Stck	9250.09	Abstandsbuchse	GG20
10	1	Stck	9250.10	Welle	St50-2
12	1	Stck	9250.11	Schrägstirnradwelle	C45
15	2	Stck	9250.15	Ölstaublech	St37-2
17	2	Stck	DIN 720-30209	Kegelrollenlager	
19	1	Stck	DIN 6885-A14x9x30	Paßfeder	St60-2K
20	1	Stck	DIN 6885-A12x8x100	Paßfeder	St60-2K

Sach-Nr.: 2-4000-0505			Benennung: **Unterteil**		
Pos	Stück	Einheit	Sach-Nr.	Benennung	Werkstoff
1	1	Stck	9250.01	Gehäuseunterteil	GG20
13	2	Stck	9250.13	Ölabstreifer	St37-2
25	1	Stck	DIN 910-R3/8"	Verschlußschraube	4.5
29	1	Stck	DIN 7603-C17x32x2	Dichtring	Cu
31	1	Stck	9250.31	Ölplatte Gr.3	

Bild 10.36 - 2: Gesamtstückliste und Baukastenstücklistensatz Stirnradgetriebe

10.2.8 Lösungen zu Abschnitt 8

Lösungshinweise für die Kenntnisfragen

Frage	Seite	Frage	Seite	Frage	Seite	Frage	Seite	Frage	Seite	Frage	Seite
1	251	6	253	11	258	16	262	21	269	26	278
2	252	7	254	12	259	17	264	22	271	27	280
3	252	8	254	13	259	18	265	23	276	28	281
4	252	9	255	14	260	19	266	24	277	29	282
5	253	10	257	15	261	20	268	25	277	30	283

10.2.9 Lösungen zu Abschnitt 9

Lösungshinweise für die Kenntnisfragen

Frage	Seite	Frage	Seite	Frage	Seite	Frage	Seite	Frage	Seite	Frage	Seite
1	286	4	288	7	289	10	290	13	293	16	298
2	286	5	288	8	289	11	291	14	294	17	299
3	287	6	288	9	290	12	292	15	296	18	300

11 Literaturverzeichnis

Literatur

AWF (Hrsg.): Integrierter EDV-Einsatz in der Produktion. Eschborn: Ausschuß für wirtschaftliche Fertigung 1985

Bachmann, R.; Lohkamp, F.; Strobl, R.: Maschinenelemente, Band 1: Grundlagen und Verbindungselemente. Würzburg: Vogel-Buchverlag 1982

Beitz, W.; Ehrlenspiel, K.; Eversheim, W.; Krieg, K. G.; Spur, G.: Kosteninformationen zur Kostenfrüherkennung. Handbuch für Entwicklung, Konstruktion und Arbeitsvorbereitung. 1. Aufl.; Berlin, Köln: Beuth Verlag GmbH 1987

Bernhardt, R.: Vorbereitung auf den CAD-Einsatz. Heidelberg: Dr. A. Hüthig Verlag 1989

Bernhardt, R.: In der Konstruktion beginnt die Rationalisierung. Heidelberg: Dr. A. Hüthig Verlag 1985

Bernhardt, R.; Bernhardt, W.: Nummerungssysteme. Sindelfingen: Expert Verlag 1985

Birkhofer, H.: Erfolgreiche Produktentwicklung mit Zulieferkomponenten. VDI Bericht Nr. 953 S. 155-170. Düsseldorf: VDI Verlag 1992

Bünting, F.; Leyendecker, H.-W.: Schneller oder Besser. Frankfurt: VDMA Verlag 1998

DIN (Hrsg.): Teileinformationssysteme. DIN-Fachbericht 30; Berlin: Beuth Verlag 1992

DIN (Hrsg.): Variantenübersicht, Variante, Variantenstückliste. DIN-Manuskriptdruck; Berlin: Beuth Verlag 1986

Dreibholz, D.: Ordnungsschemata bei der Suche von Lösungen. Konstruktion 27 (1975) S. 233-240

Ehrlenspiel, K.: Kostengünstig Konstruieren. Konstruktionsbücher Band 35. Berlin: Springer Verlag 1985

Ehrlenspiel, K.: Integrierte Produktentwicklung, Methoden für Prozeßorganisation, Produkterstellung und Konstruktion. München, Wien: Hanser Verlag 1995

Eigner, M.; Hiller, Ch.; Schindewolf, St.; Schmich, M.: Engineering Database. München, Wien: Hauser Verlag 1991

Hansen, F.: Konstruktionssystematik. Berlin: VEB Verlag Technik 1966

Heil, H.-G.: Kosten senken in der Konstruktion. Frankfurt: Maschinenbau Verlag 1993.

Henjes, G.: Kosteninformationen aus vorhandenen Datenbeständen. VDI-Bericht Nr. 457. Düsseldorf: VDI Verlag 1982

Hering, E.; Triemel, J.; Blank, H.-P.: Qualitätssicherung für Ingenieure. Düsseldorf: VDI Verlag 1993

Hoffmann, H. J.: Wertanalyse. Berlin: E. Schmidt Verlag 1979

Hoischen, H.: Technisches Zeichnen. 24. Aufl., Berlin: Cornelsen Verlag 1993

Kahmeyer, M.; Rupprecht, R.: Recyclinggerechte Produktgestaltung. Würzburg: Vogel- Buchverlag 1996

Koller, R.: Konstruktionslehre für den Maschinenbau. 3. Aufl.; Berlin: Springer Verlag 1994

Krauser, D.: Methodik zur Merkmalbeschreibung technischer Gegenstände. DIN-Normungskunde Band 22. Berlin: Beuth Verlag 1986

Müller, H. W.: Kompendium Maschinenelemente. 4. Aufl., Darmstadt: Selbstverlag 1984

Nachtigall, W.: Vorbild Natur, Bionik-Design für funktionelles Gestalten. Berlin: Springer Verlag 1997

Neudörfer, A.: Konstruieren sicherheitsgerechter Produkte. Berlin: Springer Verlag 1997

Ockert, D.: Rechnerunterstütztes Konstruieren. München: Oldenbourg Verlag 1993

Pahl, G.; Beitz, W.: Konstruktionslehre. 4. Aufl.; Berlin: Springer Verlag 1997

Peukert, K.: Gießgerechtes Konstruieren – ist diese Forderung noch realitätsnah? Konstruieren und Gießen 20 (1995) 2, S. 4-8

Pflicht, W.: Die sechs Phasen der Sachmerkmalverarbeitung. CAD/CAM (1986)3, S. 70-74

RKW (Hrsg.): Relativkosten für den Konstrukteur – Nutzen und Risiken. Köln: RKW-Verlag, Verlag TÜV Rheinland 1990

Rodenacker, W. G.: Methodisches Konstruieren. Konstruktionsbücher Band 27. 4. Aufl.; Berlin: Springer Verlag 1991

Roth, K.: Konstruieren mit Konstruktionskatalogen, Band 1: Konstruktionslehre. 2.Aufl.; Berlin: Springer Verlag 1994

Roth, K.: Konstruieren mit Konstruktionskatalogen, Band 2: Konstruktionskataloge. 2. Aufl.; Berlin: Springer Verlag 1994

Roth, K.: Konstruieren mit Konstruktionskatalogen, Band 3: Verbindungen und Verschlüsse. 2.Aufl.; Berlin: Springer Verlag 1996

Roth, K.; Franke, H. J.; Simonek, R: Aufbau und Verwendung von Katalogen für das methodische Konstruieren. Konstruktion 24 (1972) S. 449-458

Schlicksupp, H.: Ideenfindung. 4.Aufl.; Würzburg: Vogel Verlag 1992

Spur, G.; Krause, F.-L.: Das virtuelle Produkt; Management der CAD-Technik. München, Wien: Hanser Verlag 1997

Steinhilper, R.: Produktrecycling im Maschinenbau. Berlin: Springer Verlag 1988

Steinhilper, R.: Der Horizont des Konstrukteurs bestimmt den Erfolg im Recycling. Konstruktion 42 (1990) H. 12, S. 396-404

Steinhilper, W.; Röper, R.: Maschinen- und Konstruktionselemente, Band 1: Grundlagen der Berechnung und Gestaltung. Berlin: Springer Verlag 1982

Steinmetz, G.: Grunddatenverwaltung in CIM-Handbuch. Braunschweig: F. Vieweg & Sohn Verlag 1987

Sudkamp, J.; Stausberg, B.: Nummernsysteme: Voraussetzung für den effizienten Einsatz von PPS. Der Betriebsleiter 36 (1995) 4, S. 14-18

Tränkner, G.: Taschenbuch Maschinenbau Band 3/II: Stoffumformung, Verarbeitungsmaschinen. Berlin: Verlag Technik 1969

Umwelt-Recht. Wichtige Gesetze und Verordnungen zum Schutz der Umwelt. Beck-Texte im dtv 5533, 6.Aufl., München: Verlag C.H. Beck 1990

VDI Zentrum Wertanalyse (Hrsg.): Wertanalyse Idee – Methode – System. 5. Aufl.; Düsseldorf: VDI-Verlag GmbH 1995

Voigt, C.-D.: Systematik und Einsatz der Wertanalyse. 3. Aufl.; Berlin, München: Siemens AG 1974

Zwicky, F.: Entdecken, Erfinden, Forschen im morphologischen Weltbild. München, Zürich: Droemer Knaur 1971

Normen

DIN 199 Teil 2: Begriffe im Zeichnungs- und Stücklistenwesen. Berlin: Beuth Verlag 1977

DIN 4000. Sachmerkmal-Leisten, Begriffe und Grundsätze. Berlin: Beuth Verlag 1992

DIN 4000 Teil 2 bis 79: Sachmerkmal-Leisten für Norm- und Konstruktionsteile. Berlin: Beuth Verlag

DIN 4001: CAD-Normteiledatei des DIN. (Teile für ca. 800 aufbereitete Normen) Berlin: DIN Software GmbH

DIN 6120: Kennzeichnung von Packstoffen und Packmitteln zu deren Verwertung, Packstoffe und Packmittel aus Kunststoff. Teil 1: Bildzeichen; Teil 2: Zusatzbezeichnung. Berlin: Beuth Verlag 1990

DIN 6763: Nummerung. Berlin: Beuth Verlag 1985

DIN 6771 Teil 1+2: Vordrucke für technische Unterlagen, Stücklisten. Berlin: Beuth Verlag 1987

DIN 6789 Teil 2: Dokumentationssystematik , Dokumentensätze technischer Produktdokumentation. Berlin: Beuth Verlag 1990

DIN 7728: Kunststoffe, Kennbuchstaben und Kurzzeichen für Polymere und ihre besonderen Eigenschaften (Teil 1). Kurzzeichen für verstärkte Kunststoffe (Teil 2). Berlin: Beuth Verlag 1980

DIN 8593: Fertigungsverfahren; Fügen - Einordnung, Unterteilung, Begriffe. Berlin: Beuth Verlag 1985

DIN 32990 Teil 1: Kosteninformationen, Kostenrechung und Kosteninformationsunterlagen in der Maschinenindustrie; Begriffe. Berlin: Beuth Verlag 1989

DIN 32991 Teil 1: Kosteninformationen; Kosteninformations-Unterlagen; Gestaltungsgrundsätze. (6 Beiblätter) Berlin: Beuth Verlag 1987

DIN 32992 Teil 1: Kosteninformationen; Berechnungsgrundlagen; Kalkulationsarten und -verfahren. Berlin: Beuth Verlag 1989

DIN 32992 Teil 2: Kosteninformationen; Berechnungsgrundlagen; Verfahren der Kurzkalkulation. Berlin: Beuth Verlag 1989

DIN 32992 Teil 3: Kosteninformationen; Berechnungsgrundlagen; Ermittlung von Relativkosten-Zahlen. Berlin: Beuth Verlag 1987

DIN 69910: Wertanalyse. Berlin: Beuth Verlag 1987

Richtlinien

VDI-Richtlinie 2215: Datenverarbeitung in der Konstruktion; Organisatorische Voraussetzungen und allgemeine Hilfsmittel. Düsseldorf: VDI Verlag 1980

VDI-Richtlinie 2220: Produktplanung, Ablauf, Begriffe, Organisation. Düsseldorf: VDI Verlag 1980

VDI-Richtlinie 2221: Methodik zum Entwickeln und Konstruieren technischer Systeme und Produkte. Berlin: Beuth Verlag 1993

VDI-Richtlinie 2222 Blatt 1: Konstruktionsmethodik, Konzipieren technischer Produkte. Berlin: Beuth Verlag 1977

VDI-Richtlinie 2222 Blatt 2: Konstruktionsmethodik, Erstellung und Anwendung von Konstruktionskatalogen. Düsseldorf: VDI Verlag 1982

VDI-Richtlinie 2222 Blatt 1 E: Konstruktionsmethodik, Methodisches Entwickeln von Lösungsprinzipien. Berlin: VDI Verlag 1996

VDI-Richtlinie 2225 Blatt 3 E: Technisch-wirtschaftliches Konstruieren, Technisch-wirtschaftliche Bewertung. Berlin: Beuth Verlag 1990

VDI-Richtlinie 2232: Methodische Auswahl fester Verbindungen, Systematik, Konstruktionskataloge, Arbeitshilfen. Berlin: Beuth Verlag 1990

VDI-Richtlinie 2234: Wirtschaftliche Grundlagen für den Konstrukteur. Düsseldorf: VDI Verlag 1990

VDI-Richtlinie 2235: Wirtschaftliche Entscheidungen beim Konstruieren, Methoden und Hilfsmittel. Düsseldorf: 1987

VDI-Richtlinie 2243: Konstruieren recyclinggerechter technischer Produkte. Berlin: Beuth Verlag 1993

VDI-Richtlinie 2247 E: Qualitätsmanagement in der Produktentwicklung. Berlin: Beuth Verlag 1994

VDI-Richtlinie 2519 Blatt 1 E: Vorgehensweise bei der Erstellung von Lasten-/Pflichtenheften. Berlin: Beuth Verlag 1996

VDI-Richtlinie 2860: Montage- und Handhabungstechnik. Berlin: Beuth Verlag 1990

VDI/VDE-Richtlinie 3694: Lastenheft/Pflichtenheft für den Einsatz von Automatisierungssystemen. Berlin: Beuth Verlag 1991

VDA 260: Kennzeichnung von Kunststoffteilen in Kraftfahrzeugen. Frankfurt a. M.: Verband der Automobilindustrie 1984

12 Stichwortverzeichnis

E

F

G

H

I

K

Q

R

S

T

U

V

W

Z